REPERTORIUM

FÜR

EXPERIMENTAL-PHYSIK,

FÜR

PHYSIKALISCHE TECHNIK,

MATHEMATISCHE & ASTRONOMISCHE INSTRUMENTENKUNDE.

HERAUSGEGEBEN

VON

Dr. PH. CARL,

PROFESSOR DER PHYSIK AN DEN KGL. BAYER. MILITÄR-BILDUNGS-ANSTALTEN UND INHABER
EINER PHYSIKALISCHEN ANSTALT IN MÜNCHEN.

VIERTER BAND

(DES „REPERTORIUMS FÜR PHYSIK, TECHNIK &c.")

TEXT.

MÜNCHEN, 1868.
VERLAG VON R. OLDENBOURG.

INHALT.

Seite

Kleines Universalinstrument. Von C. Sickler. (Tafel I) 1
Ueber ein neues Pachytrop. Von Anton Waszmuth, Assistenten für Physik
    an der Technik in Prag. (Taf. V) 12
Ueber einige auf die parabolischen Wurflinien bezügliche geometrische Oerter
    und deren Gebrauch zur Bestimmung der Wurfhöhe und Wurfweite. Von
    Dr. K. L. Bauer, Assistent der Physik am Polytechnikum zu Karlsruhe.
    (Tafel VII) 15
Beschreibung des mit der Patent-Mikrometer-Vorrichtung versehenen Theodoliten.
    Von C. Schreiber. (Tafel II, III, IV) 33
Kleinere Mittheilungen:
    Ueber das Anemometer von Kraft. Von Dr. C. Jelinek. (Taf. VII) 46
    Ueber die Anemometer der königl. Sternwarte von Greenwich. Von
        John Browning. (Tafel VII) 51
    Der Thermograph von Pfeiffer. (Tafel VI). 54
    Quecksilberluftpumpe. Von Giacomo Manuelli. (Taf. VII) . . . 58
    Einfacher Luftverdünnungs-Apparat. Von Prof. Franz Breisach zu
        Zara in Dalmatien. (Tafel I) 58
    Verbesserte Einrichtung der Gasbehälter (Gasometer) in den chemi-
        schen Laboratorien nach Prof. Fr. Breisach zu Zara (Dal-
        matien). (Tafel VI) 60
    Berichtigung 63
    Biographische Notiz. (Simon Plössl) 63
Die dynamo-electrischen Maschinen. Von Director Dr. Schellen in Cöln.
    (Tafel VIII, IX, X) 66
Beschreibung eines Apparates für die mechanische Darstellung von Vibrations-
    bewegungen. Von A. Crova (Tafel XI) 89
Mittheilungen über die Influenz-Electrisir-Maschine. Von Ph. Carl. (Taf. XIII) 106
Kleinere Mittheilungen:
    Apparat für die Demonstration der Keppler'schen Gesetze mit Hülfe
        des Magnetismus. Von Prof. Ed. Hagenbach. (Tafel XII) 117
    Ausdehnung des wasserhaltigen Weingeistes vor dem Erstarren. Von
        Dr. Recknagel 119
    Hilfsmittel zur Erzeugung der Seilwellen 122
    Ueber einen electrischen Wärme-Regulator zur Erzielung constanter
        Temperaturen bei chemischen und technischen Versuchen. Von
        Dr. C. Scheibler 122

Seite

Foucault's Gyroscop. Vereinfacht und verbessert von Dr. E. C.
O. Neumann in Dresden. (Tafel VIII) 127
Kogelmann's neues Electroscop. 130
Dinkler's modificirter Trevelyan'scher Apparat 131
Regnault's Experimental - Untersuchungen über die Geschwindigkeit des
Schalles. Von R. Radau 133
Mittheilungen über die Influenz-Electrisirmaschine. Von Ph. Carl. (Fortsetzung.)
(Tafel XV). 141
Ueber die persönlichen Fehler. Von R. Radau. 146
Ueber die Bestimmung des Zeichens der Krystalle. Von Bertin. (Taf. XVII) 157
Ueber die Intensität des Gas-, Kerzen- und Lampenlichtes, verglichen mit dem
electrischen und Drummond-Licht. Von S. Elster. (Tafel XVI) . . . 171
Ueber die Untersuchung feiner Gewichtssätze. Von Dr. R. Rühlmann,
Assistent für Physik am Polytechnikum in Karlsruhe 177
Kleinere Mittheilungen:
    Apparat zur Demonstration der Geschossabweichung. Von W. Beetz.
    (Tafel XIV). 183
    Ueber das Minimum der Prismatischen Ablenkung. Von R. Radau.
    (Tafel XIV). 184
    Apparat zur Demonstration des Gesetzes über das Schwimmen. Von
    Dr. H. Schellen. (Tafel XIV) 187
    Vorlesungs-Apparat zum Nachweis der Reaction, welche beim Aus-
    strömen von Flüssigkeiten und Gasen erzeugt wird. Von Ph.
    Carl. (Tafel XVII) 188
    Neues Physicalisches Experiment. Von Kommerell. (Taf. XVII) 189
    Zur biographischen Notiz über Plössl. 191
    Ein ohne Mechanismus functionirender electrischer Regulator. Von
    Fernet 191
    Vorlesungsversuche über Siedverzüge. Von Dr. G. Krebs. (Taf. XVII) 192
    Eine neue Form des schwimmenden Stromes. Von Dr. G. Krebs 196
Ein neuer Verdunstungsmesser. Von Prof. v. Lamont. (Tafel XVIII) . . 197
Der Hipp'sche Wärme-Regulator zur Erzielung constanter Temperatur in ge-
schlossenen Räumen. Von Dr. Ad. Hirsch, Director der Neuenburger
Sternwarte. (Tafel XIX, XX) 201
Ueber Zahnräder. Von L. Natani. (Tafel XX) 205
Ueber den Einfluss der Dalton'schen Theorie auf die barometrische Höhen-
messung und die Eudiometrie. Von Dr. K. L. Bauer 216
Ueber einen Wellenapparat mit graphischer Leistungsfähigkeit. Von G. Heid-
ner, Lehrer an der k. b. Gewerbschule in Schweinfurt. (Tafel XXI) . 225
Theorie der magnetelectrischen Maschinen. Von Jamin und Roger . . . 231
Neues Thermometer für Temperaturen über dem Siedepunct des Quecksilbers.
Von M. Berthelot. (Tafel XV) 239
Geschichte des Ozons 251
Kleinere Mittheilungen:
    Ueber einen akustischen Interferenz-Apparat. Von J. Stefan . . 260
    Kleine Mittheilungen. Von A. Weinhold. (Tafel XX) 265
    Ueber ein zweites registrirendes Metall-Thermometer und einen Wind-
    autographen. Von F. Pfeiffer. (Tafel XIX) 268

Inhalt.

Seite

Anwendung der Schwingungen zusammengesetzter Stäbe zur Bestimmung der Schallgeschwindigkeit. Von Director Dr. Stefan . 270

Ueber die durch planparallele Krystallplatten hervorgerufenen Talbot'schen Interferenzstreifen. Von Dr. L. Ditscheiner . . 271

Ueber eine Anwendung des Spectralapparates zur optischen Untersuchung der Krystalle. Von Dr. L. Ditscheiner 273

Neues Galvanisches Element. Von Dr. Pincus 274

C. Hockin. Ueber einen Vorlesungs-Apparat. (Tafel XIV) . . 275

Ueber Vergoldung optischer Spiegel. Von W. Wernicke . . . 277

Vier Aufhängungspuncte mit gleicher Schwingungsdauer am Pendel.
Von A. Weinhold 279

Kritische Darstellung des zweiten Satzes der mechanischen Wärmetheorie.
Von Theodor Wand, Consistorial-Assessor in Speyer 281

Ueber die Reduction feiner Gewichtssätze und die Bestimmung der bei absoluter und relativer Gewichtsermittelung ohne Reduction auftretenden Fehler.
Von Dr. K. L. Bauer 323

Beschreibung der bisher in Anwendung gebrachten Commutatoren. Zusammengestellt von Ph. Carl. (Tafel XXII, XXIII, XXIV) 342

Kleinere Mittheilungen:

Ueber die Definition der Masse. Von E. Mach 355

Ueber die Versinnlichung einiger Sätze der Mechanik. Von E. Mach 359

Ueber die Versinnlichung der Poinsot'schen Drehungstheorie. Von
E. Mach 361

Neues Flintglas 362

Ditscheiner. Ueber eine neue Methode zur Untersuchung des
reflectirten Lichtes 362

Notiz über verschiedene Arbeiten über Wellenlängen. Von Mascart 364

Kritische Darstellung des zweiten Satzes der mechanischen Wärmetheorie. Von
Th. Wand. (Fortsetzung) 369

Electrisches Vibrations-Chronoscop von W. Beetz. (Tafel XXVII) 406

Ueber die Ströme in Nebenschliessungen zusammengesetzter Ketten. Von
Anton Waszmuth, Assistenten für Physik an der Technik in Prag . . 414

Mittheilungen über die Influenz-Electrisirmaschine. (Fortsetzung) (Taf. XXVII) 422

Kleinere Mittheilungen:

Ueber die Nachahmung von Blitzröhren von Dr. Rollmann in
Stralsund 429

Ueber Heliotrope. Schreiben des Herrn Professor W. H. Miller an
den Herausgeber. (Tafel XXV) 431

Heliotrop von Starke u. Kammerer in Wien nach General Bayer.
Notiz von Ernst Fischer, Ingenieur und Professor 433

Neue Geissler'sche Röhren 436

Kleines Universalinstrument.

Von

C. Sickler.

(Hiezu Tafel I Fig. 1.)

I. Einrichtung.

Dies seiner äussern Form nach dem Stampfer'schen ähnliche, dem Principe nach aber verschiedene Instrument Fig. 1 Taf. I besteht aus einem Dreifusse B, welcher die Stellschrauben A enthält und mit der Büchse C und dem Limbus D fest verbunden ist. — In der Büchse C befindet sich die Achse F des auf ihr senkrecht stehenden und mit ihr fest verbundenen Trägers E, mit welchem ebenfalls der Noniusarm G unter einem rechten Winkel in fester Verbindung steht, so dass eine Drehung von E eine gleiche von G zur Folge hat. Nonius und Limbus stehen bezüglich der Theilung in einer solchen Beziehung, dass die Angabe des ersteren $= 2'$ ist, welche bei kleineren Polygonarmessungen sowohl, als auch bei Aufnahmen von Nivellements den praktischen Anforderungen genügt. — Die grobe Einstellung der Lage des Trägers E und des Nonius G wird durch den um die Büchse C gelegten Ring H und die Klemmschraube I, die feine durch den mit dem Ring fest verbundenen Hebel K und der in E eingreifenden Mikrometerschraube bewerkstelligt. Bis dahin stimmt im Wesentlichen die Einrichtung mit der des einfachen Theodoliten überein.

Das Fernrohr R ruht nun aber nicht wie bei diesem, oder beim gewöhnlichen Nivellirinstrument auf einer in C befindlichen verticalen Drehungsaxe F, sondern auf einem mit E verbundenen Träger M in der horizontalen Axe T und kann somit auch innerhalb gewisser Grenzen Bewegungen in der Verticalebene machen. Die zweite Unterstützung findet an dem Ring S durch die am Ende von E angebrachte verticale Elevationsschraube derart statt, dass ein am untersten Ende desselben angebrachtes und verstellbares Stahlplättchen stets auf dem schwach abgerundeten Ende der Schraube N ruht. Da das Eigengewicht des Fernrohrs zu gering ist, als dass ein solides Aufliegen zu erwarten wäre, so befindet sich unterhalb desselben eine auf E befestigte Zugfeder Q, welche mit hinreichender Kraft das Fernrohr an die Schraube N fesselt und gleichzeitig die schädliche Wirkung eines etwaigen todten Ganges der Schraube, welcher übrigens schon durch die Klemmschraube α beseitigt werden kann, vollständig aufhebt.

Auf und parallel zu dem Träger E liegt eine Röhrenlibelle U, mittelst welcher die Limbusebene horizontal, d. h. die Axe C vertical gestellt wird, indem man einmal die Libelle über zwei Fussschrauben, das andere mal in einer dazu senkrechten Richtung zum Einspielen bringt und das Verfahren so lange wiederholt, bis die Libellenblase in allen Lagen stehen bleibt. Zum Horizontalstellen des Fernrohrs ist auf ihm eine zweite Libelle angebracht, welche natürlich einmal mit der unteren parallel gestellt, in jeder Lage des Fernrohrs mit dieser correspondiren muss. Bei dieser Lage trifft nun der mittlere Zeigerkreis der Trommel O an einer bestimmten Stelle — dem Nullpunkt — das seitlich angebrachte und auf der Ebene E senkrecht stehende Stäbchen P, welches nach oben und unten so getheilt ist, dass die Entfernung je zweier Theilstriche gleich der Höhe von einem Schraubengange ist, also eine Umdrehung der Schraube N eine Erhebung oder Senkung von einem Theil des Stäbchens zur Folge hat. Wenn nun die horizontale Entfernung NT der Drehungsaxe T und der Axe der Schraube N bekannt ist, so kann der Neigungswinkel der optischen Axe des Fernrohrs gegen die Horizontalebene aus der Angabe des Massstabs und der Trommel, und mithin die Neigung nach Procenten leicht berechnet werden. Die Berechnung in letzterer Hinsicht wird aber dadurch überflüssig gemacht, dass man der horizontalen Entfernung NT die Länge von 200 Schraubenganghöhen gibt, und so direct die Neigungen nach Procenten erhält.

Zum Messen geringerer Procente ist der Umfang der Trommel in fünf gleiche Haupttheile, und jeder derselben in zehn Untertheile getheilt. Hiernach entsprechen also:

$$2 \text{ Umdrehungen einer Neigung von } 1\tfrac{0}{0}$$

$$1 \quad ,, \quad\quad ,, \quad\quad ,, \quad\quad ,, \quad \tfrac{1}{2}\tfrac{0}{0}$$

$$\tfrac{1}{5} \quad ,, \quad\quad ,, \quad\quad ,, \quad\quad ,, \quad \tfrac{1}{10}\tfrac{0}{0}$$

$$\tfrac{1}{50} \quad ,, \quad\quad ,, \quad\quad ,, \quad\quad ,, \quad \tfrac{1}{100}\tfrac{0}{0}$$

$$\tfrac{1}{500} \quad ,, \quad\quad ,, \quad\quad ,, \quad\quad ,, \quad \tfrac{1}{1000}\tfrac{0}{0}.$$

Steht nun z. B. der Indexkreis der Trommel zwischen $4\frac{1}{4}$ und 5 des Stäbchens, während der Rand dieses mit der Trommel an dem 36sten Theilstrich zusammentrifft, so ist die Fernrohraxe gegen den Horizont um 4,86 $\frac{0}{U}$ geneigt, denn:

$$4 \text{ Haupttheile des Stäbchens geben } 4 \tfrac{0}{U}$$
$$\tfrac{1}{4} \text{ Theil } \quad \text{,,} \quad \text{,,} \quad \text{,,} \quad 0{,}5 \tfrac{0}{U}$$
$$\text{und 36 Theile der Trommel } \quad \text{,,} \quad 36 \cdot \tfrac{1}{50} \text{ Umdrehungen}$$
$$= \tfrac{36}{100}\tfrac{0}{U}.$$

Da halbe bis viertel Theile der Trommel noch sehr gut geschätzt werden können, so lässt diese Vorrichtung Neigungsbestimmungen bis auf $\frac{1}{100}\frac{0}{U}$ zu. Die Trommel selbst ist für recht- und verkehrtläufige Drehung numerirt. Die Bewegungsgrösse der Elevationsschraube ist $\pm$ 15 $\frac{0}{U}$, welche wohl selten von praktischen Anforderungen überschritten werden dürfte.

Das Fernrohr, welches eine 10 bis 12 fache Vergrösserung hat, ist zum Distanzmessen mit zwei gleichweit vom horizontalen Hauptfaden abstehenden parallelen Nebenfäden versehen.

Schliesslich ist noch zu erwähnen, dass das Instrument mittelst einer federnden Schwanzschraube so auf das Stativ befestigt wird, dass bei gehöriger Standfestigkeit die Fussschrauben ohne zu grosse Reibung sich bewegen lassen.

II. Prüfung und Berichtigung.

Wesentliche Bedingungen der Vollkommenheit des Instrumentes sind:

1. Die Ebene des Limbus D ist senkrecht zur Drehungsaxe F;
2. die Ebene des Trägers E ist parallel zur Limbusebene;
3. die Axe der Libelle U ist parallel zu E;
4. die Elevationsschraube ist senkrecht auf E;
5. die Axe T ist parallel zur Limbusebene;
6. je eine Umdrehung der Elevationsschraube muss auf dem Massstab P dieselbe Strecke begrenzen;
7. der Schnittpunkt des Fadenkreuzes muss mit der optischen und selbstverständlich dann auch mit der mechanischen Axe des Fernrohrs zusammenfallen und beide Faden müssen auf einander senkrecht stehen;
8. die Axe der Libelle v ist parallel zur Drehungsaxe;
9. die Entfernung der Projection der horizontalen Axe T auf die Ebene E von der Axe $N = 200$ Schraubenganghöhen.

Da das Instrument mit den unter 1, 2, 4, 5 und 6 aufgeführten Eigenschaften aus der Werkstätte des Mechanikers hervorgéhen muss, indem Fehler dieser Art nur von ihm verbessert werden können, so soll nur die Prüfung und Berichtigung der Fälle 3, 7, 8 und 9 ausführlich behandelt werden, da etwaige Fehler jeweils von dem das Instrument handhabenden Techniker berichtigt werden müssen.

Ad 3. Ist die Libelle U richtig aufgesetzt, so muss die Blase bei der Drehung des Limbus stets den höchsten Stand beibehalten. Findet eine Ausweichung statt, so kann diese leicht an der in der Figur am linken, durch andere Theile verdeckten Ende befindlichen Correctionsschraube berichtigt und die Libelle durch die Zugschraube in dieser Lage erhalten bleiben.

Ad 7. Diese Prüfung und Berichtigung ist von grosser Wichtigkeit, da nicht selten ein Zerreissen des Fadenkreuzes vorkommt und ein neues aufgespannt und eingesetzt werden muss. Wenn das Fernrohr um seine mechanische Axe drehbar ist, so wird die Prüfung bekanntlich durch Umdrehung um diese Axe gemacht, während welcher ein anvisirter Punkt und der Durchschnitt des Kreuzes stets zusammenfallen müssen.

Da hier weder ein Umlegen noch Umdrehen des Fernrohrs möglich ist, so wende man folgendes einfache Verfahren an.

Man stelle in einer Entfernung von 20 bis 30 Fuss einen fein getheilten Maassstab BC (Fig. I) horizontal auf, stelle den Kreuzpunkt auf einen bestimmten Theilstrich A scharf ein, und sehe zu, ob von den Standpunkten C und D des centrischen Diaphragma's nach links und rechts gleiche Strecken begrenzt werden, d. h. ob $AC = AB$ ist. Eintretenden Falls befindet sich dann der Kreuzpunkt in der durch die optische Axe gehenden Verticalebene. Hängt nun noch im Theilstrich A ein Loth AD, so kann der Faden B, C in gleicher Weise untersucht werden. Ob der Kreuzpunkt in verticaler Richtung die

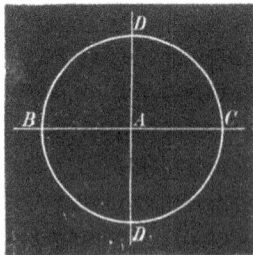

Figur I.

richtige Lage hat, zeigt sich, indem man bei möglichst horizontaler Lage des Fernrohrs den vertical gehaltenen Maassstab anvisirt und die Gleichheit der Strecken AB und AC prüft. Zeigen sich Differenzen, so werden die ersten an den horizontalen, die letzten an den verticalen Correctionsschrauben des Fadenkreuzringes aufgehoben.

Um die richtige Lage des Horizontalfadens, d. h. um zu erfahren, ob beide Fäden senkrecht auf einander stehen, visire man mit Punkt C einen scharf bezeichneten Punkt irgend eines ruhigen Gegenstandes an und drehe das Fernrohr, während dessen Neigung gegen die Horizontalebene unverändert bleibt, um seine Verticalaxe, so wird der anvisirte Punkt immer im Faden bleiben, wenn dieser horizontal aufgespannt ist; im entgegengesetzten Falle ist der Horizontalfaden durch einen andern zu ersetzen. Zu erwähnen ist noch, dass die Ocularlinse einer kleinen Bewegung längs der Fernrohraxe fähig ist, um für verschieden starke Augen das Fadenkreuz in die richtige Schärfe zu bringen.

Ad 8. Man stelle sich mit dem Instrument in einem Punkt A (Fig. II) eines geneigten Terrains AB auf, bringe beide Libellen (zuerst die untere, dann die obere) zum Einspielen, messe die Instrumentenhöhe i_1

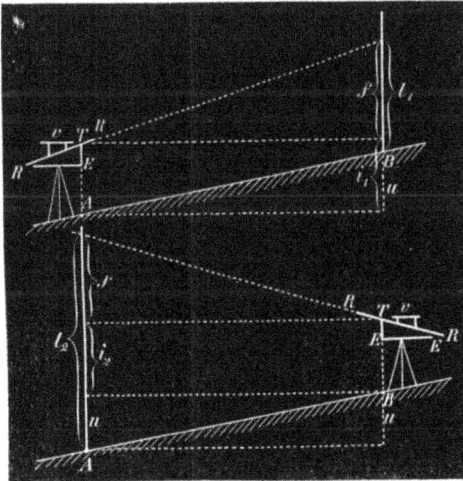

Figur II.

und in B die Lattenhöhe l, alsdann ist, wenn f den Fehler, u den Höhenunterschied der beiden Punkte bezeichnet:

$$f = l_1 + u - i_1$$

Stellt man sich ferner mit dem Instrument mit Punkt E senkrecht über B auf, bringt die Latte nach A, bestimmt die Instrumentenhöhe i_2 und die Lattenhöhe l_2, so hat man, da f und u denselben Werth haben:

$$f = l_2 - u - i_2.$$

Durch Addition beider Werthe von f folgt:

$$f = \frac{l_1 + l_2}{2} - \frac{i_1 + i_2}{2},$$

also ein von der Entfernung AB sowohl, als auch von dem Höhenunterschied unabhängiger Ausdruck. Ist $f = o$, also $v \parallel R$, so ist:

$$l_1 + l_2 = i_1 + i_2.$$

Fällt aber $f = \pm$ aus, so muss die Libelle durch entsprechende Behandlung der Zug- und Stellschraube E am Objectivende des Fernrohrs von ihm entfernt, oder demselben genähert werden. Da die Grösse des Fehlers durch diese Methode bekannt ist, so darf man nur, während das Instrument in B stehen bleibt, von l_2 den Werth f abziehen oder addiren, und die Libellenaxe ist der Fernrohraxe parallel, wenn der horizontale Faden beim höchsten Stand der Blase die Lattenhöhe $l_2 \mp f$ angibt. Hierbei ist namentlich darauf zu achten, dass beide Libellen nach jeder Correction correspondiren.

Da die nachfolgende Prüfung mit dieser ausgeführt werden muss, so ist es gut den Abstand $AB = 100$ oder 200 Fuss, oder das Terrain so zu wählen, dass der Höhenunterschied u mindestens grösser als 10 oder 20 Fuss ist.

Nach Ende dieser Berichtigung wird nun der Nullpunkt der Trommel nicht mehr mit dem Nullpunkt des Massstabs übereinstimmen, daher muss das an dem Ringe S befindliche Stahlplättchen heraus- oder hineingeschraubt werden, bis beim Einspielen der Libelle auch der Nullpunkt der Trommel mit dem des Massstabs zusammentrifft, da nur dann die Visirlinie des Fernrohrs horizontal ist.

Nach dieser Berichtigung kann das Instrument zum Nivelliren benützt werden.

Ad 9. In dieser Beziehung kann nun die Untersuchung auf folgende Weise angestellt werden.

Man stelle sich auf einem stark geneigten Terrain AB (s. oben) auf, messe sehr genau vom Fusspunkt der Senkrechten TA (Fig. III) eine Strecke von $100'$ (z. B.) nach AB, halte in B möglichst vertical eine in Fusse, Zolle und Linien getheilte Latte BD auf und stelle das Fernrohr

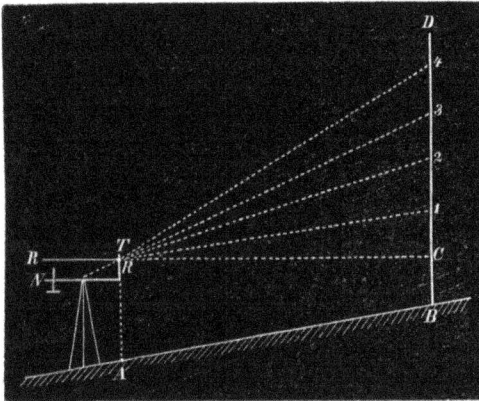

Figur III.

horizontal, d. h. Null der Trommel auf Null des Massstabs; hierbei wird eine Lattenhöhe $BC = l$ abgelesen, welche der Neigung $0\frac{n}{v}$ entspricht. Wird nun die Elevationsschraube um 2, 4, 6 .... $2n$ Umgängen gesenkt, so müssen Lattenhöhen abgelesen werden, welche von l um $1'$, $2'$, ... n' differiren, wenn anders $TN = 200$ Schraubenganghöhen ist. Desgleichen kann die Untersuchung für die oberhalb des Massstabs liegenden Theile angestellt werden, was jedoch nicht wesentlich ist, sondern nur als Controle dient. Angenommen nun, man visire nach 4 Umdrehungen der Schraube die Lattenhöhe $l + 18''$, statt $l + 20''$ an, so kann, da die Theile des Massstabs als richtig vorausgesetzt werden müssen, nur ein Fehler in der horizontalen Entfernung TN sein; diese ist dann auch wirklich um 22,2 .... Schraubenganghöhen zu gross, wie man sich leicht aus der Proportion:

$$18 : 1000 = 4 : x$$

überzeugt. Jetzt muss, während die Stellschraube β hinlänglich gelöst ist, die Zugschraube γ so lange angezogen werden, bis der mittlere Horizontalfaden genau $l + 20''$ angiebt.

Dadurch wurde die horizontale Axe T um eine durch δ gehende Parallaxe gedreht, also Punkt T um die fehlende Grösse dem Punkt N (Axe) genähert. Bleibt während des Anziehens der Stellschraube der Faden auf derselben Ablesung stehen, so muss den Umdrehungen 2, 4, 6 .... $2n$ eine Lattenhöhe $= l + 1, l + 2 .... l + n$ entsprechen.

Würde man dasselbe Verfahren auf eine grössere Entfernung angewendet haben, so müssten die Ablesungen proportional der Ent-

fernungszunahme sein. Es ist anzurathen, die Entfernung nicht zu
gross zu wählen, da sonst die Schärfe der Ablesung verliert. Geht
man mit der Schraube wieder zum Nullpunkt, so wird die Libelle
nicht mehr einspielen, und das Fernrohr muss durch Heben oder
Senken des Plättchens wieder horizontal gestellt werden.

Nach dieser Berichtigung, welche wie die vorher ad 8 von Zeit
zu Zeit vorgenommen werden muss, ist das Instrument als Gefäll und
Distanzmesser zu gebrauchen. Zu bemerken ist noch, dass die Klemmschraube a hinreichend, aber doch nur so stark angezogen sein darf,
dass sich N, ohne zu grosse Reibung hervorzurufen, bewegen lässt.
Da, wie a. a. O. gezeigt wird, der Hauptfaden allein schon zum Distanzmessen genügt, eine andere Methode aber noch 2 Nebenfäden
erfordert, so müssen diese hinsichtlich ihres gleichen Abstandes vom
Hauptfaden untersucht werden, wozu jedoch nichts erfordert wird, als
dass eine Latte in verschiedenen Entfernungen vertical aufgehalten,
und jeweils der Zwischenraum eines jeden Nebenfadens vom Hauptfaden ermittelt wird.

III. Anwendung.

1. Messung der Horizontalwinkel.

In Folge der unveränderlichen Verbindung des Limbus mit dem
Untersatze kann zur Bestimmung der Horizontalwinkel nur das Com-
pensationsverfahren in Anwendung kommen, indem man zuerst die
Ablesung Signal links, dann die Signal rechts macht, und beide Re-
sultate addirt oder von einander abzieht, je nachdem der Nonius den
Nullpunkt der Theilung passirt oder nicht.

Die Angabe von zwei Minuten erlaubt die Anwendung des Instruments nicht allein zur Aufnahme von Längenprofilen, sondern auch
auf grössere Polygone, da z. B. bei 100 Fuss Seite ein Winkelfehler
von 2 Minuten in den Ordinaten erst eine Differenz bis zu 6 Linien
zur Folge hat. Um den Einfluss der Excentricität aus der Winkelmessung zu bringen, lasse man, weil das Fernrohr nicht durchgesthla-
gen werden kann, die Feder der Schwanzschraube etwas nach, gebe
dem ganzen Instrument, jedoch mit Rücksicht auf die centrische Aufstellung, eine womöglich entgegengesetzte Stellung, und bestimme auf
gleiche Weise denselben Winkel zum zweiten mal.

2. Bestimmung des Höhenunterschieds nach Procenten.

Der Höhenunterschied der Punkte A und B (Fig. IV) nach Procenten ergibt sich, indem man in A die Instrumentenhöhe AT, d.i. die Höhe der Axe T über Punkt A nimmt, dieselbe in B auf der Latte BD (eine Nivellirlatte mit Scheibe ist einer getheilten vorzuziehen) einstellt und die Elevationsschraube so lange erhebt oder senkt, bis Punkt D im Fadenkreuz steht; alsdann ist offenbar die Visirlinie GD parallel der Verbindungslinie der Punkte A und B.

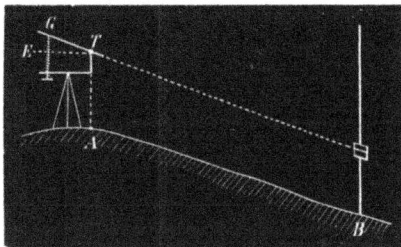

Figur IV.

Die Ablesung des Stäbchens und der Trommel gibt sofort die Neigung nach Procenten an. Umgekehrt wird eine Neigung von gegebenem Procentsatz ausgesteckt, indem man die Trommel auf denselben einstellt, die Instrumentenhöhe nimmt und mit dieser in der betreffenden Richtung sich so lange fortbewegt, bis der Faden die eingestellte Lattenhöhe trifft.

3. Messung der Höhenwinkel.

Aus der Angabe nach Procenten kann nun leicht der Neigungswinkel φ gefunden werden, denn in dem Dreieck ETG ist:

$$tg \cdot \varphi = \frac{EG}{ET} = \frac{p}{100},$$

wenn p die Bewegungsgrösse der Elevationsschraube ist. Der Winkel selbst kann direct aus der Tangententafel der wirklichen trigonometrischen Zahlen, aber auch immer hinreichend genau

$$\varphi = 2062{,}5 \left[p - \frac{p^3}{30000} \right] \text{ Secunden,}$$

oder, wenn p kleiner als fünf, aus:

$$\varphi = 2062{,}5 \cdot p \text{ Secunden}$$

berechnet werden. Da der Maassstab $\pm$ 15 Procent angibt, so erhält man Höhen und Tiefenwinkel bis auf 9 Grad, und zwar mit einer

Genauigkeit, welche nur durch repetirende Höhenkreise erlangt werden
kann. Aus der für φ angegebenen Formel folgt, wenn dp und $d\varphi$
kleine Aenderungen von p und φ sind:

$$d\varphi = 2062,5 \left[1 - \left(\frac{p}{100}\right)^2\right] dp \text{ Secunden.}$$

Nimmt man nun an, es werde beim Ablesen ein Fehler von
$0,01\,\substack{0\\0}$ begangen, und p sei gleich 10, so erhält man für $d\varphi$ den
Werth von 20 Secunden, welcher bei gleichartigen Messungen mit
andern Instrumenten meist übertroffen wird. Zugleich ist ersichtlich,
dass $d\varphi$ mit abnehmendem p wächst, dass man also bei kleinen Nei-
gungswinkeln eher einen einflussreichen Fehler begeht, als bei grösseren.

4. Bestimmung des absoluten Höhenunterschieds zweier Punkte.

Stellt man den Nullpunkt der Trommel auf den Nullpunkt des
Stäbchens, oder beide Libellen horizontal, so ist das Instrument zum
Nivelliren eingerichtet, und es können die verschiedenen Methoden zur
Bestimmung der Höhenlage beliebig vieler Punkte, wie sie etwa in
Bauernfeind's Vermessungskunde angegeben sind, zur Anwendung
kommen. Ausserdem aber kann der Höhenunterschied zweier Punkte,
da das Instrument zugleich Distanzmesser ist, aus der horizontalen
Entfernung und dem Procentsatz, oder aus dem hieraus hervorgehen-
den Höhen- oder Tiefenwinkel gefunden werden.

5. Bestimmung der horizontalen Entfernung beider Punkte.

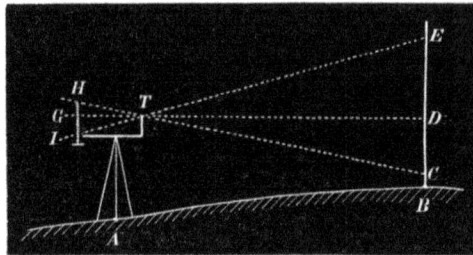

Figur V.

Zu diesem Zwecke stelle man sich in dem einen Endpunkt A (Fig. V)
mit dem Instrument, in dem andern B mit einer getheilten Latte auf,
bringe den mittlern Faden auf einen Haupttheilstrich derselben und
lese den dieser Visur $BC = l_1$ entsprechenden Procentsatz $GH = p_1$
ab. Wird nun die Elevationsschraube abwärts bewegt, bis der mittlere
Horizontalfaden wieder auf einen Haupttheilstrich E der Latte fällt,

so hat man die Lattenhöhe $BE = l_2$ und den ihr zugehörigen Procentsatz $GI = p_2$, und aus den ähnlichen Dreiecken ETC und ITH
die Proportion:

$$HI : EC = GT : TD$$

aus welcher mit Rücksicht auf die entsprechenden Werthe

$$TD = \frac{100\,(l_2 - l_1)}{p_2 + p_1} = \frac{100 \cdot \triangle\,(l)}{\Sigma\,(p)}$$

folgt. Es ergibt sich somit die Entfernung der Punkte A und B, wenn
man zur halben Fernrohrlänge den Quotienten aus der hundertfachen
Lattenangabe und dem derselben zugehörigen Procentsatz addirt.

Macht man bei horizontaler Einstellung die Ablesung DE oder DC,
und entsprechend in der Trommel die Ablesung GI und GH, so ist im
ersteren Fall l_1 und $p_1 = o$, im zweiten l_2 und $p_2 = o$ und man erhält:

$$TD = \frac{100\,l_2}{p_2} \text{ oder } = \frac{100\,l_1}{p_1}.$$

Liegt der Punkt B höher als die Horizontale GD, so ist $BD = l_1$
und entsprechend $GH = p_1$ negativ zu nehmen.

Hiebei ist besonders darauf zu achten, dass die untere Libelle
genau horizontal steht. Ist die Entfernung nicht sehr gross, so wird
man genauer die Elevationsschraube auf zwei ganze Procentsätze einstellen und die ihnen zugehörigen Lattenhöhen bestimmen. Die Entfernung kann bei ein und derselben Aufstellung durch verschiedene
correspondirende Ablesungen bestimmt und so genau controlirt werden.
Aus dem für TD abgeleiteten Ausdruck geht hervor, dass die Ablesungen der Trommel besonders bei grossen Entfernungen mit äusser-
ster Genauigkeit gemacht werden müssen, da bei gleich gut bestimmte
Lattenhöhen ein Fehler in den Grössen p_1 und p_2 in dem Resultat
merkliche Veränderung hervorbringt.

Werden sämmtliche hier aufgeführten Operationen in richtiger
Verbindung zur Anwendung gebracht, so ist nicht zu verkennen, dass
dies Instrument vor den gebräuchlichen Nivellirinstrumenten und Ge-
fällmessern wesentlichen Vorzug verdient. Ganz besonders wird dasselbe bei Strassen- und Eisenbahnbauten zu empfehlen sein, da ihm
(bei dem mässigen Preis von 70 fl.) gerade in dieser Hinsicht durch
seinen häufigen Gebrauch die gebührende Anerkennung zu Theil
geworden.

Ueber ein neues Pachytrop.

Von

Anton Waszmuth,

Assistenten für Physik an der Technik in Prag.

(Hiezu Tafel V Figur 1, 2, 3.)

Man kommt häufig, besonders beim Unterrichte bei Erörterung des Ohm'schen Gesetzes in die Lage, mehrere Elemente auf verschiedene Weise untereinander verbinden zu müssen, wozu man, um dieses schneller ausführen zu können, eigene Instrumente, Pachytrope genannt, construirte. Ohne in eine Aufzählung des bis jetzt in dieser Richtung Gelieferten einzugehen, will ich nur kurz die jetzt am häufigsten gebrauchten Pachytrope besprechen, um daran die Beschreibung des von mir gegebenen anzufügen.[1])

Eines der einfachsten von diesen Instrumenten ist das von Stöhrer in Dresden seinen Batterien beigegebene Pachytrop, das aus mehreren Kupferstreifen besteht, die durch Einklemmen an die Polenden die verschiedenen Combinationen geben. Etwas schneller kann man diese bei der Einrichnng von Bothe erhalten (Pogg. Bd. CIX), wo Metallfedern auf Knöpfen schleifen, die mit den Poldrähten verbunden sind. Um eine sichere Verbindung herzustellen, hat ferner Siemens ein Pachytrop construirt, bei dem ähnlich wie bei den von ihm verfertigten Umschaltern die sogenannte Stöpselschaltung in Anwendung kommt.

---

1) Die Pachytrope, welche sich aus Quecksilbernäpfen und Drahtbügeln herstellen lassen und welche man schon in verschiedenen Formen ausgeführt hat (ein solches Pachytrop beschreibt z. B. auch Carl in seinem Repertorium Bd. II p. 27), habe ich übergangen, weil man die Anwendung von Quecksilbernäpfen überhaupt gern zu vermeiden pflegt. (Vergl. meine zweite Einrichtung des Apparates Repertorium II p. 243. Carl.)

Gelegentlich erwähne ich, dass Carl die Bezeichnung Tachytrop [von $\tau\alpha\chi\grave{v}\varsigma$ schnell) vorschlägt; ich habe die Bezeichnung Pachytrop beibehalten, welche von $\pi\alpha\chi\grave{v}\varsigma$ herrührt und die Aenderung des Querschnittes der Säule andeuten soll.

Man muss indess allen den bis jetzt genannten Apparaten den Vorwurf machen, dass sie zu viel Zeit zur Aenderung einer Combination in Anspruch nehmen, was wohl am schnellsten bei dem sogenannten Walzen-Pachytrop geschieht. Dasselbe besteht aus einer hohlen hölzernen Walze, in deren Innerem verschiedene Metallbügel angebracht sind, deren Enden bis an die äussere Mantelfläche des Cylinders gehen, wo auf ihnen Metallfedern, die mit den Polen einer Batterie verbunden sind, schleifen. Man erhält so durch blosses Drehen der Walze die verschiedenen Combinationen, hat aber leider bei einer derartigen Ausführung zu fürchten, dass die Verbindung irgendwo unterbrochen ist, da bei der geringsten Verschiebung der Federn die Berührung derselben mit den kleinen Querschnitten der Drähte unsicher wird.

Ich habe mir daher die Aufgabe gestellt, ein Walzenpachytrop zu construiren, das neben dem Vortheil der schnellen Aenderung der Combination auch noch den einer sicheren, leicht herzustellenden Verbindung von natürlich sehr geringem Widerstande in sich vereinige.

Diesen Gedanken suchte ich für 6 Elemente folgendermassen zu realisiren.

Auf der Mantelfläche eines massiven hölzernen Cylinders sind parallel zu seiner Axe vier Combinationen von Kupferblechstreifen angebracht. [Figur 1 (axonometrisch gezeichnet) und Figur 2.] Auf ihnen schleifen federnde Kupferblechstücke, die an messingenen Säulen angeschraubt sind. Die auf der einen Seite stehenden sechs Säulen sind mit den sechs positiven Polen der Batterie, die auf der andern Seite mit den sechs negativen verbunden, so dass die Kupferblechstreifen die Stelle von Polenden einnehmen. Um daher die verschiedenen Combinationen zu erhalten, wird man auf der Mantelfläche des Cylinders die Kupferblechstreifen gerade so verbinden, wie die Polenden der Elemente nacheinander verbunden werden sollen. Man erhält so (Figur 2) vier verschiedene Combinationen, von denen die erste ein sechsplattiges Element, die zweite zwei dreiplattige Elemente, die dritte drei zweiplattige Elemente und die vierte sechs einfache Elemente gibt. Die mit A und A' bezeichneten Stücke sind umgebogen (Figuren 1 und 3) und stehen in Verbindung mit der Axe. Dieselbe besteht aus zwei von einander isolirten Stücken und es schleift an ihr an jedem Ende eine Feder B und B'. Diese tragen zwei Klemmen, in welche der Schliessungsleiter eingeschaltet wird.

Man sieht nun leicht, wie durch blosses Drehen jede Combination erzielt wird; so sind z. B. in der gezeichneten Figur sechs einfache Elemente eingeschaltet. Ebenso kann man erkennen, wie die Verbindung durch Anwendung von grösseren Kupferblechstreifen statt einfacher Drähte viel verlässlicher wird und ausserdem noch den Vortheil bietet, eine Unterbrechung der Leitung leicht erkennen zu lassen. Schliesslich will ich noch auf den weiteren Vorzug hinweisen, dass ein solches Walzenpachytrop ebenso einfach und bequem für eine beliebige Anzahl von Elementen nach den oben angedeuteten Grundsätzen ausgeführt werden kann.

Prag, am 7. Februar 1868.

Ueber einige, auf die parabolischen Wurflinien bezügliche, geometrische Oerter und deren Gebrauch zur Bestimmung der Wurfhöhe und Wurfweite.

Von

Dr. K. L. Bauer,

Assistent der Physik am Polyt. zu Karlsruhe.

(Hiezu Tafel VII Figg. 3, 4, 5.)

I.

Wir denken uns im leeren Raum ein rechtwinkliges Coordinatensystem der x, y mit horizontaler Abscissen- und verticaler Ordinatenachse. Vom Coordinatenanfang gehe ein unter dem Winkel α gegen die positive Richtung der x-Achse mit irgend einer Intensität geworfener, schwerer Punkt aus, so dass die Trajectorie desselben in die Coordinatenebene zu liegen komme; der Winkel werde von der positiven x-Achse aus in umgekehrtem Sinne, wie die Bewegung eines Uhrzeigers, gezählt. Um nun die Gestalt der Bahn zu ermitteln, zerlegen wir nach dem gewöhnlichen Verfahren die ertheilte Anfangsgeschwindigkeit c in eine horizontale und in eine verticale Seitengeschwindigkeit c_1 und c_2, so dass

$$c_1 = c \cos \alpha \text{ und } c_2 = c \sin \alpha.$$

Dann folgen für die entsprechenden Componenten der Bahngeschwindigkeit zur Zeit t die Werthe

$$v_1 = c_1 \text{ und } v_2 = c_2 - g t,$$

und für die zugehörigen Wege, oder die Coordinaten des bewegten Punktes zur nemlichen Zeit

$$x = c_1 t \text{ und } y = c_2 t - \tfrac{1}{2} g t^2.$$

Hierdurch ist die Bahnlinie völlig bestimmt; die besondern Annahmen

$$v_2 = o; \ y = o; \ t = \frac{c_2}{g} \mp \tau$$

führen zur Kenntniss der wichtigsten Eigenschaften derselben, unter andern auch zur Auffindung der Wurfhöhe und Wurfweite. Die

Gleichung der Trajectorie ergibt sich aus den aufgestellten Ausdrücken für die Coordinaten eines ihrer Punkte durch die sehr leichte Elimination von t; übrigens liegt die Vermuthung nahe, dass das Eliminationsresultat sich unter der Form

$$(m - x)^2 = p\,(n - y)$$

werde darstellen lassen, wenn mit m, p, n gewisse, noch zu bestimmende, Constante bezeichnet werden. Diese Vermuthung erweist sich als begründet; denn ersetzt man in jener hypothetischen Gleichung x und y durch die betreffenden Functionen von t, so erhält man durch Vergleichung der beiderseitigen Coëfficienten von t^2, t^1, t^0 die drei Bedingungen

$$c_1^2 = \tfrac{1}{2}\,g\,p;\quad 2\,c_1\,m = c_2\,p;\quad m^2 = p\,n,$$

woraus sich successive p, m, n eindeutig und reell bestimmen, indem

$$p = \frac{2\,c_1^2}{g};\quad m = \frac{c_1\,c_2}{g};\quad n = \frac{c_2^2}{2g}.$$

Macht man jetzt noch die Substitutionen $m - x = -w$ und $n - y = u$, so wird die Gleichung $w^2 = p\,u$ der Bahn identisch mit der Scheitelgleichung der Parabel; um von den ursprünglichen Achsen X, Y zu den neuen W, U zu gelangen, hat man, jenen Substitutionen zufolge, die Achse der x um die Grösse n, die Achse der y aber um die Grösse m parallel zu sich selbst zu verschieben und ausserdem die negative Richtung der letztern zur positiven u-Achse zu wählen (s. Fig. 3). Die drei Constanten m, n, p haben sämmtlich eine für die Bahncurve wesentliche Bedeutung; m ist nemlich die halbe Wurfweite, n die Wurfhöhe und p der Parameter der Bahn, d. h. der vierfache Abstand des Scheitels vom Brennpunkt, oder von der Directrix. Die Grössen m, n bedeuten in Bezug auf das System der x, y Abscisse und Ordinate des Scheitels, in Bezug auf das System der u, w jedoch w- und u-Coordinate des Endpunktes der Bahn, in welchem sie zum zweitenmal die Horizotale trifft. Eben deshalb besteht die schon oben gefundene Beziehung $m^2 = p\,n$, wornach die halbe Wurfweite die mittlere Proportionale zwischen Wurfhöhe und Parameter ist.

Bei Ansicht der Ausdrücke für p, m, n gewahrt man ausserdem leicht, dass $p = \pm 2\,m = 4\,n$ wird, wenn $c_1 = \pm c_2$, d. i. $\alpha = 45^0$, oder $= 180^0 - 45^0 = 135^0$; den Wurfwinkeln 45^0 und 135^0 entsprechen demnach parabolische Bahnen, deren Brennpunkte in der horizontalen x-Achse liegen; ausserdem wird die (absolute) Wurfweite

$2\,m$ in diesem Falle ein Maximum. Allgemeiner lässt sich der erste Theil dieses Satzes so aussprechen: **die horizontale x-Achse ist der geometrische Ort der Brennpunkte aller Bahnen, die bei den Wurfwinkeln 45° und 135° und bei allen möglichen Anfangsgeschwindigkeiten zu Stande kommen.** Dieser Umstand kann veranlassen, ganz allgemein die geometrischen Oerter der Brennpunkte und Scheitel zu ermitteln, sowohl wenn bei irgend einem constanten Werth von α die Geschwindigkeit c nach einander beliebig variirt, als auch wenn irgend mit einer constanten Geschwindigkeit c unter allen möglichen Winkeln α geworfen wird.

II.

Bezeichnen wir das Maximum der Wurfhöhe n, welches bei verticalem Wurfe ($\alpha = 90°$) eintritt, mit a, so ergeben sich wegen der Beziehung $a = \dfrac{c^2}{2g}$ für die Coordinaten des Brennpunkts und des Scheitels die Ausdrücke:

$$x = m = a \sin 2\alpha; \quad y = n - \frac{p}{4} = -a \cos 2\alpha \quad \text{(Coordin. d. Brennp.)}$$

$$x = m = a \sin 2\alpha; \quad y = n = a \sin 2\alpha \quad \text{(Coordin. des Scheitels).}$$

Ist nun zunächst α constant und c variabel, so werden wir die Gleichungen der geometrischen Oerter der Brennpunkte und Scheitel aller betreffenden Parabeln dadurch erhalten, dass wir durch Elimination des veränderlichen c, oder a, Relationen zwischen den Coordinaten jener Punkte aufstellen. Man findet sofort:

$$y = -\frac{1}{tg\,2\alpha}\;x = tg\left(2\alpha - \frac{\pi}{2}\right).x \quad \text{(Gl. d. Orts d. Brennp.)}$$

$$y = \tfrac{1}{2}\,tg\,\alpha\,.\,x \quad \text{(Gleichung d. Orts d. Scheitel.)}$$

Wirft man mithin im leeren Raum einen schweren Punkt unter dem nemlichen Winkel α mit allen möglichen Intensitäten, so kommen sowohl die Brennpunkte als die Scheitel sämmtlicher Wurflinien in je eine durch den gemeinschaftlichen Ausgangspunkt (Coordinatenanfang) gehende Gerade zu liegen. Diese Geraden sind nur nach Einer Seite hin unbegrenzt (also halbbegrenzt); der Coordinatenanfang ist beider Anfangspunkt; orientiren wir uns nun über die geradere Lage derselben!

Die Brennpunktsgerade OB (s. Fig. 4 Taf. VII) steht offenbar im
Coordinatenanfange normal zu der mit der positiven Richtung der x den
positiven Winkel $2\,\alpha$ einschliessenden Geraden; oder, was dasselbe ist,
die Brennpunktsgerade macht mit der negativen y-Achse den, von
dieser Achse aus gezählten Winkel $2\,\alpha$. Für $\alpha = o$ fällt sie also mit
der negativen y-Achse zusammen, während α von 0^{0} bis 180^{0} wächst,
dreht sie sich in der Coordinatenebene um O in positivem Sinne (nach
der oben getroffenen Bestimmung umgekehrt wie der Zeiger einer
Uhr, linkssinnig) vollständig im Kreise herum; für $\alpha = 45^{0}$ coincidirt sie — eine Bestätigung des schon früher ausgesprochenen Satzes —
mit der horizontalen, positiven x-Achse; bei fortgesetzter Zunahme des
α dreht sich die bisher unterhalb des Horizonts gelegene Brennpunktsgerade über die Horizontale hinaus und fällt für $\alpha = 90^{0}$ mit der
positiven y-Achse zusammen; für $\alpha = 135^{0}$ coincidirt sie mit der
negativen x-Achse, begibt sich bei noch ferner wachsendem α wieder
unter den Horizont und fällt, wenn $\alpha = 180^{0}$ geworden, ebenso wie
für $\alpha = 0^{0}$, mit der negativen y-Achse zusammen.

Die Lage der Scheitelgeraden OS bestimmt sich durch die Bemerkung, dass diese Gerade die Ordinate $y = tg\,\alpha \cdot x$ jedes Punktes
der Wurfrichtung OW halbirt; der Scheitel liegt immer nur halb so hoch
über der Horizontalen, als der vertical darüber gelegene Punkt der
entsprechenden Wurfrichtung. Hieraus folgt, dass bei jedem beliebigen Wurfwinkel α die x-Achse, die Scheitelgerade,
die Wurfrichtung und die y-Achse ein harmonisches Strahlen-
büschel bilden; OX, OW und OS, OY sind gegenseitig einander zugeordnete Strahlen (vgl. u. a. J. H. T. Müller, Lehrb.
d. Geometrie, Halle 1844, S. 222, Nr. 11). Der Winkel der Scheitelgeraden mit der x-Achse liegt zwischen $\dfrac{\alpha}{2}$ und α; man kann ihn

mit $\dfrac{\alpha}{2} + \alpha'$ bezeichnen, wenn $tg\,\alpha' = tg^{3}\,\dfrac{\alpha}{2}$, weil bei dieser Be-

dingung die Gleichung $y = \tfrac{1}{2}\,tg\,\alpha \cdot x$ unter der Form $y = tg\left(\dfrac{\alpha}{2} + \alpha'\right) x$

darstellbar ist. Für $\alpha = o^{0}$ (bei horizontalem Wurfe) liegen sämmtliche Scheitel im Ausgangspunkte, dem Coordinatenanfang; wächst α
von 0^{0} bis 180^{0}, so lässt sich die positive x-Achse durch linkssinnige

Drehung in der Coordinatenebene um den Ursprung bis zum schliess-
lichen Zusammenfallen mit der negativen x-Achse in die successiven
Lagen der Scheitelgeraden überführen. Für $a = 90^0$ (verticaler Wurf)
fällt die Scheitelgerade sammt der Brennpunktsgeraden selbstverständlich mit der positiven y-Achse zusammen; für $a = 180^0$ liegen, wie
für 0^0, sämmtliche Scheitel im Coordinatenanfang. Die Scheitelgerade liegt natürlich stets oberhalb der Horizontalen.

Wir können uns noch ein lebendiges Bild von den Lagen der
erwähnten Geraden verschaffen. Nehmen wir an, die Wurfrichtung
OW drehe sich umgekehrt wie der Uhrzeiger mit gleichförmiger Geschwindigkeit in der Coordinatenebene um den festen Punkt O, so entsteht
die Frage, welche Bewegungen alsdann Brennpunkts- und Scheitelgerade vollführen. Die klarste Antwort hierauf sind die Differentialver-
hältnisse:

$$\frac{d\,(2\,a)}{d\,a} = 2; \quad \frac{d\left(\dfrac{a}{2} + a'\right)}{d\,a} = \frac{d\,\mathrm{arc}\;tg\,(\frac{1}{2}\,tg\,a)}{d\,a} = \tfrac{1}{2} \cdot \frac{1}{1 - \tfrac{3}{4}\,\sin{}^2 a}$$

Aus dem ersten derselben erkennen wir, dass die gleichförmige
Drehung der Wurfrichtung eine ebenfalls gleichförmige und gleichsinnige, aber doppelt so schnelle Drehung der Brennpunktsgeraden zur
Folge hat. Weil nun beim horizontalen Wurfe die Brennpunktsgerade einen Winkel von 90^0 mit dieser Wurfrichtung macht, so sieht
man ein, dass wenn der Wurfwinkel von 0^0 bis 45^0 gewachsen ist,
die Brennpunktsgerade unterdessen einen Winkel von 90^0 beschrieben
hat, also mit der Horizontalen zusammenfällt und sich der Wurfrichtung bis auf 45^0 Winkelabstand genähert hat; es versteht sich ferner,
dass die Brennpunktsgerade die Wurfrichtung einholt, sobald $a = 90^0$
wird, und dass bei noch grösseren Wurfwinkeln die Brennpunktsgerade
der Wurfrichtung vorauseilt, sich wieder unterhalb dieselbe begibt
und stets weiter von ihr entfernt, bis bei $a = 180^0$ der Winkelabstand wieder 90^0 geworden ist; zur Erkenntniss alles dessen wäre
übrigens die Bildung des Differentialquotienten nicht erforderlich gewesen.

Mehr lehrt uns das zweite der oben aufgestellten Differentialver-
hältnisse. Es beweist zunächst, dass die Geschwindigkeit der Scheitelgeraden nicht in einem so einfachen, constanten Verhältniss zu derjenigen der Wurfrichtung steht; dieses Verhältniss ist von a abhängig,

aber in jedem gegebenen Falle leicht zu berechnen. Machen wir z. B. successive die Annahmen

$$\sin^2 \alpha = 0, = \tfrac{1}{2}, = \tfrac{2}{3}, = \tfrac{8}{9}, = 1,$$

so erhalten wir dem entsprechend

$$\frac{d\left(\dfrac{\alpha}{2} + \alpha'\right)}{d\alpha} = \tfrac{1}{2}, = \tfrac{4}{5}, = 1, = \tfrac{3}{2}, = 2.$$

Die gleichförmige Drehung der Wurfrichtung von $\alpha = 0^0$ bis $\alpha = 90^0$ bewirkt also eine gleichsinnige, ungleichförmig beschleunigte Drehung der Scheitelgeraden; darüber hinaus wird die Geschwindigkeit der Scheitelgeraden eine ungleichförmig verzögerte sein. Weil wir uns für $\alpha = 0^0$ die Scheitelgerade mit der horizontalen Wurfrichtung zusammenfallend denken können (in Wahrheit ist dann die Scheitelgerade auf den Punkt O reducirt), so wird zunächst in Folge eines unendlich kleinen Incrementes von $\alpha = 0^0$ die Scheitelgerade um halb so viel sich drehen, als die Wurfrichtung, also unterhalb dieser zurückbleiben; fährt α gleichförmig zu wachsen fort, so wächst zwar das Verhältniss der Drehung der Scheitelgeraden zur Drehung der Wurfrichtung und ist bereits von $\tfrac{1}{2}$ bis $\tfrac{4}{5}$ gestiegen, wenn α von 0^0 bis 45^0 gewachsen ist; da aber bis jetzt das genannte Verhältniss immer kleiner als 1 blieb, so musste die Scheitelgerade stets mehr gegen die Wurfrichtung zurückbleiben; der Winkelabstand beider Geraden wird ein Maximum,

$$\text{wenn } \sin^2\alpha = \tfrac{2}{3} \text{ und } \frac{d\left(\dfrac{\alpha}{2} + \alpha'\right)}{d\alpha} = 1 \text{ geworden ist.}$$

Von hier ab dreht sich die Scheitelgerade schneller als die Wurfrichtung, für $\sin^2\alpha = \tfrac{8}{9}$ z. B. schon $\tfrac{3}{2}$ mal so schnell, beide Gerade nähern sich daher beständig, bis sie für $\alpha = 90^0$ coincidiren. In diesem Augenblicke bewegt sich die Scheitelgerade doppelt so schnell; als die Wurfrichtung, also ebenso rasch, als die in diesem Momente gleichfalls mit ihr zusammenfallende Brennpunktsgerade. Der Gang für $\alpha > 90^0$ versteht sich hiernach von selbst.

Auf das Maximum des Winkels $\alpha - \left(\dfrac{\alpha}{2} + \alpha'\right) = \dfrac{\alpha}{2} - \alpha^1$ zwischen Wurfrichtung und Scheitelgeraden führt auch die Gleichung:

$$\frac{d\left(\dfrac{\alpha}{2} - \alpha'\right)}{d\alpha} = -\frac{d\left(\dfrac{\alpha}{2} + \alpha'\right)}{d\alpha} + 1 = 0.$$

Man zieht hieraus die oben gefundene Bedingung $\sin^2 \alpha = \frac{2}{3}$, welche identisch mit $tg\,\alpha = \pm \sqrt{2}$ ist. Mit Benutzung einer logarithmischen Tafel fand ich den hierdurch bestimmten spitzigen Winkel nahezu $\alpha = 54^0\, 44'\, 8'',2$. Da nun $tg\left(\dfrac{\alpha}{2} + \alpha^{\iota}\right) = \frac{1}{2} tg\,\alpha = \frac{1}{2}\sqrt{2} = \dfrac{1}{\sqrt{2}}$, so hat man sofort $\dfrac{\alpha}{2} + \alpha' = \dfrac{\pi}{2} - \alpha = 35^0\, 15'\, 51'',8$ und kann jetzt aus diesen beiden Werthen auch die übrigen Winkel von Interesse ableiten; ich stelle dieselben hier zusammen:

$$\alpha = 54^0\, 44'\, 8''\, 2; \dfrac{\alpha}{2} = 27^0\, 22'\, 4'',1; \dfrac{\alpha}{2} + \alpha' = 35^0\, 15'\, 51'',8,$$

$$\alpha' = 7^0\, 53'\, 47'',7; 2\alpha = \dfrac{\pi}{2} + 19^0\, 28'\, 16'',4; \dfrac{\alpha}{2} - \alpha' = 19^0\, 28'\, 16'',4.$$

In Worte gefasst gibt diess folgenden Satz: **Bei dem Wurfwinkel** $\alpha = 54^0\, 44'\, 8'',2$[1]) **macht die Scheitelgerade mit der Wurfrichtung den möglichst grossen Winkel** $19^0\, 28'\, 16'',4$; **eben diesen nemlichen positiven Winkelabstand** $19^0\, 28'\, 16'',4$ **besitzt gleichzeitig die Brennpunktsgerade von der Horizontalen, während die Scheitelgerade mit der Horizontalen und die Brennpunktsgerade mit der Wurfrichtung den Winkel** $\dfrac{\pi}{2} - \alpha = 35^0\, 15'\, 51'',8$ **bildet.** Aehnliches gilt natürlich, wenn wir den stumpfen Winkel $\pi - \alpha = 125^0\, 15'\, 51'',8$ als Wurfwinkel wählen; ausserdem bemerkt man leicht, **dass die** α **entsprechende Wurfrichtung in diesem Falle normal zu der** $\pi - \alpha$ **entsprechenden Scheitelgeraden steht, und ebenso die** $\pi - \alpha$ **entsprechende Wurfrichtung normal zu der** α **entsprechenden Scheitelgeraden.**

Untersuchen wir jetzt, wenn der Winkel $\dfrac{\pi}{2} - 2\alpha$ der Brennpunktsgeraden mit der x-Achse = dem Winkel $\dfrac{\alpha}{2} + \alpha'$ der Scheitelgerade mit der x-Achse wird. Da alsdann Brennpunkts- und Scheitelgerade gleiche und entgegengesetzte Winkel mit der x-Achse machen, so haben wir $\dfrac{1}{tg\,2\alpha} = \frac{1}{2} tg\,\alpha$ zu setzen, woraus $tg\,\alpha = \pm \dfrac{1}{\sqrt{2}}$ folgt.

---

1) Derselbe differirt nicht viel vom Polarisationswinkel des Glases.

Nennen wir den zu dem Zeichen $+$ gehörigen Winkel speciell α, so wird der zu dem Zeichen $-$ gehörigem $\pi - \alpha$ sein. Nach den Vorausgegangenen wissen wir nun sogleich, dass $\alpha = 35^0\ 15'\ 51''$, 8, und hieraus schliessen wir auf die andern, uns interessirenden Winkel; zusammengestellt sind dieselben:

$$\alpha = 35^0\ 15'\ 51'', 8;\ \pi - \alpha = 144^0\ 44'\ 8'', 2;\ \frac{\alpha}{2} = 17^0\ 37'\ 55'', 9$$

$$\frac{\pi}{2} - 2\alpha = \frac{\alpha}{2} + \alpha' = 19^0\ 28'\ 16'', 4;\ \alpha' = 1^0\ 50'\ 20'', 5.$$

Wirft man also unter dem Winkel $35^0\ 15'\ 51'', 8$, oder $144^0\ 44'\ 8'', 2$, so bilden die jedesmaligen Brennpunkts- und Scheitelgeraden gleiche und entgegengesetzte, spitzige Winkel von $19^0\ 28'\ 16'', 4$ mit der positiven, resp. negativen x—Achse; daher fällt die zu α gehörige Brennpunktsgerade im vorliegenden Falle in die Rückverlängerung der $\pi - \alpha$ entsprechenden Scheitelgeraden und ebenso die $\pi - \alpha$ entsprechende Brennpunktsgerade in die Rückverlängerung der zu α gehörigen Scheitelgeraden. Die jetzigen Wurfrichtungen coincidiren mit den vorher betrachteten Lagen der Scheitelgeraden, in welchen diese von den betreffenden Wurfrichtungen ($\alpha = 54^0\ 44'\ 8'', 2$ und $125^0\ 15'\ 51'', 8$) möglichst weit, und zwar um $19^0\ 28'\ 16'', 4$ abweichen, die jetzigen Scheitelgeraden aber mit den damaligen Brennpunktsgeraden; die jetzige, α entsprechende Brennpunktsgerade fällt in die Rückverlängerung der damaligen $\pi - \alpha$ entsprechenden Brennpunktsgeraden, und die jetzige $\pi - \alpha$ entsprechende Brennpunktsgerade in die Rückverlängerung der damaligen α entsprechenden Brennpunktgeraden; die jetzige Wurfrichtung von $35^0\ 15'\ 51'', 8$ steht normal zur damaligen von $125^0\ 15'\ 51'', 8$ und die jetzige Wurfrichtung von $144^0\ 44'\ 8'', 2$ normal zur damaligen von $54^0\ 44'\ 8'' 2$. Bei dem Wurfwinkel $35^0\ 15'\ 51'', 8$ gegen die positive, oder negative x-Achse bilden die Brennpunktsgerade, die x-Achse, die Scheitelgerade und die y-Achse ein harmonisches Büschel; OB, OS und OX, OY sind einander zugeordnete Strahlen, gleichzeitig sind — wie für jedes α — OX, OW und OS, OY zugeordnete, harmonische Strahlen; daher bilden bei dem Wurfwinkel $\frac{\pi}{2} - 35^0\ 15'\ 51''$, $8 = 54^0\ 44'\ 8''$, 2 die x-Achse, die Brennpunktsgerade, die Scheitelgerade und die y-Achse ebenfalls ein harmonisches Büschel mit den zugeordneten Strahlen OX, OS und OB, OY; natürlich existirt auch in diesem Falle ein zweites harmonisches Büschel, bestehend aus OX, OW und OS, OY. Wir werden weiter unten noch eine andere Eigenthümlichkeit dieser Fälle nachweisen.

Gesetzt jetzt, es sei erwünscht, die Lage des Brennpunkts und Scheitels irgend einer der parabolischen Bahnen, die bei demselben α und verschiedenen c entstehen, schnell ermitteln zu können, so würde man sich vortheilhaft eine der Fig. 4 Taf. VII analoge, dem gegebenen α entsprechende Zeichnung der geometrischen Oerter OB und OS herstellen. Um dann den Brennpunkt zu finden, reicht es aus, seine Distanz vom Coordinatenanfang zu kennen; diese ist aber $= \sqrt{x^2 + y^2}$, wenn wir mit x, y die Coordinaten des Brennpunkts bezeichnen; unter Berücksichtigung der oben hierfür erhaltenen Werthe ergibt sich so für die fragliche Distanz der Werth $a = \frac{c^2}{2g}$, d. h. der Brennpunkt liegt immer so weit vom Ausgangspunkte der Bahn ab, als sich ein mit der jeweiligen Anfangsgeschwindigkeit c vertikal aufwärts geworfener Punkt erheben würde; (liesse man demnach, bei constantem c, den Winkel α beliebig variiren, so erhielte man als geometrischen Ort der Brennpunkte einen um O beschriebenen Kreis mit dem Halbmesser a, s. u. III). Der Scheitel liegt in OS vertikal über dem Brennpunkte; aus der Lage des Scheitels folgt schliesslich Wurfhöhe und Wurfweite.

III.

Richten wir jetzt unsere Aufmerksamkeit auf die Bahnen, die bei constanter Anfangsgeschwindigkeit c und verschiedenen Wurfwinkeln α entstehen! Um in diesem Falle die Gleichungen der geometrischen Oerter der Brennpunkte und Scheitel zu erhalten, haben wir durch Elimination des veränderlichen α Relationen zwischen den Coordinaten jener Punkte aufzustellen. Es ergibt sich leicht:

$$x^2 + y^2 = a^2 \text{ (Gleichung d. Orts d. Brennpunkte)},$$

$$\frac{x^2}{a^2} + \frac{\left(\left(y - \frac{a}{2}\right)^2\right)}{\left(\frac{a}{2}\right)^2} = 1 \text{ (Gleichung d. Orts d. Scheitel).}$$

Hieraus schliessen wir, dass der Ort der Brennpunkte ein mit dem Radius a um den gemeinschaftlichen Ausgangspunkt der Bahnen (Coordinatenanfang) als Mittelpunkt beschriebener Kreis ist, der Ort der Scheitel hingegen eine oberhalb der Horizontalen gelegene Ellipse, deren Mittelpunkt in der Entfernung $\frac{a}{2}$ vom Coordinatenanfang auf der y-Achse liegt, deren kleine, in die y-Achse fallende Halbachse den Werth $\frac{a}{2}$, und deren grosse, der x-Achse parallele Halbachse den Werth a hat. Auf den Kreis waren wir bereits vorhin gekommen; der Ellipse ist u. a. schon in Duhamel's analytischer Mechanik, herausgegeben von Schlömilch, Erwähnung geschehen (vgl. das. Bd. 1 S. 347). Der Kreis trifft den grossen Durchmesser der Ellipse augenscheinlich in deren Brennpunkten.

Während α alle Werthe von 0^0 bis 180^0 durchläuft, beschreibt der Brennpunkt der mit α veränderlichen Bahn den Kreis $K_0 K_1 K_2 K_3 K^0$ (s. Fig. 5 Taf. VII), und der Scheitel zu gleicher Zeit die Ellipse $E_0 E_1 E_2 E_3 E_0$; die mit 0, 1, 2, 3, 0 signirten Punkte entsprechen den Wurfwinkeln 0^0, 45^0, 90^0, 135^0, 180^0 (vgl. die Ausdrücke für die Coordinaten des Brennpunkts und Scheitels). Uebereinstimmend mit dem Frühern coincidirt K_2 mit E_2 und liegen die zu den Scheiteln E_1, E_3 gehörigen Brennpunkte K_1, K_3 in der horizontalen x-Achse, K_0 aber in der negativen y-Achse.

Um die in Folge einer Aenderung des α eintretenden Bewegungen des Brennpunktes und Scheitels schärfer zu erkennen, bilden wir die Differentialquotienten

$$\frac{dx}{d\alpha} = 2a\cos 2\alpha; \quad \frac{dy}{d\alpha} = 2a\sin 2\alpha \text{ (für den Brennpunkt)}$$

$$\frac{dx}{d\alpha} = 2a\cos 2\alpha; \quad \frac{dy}{d\alpha} = a\sin 2\alpha \text{ (für den zugehörigen Scheitel).}$$

Man sieht hieraus zunächst, dass die horizontalen Componenten der Bewegung beider Punkte stets einander gleich sind, dass also diese Punkte für jedes α in Einer Vertikalen liegen müssen, wenn diess für irgend ein α der Fall ist; das Maximum der horizontalen Geschwindigkeiten findet für $\alpha = 0^{\circ}$, $= 90^{\circ}$ und $= 180^{\circ}$ statt, das Minimum 0 für $\alpha = 45^{\circ}$, oder $= 135^{\circ}$ (hierbei ist stillschweigend die Voraussetzung gemacht, α sei der Zeit proportional). Man erkennt ferner, dass die vertikale Componente der Bewegung des Brennpunkts stets doppelt so gross, als diejenige des Scheitels ist; da nun für $\alpha = 0^{\circ}$ der Brennpunkt um a unterhalb des in O befindlichen Scheitels liegt, so wird der Brennpunkt in die Horizontale sich erhoben haben, wenn bei $\alpha = 45^{\circ}$ der Scheitel um $\frac{a}{2}$ darüber hinausgestiegen ist; hat der Scheitel aber bei $\alpha = 90^{\circ}$ die Vertikalsteigung a vollzogen, so wird der Brennpunkt eine solche vom Betrage $2a$ gemacht, d. h. den Scheitel eingeholt haben; an eine andere, hiermit zusammenhängende Thatsache werden wir weiter unten erinnern. Das Verhältniss der von Brennpunkt und Scheitel beschriebenen Bogenelemente zu der gleichzeitig stattgefundenen Aenderung des Wurfwinkels, resp. die Grenzen jener Verhältnisse geben uns die Differentialquotienten

$$\frac{ds}{d\alpha} = \sqrt{\left(\frac{dx}{d\alpha}\right)^2 + \left(\frac{dy}{d\alpha}\right)^2} = 2a \text{ (für den Brennpunkt),}$$

$$\frac{d\sigma}{d\alpha} = \sqrt{\left(\frac{dx}{d\alpha}\right)^2 + \left(\frac{dy}{d\alpha}\right)^2} = a\sqrt{1 + 3\cos^2 2\alpha} \text{ (für den Scheitel);}$$

hieraus findet man das untereinander bestehende Verhältniss der genannten, durch zwei unendlich nahe Vertikale auf Kreis und Ellipse begrenzten Bogenelemente

$$\frac{ds}{d\sigma} = 2 : \sqrt{1 + 3\cos^2 2\alpha}.$$

Wenn demnach α von den Werthen 0°, oder 90° an eine Zunahme $d\alpha$ erfährt, so fallen die von dem Brennpunkte auf dem Kreis, und von dem Scheitel auf der Ellipse beschriebenen, unendlich kleinen, horizontalen Wegelemente gleich lang aus; ändert sich aber α von 45°, oder 135° an, so ist das vom Brennpunkt beschriebene, vertikale Kreiselement doppelt so gross, als das gleichzeitig vom Scheitel beschriebene, vertikale Ellipsenelement; im Allgemeinen hat das Grenzenverhältniss $\frac{ds}{d\sigma}$ einen zwischen 1 und 2 liegenden Werth, was daher auch bezüglich des Verhältnisses des ganzen Kreisumfanges zum ganzen Ellipsenumfange gelten muss. Diese, bei dem Wachsthum des α von 0° bis 180° von Brennpunkt und Scheitel zurückgelegten, geschlossenen Bahnen verhalten sich natürlich auch wie Kreis- und Ellipsenquadrant; der arithmetische Ausdruck für dieses Verhältniss ist bekanntlich

$$s : \sigma = \tfrac{1}{2}\,\pi a : a\,E\,(\varkappa,\,\tfrac{1}{2}\,\pi),$$

worin $E\,(\varkappa,\,\tfrac{1}{2}\,\pi) = \displaystyle\int_0^{\frac{1}{2}\pi} \sqrt{1 - \varkappa^2 \sin^2\varphi}\; d\varphi$ das vollständige, elliptische Integral zweiter Art bedeutet, mit dem Modulus (hier identisch mit der numerischen Excentricität) $\varkappa = \dfrac{\sqrt{a^2 - b^2}}{a} = \sqrt{1 - \left(\dfrac{b}{a}\right)^2}$, wenn a, b die Halbachsen der Ellipse sind, und mit der Amplitude (hier das Complement der excentrischen Anomalie) $\tfrac{1}{2}\,\pi$. Jenes Integral kann durch Zugrundelegung einer nach geraden Potenzen, entweder von $\varkappa$, oder von $\varkappa' = \sqrt{1 - \varkappa^2} = \dfrac{b}{a}$, fortschreitenden, unendlichen Reihe berechnet werden. Gegenwärtig ist $\varkappa = \sqrt{0{,}75} = 0{,}8660255$, $\varkappa' = 0{,}5$, also $\varkappa'$ weit kleiner als $\varkappa$ und daher die Reihe mit $\varkappa'$ derjenigen mit $\varkappa$ vorzuziehen. Uebrigens sind wir durch die in Schlömilch's logarithmischen Tafeln angegebenen Längen von Ellipsenquadranten der Mühe der Berechnung überhoben und erhalten sogleich

$$\frac{s}{\sigma} = \frac{\tfrac{1}{2}\,\pi}{1{,}21106} = \frac{1{,}5708}{1{,}21106} = \frac{1}{0{,}770983} = 1{,}2970456.$$

Schneller noch finden wir das Verhältniss der von Brennpunkt und Scheitel umschriebenen Flächen; dasselbe ist offenbar $= \dfrac{\pi\,a^2}{\pi\,a\,.\,b} = \dfrac{a}{b}$ $= 2$; der Flächengehalt des Kreises ist das Doppelte von dem der Ellipse.

Wollte man die für ein gegebenes c konstruirten Oerter, Kreis und Ellipse, benützen, um für jedes α schnell die Lage des resultirenden Brennpunkts und Scheitels zu ermitteln, so würde z. B. die Kenntniss der diesen Punkten gemeinsamen Abscisse völlig genügen. Je nachdem nun α dem ersten, oder zweiten Quadranten angehört, kann man setzen:

$$\sin 2\alpha = \sin 2\left(\frac{\pi}{4} \mp \alpha_1\right) = \sin\left(\frac{\pi}{2} \mp 2\alpha_1\right) = \cos 2\alpha_1,\ \text{oder}$$

$$\sin 2\alpha = \sin 2\left(\frac{3\pi}{4} \mp \alpha_1\right) = \sin\left(\frac{3\pi}{2} \mp 2\alpha_1\right) = -\cos 2\alpha_1,$$

und diesen Fällen entsprechend wird also die fragliche Abscisse

$$x = a \sin 2\alpha = a \cos 2\alpha_1,\ \text{oder}\ x = a \sin 2\alpha = -a \cos 2\alpha_1.$$

Hieran knüpft sich folgende Regel: Man ziehe, je nachdem α dem ersten, oder zweiten Quadranten angehört, unter dem geeigneten, spitzigen Winkel $2\alpha_1$ gegen die positive, oder negative Richtung der x-Achse einen Kreisradius und durch den Endpunkt desselben eine Parallele mit der y-Achse; die Durchschnittspunkte dieser Parallelen mit dem Kreis und der Ellipse sind dann die gesuchten Punkte. In der Figur ist angenommen, dass α in dem Intervall 0^0 bis 90^0 liege; dem Winkel $\alpha = \dfrac{\pi}{4} - \alpha_1$ entsprechen dann die Punkte B, S und dem Winkel $\alpha = \dfrac{\pi}{4} + \alpha_1$ die Punkte B', S'; OM ist die in beiden Fällen gleiche halbe Wurfweite; SM, resp. $S'M$ ist die Wurfhöhe.

In Hinsicht auf die vorausgegangenen Betrachtungen können wir uns über die Lage des Brennpunkts und Scheitels einer bei der Anfangsgeschwindigkeit c und dem Wurfwinkel α entstehenden, parabolischen Bahn auch so aussprechen: Der Brennpunkt ist der Schnittpunkt eines um den Ausgangspunkt beschriebenen Kreises vom Halbmesser $a = \dfrac{c^2}{2g}$ mit einer vom Ausgangspunkt unter dem Winkel 2α gegen die negative y-Achse gezogenen Geraden, den Winkel in positivem Sinne von dieser Achse aus gezählt gedacht; oder kürzer: der Brennpunkt ist der Schnittpunkt des durch c bestimmten Brennpunktskreises mit der durch α bestimmten Brennpunktsgeraden. Analog ist der Scheitel der Schnittpunkt einer oberhalb der Horizontalen liegenden, diese im Ausgangspunkt der Bahn berührenden Ellipse vom grossen, horizontalen Halbmesser a und vom kleinen, vertikalen Halbmesser $\dfrac{a}{2}$ mit einer vom Ausgangspunkt unter dem positiven Winkel $\dfrac{\alpha}{2} + \alpha'$ gegen die positive x-Achse gezogenen Geraden, den Winkel α' durch die Gleichung $tg\,\alpha' = tg^3\,\dfrac{\alpha}{2}$ definirt gedacht; oder kürzer: der Scheitel ist der Schnittpunkt der durch c bestimmten Scheitelellipse mit der durch α bestimmten Scheitelgeraden.

Die Durchschnittspunkte P, P' des Kreises mit der Ellipse sind gleichzeitig Scheitel zu den unterhalb gelegenen Brennpunkten O, Q' und Brennpunkte zu den oberhalb befindlichen Scheiteln R, R'; sie bieten aber noch ein weiteres Interesse. Zieht man nämlich durch dieselben die vertikalen

Sehnen PQ, $P'Q'$, so ist klar, dass diese, wie jede andere vertikale Kreissehne, von der horizontalen x-Achse halbirt werden; durch OQ, OP und OQ', OP' sind daher die bereits von uns besprochenen Brennpunkts- und Scheitelgeraden gegeben, welche gleiche und entgegengesetzte Winkel mit der positiven und negativen x-Achse machen; die Brennpunktsgerade OQ fällt in die Rückverlängerung der Scheitelgeraden OP', und die Brennpunktsgerade OQ' in die Rückverlängerung der Scheitelgeraden OP. Die Coordinaten der Punkte P, P' sind bestimmt durch die beiden simultanen Gleichungen

$$x^2 + y^2 = a^2; \quad \frac{x^2}{a^2} + \frac{\left(y - \frac{a}{2}\right)^2}{\left(\frac{a}{2}\right)^2} = 1,$$

woraus man drei Paare zusammengehöriger Coordinaten zieht nämlich:

$x_1 = 0$, $y_1 = a$; $x_2 = +\frac{2}{3} a \sqrt{2}$, $y_2 = \frac{1}{3} a$; $x_3 = -\frac{2}{3} a \sqrt{2}$, $y_3 = \frac{1}{3} a$.

Das erste Paar bestimmt den Punkt $K_2 E_2$, das zweite P, das dritte P'. Die Gleichung der Scheitelgeraden OP ist daher $y = \frac{y_2}{x_2} x$

$= \frac{1}{2\sqrt{2}} x$, was mit unserer früheren Gleichung $y = \frac{1}{2} tg\,\alpha . x$ für $tg\,\alpha$

$= \frac{1}{\sqrt{2}}$, wie es sein muss, übereinstimmt.

Den Werthen ihrer Ordinaten gemäss liegen die Punkte P, P' um $\frac{1}{3} a$ über, die Punkte Q, Q' um ebensoviel unter dem Horizont; die Strecken RD und $R'D'$, sowie die Ellipsensehnen RP und $R'P'$ sind daher ebenfalls $= \frac{1}{3} a$, so dass die Abstände a der Punkte D, D' von der Horizontalen durch die Ellipsenpunkte R, P und R', P' in drei gleiche Theile zerlegt werden. Die

Tangente des Winkels ROX ist $= \dfrac{\frac{2}{3} a}{\frac{2}{3} a \sqrt{2}} = \dfrac{1}{\sqrt{2}}$; diess führt zu

dem Satze: Wirft man einen schweren Punkt mit der Geschwindigkeit c unter dem Winkel $ROX = 35° 15' 51''$, 8, so fällt der Scheitel der Bahn in den Punkt P und der Brennpunkt derselben nach Q dergestalt, dass die drei Punkte R, P, Q in Eine Vertikale zu liegen kommen (was ausser bei den Punkten $R'P'Q'$ nur noch beim horizontalen und

vertikalen Wurfe der Fall ist)[1]) und dass Winkel $POX =$ Winkel $QOX = 19°28' 16''$, 4 wird; zudem entspricht dem Wurfwinkel $\frac{\pi}{2} - ROX = 54°44' 8''$, 2 eine Parabel, deren Scheitel
in R und deren Brennpunkt in P liegt; auch bildet bei diesem Wurfwinkel die Scheitelgerade die möglichst grossen
Winkel $19°24'16''$, 4 mit der Wurfrichtung. Dass sich diesem Satze ein ähnlicher an die Seite stellen lässt, wenn man von dem
Wurfwinkel $R^1OX = \pi - ROX$ ausgeht, versteht sich von selbst.

Weil ferner die Scheitel R, R' von den zugehörigen Brennpunkten
P, P' und von den Punkten D, D' gleichweit abstehen, so folgt, dass
die Gerade DD' die Directrix der betreffenden beiden Bahnen ist;
da jedoch bei constantem c und veränderlichem a die Brennpunkte
sämmtlicher Bahnen gleichweit von O abstehen, O aber allen Bahnen
gemeinsam ist, so muss die jedenfalls horizontallaufende Directrix DD' für alle diese Bahnen dieselbe sein. Man schliesst
diess auch sehr leicht aus der Gleichung der Directrix $y = n + \frac{p}{4} = a$,
oder aus dem schon erwähnten Umstande, dass der Differentialquotient
$\frac{d\left(n - \frac{p}{4}\right)}{da} = 2\frac{dn}{da}$, d. h. dass die in Folge einer Aenderung des a eintretende, positive oder negative, Vertikalsteigung des Brennpunkts
immer das Doppelte der in gleichem Sinne erfolgenden Steigung des
Scheitels beträgt. Die Gemeinschaftlichkeit der Directrix für oben
charakterisirte Bahnen ist u. a. schon in Duhamel's analytischer
Mechanik hervorgehoben, auf welches Werk ich, bezüglich einiger andern hierher gehörigen Betrachtungen, nochmals verweise.

Bevor ich schliesse, sei es mir erlaubt, noch auf eine andere Thatsache aufmerksam zu machen. Da die durch den Brennpunkt einer
Ellipse von den Halbachsen a, b normal zur grossen Achse $2a$ gezogene Sehne bekanntlich $= 2 . \frac{b^2}{a}$ ist, so gibt diess für die abgehandelte
Scheitelellipse die Grösse $\frac{a}{2} =$ der kleinen Halbachse; diess geht übrigens auch aus dem unmittelbar einleuchtenden Satze hervor: Zieht
man durch die Durchschnittspunkte des Brennpunktskreises

---

1) Beweis für die Richtigkeit obiger Behauptung bildet den Schluss dieses
Aufsatzes!

mit der grossen Achse der Scheitelellipse, d. h. durch die
Brennpunkte der letztern Kurve vertikale Gerade, so werden die von der x-Achse und der Directrix $D\,D'$ begränz-
ten Stücke a derselben durch die Ellipse und deren grosse
Achse in vier gleiche Theile zerlegt. Die zu den Brennpunkten
der Ellipse und den oberhalb liegenden Scheiteln gehörigen Wurflinien haben den Parameter a und entsprechen den Wurfwinkeln 60°
und $\pi - 60°$; die zu den unterhalb liegenden Scheiteln und Brennpunkten gehörigen Bahnen haben den Parameter $3a$ und entstehen
bei den Wurfwinkeln 30° und $\pi - 30°$. Der Parameter $2a$ kommt
bei den Wurfwinkeln 45° und $\pi - 45°$ vor; der Parameter $4a$ beim horizontalen, der Parameter 0 beim vertikalen Wurfe. Der Parameter $4a$
besitzt auch die Umhüllende (Enveloppe) der zahllosen, diesem a und
allen möglichen a entsprechenden Wurflinien; der Scheitel der umhüllenden, nach der Richtung der Schwere sich öffnenden, Parabel
liegt, wie bekannt, auf der positiven y-Achse um die Strecke a von
O entfernt, der Brennpunkt derselben also in O selbst. Denkt man
sich jeden der beiden Aeste der Umhüllenden successive gebildet,
indem von der vertikalen Wurflinie an zu beiden Seiten in continuir-
licher Aufeinanderfolge die zahllosen andern Bahnen auftreten, so erscheinen die genannten Aeste als identisch mit den parabolischen
Kurven, die durch zwei vom Scheitel $K_2 E_2$ der Enveloppe horizontal
nach rechts und links mit der Geschwindigkeit c geworfenen, schweren
Punkte beschrieben werden.

Die umhüllende Parabel trennt bekanntlich die bei der Anfangsgeschwindigkeit c unerreichbaren Punkte von den durch je zwei Bahnen erreichbaren; die Punkte der Umhüllenden selbst können nur
durch je Eine, sie tangirende, Bahn getroffen werden. Wenn man
bedenkt, dass die dem Wurfwinkel 45° entsprechende Bahn mit dem
rechts liegenden Aste der Umhüllenden in demselben Punkte die Horizontale trifft, also den erwähnten Ast in der Horizontalen berührt,
so sieht man ein, dass die Berührungspunkte der bei kleinen Wurfwinkeln entstehenden Bahnen von geringerer Wurfhöhe und Wurfweite unterhalb des Horizonts liegen müssen; an der Bildung des oberhalb der Horizontalen befindlichen Stückes des rechtsliegenden Enve-
loppenastes können nur die zu den Wurfwinkeln 90° bis 45° gehörigen
Bahnen Antheil haben. Am deutlichsten geht diess aus den Werthen
für die Coordinaten des Berührungspunktes hervor; wir finden diesel-

ben aus zwei gleichzeitigen Relationen zwischen x, y, wovon die eine die Umhüllende, die andere irgend eine der erzeugenden Parabeln (Charakteristiken) repräsentirt. Wir haben nur:

$$x^2 = 4a(a-y) \text{ (Enveloppe)}; \quad y = xtg\alpha - \frac{x^2}{4a\,\cos^2\alpha} \text{(Charakteristik)};$$

setzt man die aus beiden Gleichungen genommenen Werthe von y einander gleich, so wird $tg\alpha \cdot x^2 - 4ax + 4a^2 \cot\alpha = o$ und mithin:

$$x = \frac{2a \pm \sqrt{4a^2 - 4a^2}}{tg\alpha} = 2a:tg\alpha; \quad y = a - \frac{x^2}{4a} = a(1 - \cot^2\alpha).$$

Diese Ausdrücke für die Coordinaten des Berührungspunktes bestätigen, bei verschiedenen Annahmen für α, das oben Gesagte vollkommen; dass die bei horizontalem Wurfe entstehende Bahn die Umhüllende nicht im Unendlichen berührt, hätten wir auch daraus schliessen können, dass jener Wurflinie derselbe Parameter, wie der Enveloppe, zukommt.

Es bleibt mir noch übrig, eine vorausgegangene Behauptung zu rechtfertigen. Ich sagte, dass der Scheitelpunkt der Wurfrichtung mit der Scheitelellipse, ausser beim horizontalen und vertikalen Wurfe, nur dann mit Scheitel und Brennpunkt der resultirenden Bahn in Eine Vertikale fiele, wenn $tg\alpha = \dfrac{1}{\pm\sqrt{2}}$ also $\alpha = 35^\circ 15' 51'',8$, oder $= 144^\circ 44' 8'',2$ wäre. Um diess zu beweisen, erinnern wir uns an die Gleichung $x = a\sin 2\alpha$ der durch Scheitel und Brennpunkt gehenden Vertikalen und schliessen daraus, dass die Abscisse des Scheitelpunkts der Wurfrichtung mit der Ellipse denselben Werth $a\sin 2\alpha$ haben muss, falls er in jener Vertikalen liegen soll. Die Coordinaten des genannten Schnittpunkts sind durch die zwei Gleichungen

$$y = xtg\alpha \text{ (Wurfrichtung)}; \quad \frac{x^2}{a^2} + \frac{\left(y - \dfrac{a}{2}\right)^2}{\left(\dfrac{a}{2}\right)^2} = 1 \text{ (Ellipse)}$$

völlig bestimmt. Substituirt man den aus der ersten Gleichung genommenen Werth von y in die zweite, so wird diese zu

$$\left\{(1 + 4tg^2\alpha)\,x - 4atg\alpha\right\}\,x = 0.$$

Hieraus folgen für die gewünschte Abscisse die zwei Werthe

$$x_1 = o; \quad x_2 = 4atg\alpha:(1 + 4tg^2\alpha) = 2a\sin 2\alpha:(1 + 3\sin^2\alpha);$$

der erste derselben bezieht sich auf den unabänderlichen Ausgangspunkt O, der andere auf den zweiten, von α abhängigen, Schnittpunkt. Damit nun zunächst $o = a \sin 2\,\alpha$ sei, muss $\alpha = o^{\circ}$, $= 180^{\circ}$, oder $= 90^{\circ}$ genommen werden; die Bedeutung dieser Bedingungen ist klar: bei horizontalem Wurfe stellt offenbar der Punkt O die zwei zusammengerückten Schnittpunkte vor, welche mit Scheitel und Brennpunkt in die nemliche Vertikale, die negative y-Achse, fallen, und zwar coincidirt der Scheitel mit den beiden Schnittpunkten in O; bei vertikalem Wurfe wird $x_1 = x_2 = o$, es fallen jetzt beide getrennte Schnittpunkte in die durch Scheitel und Brennpunkt gezogene Verticale, und zwar befindet sich der zweite (von O verschiedene) Schnittpunkt sammt Brennpunkt und Scheitel in einem und demselben Punkte $K_2\ E_2$. Damit aber $2\,a \sin 2\,\alpha : (1 + 3 \sin^2\alpha) = a \sin 2\,\alpha$ werde, muss $\sin^2\alpha = \frac{1}{3}$, oder

$$tg\ \alpha = \frac{1}{\pm\sqrt{2}}$$

sein; weitere Möglichkeiten sind nicht vorhanden.

Karlsruhe, 1. Januar 1868.

Beschreibung des mit der Patent-Mikrometer-Vorrichtung versehenen Theodoliten.

Von

C. Schreiber.

(Hierzu Tafel II, III, IV.)

Das in Folgendem näher beschriebene System von Theodoliten hat sich sehr bewährt, und es sind daher diese Instrumente zu allen geodätischen und markscheiderischen Messungen besonders zu empfehlen. Im allgemeinen ist der Zweck der Patent-Mikrometer-Vorrichtung zum Ablesen der Minuten und Sekunden am Horizontalkreise, die Bewegung der Alhidade absolut genau zu vervielfältigen. Hierdurch ist auf indirectem Wege erreicht, die Nonienangaben für einen Limbus von 4 Zoll 9 Linien (bei vorliegendem Instrumente) auf einen solchen von ca. 20 Zoll Durchmesser zu übertragen. Eine Folge von diesem ist, dass sich mit der Patent-Mikrometer-Vorrichtung die Winkel sehr fein und äusserst genau messen lassen; einen besonderen Vortheil gewähren diese Instrumente in der Beziehung, dass eine jegliche Repetition der Winkel bei einem gut berichtigten Theodoliten und genauer Kreistheilung wegfällt. Ausserdem sind alle nach diesem System gebaute Theodoliten bei ihrer einfachen Construction sehr transportabel, und billiger herzustellen als Winkelmesser älterer Construction von gleichen Winkelangaben.

Die rühmlichst bekannte Firma F. W. Breithaupt & Sohn in Cassel, der ich die Anfertigung dieser Instrumente übertragen habe, construirt solche von vorzüglicher Güte, und hat bereits hierin Ausgezeichnetes geleistet. In Folgendem sind die Preise der mit einer Patent-Mikrometer-Vorrichtung versehenen Theodoliten angegeben, zu welchen solche von obiger Firma zu beziehen sind.

1. Ein einfacher Theodolit mit Patent-Mikrometer-Vorrichtung. Der Horizontalkreis ist in $\frac{1}{4}°$ getheilt und mit 1 Index versehen; der Mikrometerkreis gibt mittelst Index $\frac{1}{4}$ Minuten an durch

Abschätzen. Die Limbi sind versilbert. Der Aufsatz hat ein Fernrohr von 8 Zoll Länge (ohne Höhenkreis und ohne Getriebe) Preis mit Schränkchen und Stativ . . .   87 Rthlr.

2. Derselbe mit silbernem Limbus des Mikrometerkreischens, in $\frac{1}{2}°$ getheilt, $\frac{1}{4}$ Minuten angebend, mit Lupe über dem Index   93   „

3. Derselbe mit Nivellir-Einrichtung und Höhenkreis 110   „

4. Derselbe mit Getriebe am Ocular 113   „

Auf Verlangen wird der Horizontalkreis der Instrumente von 1—4 in $\frac{1}{4}°$ getheilt; die Messung eines Winkels lässt sich dann etwas schneller ausführen.

5. Theodolit, Fernrohr 12" lang, 14''' Oeffnung, die 2 Nonien des Mikrometerkreischens $\frac{1}{4}$ Minuten angebend, nebst 2 Lupen zu den beiden Indexen und 1 Lupe zum Mikrometerkreischen 120 Rthlr.

6. Derselbe mit silbernem Horizontal- und Höhenkreis 128   „

7. Derselbe mit Nivellir-Einrichtung 139   „

8. Derselbe mit Glasverdeckung des Mikrometerkreischens 142   „

9. Derselbe, Fernrohr 14" lang, 14''' Oeffnung, 10 Secunden angebend, mit 4 Nonien 160   „

10. Derselbe, Fernrohr 9" lang, achromatisch Ocular, der Horizontalkreis mit 2 Theilungen und 2 Lupen über dessen Indexen 170   „

11. Theodolit, Fernrohr 16" lang, 16''' Oeffnung und 30maliger Vergrösserung. Die Drehaxe ist an beiden Enden mit stählernen cylinderischen Zapfen versehen, mittelst deren das Fernrohr in Pfannen auf den beiden Trägern ruht. Der an einem Ende dieser Axe befestigte Höhenkreis von 5" Durchmesser hat einen silbernen Limbus und Nonius, welcher einzelne Minuten angibt. Zum Horizontalstellen des ganzen Instrumentes dient eine ausgeschliffene Cylinderlibelle mit Scala, die zum Aufsetzen auf die stählernen Endzapfen der Fernrohr-Axe eingerichtet, und bei 1 Pariser Linie Ausschlag 10 Sekunden angibt. Das Ganze ruht auf einem messingenen Dreifusse; es besitzen alle Theile die nöthigen Justirschrauben und jede Bewegung ist

mit einer stählernen Mikrometerschraube versehen.
Die 4 Nonien des Mikrometerkreises geben 5 Sekunden an, übrigens wie ad 10 . . . . . . 245 Rthlr.
12. Theodolit, Fernrohr mit einem achromatischen Objectiv von 18''' Brennweite und 18''' Oeffnung.
Hierbei eine Libelle zum Aufsetzen auf die Hori-
zontal-Axe. Die 4 Nonien des Mikrometerkreises
geben einzelne Sekunden an; übrigens wie ad. 11   450   ,,
Wenn eine Lupe achromatisch gewünscht wird, erhöht sich der
Preis um 2 Rthlr. per Stück.

Beschreibung des mit der Patent-Mikrometer-Vorrichtung versehenen Theodoliten im Allgemeinen.

Alle auf den Tafel II, III, IV befindlichen, verschiedenen Ansichten des Instrumentes, beziehen sich auf die natürliche Grösse, mit
Ausnahme der Fig. 6, die einen Theil des Mikrometerkreises in dop-
peltem Massstabe darstellt. Aus diesen Constructionen ist ersichtlich,
dass sich hierin gegen die bis jetzt gebräuchlichen Theodoliten nichts
geändert hat, mit Ausnahme der Abänderung des Horizontalkreises und
der beiden Mikrometerwerke zur feinen Bewegung desselben; Veränderungen, die durch die Patent-Mikrometer-Vorrichtung verursacht wurden. Es bezeichnet auf der Tafel II Fig. 1 einen Vertikalschnitt des
Instrumentes durch die Mitte nach der Richtung der Patent-Mikrometer-Vorrichtung, Fig. 2 Taf. III Vorderansicht desselben, Fig. 3 Taf. IV
Oberansicht des Rähmchens für den Mikrometerkreis, Fig. 4 Taf. IV
Oberansicht der beiden Mikrometerwerke zur feinen Bewegung des
Hozontalkreises etc., Fig. 5 eine vergrösserte Abbildung des Mikrometerkreises, Fig. 6 einen Kreis mit 2 Theilungen und Fig. 7 die Justirschrauben für die Berichtigung der Fernrohr-Vertikalen von unten
gesehen. Es bezeichnet ferner in Fig. 1 A das Fernrohr von 9'' Länge
und einer 28maligen Vergrösserung, da die Ocularlinsen achromatisch
sind; im anderen Falle muss solches für diese Vergrösserung bedeutend
länger sein; ausserdem erhält man bei ersterer Einrichtung mehr Licht
und ein grosses Sehfeld; B die Cylinderlibelle, geschliffen, um den
Theodolit als Nivellir-Instrument gebrauchen zu können; C den Höhenkreis, mit Nonius zur Angabe von $^1/_1$ Minuten; D das Mikrometerwerk
zum Feinstellen der Cylinderlibelle B; E kleines Stirnrad zur Bewegung der Ocular-Röhre; F die Fernrohrsäule, dieselbe gestattet ein

3 *

Durchschlagen des Fernrohrs; G die Dosenlibelle mit 3 Justirschrauben; H die Vorrichtung zur Aufnahme des in halbe Grade getheilten Limbus, sowie des Glasplanums H_1 H_1; K den Centralzapfen des Instrumentes; L eine innen konische Büchse zur Aufnahme des oberen und unteren Mikrometerwerkes, sowie der beiden Indexe; P Klemmring für das untere Mikrometerwerk; O die Büchse, welche zur Aufnahme des Centralzapfens, des Armes M für die Patent-Mikrometer-Vorrichtung, und zur Verbindung der Dreifussarme dient; zuletzt bezeichnet N die Patent-Mikrometer-Vorrichtung zum Ablesen der Minuten und Sekunden.

In Fig. 2 bezeichnen die eingeschriebenen Buchstaben dieselben Theile wie in Fig. 1. L_1 L_1 geben den Vertikalschnitt und Seitenansicht, sowie Fig. 8 die Vorderansicht der beiden Indexe an. Ferner bezeichnet in Fig. 4 L_1 L_1 die beiden Indexe, L_2 das obere und L_2 das untere Mikrometerwerk. In Fig. 7 bezeichnet K den Centralzapfen und K_1 K_2 K_3 K_4 K_5 K_6 Schräubchen zur Berichtigung der Vertikalen des Fernrohrs; K_1 K_2 K_3 und K_6 sind Druckschräubchen, während K_4 und K_5 Zugschrauben sind.

Beschreibung der Mikrometer-Vorrichtung zum Ablesen der Minuten und Sekunden, sowie des Horizontalkreises.

Dieselbe besteht aus dem Arme M, der die eigentliche Mikrometer-Vorrichtung N Fig. 1, 2 mit der Centralzapfenbüchse O fest verbindet; und dem Fusse a zur Aufnahme des Rähmchens b für den Mikrometerkreis c Fig. 3. Die Gestalt des Armes M ist aus dessen Längenschnitt Fig. 1 und der vorderen Ansicht Fig. 2 zu ersehen. Das eine Ende desselben endigt in einen Ring aa, der den Umfang der Büchse O so umschliesst, dass die Fläche bb eine genaue rechtwinklige Lage gegen die vertikale Instrumenten-Achse erhält. Ausserdem ist der Ring aa durch Schrauben so fest mit der Büchse OO verbunden, dass eine Drehung desselben nicht stattfinden kann. Dem oberen Ende des Ringes aa ist durch eine Schraubenverbindung der Klemmring PP für das untere Mikrometerwerk aufgesetzt. Der Fuss a endigt nach oben in zwei gabelförmigen Enden, die zur Aufnahme der Schräubchen cc Fig. 2 dienen. Beide Schräubchen sind an ihren Enden mit konischen Spitzen versehen. Das untere Ende des Fusses a endigt in den Schlitten d Fig. 1. 2. Mit Hülfe der durchgehenden Schraube e lässt sich derselbe vor- und rückwärts schieben. Der ringförmige Ansatz f Fig. 1 der Schraube e, so wie die denselben genau umschliessende

Hülse g lässt nur eine Drehung der Schraube e zu, und bewirkt also die Entfernung der Vorrichtung N von der vertikalen Axe des Instrumentes zu vergrössern oder zu verkleinern. Eine seitliche Verschiebung des Schlittens dd Fig. 2 wird durch die fest anliegenden Stäbchen hh verhindert; ein jedes derselben ist durch 2 Schräubchen mit der Fläche bb unverrückt verbunden. Auf der Mitte der vorderen Fläche des Fusses a ist der Lupenträger i Fig. 1, 2 und die Schraube k befestigt. Die Gestalt des Lupenträgers i ist aus dessen Vertikalschnitt Fig. 1 und vorderen Ansicht Fig. 2 zu ersehen; die beiden Schrauben ll halten denselben in einer festen Verbindung mit a. Das obere Ende des Lupenträgers i ist bei m mit einer Bohrung zur Aufnahme eines Schräubchens versehen. Wie aus Fig. 1 erhellet, wird die Lupe n durch das Schräubchen m festgehalten, und lässt sich über die mit I, II, III und IV Fig. 2 bezeichneten Nonien des Mikrometerkreises führen; ferner bezeichnet n_1 an der Lupe die Vorrichtung zur Aufnahme der Blendung. Die Gestalt des Rähmchens b Fig. 1 ist aus dessen vorderen und oberen Ansicht Fig. 2, 3 zu ersehen; nach vorne verlängert sich solches in den Hebel b_1 Fig. 1, 2, 3. Das Rähmchen b, welches um die genau und fest anschliessenden Spitzen der Schrauben cc Fig. 2 eine vertikale Bewegung besitzt, dient zur Aufnahme der Axe b_2 Fig. 1, 2, 3 mit dem Röllchen b_3 und dem Mikrometerkreis c_4, so wie des Ringes b_4 der innen den Nonienhalter b_5 trägt. Wie aus der Fig. 2, 3 zu ersehen, hat der Hebel b_1 an seinem unteren Ende eine Oeffnung zum Durchgang der Schraube k; mit Hülfe des Knöpfchens b_6 lässt sich das Rähmchen b auf und nieder bewegen, und somit auch das Röllchen b_3 beliebig in Berührung mit dem Glasplanum H_1 bringen. Zur Vermehrung der Friktion zwischen Glasplanum und Röllchen dient die vom unteren Hebelende verdeckte Spiralfeder b_7 Fig. 1. Aus Fig. 1, 2 ist die Form und Construction des Röllchens b_3, der Axe b_2, so wie die des Mikrometerkreises zu ersehen. Das Röllchen b_3 ist dem einen Axenende fest aufgeschoben; sein vollkommen runder Umfang muss mit der Axe denselben Mittelpunkt haben. Ferner muss die Stellung und der Durchmesser vom Röllchen b_3 der Art sein, dass dessen Umfang 10 mal in der auf dem Glasplanum durch Berührung abgeschnittenen Kreislinie b_8 Fig. 1 enthalten ist. Die Axe b_2 Fig. 1, 3 besitzt um die anschliessenden Spitzen der Schräubchen $b_9 b_9$ eine sehr leichte Bewegung; beide Bohrungen $c_1 c_1$ müssen genau mit der Mitte der

Axe b_2 zusammenfallen. Dem anderen Axenende (b_2) ist eine kleine Messingscheibe $c_2 c_2$ Fig. 1 fest aufgeschoben; diese Scheibe dient zur Aufnahme des speichenförmig ausgeschnittenen Mikrometerkreises c; durch 6 Schrauben c_3 ... Fig. 2 ist c mit c_2 fest verbunden. Der silberne oder versilberte Limbus des Mikrometerkreises ist in 36 gleiche Theile getheilt; ein jeder dieser 36 Theile entspricht einem Grade des Limbus $H_2 H_2$ Fig. 1. Dicht an den Limbusrand von c, ohne jedoch denselben zu berühren, legt sich der Noniusring b_5 Fig. 1, 2 an; mit Hülfe der 4 Druckschrauben c_4 Fig. 2 lässt sich die richtige Stellung des Nonienringes b_5 bewirken. Die Rückseite des Mikrometerkreises ist durch die Scheibe C_5 Fig. 1 verdeckt; hierdurch wird das Einfallen von Lichtstrahlen am Umfange des Mikrometerkreises verhindert; im anderen Falle wird das Ablesen der Nonien sehr erschwert. Wie aus Fig. 1, 2 zu ersehen, befindet sich die Theilung des Horizontalkreises auf einer geneigten Ebene $H_2 H_2$. Der silberne oder versilberte Limbus ist bei allen Instrumenten durchweg in $\frac{1}{2}$ oder ganze Grade zerlegt; die Theilung desselben ist von gleicher Stärke, und nur in dem Falle ist dieselbe unterbrochen, wenn der Limbus mit einer zweiten Theilung versehen ist, vide Fig. 6. In der Mitte bildet der Limbus eine ringförmige Vertiefung zur Aufnahme der Glasscheibe $H_1 H_1$ Fig. 1, welche aus hartem Glase gefertigt und auf der oberen Fläche plan und höchst feinkornig mattgeschliffen ist. Ausserdem muss die obere Fläche $H_1 H_1$ eine genaue rechtwinklige Lage gegen die vertikale Axe des Instrumentes haben. Durch den festschliessenden Ring $c_6 c_6$ Fig. 1 wird die Glasscheibe in einer unverrückten Lage gehalten. Wird nun durch Aufdrehen des Knöpfchens b_6 Fig. 1 das Röllchen b_3 mit der Glasscheibe in Berührung gebracht, und hierauf die Alhidade in eine Bewegung mit Hülfe des oberen oder unteren Mikrometerwerkes versetzt, so ist die Bewegung des Röllchens 10 fach grösser als die der Alhidade; jedoch ist hierbei vorausgesetzt, dass die Stellung des Röllchens durch die Schraube e vorher genau berichtigt worden ist. Da nun ferner der Limbus des Mikrometerkreises in vorliegendem Falle einen Durchmesser von 2 Zoll hat, so entspricht $^1/_{36}$ der Theilung, einer Bogenlänge von 0,174 Zoll gleich $\frac{1}{2}$ Grad eines Limbus $H_2 H_2$ von nahe an 20 Zoll Durchmesser, während der von H_2 nur $4''$ $9'''$ beträgt. In Bezug auf die feinere Theilung des Mikrometerkreises sei bemerkt, dass je $^1/_{36}$ in 20 gleiche Theile gleich 3 Minuten des Limbus H_2 Fig. 1 und 5 zerlegt ist. Von den 4 Nonien umspannt jeder einen Bogen von 51 Minuten; deren Theilungen geben also die Winkel bis auf 10 Sekunden an.

Beschreibung der Indexe $L_1 L_1$, sowie der beiden Mikrometerwerke L_2 und L_3. Fig. 4.

Wie aus Fig. 4 zu ersehen, sind die beiden Mikrometerwerke L_2 und L_3 gerade so, wie bei sonstigen Theodoliten eingerichtet; L_2 dient zur Bewegung der Alhidade, während sich mit Hülfe von L_3, nach vorhergegangener Lösung der Klemmschraube von L_2 die beiden Indexe $L_1 L_1$ feinstellen lassen. In Fig. 1 bezeichnet d_1 den Klemmring für das obere Mikrometerwerk L_2. Die drei Arme $d_2 d_3$ und d_4 sind durch die innen konisch ausgeschliffene Büchse $L L$ mit einander verbunden. Von oben wird $L L$ Fig. 1 durch den Ring d_5, festgehalten. Die Construction der Arme d_2 und d_3 ist aus Fig. 2 zu ersehen; an ihren Enden tragen solche die beiden prismatischen Indexstückchen $L_1 L_1$ Fig. 4, 2, 8; die oberen Flächen derselben sind entweder versilbert oder mit Silber belegt. Wie aus Fig. 2, 4, 8 zu ersehen, können beide Indexe durch die Schräubchen $d_6 d_7$ etwas seitlich verschoben werden, deren Spitzen auch solche tragen. Eine vertikale Bewegung von $L_1 L_1$ wird durch d_8 bewirkt, indem die Spiralfeder d_9 einen Gegendruck ausübt. Auf der oberen Fläche der Indexstückchen sind radial zur Theilung von $H_2 H_2$ drei Striche eingerissen, die genau einen Bogen von einem Grade des Horizontalkreises umspannen. Es sei ferner bemerkt, dass die untere Mikrometerschraube ziemlich fest geklemmt sein muss, während die obere eine leichte Bewegung haben kann.

Beschreibung des Kreises mit 2 Theilungen. Fig. 6.

Ausser der Theilung zu halben Graden, wird auch nebenbei eine Theilung von 10 zu 10 Graden angewandt. Wie aus a Fig. 6 zu ersehen, sind die Unterabtheilungen des Horizontalkreises z. B. zwischen 10° und 20° gleich stark ausgezogen, jedoch nur so fein, dass dieselben mit einer Lupe gut beobachtet werden können. Diese Theilung wird bei Winkelmessungen angewandt, wo es sich nicht um die allergenauesten Angaben handelt. Sollen indessen die Winkel mit grösster Zuverlässigkeit bestimmt werden, so bedient man sich des Index b und der Theilung von 10 zu 10 Graden. Die Theilung des Index b, sowie die des Limbus ist in ihrer Stärke bis auf den Kreisring $c c c c \ldots$ unterbrochen, welcher

Striche von solcher Feinheit enthält, dass dieselben nur mit einer Lupe von starker Vergrösserung beobachtet werden können. Auf dieselbe Weise sind die Unterabtheilungen von 110° bis 120° getheilt. Zuletzt sei bemerkt, dass der Index b um d d den Limbusrand überdeckt.

Die Berichtigung der Theodoliten resp. der Patent-Mikrometer-Vorrichtung.

Die Berichtigung der Lage des Fernrohrs etc. geschieht auf dieselbe Weise wie bei den sonst gebräuchlichen Theodoliten. Ferner sei bemerkt, dass die Theilung des Limbus H_2 H_2 Fig. 1, 2 sehr genau centrirt sein muss. Mit Hülfe der Schräubchen d_6 d_7 Fig. 8 und 4 lässt sich der Theilung der Indexe L_1 L_1 eine solche Stellung geben, dass der letzte excentrische Fehler beider verschwindet. Die Schräubchen e_1 e_2 Fig. 1, 2 geben der Visirlinie die richtige Lage. Um die Fernrohr-Vertikale genau berichtigen zu können, muss die Mikrometer-Vorrichtung abgenommen werden. Zu diesem Zwecke wird die Schraube e Fig. 1, 2 entfernt, indem vorher das Scheibchen g losgeschoben worden ist. Zuletzt entferne man ein Stäbchen h Fig. 2 und hebt dann die Mikrometer-Vorrichtung vorsichtig ab. Alsdann werden durch Bewegung der Schrauben d_8 Fig. 8, 2 die Indexstückchen seitwärts geneigt, wodurch sich deren Rand vom Limbus entfernt. Schliesslich kann nun nach vorheriger Entfernung von f_1 Fig. 1 am Ende des Centralzapfens letzterer resp. die Alhidade aus seiner Büchse gehoben werden. Jetzt ist man im Stande, den Schrauben K_1 K_2 K_3 K_4 und K_5 Fig. 7 die erforderliche Drehung zu geben. In Bezug auf die Mikrometerwerke L_2 und L_3 sei bemerkt, dass deren Schrauben eine gleichmässige Bewegung zulassen müssen. Die Berichtigung der Mikrometer-Vorrichtung N Fig. 1, 2 geschieht auf folgende Weise. Zuerst überzeuge man sich, ob der Mikrometerkreis c Fig. 1, 2 eine leichte Bewegung besitze; ferner die Stellung des Limbusrandes gegen den Nonienring sich nicht ändert, nachdem durch Aufdrehen des Knöpfchens b das Röllchen b_3 auf das Glasplanum niedergelassen worden ist. Dieser Fehler lässt sich durch die Lupe n am besten feststellen, indem die beiden Kreisringe (Nonienring und Limbus) in dem Augenblicke scharf beobachtet werden, wenn sich Röllchen und Glasplanum berühren; durch abwechselndes vorsichtiges Drehen des vorderen Schräubchens b_9 Fig. 1, Niederlassen des Röllchens auf das Glasplanum, so wie durch Bewegung des Mikrometer-

kreises mit einer Nadel, gelangt man dahin, dass letzterer seinen Bedingungen entspricht. Ausserdem kann aber auch eine Berührung
zwischen dem Limbus- und Nonienrand stattfinden; diese wird vollständig durch die Druckschrauben c_4 Fig. 2 beseitigt. Die Schrauben
cc Fig. 2 dürfen bloss so fest zugedreht sein, dass die vertikale Bewegung des Rähmchens dadurch nicht sonderlich erschwert werde;
ferner sei bemerkt, dass die Spitzen von $c\,c$ und $C_1\,C_1$ Fig. 3, 1
stets eine Kleinigkeit reines Knochenöl umgeben muss, ohne jedoch
von letzteren an das Röllchen zu fliessen, dessen Umfang mit keinem
Schmiermittel in Berührung kommen darf; im anderen Falle würde die
Friktion gegen das Glasplanum sehr beeinträchtigt. Von Zeit zu Zeit
ist es erforderlich, den Umfang des Röllchens b_3 bei aufgehobenem
Rähmchen mit Hülfe eines spitz zugedrehten weichen leinenen Lappens
abzuputzen, so dass dasselbe stets blank erscheint. Es kommt nun
zuletzt noch darauf an, zu erklären, auf welche Weise dem Röllchen
b_3 Fig. 1, 3 eine solche Stellung auf dem Glasplanum angewiesen
wird, dass solches 1 Umgang macht, während die Alhidade einen Bogen
von 36^0 zu durchlaufen hat. Diese Berichtigung führe man nach Folgendem aus: Mit Hülfe des unteren Mikrometerwerkes L_3 Fig. 4
bringe man einen Index L_1 genau mit einem ganzen oder halben Grade
des Alhidaden-Limbus $H_2\,H_2$ zu Deckung; lasse alsdann das Rähmchen der Mikrometer-Vorrichtung nieder, so dass eine Berührung zwischen Röllchen und Glasplanum stattfindet; klemme ferner das obere Mikrometerwerk L_2 Fig. 4 und stelle mit Hülfe des unteren L_3 einen beliebigen Theilstrich des Mikrometerkreises auf den Nullpunkt eines Nonius.
Nachdem die Klemme L_2 wieder geöffnet ist, gibt man der Alhidade mit
der Hand eine langsame und gleichmässige Bewegung bis nahe an das
Ende des Bogens von 36^0 und stellt die Alhidade mit Hülfe des oberen
Mikrometerwerkes L_2 genau auf den Indexstrich ein. Deckt nun der
zu Anfang notirte Theilstrich des Mikrometerkreises den Nullpunkt des
entsprechenden Nonius, so entspricht die Stellung des Röllchens b_3
ihren Bedingungen. Ist indessen solches nicht der Fall, hat z. B. der
Mikrometerkreis ca. $1/36$ Voreilung, so ändert man die Stellung des
Röllchens auf dem Glasplanum dadurch, dass dasselbe mit Hülfe der
Schraube e Fig. 1, 2 dem Centralzapfen des Kreises genähert wird.
Dieses Verfahren 5 bis 6 mal angewandt, indem die jedesmal übrig
gebliebene Voreilung des Mikrometerkreises durch die Schraube e cor-
rigirt wird, reicht aus, dem Röllchen die richtige Stellung anzuweisen.

Ferner sei bemerkt, dass das Mikrometer-Röllchen durch die Schraube e vom Centrum der Alhidade entfernt werden muss, wenn der Mikrometerkreis bei der Bewegung eines Bogens von 36° keinen vollständigen Umgang macht. Zeigt ferner während dieser Berichtigung der Mikrometerkreis ca. 1 Minute Vor- oder Nacheilung, so kann dieselbe, je nach der Winkelangabe des Instrumentes, ganz unberücksichtigt bleiben, da ein solcher Fehler auf einen Bogen von einem halben Grade ganz verschwindet. Zuletzt sei bemerkt, dass die Berichtigung als gelungen anzusehen ist, wenn die Theilung der Alhidade und die des Mikrometerkreises gleichzeitig einen Grad abschneiden. Bei dieser Bewegung wird indessen nicht die Hand, sondern die Mikrometerwerke L_2 und L_3 angewandt. Die nach voriger Angabe ausgeführte Berichtigung der Mikrometer-Vorrichtung behält lange Zeit ihre Genauigkeit, selbst bei häufigster Anwendung. Trotz der starken Friktion zwischen Metall und mattgeschliffenem Glase, ist bei der geringen Bewegung des Röllchens b_3 Fig. 1, 3 während eines einjährigen Gebrauches kein Verschluss zu beobachten; tritt indessen ein solcher nach längerem Gebrauche ein, so berichtige man diesen Fehler einfach nach dem angegebenen Verfahren mit Hülfe der Schraube e Fig. 1, 2. Ferner sei noch bemerkt, dass, ehe eine Winkelmessung begonnen werden soll, das Glasplanum mit Hülfe eines weichen Pinsels von allem Staube befreit werde; ebenso ist solches von aller fettigen Schmiere rein zu halten. Die fettige Stelle wird durch Sodawasser mit Hülfe eines Pinsels abgewaschen und hernach mit Wasser ausgesüsst.

Schliesslich sei in Bezug auf die zweite Theilung des Alhidaden-Limbus bemerkt, dass dieselbe ihrem Wesen nach eine schnelle und scharfe Controle zulässt. Bei dieser Art der Theilung ist man auch von der Ungenauigkeit der $\frac{1}{2}$° Unterabtheilungen nicht abhängig. Die Controle des Limbus Fig. 6 geschieht einfach in der Weise, dass die Alhidade von 10 zu 10 Grad im Kreise herumgeführt, und mit dem Index b zur Deckung gebracht wird. Die Theilung des Index selbst wird durch das Bogenstück von 110 bis 120 Grad untersucht.

Angabe, wie mit der Patent-Mikrometer-Vorrichtung am Horizontalkreise die Minuten und Sekunden abgelesen werden.

Es wird in vorliegendem Falle angenommen, der Limbus $H_2 H_2$ Fig. 1, 2 sei mit 2 Theilungen versehen; es kann dann je nach der erforderlichen Genauigkeit entweder die Theilung zu $^1/_2$ oder 10 Graden bei Bestimmung eines Horizontalwinkels angewandt werden.

I. Fall. Die Theilung zu $^1/_2$ Graden werde angewandt; der Horizontalwinkel brauche nicht mit grösster Schärfe gemessen zu werden. Der Punkt für die Aufstellung des Instrumentes sei mit Nr. 1 bezeichnet, während Nr. 2 und Nr. 3 die Oeffnung des Winkels angeben, deren Grösse nach Graden, Minuten und Sekunden bestimmt werden soll. Nachdem auf die bekannte Weise der Theodolit genau horizontal und centrirt über dem Punkte Nr. 1 aufgestellt worden ist, bringe man durch Hülfe des oberen Mikrometerwerkes L_2 Fig. 4 das Fadenkreuz mit dem Objekte Nr. 2 genau zur Deckung. Nach Lösung der Klemme von L_2 führt man alsdann durch das untere Mikrometerwerk, den Index L_1 zum nächsten ganzen oder halben Gradtheil des Limbus $H_2 H_2$ vor- oder rückwärts, so dass beide Theilungen eine gerade Linie bilden. Der Gradtheil, den der mittlere lange Indexstrich bezeichnet, wird nun notirt; es sei dies $27^1/_2^\circ = 27^\circ 30'$. Alsdann bringt man durch das obere Mikrometerwerk L_2 das Fadenkreuz mit dem Objekte Nr. 3 zur Deckung und liest am vorigen Indexe die passirten ganzen und halben Grade ab; als Resultat ergebe sich $230^\circ +$ einem Ueberschuss, welcher mit Hülfe der Mikrometer-Vorrichtung gemessen wird. Zu diesem Zwecke lasse man durch Aufdrehen der Langschraube b_6 Fig. 1, 3 das Mikrometerröllchen um so viel nieder, dass eine vollständige Berührung mit der mattgeschliffenen Glasfläche stattfindet, und notire den Stand eines, zweier oder aller 4 Nonien, je nachdem eine Genauigkeit verlangt wird. Als Mittel habe sich in vorliegendem Falle ein Resultat von $32' 40''$ in den 36^{tel} Nr. 14 und Nr. 32 ergeben. Führt man nun mit Hülfe des oberen Mikrometerwerkes L_2 den Theilstrich 230° des Limbus $H_2 H_2$ zu dem mittleren Indexstriche zurück, so dass eine genaue Deckung stattfindet, so ist dieser durchlaufene Bogen durch die durchaus genaue Bewegung des Mikrometerkreises vergrössert. Wird nun die jetzige Nonienangabe des Mikrometerkreises gleich $5' 20''$ von der vorigen grösseren, gleich $32' 40''$ abgezogen, so ergibt sich als Differenz $27' 20''$, die genau dem Ueberschuss von 230° entspricht. Der ganze Winkel ist also $= (230^\circ - 27^1/_2^\circ) + (32' 40'' - 5' 20'') = 202^\circ 30' + 27' 20'' = 202^\circ 57' 20''$. Nach dieser Angabe werden alle Winkel gemessen, und die Resultate, welche man erhält, sind stets äusserst zuverlässig. Bei einer gut berichtigten Fernrohr-Vertikalen etc. genügt eine einmalige

Messung eines Winkels vollständig, um mit dem beschriebenen Instrumente eine Genauigkeit bis zu 10 Sekunden zu erzielen; im anderen Falle muss das Fernrohr durchgeschlagen und die Messung wiederholt werden.

II. Fall. Die Theilung von 10 zu 10 Graden werde angewandt. Der Horizontalwinkel soll mit grösster Genauigkeit gemessen werden. Mit Hülfe des oberen Mikrometerwerkes L_2 Fig. 4 bringe man das Fadenkreuz mit dem Objecte Nr. 2 genau zur Deckung. Nach Lösung der Klemme von L_2 führt man alsdann durch das untere Mikrometerwerk einen Theilstrich des in halbe Grade getheilten Index b vor- oder rückwärts zur nächsten 10 Gradtheilung, so dass beide Theilungen eine gerade Linie bilden. Der Gradtheil des Limbus, so wie der des Index wird notirt; es sei dies z. B. 0° und 5° Fig. 6. Alsdann bringe man durch das obere Mikrometerwerk L_2 das Fadenkreuz mit dem Objecte Nr. 3 zur Deckung und lese die in den Index eingetretene 10-Gradtheilung, sowie den nächstfolgenden Theilstrich desselben ab, z. B. 130° am Limbus und 2° am Index; durch die punktirte Linie e Fig. 6 ist diese Stellung angegeben. Mit Hülfe der Mikrometer-Vorrichtung misst man durch Vorwärtsführen der Alhidade den Bogen zwischen 130° und 2° nach der Angabe unter'm ersten Fall; die Grösse des Bogens wird dann erhalten, wenn die kleinere Nonienangabe des Mikrometerkreises von der grösseren abgezogen wird. Als Differenz ergebe sich 10' 10". Der Bogen zwischen 5° und e ist also gleich $(5° - 2° + 10' 10" = 3° 10' 10")$. Da nun ferner 130° rechts des als Nullpunkt angenommenen Theilstriches 5° liegt, so hat man den Bogen 3° 10' 10" zu 130° — 0° zu addiren, und erhält so den ganzen Winkel gleich 133° 10' 10". In dem Falle, wo 130° sich bis f Fig. 6 bewegt hätte, also links von 5° des Indexes liegt, hat man den Bogen fb vom ganzen Winkel zu subtrahiren; der Bogen zwischen f und 8° 30' wird dann durch Rückwärtsführen der Alhidade mit Hülfe der Mikrometer-Vorrichtung gemessen.

Bei allen Abmessungen kleiner Bogen mit Hülfe des Mikrometerkreises ist es unbedingt nothwendig, die Alhidade durch die obere Mikrometerschraube stets nach einer Seite hin zu bewegen, um den todten Punkt derselben zu vermeiden. Schliesslich sei noch bemerkt, dass wohl der Zweifel nicht ferne liegen kann: Das Röllchen am Mikrometerkreise folge nicht den feinsten Bewegungen der Alhidade, zumal, da die Bewegung desselben auf Friktion beruhe. Indessen sei

hiergegen bemerkt, dass bei den ausgedehnten geodätischen und markscheiderischen Aufnahmen, die mit Hülfe der Patent-Mikrometer-
Vorrichtung ausgeführt worden sind, kein Fall beobachtet worden ist,
wo das Röllchen seinen Dienst versagt hätte; allenthalben wurden die
schärfsten Resultate ohne eine Repetition der Winkel erzielt. Die Friktion zwischen feinkörnig mattgeschliffenem hartem Glase und polirtem
Metalle (Argentan) ist so gross, dass schon ein entsprechend bedeutender Druck auf die Speichen des Mikrometerkreises dazu gehört,
solchen um seine Axe zu bewegen (im Falle das Röllchen auf dem
Glasplanum aufliegt).

Crombach b. Siegen im Januar 1868.

Kleinere Mittheilungen.

Ueber das Anemometer von Kraft.

Von Dr. C. Jelinek.

(Hiezu Tafel VII Fig. 1.)

(Zeitschrift der österreichischen meteorologischen Zeitschrift Bd. 2 p. 67.)

Seit Ende Juli 1865 befindet sich ein von E. Kraft & Sohn in Wien nach dem Principe Robinson's construirtes Anemometer an der k. k. Centralanstalt für Meteorologie in Verwendung.

Das Princip des Robinson'schen Anemometers ist bekannt.[1] An einem horizontalen Kreuze gebildet von zwei senkrecht sich kreuzenden Metallstäben sind — und zwar am Ende der eben erwähnten Metallstäbe — vier Halbkugeln aus dünnem Bleche angebracht. Diese Halbkugeln sind in der Weise gestellt, dass die Schnittflächen derselben vertikal sind und dass bei einer Drehung um 90 Grade jede Halbkugel genau die Position der vorhergehenden einnimmt. Wenn das Kreuz z. B. in einem bestimmten Augenblicke eine solche Lage hat, dass die Windesrichtung parallel zu dem einen Metallstabe (z. B. von W. nach O.) und senkrecht auf dem zweiten (von N. nach S.) ist, so werden die Halbkugeln an den Enden des ersteren Stabes vom Winde in durchaus gleicher Weise afficirt werden, somit kein Bestreben äussern das Kreuz zu drehen. Anders wird es sich aber mit den beiden Halbkugeln am südlichen und nördlichen Ende des Kreuzes verhalten; ist der Wind ein westlicher, so wird die Halbkugel am südlichen Ende, welche die hohle Seite gegen Westen kehrt, mehr afficirt werden, als die Halbkugel am nördlichen Ende, welche mit der convexen Seite gegen Westen gewendet ist. Es wird der Wind daher eine Drehung des Kreuzes in dem Sinne hervorbringen, dass die am südlichen Ende befindliche Halbkugel dem Impulse des Windes fol-

---

[1] Transactions of the Royal Irisch Academy, Vol. XXII.

gend sich gegen Ost bewegen wird, d. h. es wird eine Drehung (von oben gesehen) von rechts nach links (entgegengesetzt dem Sinne, in welchem sich ein Uhrzeiger bewegt) erfolgen. Es ist leicht einzusehen, dass die Wirkung dieselbe sein wird, es mag der Wind aus welcher Richtung immer wehen — der Sinn der Drehung des horizontalen Kreuzes bleibt immer derselbe.

Das eben erwähnte horizontale Kreuz ist an einer verticalen Spindel befestigt, welche in der Nähe des untern Endes mit einer Schraube ohne Ende versehen ist; diese Schraube greift in die Zähne eines Rädchens, dessen Axe horizontal liegt und welches mit einer in 100 Theile (übereinstimmend mit den Zähnen des Rädchens) getheilten Trommel versehen ist. Bei jeder Umdrehung des horizontalen Kreuzes bewegt sich ein Zahn des erwähnten Rädchens unter der Schraube ohne Ende durch und geht ein Theilstrich der Trommel an dem fixen Index vorbei. Man kann somit auf diese Weise bis 100 Umdrehungen der Halbkugeln zählen.

Die weitere Uebersetzung, um eine grössere Zahl von Umdrehungen (bis zu 1,010000) zu zählen, ist von Kraft in folgender sinnreicher Weise angebracht worden. Das vorhin erwähnte Rädchen vollbringt eine ganze Umdrehung, wenn die Halbkugeln 100 Umdrehungen vollendet haben. An der horizontalen Axe dieses Rädchens befindet sich wieder eine Schraube ohne Ende, welche in die Zähne eines zweiten grösseren Rädchens eingreift. Dieses zweite Rädchen hat an der Peripherie gleichfalls 100 Zähne und führt eine vertikale Scheibe (die zifferblattartige Scheibe in der Figur) mit sich, welche an der Peripherie in 100 Theile getheilt ist. Vom Gehäuse aus geht ein fixer Index aus (oben in der Figur), bei welchem sich die einzelnen Theilstriche der Scheibe (in der Richtung von rechts nach links) vorüberbewegen und zwar entspricht jeder Theilstrich 100 Umdrehungen der Halbkugeln. Auf diese Art werden 100 mal 100 oder 10,000 Umdrehungen gezählt.

Um eine noch grössere Zahl von Umdrehungen ablesen zu können, befindet sich an derselben (horizontalen) Axe ein zweites zu dem ersten paralleles Rädchen (in der Figur durch die vordere Scheibe verdeckt); dieses (dritte) Rädchen kann sich unabhängig von dem früher erwähnten (zweiten) Rädchen bewegen, welches letztere nur lose auf der Axe sitzt. An der Peripherie hat dieses dritte Rädchen 101 Zähne, in welche dieselbe Schraube ohne Ende eingreift, welche das zweite Rädchen bewegt. Stellt man sich nun vor, dass 10,000 Umdrehungen der Halbkugeln stattgefunden haben, so wird sich das erste Rädchen (oder die Trommel) 100 Mal umgedreht haben und die 100 Zähne des zweiten Rädchens werden durch die Schraube ohne Ende, die sich an der horizontalen Axe des ersten Rädchens befindet, hindurchgegangen sein, d. h. alle 100 Theilstriche der vorderen Scheibe werden beim fixen Index vorübergegangen sein, die vordere Scheibe wird eine volle Umdrehung zurückgelegt haben und wieder in ihrer ursprünglichen Position angelangt sein. Aber dieselbe Schraube ohne Ende, welche in die Zähne des zweiten Rädchens eingreift, bewegt auch die Zähne des dritten Rädchens; es werden daher auch von dem dritten Rädchen 100 Zähne durch die Schraube ohne Ende durchgegangen sein. Nun besitzt aber das dritte Rädchen 101 Zähne, es wird sich also nicht vollständig umgedreht haben, sondern um einen Zahn zurückgeblieben sein. Der Erfolg ist also dieser, dass nach je 10,000 Umdrehungen der Halbkugeln das dritte Rädchen um einen Zahn, d. i. um den 101ten Theil der Peripherie gegen das zweite Rädchen zurückbleibt. Die gemeinschaftliche Axe, an welcher das dritte Rädchen befestigt ist, das zweite Rädchen lose aufsitzt, trägt einen Zeiger, welcher diese Verschiebung des dritten gegen das zweite Rädchen ersichtlich macht. Zu diesem Behufe trägt die vordere Scheibe noch eine zweite innere, mit der früher erwähnten concentrische Theilung, so jedoch, dass die Kreisperipherie in 101 Theile getheilt ist. Nach je 10,000 Umdrehungen der Halbkugeln bewegt sich also der eben erwähnte Zeiger um einen Theilstrich weiter und man hat die Möglichkeit, 101 Mal 10,000 d. i. 1,010,000 Umdrehungen der Halbkugeln zu zählen.

In Folge dieser sinnreichen Einrichtung ist die Reibung sehr gering und der Apparat leistet eben so gute Dienste bei ganz schwachem Winde wie beim Sturme, während es bekanntlich bis jetzt nicht gelungen ist, ein auf der Messung des Winddruckes (durch Zusammendrückung von Metall-Federn nach Osler's Prinzip) beruhendes Anemometer zu construiren, welches für ganz schwache Winde brauchbare Anzeigen lieferte und doch auch wieder für Stürme ausreichte. Natürlich muss das Kraft'sche Anemometer, um verlässliche Angaben zu liefern, von Zeit zu Zeit geölt werden. Zu diesem Ende ist in der linken Wand des Gehäuses eine Oeffnung gebohrt, durch welche einige Tropfen Oel an das untere Ende der vertikalen Spindel gebracht werden können. Nach meinen Erfahrungen ist es jedoch nothwendig, auch das obere Lager der vertikalen Spindel fleissig zu ölen.

Was die Verwandlung der Angaben des Apparates in absolute Zahlen (Windesgeschwindigkeit) anbelangt, so ist es vorerst klar, dass derselbe die durchschnittliche Windesgeschwindigkeit binnen einer gewissen Zeit liefert. An der Centralanstalt wird der Stand des Apparates täglich um 6 und 10 Uhr Morgens, 2 Uhr Nachmittags, 6 und 10 Uhr Abends, bei Stürmen in kürzeren Intervallen, abgelesen. Die Differenz zweier auf einander folgender Ablesungen gibt die Zahl der Umdrehungen der Halbkugeln während der betreffenden Zeit an. Ausserdem ist es einleuchtend, dass die Halbkugeln sich nicht mit derselben Geschwindigkeit bewegen werden, welche dem Winde zukommt, der die Ursache der Bewegung ist, indem immer nur eine Differenz von Kräften es ist, welche das horizontale Kreuz, an welchem die Kugeln befestigt sind, in Bewegung setzt.

Durch theoretische Betrachtungen und durch Versuche hat man in England gefunden, dass die Geschwindigkeit, mit welcher sich die Mittelpunkte der Halbkugeln bewegen, der dritte Theil der Windgeschwindigkeit ist.

Das Robinson'sche Anemometer der Sternwarte zu Greenwich wurde im Juli 1860 auf folgende Weise geprüft: Im Park zu Greenwich wurde ein beiläufig 5 Fuss hoher Pfosten mit einer Spindel am oberen Ende aufgerichtet. Auf dieser Spindel drehte sich ein horizontaler Balken, der auf dem Ende seines längeren Armes das Robinson'sche Anemometer und mit dem kürzeren Arme ein Gegengewicht trug. Die Entfernung von der vertikalen Spindel des Pfostens bis zur vertikalen Axe des Anemometers betrug 17 Fuss 8·7 Zoll (engl.). Das Zifferblatt des Anemometers wurde abgelesen und hierauf der Arm 50 bis 100 Mal in der Horizontalebene im Kreise herumgeführt, indem ein Assistent die Zahl der Umdrehungen zählte. Nach Beendigung der Umdrehungen wurde das Zifferblatt wieder abgelesen. Auf diese Weise wurden 1000 Umdrehungen gemacht in der Richtung N., O., S., W., N. und 1000 in der entgegengesetzten N., W., S., O., N. Bei einigen Versuchen war die Luft nahezu ruhig, bei andern etwas bewegt. Das Resultat war, dass bei einer Bewegung des Instrumentes durch eine (engl.) Meile, wenn der Arm in der Richtung N., O., S., W., N. (entgegengesetzt der Drehung der Halbkugeln) bewegt wurde, 1·15[1]) und bei einer Drehung des Armes in der Richtung N., W., S., O., N. (übereinstimmend mit der Drehung der Halbkugeln) 0·97 als Angabe des Anemometers gefunden ward. Die Ergebnisse rascher und langsamer Umdrehungen waren nahezu dieselben.[2])

Prof. Wild in Bern bestimmte die Constante des Robinson'-schen Anemometers der schweizerischen Centralstation zu Bern in der Weise, dass er bei mässig starkem Winde die Angaben eines Wolt-mann'schen Flügels mit jenen des Robinson'schen Anemometers (welches selbstregistrirend eingerichtet ist) verglich. Auf theoretischem Wege, indem man die Geschwindigkeit der Halbkugeln gleich dem dritten Theile der Windsgeschwindigkeit setzte, fand Wild, dass einer Bewegung der Zeigerspitze am Schreibapparate um 1 Millimeter ein vom Winde zurückgelegter Weg von 70·8 Metres entspreche, durch den Versuch mit dem Woltmann'schen Flügel ergab sich dagegen als zurückgelegter Weg 74·3 Metres, was von dem berechneten Werthe nicht sehr abweicht.[3]).

An dem Kraft'schen Anemometer der Wien. meteor. Central-anstalt beträgt die innere Entfernung zweier Halbkugeln $2R. - 2r = 313^{mm}·75$, die äussere Entfernung derselben $2R. + 2r = 489^{mm}·00$, der Durchmesser der Halbkugeln $2r = 87^{mm}·625$, die Entfernung der Mittelpunkte der Halbkugeln $2R. = 401^{mm}·375$ und der Weg, den der Wind bei einer Umdrehung der Halbkugeln zurücklegt, $6\pi R = 3·78288$ Metres.

Bei 1000 Umdrehungen in der Stunde wird also ein Weg von 3·78288 Kilometrés oder 0.509792 geogr. Meilen zurückgelegt und die Geschwindigkeit per Secunde ist 1·05080 Metres oder 3.23483 Pariser Fuss.

Ich füge noch die mit dieser Constante erhaltenen mittleren Werthe der Windgeschwindigkeit in Pariser Fussen (per Secunde) und die in jedem Monate beobachteten Extreme hinzu:

---

1) Die Dimensionen des Anemometers zu Greenwich sind so gewählt, dass man an demselben unmittelbar die Zahl der englischen Meilen abliest, welche der Wind zurückgelegt hat.

2) Results of the magnetical and meteorological observations made at the Royal Observatory, Greenwich, 1863. p. XLII.

3) H. Wild, Bericht der meteorologischen Centralstation in Bern vom Jahre 1864.

1866 Monat	Windesgeschwindigkeit in Par. Fussen							
	10″-18″	18″-22″	22″-4′	4″-6″	6″-10″	mitt-lere	grösste	Tag
Januar	3·25	3·35	4·16	5·17	3·99	3·86	25·9	18
Februar . . .	3·88	5.58	7·54	7·64	4·97	5·58	34·1	7
März	3·65	4·94	5·82	4·79	3·55	4·40	27·3	12
April	3·50	4·10	6·48	6·34	6·01	4·99	18·2	15
Mai	4·98	4·62	6·56	6·56	5·35	5·51	22·8	3
Juni	5·85	5·77	6·73	7·86	5·76	6·30	23·0	5
Juli	6·57	7·10	9·20	9·47	8·07	7·83	—	—
August	5·98	5.87	8·30	7·50	6·34	6·66	27·5	11
September . .	5·01	5·79	9·18	7·80	5·62	6·40	21·0	23
October . . .	2·74	3·68	5·90	4·74	3·92	3·95	24·3	31
November . .	8·57	9·34	10·27	9·98	7·71	9·07	30·5	22
December . . .	6·62	6·42	7·08	6·95	5·79	6·58	38·4	13

Die oben angeführten Maxima der Windgeschwindigkeit bleiben hinter den in kürzeren Zeitintervallen beobachteten Geschwindigkeiten merklich zurück, weil es eben durchschnittliche Geschwindigkeiten sind, welche durch Ablesungen, die durch 4 Stunden getrennt sind, erhalten werden. So wurde beispielsweise am Vormittage des 17. November die Geschwindigkeit des Windes

von 10 Uhr 0 Min. bis 10 Uhr 40 Min. gleich 33·8 P. F.
„ 10 „ 40 „ „ 10 „ 45 „ „ „ 52·4 „ „
„ 10 „ 45 „ „ 10 „ 50 „ „ „ 38·1 „ „
„ 10 „ 50 „ „ 10 „ 55 „ „ „ 41·9 „ „
„ 10 „ 55 „ „ 11 „ 0 „ „ „ 43·5 „ „
„ 11 „ 0 „ „ 11 „ 30 „ „ „ 35·3 „ „

gefunden.

Ueber die Anemometer der k. Sternwarte von Greenwich.

Von John Browning.

(Hiezu Tafel VII. Fig. 6, 7, 8.)

Einige Monate hindurch war ich unter der Leitung des k. Astronomen (Airy) und Hrn. Glaisher's an der k. Sternwarte damit beschäftigt, den Apparat zur Registrirung der Windstärke zu verbessern

4*

und zu gleicher Zeit ein neues nach den Entwürfen des k. Astronomen gearbeitetes Instrument zur Registrirung der Windgeschwindigkeit
aufzustellen. Ich beabsichtige nun von dem Mechanismus und der
Wirkungsweise dieser Instrumente eine detaillirte, von Zeichnungen
ihrer verschiedenen Bestandtheile begleitete Beschreibung zu geben.

Zuerst will ich das Instrument zur Registrirung der Windgeschwindigkeit, welches auf Tafel VII Fig. 6 und 7 dargestellt ist, beschreiben.
Jener Theil des Apparates, welcher sich ausserhalb des Gebäudes befindet, ist in Fig. 6 dargestellt. — *A, A, A, A* sind vier hohle halb-
kugelförmige Schalen aus Kupfer[1]), welche durch einen leichten Rahmen
an eine centrale Spindel *B* befestigt sind, welche bei der Umdrehung
der Schalen mit herumgedreht wird. Am unteren Ende der Spindel
befindet sich eine Schraube ohne Ende, welche in der Zeichnung nicht
zu sehen ist, aber welche vermittelst der Schalen gedreht wird und
ein System von Rädern in Bewegung setzt, welches so eingerichtet
ist, dass jedes folgende Rad sich langsamer bewegt als das vorhergehende, von welchem es den Impuls zur Bewegung erhält. Ein Getriebe *C*, welches an dem Räderwerke angebracht ist, greift in eine
gezähnte Stange *J* und hebt einen Stab *D*, der nach unten in das
Innere des Gebäudes geführt ist. Eine Fortsetzung dieses Stabes ist
in Fig. 7 dargestellt worden, wo derselbe mit demselben Buchstaben
D bezeichnet ist; an demselben ist ein Schlitten *E* befestigt, welcher
einen Bleistift *F* (Fig. 7) trägt. Dem Stifte gegenüber befindet sich
ein Metall-Cylinder *I I* (Fig. 7), welcher durch die Uhr in eine drehende Bewegung versetzt wird. Die Triebstange, durch welche dies
bewirkt wird, ist bei *G* zu sehen (Fig. 7).

Ein Blatt Papier ist um den Cylinder gewunden und wird in
seiner Lage durch Federn festgehalten; auf dem Papiere sind Vertikal-
Linien für die Stunden, Horizontal-Linien für die Windgeschwindigkeit
gezogen. Es erhellt hieraus, dass, wenn der Cylinder sich mit einer
bekannten Geschwindigkeit dreht, der Bleistift *F* (Fig. 7) durch den
Stab *D* (Fig. 7) gehoben, eine Linie zeichnen wird, welche sich um
so mehr von der horizontalen Richtung entfernen wird, je rascher sich
die Schalen bewegen; denn die gezähnte Stange *J* (Fig. 6), durch das
Getriebe *C* nach aufwärts bewegt, wird auch den Stab *D* um einen

---

1) Die Einrichtung ist unter dem Namen Robinson's Anemometer bekannt.

grösseren Betrag in die Höhe heben, wenn die Halbkugeln sich mit grösserer Geschwindigkeit bewegen.

Beim Beginne der Aufzeichnungen eines jeden Tages wird die gezähnte Stange auf folgende Weise in Uebereinstimmung mit der Null-Linie des Papiers gebracht: Die Feder L (Fig. 6) wird zurückgedrückt und die gezähnte Stange J, welche sich um ein Charnier bei M (Fig. 6) dreht[1]), lässt den Stab D bis zur Null-Linie des neuen Papiers herabsinken. Die Vorderseite des Instrumentes (welche man in Fig. 6 von dem Beschauer abgewendet zu denken hat) hat vier kleine Zifferblätter, auf welchen durch Zeiger die Geschwindigkeit des Windes in (englischen) Zehntel-Meilen, Meilen, Zehnern und Hundertern von Meilen registrirt wird[2]). Die Empfindlichkeit dieses Instrumentes ist so gross, dass die Halbkugeln sich bei einem kaum merklichen Lüftchen bewegen, während dasselbe zur Zeit von Stürmen Geschwindigkeiten von 30 bis 40 Meilen in der Stunde registrirt hat.

Ich gehe nun über zu der Beschreibung des Apparates zur Registrirung des Druckes, welchen der Wind ausübt, eines Gegenstandes von hohem Interesse sowohl für Gelehrte als auch für Seefahrer. Der wirksame Theil dieses Apparates besteht aus einer kreisförmigen eisernen Scheibe, deren Flächeninhalt zwei Quadrat-Fuss beträgt (Fig. 8). Dieselbe ist sehr leicht, jedoch verstärkt durch dünne Stahlblättchen, welche hinter der Scheibe und senkrecht auf dieselbe angebracht sind. Die Scheibe wird getragen durch 8 gehärtete Stahlfedern, welche bei D, D, D, D zu sehen sind. Wenn der Wind gegen die kreisförmige Platte weht, treten die Federn nach einander in Wirksamkeit, indem die stärkeren Federn so eingerichtet sind, dass sie den Druck aufnehmen, bevor noch die schwächeren einer zu starken Spannung ausgesetzt sind. Die kreisförmige Platte wird dem Winde entgegen gehalten

---

1) Die Drehungsaxe befindet sich unten bei M, der obere Theil der gezähnten Stange weicht nach links aus und kommt so ausser Angriff mit dem Getriebe bei C.

2) Offenbar ist hier unter Windgeschwindigkeit die Anzahl englischer Meilen, welche der Wind in der Stunde zurücklegt, gemeint. Manche Meteorologen geben die Zahl der (engl.) Meilen, welche in 24 Stunden zurückgelegt wird, Andere die Zahl der Kilomètres, welche entweder in der Stunde oder in 24 Stunden zurückgelegt werden, Andere endlich die Zahl der Mètres per Secunde, die Wiener Centralanstalt die Zahl der Par. Fusse per Secunde. Man sieht, dass die Mannigfaltigkeit der gewählten Einheiten — um nicht zu sagen — die Verwirrung sehr gross ist und unter vielen anderen Aufgaben wäre es eine der nicht am wenigsten verdienstlichen, in Bezug auf die Messung der Windgeschwindigkeit eine Uebereinstimmung herbeizuführen.

durch eine Windfahne *B*, mit welcher dieselbe verbunden ist. Ein
Stab *G*, der sich mit der Winddruck - Platte bewegt, trägt eine
freie biegsame Drahtseite *H*, welche (in der Zeichnung nicht ersichtlich) über eine kleine Rolle, welche an dem Stabe, an derselben Seite
mit der Windfahne angebracht ist und geht im Innern der Axe der
Windfahne, welche zu diesem Zwecke hohl ist, herab. Dieser Draht
setzt sich fort bis in das Innere des Gebäudes, wo derselbe einen Bleistift bewegt, welcher auf einem Blatt Papiere den Druck aufzeichnet,
welcher auf die kreisförmige Scheibe ausgeübt worden ist. Das Papier
ist auf einem horizontalen mit Schiefer bekleideten Brette ausgespannt,
welches letztere durch ein Uhrwerk gleichförmig bewegt wird. Auf
dem Papiere sind vertikale Linien für die Stunden, horizontale für den
Druck des Windes gezogen.

Das Instrument ist so empfindlich, dass dasselbe einen Winddruck,
so gering wie den Bruchtheil einer Unze auf den Quadratfuss anzeigt,
während es bei Stürmen einen Druck bis zu 40 (engl.) Pfunden auf
derselben Oberfläche aushält.

Ich bin Herrn Glaisher sehr zum Danke verpflichtet für die
fortwährende und unermüdete Aufmerksamkeit, die derselbe mir während der ganzen zur Vollendung dieser Instrumente erforderlichen Zeit
erwiesen hat.

(Zeitschrift der österr. meteorol. Gesellschaft. Bd. III. Nr. 6.)

Der Thermograph von Pfeiffer.

(Hiezu Tafel VI. Fig. 4, 4a, 4b.)

Wir entnehmen einem Aufsatze des Herrn E. Mayer, Assistenten an der k. k. hydrographischen Anstalt, in der Zeitschrift „Archiv
für Seewesen" 1865, X. Heft S. 340, folgende Beschreibung des genannten Registrir-Apparates:

„Im Jahr 1865 wurde an der k. k. hydrographischen Anstalt
ein für Pola bestimmter Thermograph zusammengestellt, welcher
in der Tafel VI Figur 4 in $^1/_8$ der natürlichen Grösse abgebildet
ist. Es wurde hiezu ein von Herrn F. Pfeiffer, Ingenieur des
österreich. Lloyd, erdachtes sehr sinnreiches Metall-Thermometer von
ganz compendiöser Form in Anwendung gebracht. Dasselbe besteht
aus mehreren Rhomben, deren Seiten aus Eisenblech oder aber aus

Zinkblech gebildet sind. Im ersten Falle sind die Endpunkte der
längeren Diagonalen durch Zinkstreifen, im zweiten hingegen sind dieselben durch Eisenstreifen verbunden. Die kürzeren Diagonalen dieser Rhomben stehen über einander und sind an den Berührungsstellen
zusammengelöthet. Da das Zink einen bedeutend grösseren Ausdeh-
nungs-Coëfficienten (0·0000333) als das Eisen (0.0000119) hat, so muss
sich bei einer Temperatur-Aenderung auch die Form der Rhomben verändern. Steigt die Temperatur und sind die Rhomben von Eisen, so
verkürzen sich die kürzeren (vertikal stehenden) Diagonalen, während
sich dieselben verlängern, sobald die Temperatur abnimmt. Es ist
klar, dass die Grösse der Bewegung für eine bestimmte Temperatur-
Aenderung von der Anzahl der übereinander gestellten Rhomben abhängt, indem sich die Bewegung durch die Vermehrung der Rhomben
einfach summirt. Sind die Seiten der Rhomben aus Zinkblech und
die Diagonalstreifen aus Eisen, so muss bei gleichartigen Temperatur-
Aenderungen, im Vergleiche zur früheren Anordnung, die Bewegung
eine entgegengesetzte sein. Bei den hier besprochenen Thermographen sind die beiden beschriebenen Systeme, jedes aus zehn überein-
andergestellten Rhomben bestehend, in Anwendung gekommen. Zwei
Systeme sind einzig nur darum angewendet, um die bewegende Kraft
zu vergrössern. Bei dem System a (siehe die Tafel) sind die Seiten
aus Eisenblech und die Verbindungsstreifen aus Zink, bei dem System
b hingegen sind die Seiten aus Zink und die Verbindungsstücke aus
Eisen. Um den Rhomben die nöthige Stabilität zu verleihen und dieselben in einer bestimmten Lage zu erhalten, dienen die Messing-
stäbchen α β. Die einzelnen Rhomben sind zu diesem Behufe lose
auf die Stäbchen aufgesteckt, so dass eine kleine Seitenbewegung der
Endpunkte der Rhomben immerhin möglich ist. Die vertikalen Mittel-
Linien der zwei Rhomben-Systeme stehen um zwei Wiener Zolle von
einander ab. Die obersten zwei Rhomben tragen in ihrer Mitte zwei
kleine Aufsätze, die dem Hebel c d als Lager dienen und zugleich die
Angriffspunkte der Bewegung bilden. Der Hebel c d ist 26 Zoll lang
und hat bei d einen Bleistift eingeschraubt, der sich innerhalb einer
Kreisbogenführung auf und ab bewegen kann. Um das Gewicht die-
ses ziemlich langen Hebels aufzuheben, ist bei c ein massiver Messing-
Cylinder als Gegengewicht angebracht. Die längeren Diagonalen sind
7″, die kürzeren $^3/_4$″ lang; die Stärke der Bleche beträgt $^1/_3$‴, die
Breite derselben 8‴.

Die übrige Einrichtung des Autographen ist nicht neu, soll aber
der Vollständigkeit wegen mit angeführt werden.

r r ist ein hölzerner Rahmen, in welchem die zwei Metallstäbchen
l m und *n o* befestigt sind, welche dem von der Uhr bewegten Brettchen *h k* als Führung dienen. Damit das Thermometer sich hinlänglich frei bewegen könne, schreibt der Bleistift bei *d* nicht continuirlich, sondern wird nur von fünf zu fünf Minuten durch ein eigenes
Rad an der Uhr, vermittelst eines Hebels (Drückers) *e*, der bei *g*
seinen Drehungspunkt hat, angedrückt. Bei jeder vollen Stunde wirkt
der Drücker erst nach 10 Minuten, wodurch schon in der Curve selbst
die einzelnen Stunden fixirt werden. Die am Papier des Brettchens
erhaltene Curve ist durch diese specielle Einrichtung eine punktirte
und kann später voll nachgezogen werden."

In einer Zuschrift vom 28. Dec. 1866 bemerkte Herr J. Rund,
k. k. Hydrograph-Adjunkt, in Bezug auf diesen Apparat:

„Derselbe, seit 8 Monaten aufgestellt und in Thätigkeit, bewährt
sich sehr gut. Wenn Ende Mai bis Anfangs Juni 1866 schlechte Curven vorkamen, so war diess nur einer weniger aufmerksamen und
subtilen Behandlung des Apparates zuzuschreiben."

„Die Uebereinstimmung der Curven mit den Angaben eines guten
Quecksilber-Thermometers, welcher zwischen den beiden Rhomben-
Systemen des Apparates aufgehängt wurde, dürfte genügend befunden
werden, wenn man berücksichtigt, dass der Apparat dem Einfluss der
Winde von NW. durch N. bis NO. ausgesetzt ist, welche Winde dem
eine grosse Oberfläche bietenden Metallthermometer leicht eine andere
Temperatur mittheilen können, als der Kugel des Quecksilber-Thermometers. Die bis jetzt beobachteten Differenzen zwischen den Angaben
des Apparates und des Quecksilber-Thermometers betrugen nicht mehr
als 0·2 R.

In Bezug auf die Construction solcher Apparate dürfte Folgendes
zu bemerken sein:

Das mit dem Minuten-Zeiger verbundene Rad mit 11 Zähnen,
welches den Schreibstift von 5 zu 5 Minuten an die Tafel drückt,
sollte nicht wie bei diesem ersten ausgeführten Exemplar des Thermographen, einfach auf die Axe des Minutenzeigers gesteckt sein, sondern auf die Axe wäre vielmehr eine Hülse mit einer Flantsche zu
stecken und auf dieser erst das Rad mit den 11 Zähnen zu befestigen.
Dasselbe würde dann keine seitliche Bewegung annehmen können und

somit eine viel genauere Einstellung des Hebels, welcher den Schreibstift an die Tafel drückt, ermöglicht werden.

Auch dürfte es nicht schaden, die Thermometer etwas stärker als
das zu Pola befindliche, auszuführen. An dem erwähnten Exemplare
ist das Zinkblech etwa 1 ^{mm}, das Eisenblech (Weissblech) $^{1}/_{2}$ ^{mm} stark,
die Rhomben sind 7$''$ lang. Die Bleche könnten nun stärker sein und
zwar das Zink beiläufig 2^{mm}, das Eisen 1^{mm} und zwar liesse sich auch
Schwarzblech, welches in jeder Stärke zu haben ist, verwenden, wenn
es durch einen Anstrich geschützt würde. Auch die Länge der Rhomben könnte vielleicht etwas grösser als 7$''$ — etwa 9$''$ bis 10$''$ genommen werden."

In dem Almanache der österreichischen Kriegsmarine für das Jahr
1867 (S. 81—102) theilt Herr Julius Peterin, k. k. Hydrographen-
Adjunkt, die vorläufigen Resultate des auf der Marine-Sternwarte in
Pola aufgestellten Thermo-Autographen mit: Resultate, die, obgleich
sie nur aus den zwei Monaten Juli und August 1866 erhalten worden
sind, sich als ganz zufriedenstellend erweisen.

Die k. k. Centralanstalt für Meteorologie empfängt monatlich eine
Tabelle der Temperaturen der einzelnen Stunden zu Pola, wie dieselben der Pfeiffer'sche Thermograph geliefert hat. Sobald eine wenigstens zweijährige Reihe solcher stündlicher Temperatur-Beobachtun-
gen vorhanden sein wird, dürfte es an der Zeit sein, dieselbe der
Rechnung zu unterwerfen und den normalen täglichen Gang der Temperatur für die Stationen an der Küste des Adriatischen Meeres daraus
abzuleiten. Bis zum gegenwärtigen Augenblicke war man genöthigt, den
normalen Temperaturgang zu Mailand als Basis anzunehmen, obgleich
derselbe sich von jenem an der Meeresküste, wo die Temperatur-Aen-
derungen weit geringer sind, beträchtlich unterscheidet. Wenn auch
durch die Art der Benützung[1]) dieses normalen Temperatur-Ganges
zu Mailand der erwähnte Unterschied berücksichtigt erscheint und somit keinen wesentlich störenden Einfluss ausüben dürfte, so wäre es
natürlich doch bei weitem vorzuziehen, wenn man sich auf die Beobachtungen einer Station an der See direct stützen könnte.

---

1) Ueber die täglichen Aenderungen der Temperatur nach den Beobachtungen
der meteorologischen Stationen in Oesterreich. S. 17—20.

(Aus der Zeitschrift der österr. meteorol. Gesellschaft. II. Bd. Nr. 24.)

Quecksilberluftpumpe.
Von Giacomo Manuelli.
(Hiezu Tafel VII. Fig. 2.)

Diese Maschine besteht im Wesentlichen aus zwei fixen Recipienten *A*, *A* (Fig. 2, Taf. VII), welche abwechselnd barometrische Kammern werden durch das Spiel von zwei anderen beweglichen Recipienten *B*, die man mittelst eines Rades und eines Riemens oder eines Strickes abwechselnd hebt und senkt. Die beiden fixen Recipienten communiciren abwechselnd mit dem Gefässe, das luftleer werden soll, und mit der Atmosphäre, um die ausgezogene Luft zu verdrängen. Die beweglichen Recipienten communiciren immer mit der Atmosphäre und mit den fixen Recipienten vermittelst Kautschukschläuche; sie bilden, wenn sie gesenkt sind, ein Barometer. (Les Mondes 16. Januar 1868.) Man sieht, dass man hier blos die doppelte Jolly'sche Quecksilberpumpe hat; zur Sicherheit der Manipulation wird es übrigens erforderlich sein, den beiden beweglichen Recipienten *B*, *B* irgend eine Führung zu ertheilen, wenn man nicht Gefahr laufen will, dass dieselben sehr bald zu Grunde gehen.

Einfacher Luftverdünnungs-Apparat.
Von Prof. Franz Breisach zu Zara in Dalmatien.
(Hiezu Tafel I, Figg. 2 bis 5.)

A. Beschreibung.

Das eigentliche Pumpen besteht immer in der Anwendung einer Kraft, um irgend eine Flüssigkeit aus ihrem Behälter mit Gewalt heraus zu schaffen. Die zu beschreibende Vorrichtung hingegen lässt dem im Gefässe hermetisch abgeschlossenen Quecksilber gleichsam nur freien Lauf oder Ablauf, in Folge dessen ein luftleerer Raum in gleichem Volumen von selbst zurückbleibt. Der bisherige Ausdruck: „Quecksilberluftpumpe" passte also streng genommen für meinen Apparat ebenso wenig wie für jene von: Morren, Sprengel und Jolly, die mit keiner anderartigen Luftpumpe in Verbindung stehen. Soviel zur Rechtfertigung der obigen neuen Benennung.

Wenn Einfachheit der Construction und ihr Gefolge: leichtere Anschaffung, Instandhaltung und Handhabung der Experimental-Physik, besonders in Mittelschulen stets willkommen sein müssen, so dürfte etwa mein Apparat — trotz der 3 Hähne — auch gute Aufnahme

finden. Den Hauptbestandtheil desselben bildet nämlich ein Glasstück
mit 2 Gefässen (Fig. 2 *A* und *B*) mit 2 Tubulaturen bei *c* und *e*,
die eine unten, die andere seitlich[1]).

Der Recipient *A* ist trichterförmig, seine hintere Wand nach innen
etwas gewulstet zum Durchgange eines engen Kanales, der bei *i* beginnt, bis an die obere Wand der Hülse reicht und als Windpfeife
dient. Eine etwas weitere Durchbohrung trifft man in gerader Linie
an derselben Hülse mehr nach vorn. Beiden Löchern entspricht genau
die Doppelbohrung im Hahne *d*, in Fig. 4 und 5 ersichtlich gemacht,
während die andern 2 Hähne bei *c* und *e* die gewöhnliche einfache
Bohrung haben. Der Trichter ist zur Aufnahme der zum Experimente
nöthigen Quecksilbermenge bestimmt, daher von etwas grösserem Inhalte als das eiförmige Gefäss *B* (von 1—2 Liter Kubikinhalt) mit
seinem obern und untern Verschlusse.

Das Schüsselchen *C*, als 3. Recipient, ist bei *k* durchlöchert, ist
unten mit dem Zapfen *g* versehen und kann ebenfalls aus Glas oder
auch von hartem Holze gefertiget werden. Er ruht unbeweglich auf
dem breiten dreifüssigen Stative *f f*, dessen Ausläufer hinlänglichen
Raum für das Gefäss *D* lassen.

Der Kautschukschlauch *a*, über 30″ lang, mit Asphalt von innen
gehörig präparirt, oben an das Stück Glasrohr genau angepasst und
verkittet, mündet unten in *C* ein. Dessen Verbindung mit dem obern
Theile wird durch den Verschluss bei *e* unterbrochen und wieder
hergestellt.

Die seitliche Tubulatur mit dem Hähnchen *c* geht in das horizontale Rohr *x* über, von welchem rechtwinklig das kurze senkrechte
Stück *y* hinabsteigt; jenes zur Anpassung des engen Kautschukrohres
z und zur Verbindung mit dem zu evacuirenden Hohlgefässe, dieses,
um mit der langen Barometerröhre *b* als Manometer oder Barometerprobe zu dienen (identisch mit dem im Sprengel'schen Apparate).

B. Gebrauchsweise.

Fig. 2 versinnlicht schon den Beginn der Operation. Nachdem
nämlich *A* gefüllt und das untere Ende von *a* einstweilen durch den
Quetschhahn *r* geschlossen wird, dreht man den obern Griff *d* etwas
nach der Seite, damit nur wenig Flüssigkeit durch den ganz geöff-
neten Hahn *e* in die Röhre *a* nach und nach einströmen und die

---

1) Die Figur selbst stellt die seitliche Ansicht des Ganzen dar.

Luft, wie beim Eingiessen durch einen Trichter, zur Seite aufsteigen und entweichen könne. Ist auf solche Weise das Quecksilber bis über den Verschluss e gelangt (was ein für allemal zu geschehen hat), so wird dieser Hahn geschlossen, der Quetschhahn entfernt und der Griff d bis zur senkrechten Stellung gedreht. Nun strömt das Quecksilber ungehindert von A nach B, indem gleichzeitig die Luft durch die hintere Oeffnung und den Kanal im Trichter entweicht. Dann braucht man nur umgekehrt den Hahn d zu schliessen und e zu öffnen, so ist der erste Zweck der Operation, Erzeugung des Vacuums in B durch Ablauf des Quecksilbers bis unter e, schon erreicht. Die Zunahme in C fliesst aber sogleich bei k wieder in das untergestellte Gefäss, um abermals zum selben Zwecke wieder aufgegossen zu werden. Selbstverständlich wird schon während des Abfliessens aus B der Hahn c geöffnet, um den andern Zweck oder Endzweck, Uebertritt der Luft aus dem damit verbundenen Hohlgefässe und Ausgleichung mit dem Vacuum, zu erreichen. Darauf wird derselbe wieder geschlossen und das Experiment so lange wiederholt, bis das Aufsteigen des Quecksilbers in der Barometerprobe bis zur bestimmten Höhe den gewünschten Grad der Verdünnung anzeigt.

Schliesslich darf der Erfinder nicht unbemerkt lassen, dass er das Eigenthumsrecht, besonders der neuen und eigenthümlichen Durchbohrung des Trichters sich vorzubehalten gesonnen sei.

Verbesserte Einrichtung der Gasbehälter (Gasometer) in den chemischen Laboratorien nach Prof. Fr. Breisach zu Zara (Dalmatien).

(Hiezu Tafel VI. Fig. 1, 2, 3.)

Die Reduction der Hähne von 3 auf 2 durch Anbringung eines Doppelhahnes ist wohl nicht neu. Allein bei alledem muss die zu entweichende Luft des geschlossenen unteren Gefässes (Fig. 1 B) das Wasser des obern trichterförmigen (A) in einzelnen Blasen durchdringen, und somit immerhin die Füllung um etwas verzögern. Die nun zu beschreibende Einrichtung soll aber nicht nur diesen Uebelstand gänzlich beseitigen, sondern noch die Handhabung des Apparates erleichtern.

Von den 2 Hähnen wird nämlich der rechte (Fig. 2, a) dahin modifizirt, dass er der Längenachse nach in 2 Punkten durchbohrt erscheint. Von diesen Durchbohrungen ist die vordere eine kreuz-

förmig-doppelte, von denen wir die eine ($x - x$) die senkrechte nennen
wollen. Genau hinter derselben befindet sich die Oeffnung der zweiten,
von unten krumm gegen jene Achse laufende und längs derselben in
die Luft mündende (a, r), analog jener des sogenannten Senguerdischen
Hahnes in der einstiefligen Hahnenluftpumpe[1]).

Der linke Zapfen b hingegen stellt einen Doppelhahn mit einmaliger Tförmigen Durchbohrung dar ($z—z$, s), deren 3 Oeffnungen
senkrecht in die Peripherie der Hülse münden.

Beide Hähne ruhen in einem massiven quadratischen Prisma,
(Fig. 1, C), das dem Trichter als solide Stütze dient, und im Innern
der Länge nach 3 gerade Kanäle birgt, und zwar rechts 2, einen
hinter den andern, links hingegen nur einen.

Diese Kanäle müssen natürlich mit ihren Oeffnungen, innerhalb
der zwei Hülsen, den Mündungen der gedachten Zapfenbohrungen auf
das genaueste entsprechen, nämlich:

Kanal m (Fig. 1), der weiteste von allen dreien, und zur Aufnahme der langen Glasröhre (p) bestimmt — der vordern Kreuzbohrung in a (Fig. 2); Kanal n, beiläufig halb so lang und weit — der
hintern gekrümmten Bohrung desselben Zapfens r, um mit ihr eine
Art Luftpfeife zu bilden; Kanal o endlich, vom Kaliber des vorigen,
jedoch von der Länge des erstern (m) — der Tförmigen Doppelbohrung
des andern Zapfens b. Die Achsendrehung der 2 Griffe (a' a' — b' b' ...)
geschieht immer nach aussen und in ganz entgegengesetzter Richtung;
sie erreicht ihr Maximum bei 90°. — Jede Weiterbewegung wird durch
die 4 Stiftchen i, i, i, i (Fig. 1) verhindert. Es ist dies eine kleine
Zugabe, die mit zur Erleichterung der Anwendung, besonders für angehende Experimentatoren, beitragen soll. — Zu demselben Behufe
liesse sich auch die ganze Operation beim demonstrativen Vortrage in
folgende 5—6 Akte oder Momente theilen, die sich eben auf die successiven Stellungen der Griffe beziehen.

Es wären demnach:

Akt 1. Verschluss aller Communication — beginnende Füllung.

Der Apparat, wie in Fig. 1, noch ganz leer; beide Griffe
in der Richtung der Diagonale einander gegenüber gestellt

---

1) Als Nachtrag zu dem bereits in diesem Repertorium (vorstehende Notiz)
beschriebenen Luftverdünnungs-Apparate sei nun hier zu bemerken erlaubt, dass
die eben bezeichnete Durchbohrung vor jenem dort angegebenen Kanale, der zu demselben Zwecke durch die Dicke der Glaswand vom obern Gefässe zu gehen hätte,
als weit einfacher den Vorzug verdiene.

(Fig. 3, rechts, Stellung I—III; links, I—II—III—IV). — Der Trichter wird nun gefüllt.

Akt 2. Griff a' in die senkrechte Richtung (nach oben) gebracht (Stellung II rechts);

Ununterbrochene Einströmung des Wassers in B, indem die verdrängte Luft gleichzeitig nach hinten entweicht. — Im Trichter ist nun so lange Wasser nachzugiessen, bis beide Recipienten gefüllt sind.

Akt 3. Griff a' tritt wieder in seine anfängliche Richtung zurück, welche b' bisher noch beibehält (Stellung I—IV links).

Die untere Tubulatur (Fig. 1, e) wird nun geöffnet, eine beliebige Menge von dem entwickelten Gase eingelassen, hierauf diese Oeffnung bis auf weiteres wieder verschlossen, d. h. bis:

Akt 4. mit der ganzen Vierteldrehung desselben Griffes (a') zu beginnen hat.

Er kommt dadurch in die horizontale Lage (Stellung IV r), in welcher er auch während der folgenden 2 Akte verbleibt.

Wasser fliesst jetzt in B von neuem, jedoch langsamer ein; denn noch ist dem Gase kein Ausgang gestattet. — Diess geschieht erst (wenn dessen Spannkraft durch den zunehmenden Wasserdruck hinreichend gesteigert ist) durch Oeffnung des Doppelt- oder Zweiweghahnes b, dessen Funktion eine zweifache ist, und

Akt 5 oder 6 als Schlussmoment hat. Will man nämlich das verdichtete Gas in einem mit Wasser gefüllten Auffangcylinder bis über der Brücke q' q (Fig. 1) blasenweise emporsteigen lassen, so nimmt der Griff b' die Position V an. In diesem Falle communiciren die beiden übereinander stehenden Gefässe A, B unter sich, und zwar vermittelst der Diametralbohrung des entsprechenden Zapfens (Fig. 2 und 3, z—z), während die in dieselbe mündende Radialbohrung (s) gegen die Wand der Hülse gekehrt, folglich geschlossen ist.

Hat aber das Gas continuirlich auszuströmen und jene Communication abgesperrt zu bleiben, so kommt b' in die Stellung VI, links. Das Gas kann dann nur den mit Pfeilen bezeichneten Weg direkt nach aussen einschlagen, um angezündet zu werden, oder etwa vermittelst eines Kautschukrohres in einen andern geschlossenen Recipienten überzutreten.

Selbsverständlich müssen nun die Kanäle wie zu Anfang wieder geschlossen werden, falls man erübrigtes Gas aufzubewahren beabsichtigt.

Die Variationen in der Stellung der Griffe sind, dem besagten zufolge: die vertikale, horizontale und schiefe (von 45°). Sie deuten zugleich die jeweilige Richtung der innern Bohrungen an, was auch die üblichen Einschnitte in den vordern Scheibchen der Achsen ($\times$ T Fig. 1) thun. — Von diesen ist aber der senkrechte etwas schärfer markirt. — Der Uebergang von der einen Position zur andern ist auch sehr einfach; es geht nämlich beiderseits die anfänglich schiefe in die lothrechte und diese (mit Ausnahme der III. Stellung rechts) in die wagrechte über, die gleichsam die letzte ist.

Schlussbemerkung. Derselbe Apparat im verjüngten Massstabe ganz von Glas, d. h. in einem Stücke angefertigt und die Tubulatur *e* passend abgeändert, könnte vielleicht gar die Quecksilberwanne aus den Laboratorien verdrängen, indem er dann geeignet wäre, die betreffenden Gase längere Zeit bequem aufzubewahren.

Diese wesentliche Neuerung, so wie die Specialität der Anordnung im Ganzen veranlassen mich zur einstweiligen Vorbehaltung des Eigenthumrechtes.

Prof. Franz Breisach zu Zara (Dalmatien).

Berichtigung.

Zu der im vorigen Bande des Repertoriums (p. 265) gegebenen Beschreibung des Wiedemann'schen Apparates zur Darstellung des Geyserphänomens im Hörsaale ist berichtigend zu ergänzen, dass statt der Kugel mit seitlichem Rohre ein Glasballon mit doppelt durchbohrtem Kautschukpfropfen vorhanden ist, in dessen Bohrungen eine gerade, mittelst eines Kautschukpfropfs durch den Teller geführte, und eine gebogene, nach dem Wasserreservoir gehende Glasröhre sich befindet.

Biographische Notiz.

Simon Plössl.

Am 11. September 1794 wurde einem Tischlermeister zu Wien ein Knäblein geboren, dessen Namen und Thaten durch die Welt gehen sollten — der Knabe hiess Simon Plössl.

Nachdem derselbe die spärlich bemessene Schulbildung erhalten hatte, kam er zu einem Drechsler in die Lehre und von da im 18. Lebensjahre zum wiener Optiker F. Voigtländer. Hier hatte Plössl ein so aufmerksames Auge und entwickelte eine solche Geschicklichkeit, dass er später thatsächlich das optische Geschäft Voigtländer's leitete und dies so vorzüglich, dass er die Aufmerksamkeit v. Littrow's und Jacquin's auf sich lenkte.

Auf das Zureden dieser beiden Beschützer eröffnete Plössl 1823 eine eigene optische Werkstätte und schon 1829 bis 1830 wurde der Name Plössl's wegen der von ihm zuerst construirten, aplanatischen Loupen, wegen seiner ausgezeichneten zusammengesetzten Mikroskope und endlich in Folge seiner trefflichen Feldstecher in den Kreisen der bewährtesten Fachmänner auf das vortheilhafteste bekannt.

Zwei Jahre später lieferte Plössl die von Littrow berechneten, dialytischen Fernröhre in allen Dimensionen und von epochemachender Leistung. Bei allen optischen Erzeugnissen Plössl's war vorzüglich auf eine bedeutende Helligkeit und mächtige Schärfe hingearbeitet.

Zur Verbreitung der Kenntniss von Plössl's Leistungen trug nicht wenig Baumgartner's Zeitschrift für Physik und Mathematik bei (1826—1837) und der Gelehrtenkreis, der sich um Littrow und Jacquin aus der Heimat und Fremde sammelte. Bezog doch Jacquin 12,000 Gulden Tafelgelder, um die reisenden Professoren würdig zu bewirthen! Und alle diese Gäste konnten sich durch eigene Anschauung von der Güte der Plössl'schen Instrumente überzeugen und sie trugen Plössl's Namen nach aussen.

Plössl setzte seine Instrumente allein zusammen; der eine, welcher ihm dabei einige Zeit geholfen hatte — sein Sohn, war im 21. Lebensjahre gestorben. Seit dieser Zeit war Plössl noch schweigsamer, verschlossener und stiller geworden, als er schon von Natur aus war. Zu dieser Abgeschiedenheit mag wohl noch seine bedeutende Schwerhörigkeit nicht wenig beigetragen haben.

Obwohl Plössl seit dem Jahre 1836 in Folge einer schweren Nervenkrankheit am Schwindel litt, war er dennoch nicht dahin zu bringen, sich Ruhe zu gönnen. Bei Tag traf man ihn in seinem Werkzimmer und in der Nacht, wenn sie heiter war, bei der Erprobung seiner grösseren Fernröhre, mittelst des gestirnten Himmels.

So verfloss Plössl's Leben in steter Beschäftigung mit der praktischen Optik bis gegen Ende Jänner d. J. Um diese Zeit verwundete ihn ein herabfallendes Glasstück an der rechten Hand und in Folge dieser Verletzung verschied er am 29. Jänner 1868 im 74. Lebensjahre. Er hinterlässt seine Frau und eine einzige, glücklich verheirathete Tochter.

Plössl hatte es unterlassen, einen Zögling für seine Kunst zu gewinnen und so bleiben das Atelier und dessen optische Schätze verwaist, und es ist zu fürchten, dass viele dieser werthvollen Güter der Welt verloren gehen.   π.

Die dynamo-electrischen Maschinen.

Von

Director **Dr. Schellen** in Cöln.

(Hiezu Tafel VIII, IX, X, Fig. 4—12.)

Auf der Pariser Ausstellung vom vorigen Jahre befand sich in der englischen Abtheilung der Maschinen-Galerie eine Maschine, welche die Ueberschrift trug „Dynamo-Magneto Machine, New Principle of Conversion of dynamic Force, by W. Ladd." Die Maschine wurde durch die über ihr weglaufende allgemeine Transmission der Maschinen-Galerie in Bewegung gesetzt und erzeugte bei der Rotation zweier Cylinder ein blendendes electrisches Kohlenlicht, ohne Anwendung einer galvanischen Batterie und ohne dass während des Zustandes der Ruhe irgend welche magnetische Kraft an ihr wahrgenommen wurde. Die Maschine erregte daher grosses Aufsehen und war fast immer von zahlreichen Bewunderern umlagert, die sich durch gegenseitiges Fragen bemühten, das New Principle der Maschine aufzufinden und zu verstehen. Der Mann von Fach suchte daran freilich dieses n e u e Princip der Umwandlung der mechanischen Kraft nicht, weil es ihm an dieser Maschine nicht mehr neu war und er recht wohl wusste, dass in der preussischen Abtheilung der Maschinen-Galerie eine kleinere, aber nach demselben Princip gebaute und practisch zum Zünden von Minen eingerichtete Maschine von Siemens und Halske in Berlin ausgestellt war, welche von der Hand in Bewegung gesetzt wurde und daher zwar immer noch starke, aber im Verhältniss zu der mehrere Pferdekräfte beanspruchenden Ladd'schen Maschine schwächere Funken gab, welche aber, wie diese, nach denjenigen Principien construirt war, die Dr. W. Siemens bereits im Januar 1867 der Berliner Akademie mitgetheilt hatte.

Welchen Antheil Ladd an der Ausbildung der dynamo-electrischen, oder, wie sie auch wohl genannt werden, der Dynamo-

Magnet-Maschinen hat, wird sich im Verlaufe dieser Mittheilungen ergeben; wir müssen aber schon hier erklären, dass sich seine Ansprüche in keiner Weise auf die theoretischen Principien beziehen, welche diesen Maschinen zur Grundlage dienen, sondern nur die äussere Einrichtung und die Disposition einzelner Theile derselben betreffen.

Den Ausgangspunct in der geschichtlichen Entwickelung der dynamo-electrischen Maschinen bildet bekanntlich der rotirende Cylinder, welchen Siemens und Halske seit dem Jahre 1857 als Inductorrolle zu magneto-electrischen Apparaten verwenden. In seiner einfachsten Gestalt besteht derselbe aus einem Eisencylinder E (Taf. VIII Fig. 4) welcher der Länge nach mit zwei gegenüberstehenden, etwa $1/2$ des Durchmessers tiefen und $2/3$ desselben breiten Einschnitten versehen ist und dadurch ungefähr die Form eines Galvanometerrahmens erhält. Die Figur 5 zeigt den senkrechten Durchschnitt eines so zugerichteten Cylinders; die durch das weggeschnittene Eisen entstandene, um den ganzen übrig gebliebenen Eisenrahmen herumlaufende Nuth ist mit isolirtem Kupferdrahte derartig umwickelt, dass die cylindrische Form der früheren Eisenstange durch die Drahtwindungen wieder vollständig hergestellt ist.

Siemens und Halske wandten diesen Cylinder-Inductor zuerst zu ihren magnet-electrischen Zeigertelegraphen[1]) und später mit nicht geringerem Erfolge zu ihren Läuteinductoren[2]) an; seitdem hat derselbe eine allgemeine Verbreitung gefunden, namentlich auch in England, wo H. Wilde in Manchester anfänglich der ganzen magnet-electrischen Maschine die in Figur 6 abgebildete Form mit vertical stehendem Stahlmagneten A und wagrecht liegendem Cylinder-Inductor E gab.

Am 13. April 1866 theilte Wilde der Royal Society zu London eine Reihe von Versuchen mit, die er mit einer neuen magnet-electrischen Maschine angestellt hatte. Dieselbe bestand aus einer Combination zweier rotirender Cylinder-Inductoren, von denen der eine einem System von Stahlmagneten, der andere aber einem sehr starken Electromagnet von weichem Eisen angehörte; der Strom des ersteren Inductors wurde zur Magnetisirung des Electromagnetes

---

1) Schellen, Elektro-magnetischer Telegraph, 4. Aufl. Braunschweig, Friedr. Vieweg und Sohn, 1867. S. 381.
2) Ebendaselbst. S. 666.

benutzt, während der zwischen den Polen dieses Electromagnetes rotirende Cylinder freie Ströme gab, die zum Glühen von Platin- oder
Eisendrähten, sowie zur Darstellung des electrischen Lichtes benutzt
werden konnten.

Die magnet-electrische Maschine von Wilde ist bereits im
III. Bande S. 186 beschrieben und auf Taf. IX Fig. 1—4 abgebildet.
Die Figur 7 zeigt dieselbe in perspectivischer Abbildung. Die Maschine besteht aus zwei übereinanderstehenden Abtheilungen, von
denen die obere die aus 16 Stahlmagneten A bestehende gewöhnliche
Siemens'sche Maschine darstellt, die untere aber bloss einen einzigen,
aber sehr grossen Electromagnet BB mit zugehörigem Cylinder-
Inductor E_1 bildet. Die Schenkel dieses Electromagnetes sind zwei
parallele, 18 Centimeter hohe, Platten von gewalztem Eisen, die oben
mit einer eisernen Platte gedeckt und um welche 1000 Meter eines
dicken Kupferdrahtes gewickelt sind. Die Cylinder-Inductoren E, E_1
werden durch eine kleine Dampfmaschine von 3 Pferdekräften in
Umdrehung versetzt, wobei der untere grössere Inductor E_1 1700 bis
1800 Touren in der Minute macht.

Die Enden des den Electromagnet BB bildenden dicken Drahtes
sind in den Klemmen a und b befestigt und eben dahin führen auch
zwei Drähte x und y, welche die Inductionsströme des rotirenden Cylinders E aufnehmen. Mit der Umdrehungszahl des Cylinders E wächst
die Intensität dieser Ströme, die ausserdem noch mittelst Anwendung
eines Commutators auf die bekannte Weise eine und dieselbe Richtung
erhalten. Indem diese Ströme bei a und b in den Electromagnet BB
eingeführt werden, erhält dieser eine weit grössere magnetische Kraft
als die 16 Stahlmagnete vereint besitzen, woraus dann von selbst folgt,
dass die aus der Rotation des Inductors E_1 hervorgehenden und aus
den Klemmen a_1 und b_1 hervortretenden Ströme weit stärker sind,
als die der Magnetmaschine A.

Bei einer der ersten Maschinen von Wilde hatte jeder der 16
Stahlmagnete eine Tragkraft von 10 Kilogrammen, das ganze Magazin
A also eine Tragkraft von 160 Kilogrammen, wogegen der Electromagnet BB unter dem Einflusse der aus A gewonnenen magnet-
electrischen Ströme eine Tragkraft von nahe 5000 Kilogrammen gewann.
Dass die unter dem Einflusse einer solchen magnetischen Kraft und
einer so grossen Umdrehungsgeschwindigkeit des Inductors E_1 gewonnenen Inductionsströme, welche von dem auf der Rotationsachse

befindlichen Commutator gleiche Richtung erhielten und von den
Drähten x_1 und y_1 weiter geführt werden konnten, eine aussergewöhn-
liche Stärke besassen, und sowohl in den Glüherscheinungen als in
den chemischen und magnetischen Wirkungen Ausserordentliches
leisteten, ist von selbst klar.

Wilde ging noch weiter. Anstatt die Ströme des Inductors E_1
zu den zuletzt genannten Zwecken zu verwenden, fügte er seiner
Maschine noch einen zweiten, weit grösseren, ebenfalls aus Eisenplatten gebildeten Electromagnet mit entsprechend grösserem Cylinder-
Inductor hinzu, so dass die ganze Maschine aus einer magnet-electrischen Maschine A, zwei Electromagneten und aus drei rotirenden
Cylindern bestand. Bezeichnen wir den letzten und grössten Electromagnet mit B_1 und dessen Inductor mit E_2, so wurde der sehr
starke Strom des Inductors E_1 benützt, um den Electromagnet B_1
zu magnetisiren; letzterer erhielt aber bei der grossen Umdrehungsgeschwindigkeit von E_1 eine so bedeutende magnetische Kraft, dass
die aus der Rotation von B_2 hervorgehenden Ströme in ihrer Wirkung
Alles übertrafen, was man seither mit künstlich erzeugten galvanischen
Strömen zu leisten im Stande gewesen war.

Am 2. März 1867 wurde mit einem grossen, dreifachen Wilde'-
schen Apparate in Burlington House in London im Beisein von Sa-
bine und anderer hervorragender wissenschaftlicher Autoritäten eine
Reihe von Versuchen angestellt, über welche das „Athenäum" folgendermassen berichtet.

„In der Maschine selbst lag schon etwas Achtung gebietendes,
da die Electromagnete aus 4 Fuss hohen und 10 Zoll dicken, 14
Centner Kupferdraht enthaltenden Schenkeln bestand, zwischen denen
eine Armatur lag, die durch eine ausserhalb des Gebäudes aufgestellte
Dampfmaschine von 15 Pferdekräften mit einer Geschwindigkeit von
1500 Touren in 1 Minute rundgedreht wurde. Um und um flogen
die Cylinder und jede Rotation sandte neue electrische Ströme in die
Electromagnete, als plötzlich der freie Strom mit voller Kraft in eine
am Ende des Versuchslocals aufgestellte electrische Lampe geleitet
wurde, und sofort zwischen den fingerdicken Kohlenstäben ein ungemein intensives electrisches Licht vor den Augen der Zuschauer
aufflammte, das sie ebenso blendete, wie der Glanz der Mittagssonne,
und alle Ecken und Winkel des grossen Zimmers mit einem Glanze
erleuchtete, der den Sonnenschein übertraf und gegen welchen die

hell brennenden Gasflammen in der Mitte des Zimmers braun erschienen. Ein in der Richtung des Lichtstrahles gehaltenes Brennglas brannte Löcher in Papier, und wer die Wärme mit ausgestreckter Hand auffing, konnte dieselbe in einer Entfernung von 150 Fuss noch deutlich wahrnehmen. Dann spannte man eine lange eiserne Drahtschlinge in die Leitung ein; nach wenigen Minuten glühte der Draht, nahm eine mattrothe Farbe an, wurde weissglühend, und fiel in glühenden Stücken zu Boden. Ebenso wurde ein kurzes Stück Eisen von der Dicke des kleinen Fingers geschmolzen und verbrannt; aber alle diese Versuche wurden überstrahlt von dem Schmelzen eines Platinstabes von mehr als $1/4$ Zoll Durchmesser und 2 Fuss Länge."

Was die Anwendung der Wilde'schen Maschine angeht, so hat sowohl in England die Commission der nördlichen Leuchtthürme Versuche mit einer kleineren Maschine gemacht, als auch hat in Frankreich die Gesellschaft „L'Alliance" das Recht erworben, den Apparat zur Beleuchtung der Leuchtthürme anzuwenden.

Aber auch in der Industrie hat man versucht, der Wilde'schen Maschine einen Platz zu verschaffen. So hat z. B. Elkington in Birmingham sie bei seinen grossartigen galvanoplastischen Arbeiten in Anwendung genommen; eine andere Fabrik in Whitechapel benützt den electrischen Strom zur Erzeugung von Ozon, um dieses als Bleichmittel zu verwenden; in den photographischen Ateliers von Woodbury und von Saxon & Comp. in Manchester dienen Wilde'sche Maschinen zur Erzeugung eines intensiven electrischen Lichtes, um mittelst desselben zu jeder Zeit und unter allen Witterungsverhältnissen das Druckverfahren zu beschleunigen. In dem letztgenannten Etablissement soll der Apparat bei Tag und Nacht in Thätigkeit sein, so dass dasselbe die Herstellung der schärfsten photographischen Abdrücke innerhalb 24 Stunden garantirt.

Zu bemerken ist jedoch, dass bei der ausserordentlichen Geschwindigkeit, mit welcher die Cylinder rotiren und demgemäss in ihren Eisenkernen die Polarität wechselt, dieselben sich sehr stark erhitzen und dann die Intensität des Stromes abnimmt. So viel aus der Veröffentlichung der Versuche bekannt geworden ist, hat es auch noch nicht gelingen wollen, mit der Wilde'schen Maschine das electrische Licht 10 oder 8 Stunden constant zu erhalten, was doch von dem Lichte eines Leuchtthurmes verlangt werden muss.

Man sieht leicht ein, dass die Möglichkeit der zunehmenden Ver-

stärkung des Magnetismus in den Eisenplatten des feststehenden
Electromagnetes der Trägheit eben dieser Eisenmasse zuzuschreiben
ist. In Folge dieser Trägheit hat der jedesmal vorhandene freie
Magnetismus des Electromagnetes nicht Zeit, während des äusserst
kurzen Zeitintervalles zwischen zwei aufeinander folgenden Inductions-
strömen, wie sie der Inductor liefert, zu verschwinden oder überhaupt
nur abzunehmen. Dadurch kommt es, dass bei einer schnellen Umdrehung des Inductors die durch den Commutator gleich gerichteten
Inductionsströme ihre magnetisirende Wirkung auf die Kerne des
Electromagnets voll ausüben und trotz ihrer intermittirenden Wirkung
doch den Magnetismus der Eisenschenkel fortwährend steigern, die
dann, wie bereits gesagt, ihrerseits wieder mit dieser erhöhten magnetischen Kraft auf den zweiten Cylinder-Inductor wirken und so
Ströme erzeugen, deren Intensität durch die Masse des verwendeten
Eisens und die zur Rotation der Cylinder aufgewandte Arbeit bestimmt wird.

Es hätte eigentlich für Wilde nahe gelegen, den kleinen Inductor (E) seiner Maschine durch den Strom des grossen (E_1) zu
magnetisiren, um so zu einer dynamo-electrischen Maschine ohne
Stahlmagnete zu kommen. Wilde gelangte indessen nicht auf diesen
Gedanken; Dr. Siemens kam ihm darin zuvor, und zwar auf dem
Wege der theoretischen Untersuchung, von welchem er der Berliner
Akademie der Wissenschaften Mittheilung machte, nachdem er bereits
im December 1866 vor mehreren Berliner Physikern mit einer nach
dem neuen Princip gebauten eincylindrigen Maschine, die keine
Stahlmagnete besass, experimentirt hatte.

Mitte Januar 1867 kam die Mittheilung Siemens's in der Sitzung der Berliner Academie zur Verhandlung. Da der Inhalt dieses
Vortrages für die Feststellung der Priorität hinsichtlich des Princips
und der Construction der dynamo-electrischen Maschinen entscheidend
ist, so lassen wir denselben, wie er als vorläufige Anzeige unter der
sehr bezeichnenden Ueberschrift „Ueber die Umwandlung von
Arbeitskraft in electrischen Strom ohne Anwendung per-
manenter Magnete, von W. Siemens" in dem Februar-Heft von
Poggendorff's Annalen abgedruckt ist, hier folgen.

„Wenn man zwei parallele Drähte, welche Theile des Schliessungskreises einer galvanischen Kette bilden, einander nähert oder
entfernt, so beobachtet man eine Schwächung oder eine Verstärkung

des Stromes der Kette, je nachdem die Bewegung im Sinne der Kräfte, welche die Ströme auf einander ausüben oder im entgegengesetzten stattfindet. Dieselbe Erscheinung tritt im verstärkten Maasse ein, wenn man die Polenden zweier Electromagnete, deren Windungen Theile desselben Schliessungskreises bilden, einander nähert oder von einander entfernt. Wird die Richtung des Stromes in dem einen Drahte im Augenblicke der grössten Annäherung und Entfernung umgekehrt, wie es bei electro-dynamischen Rotationsapparaten der electro-magnetischen Maschinen auf mechanischem Wege ausgeführt wird, so tritt mithin eine dauernde Verminderung der Stromstärke der Kette ein, sobald der Apparat sich in Bewegung setzt. Diese Schwächung des Stromes der Kette durch Gegenströme, welche durch die Bewegung im Sinne der bewegenden Kräfte erzeugt werden, ist so bedeutend, dass sie den Grund bildet, warum electro-magnetische Kraftmaschinen nicht mit Erfolg durch galvanische Ketten betrieben werden können. Wird eine solche Maschine durch eine äussere Arbeitskraft im entgegengesetzten Sinne gedreht, so muss der Strom der Kette dagegen durch die jetzt ihm gleich gerichteten inducirten Ströme verstärkt werden. Da diese Verstärkung des Stromes auch eine Verstärkung des Magnetismus des Electromagnetes, mithin auch eine Verstärkung des folgenden inducirten Stromes hervorbringt, so wächst der Strom der Kette in rascher Progression bis zu einer solchen Höhe, dass man sie selbst ganz ausschalten kann, ohne eine Verminderung desselben wahrzunehmen. Unterbricht man die Drehung, so verschwindet natürlich auch der Strom und der feststehende Electromagnet verliert seinen Magnetismus.

Der geringe Grad von Magnetismus, welcher auch im weichsten Eisen stets zurückbleibt, genügt aber, um bei wieder eintretender Drehung das progressive Anwachsen des Stromes im Schliessungskreise von Neuem einzuleiten. Es bedarf daher nur eines einmaligen kurzen Stromes einer Kette durch die Windungen des festen Electromagnetes, um den Apparat für alle Zeit leistungsfähig zu machen.

Die Richtung des Stromes, welchen der Apparat erzeugt, ist von der Polarität des rückbleibenden Magnetismus abhängig. Aendert man dieselbe vermittelst eines kurzen entgegengesetzten Stromes durch die Windungen des festen Magnets, so genügt dieses, um auch allen

später durch Rotation erzeugten mächtigen Strömen die umgekehrte
Richtung zu geben.

Die beschriebene Wirkung muss zwar bei jeder electromagnetischen Maschine eintreten, die auf Anziehung und Abstossung von
Electromagneten begründet ist, deren Windungen Theile desselben
Schliessungskreises bilden; es bedarf aber doch besonderer Rücksichten
zur Herstellung von solchen electro-dynamischen Inductoren von grosser
Wirkung. Der von den commutirten, gleichgerichteten Strömen um-
kreiste feststehende Magnet muss eine hinreichende magnetische Trägheit haben, um auch während der Stromwechsel den in ihm erzeugten
höchsten Grad des Magnetismus ungeschwächt beizubehalten, und die
sich gegenüberstehenden Polflächen der beiden Magnete müssen so
beschaffen sein, dass der feststehende Magnet stets durch benachbartes
Eisen geschlossen bleibt, während der bewegliche sich dreht. Diese
Bedingungen werden am besten durch die von mir vor längerer Zeit
in Vorschlag gebrachte und seitdem von mir und Anderen vielfältig
benützte Anordnung der Magnet-Inductoren erfüllt. Der rotirende
Electromagnet besteht bei denselben aus einem um seine Achse rotirenden Eisencylinder, welcher mit zwei gegenüberstehenden, der Achse
parallel laufenden Einschnitten versehen ist, die den isolirten Um-
windungsdraht aufnehmen. Die Polenden einer grösseren Zahl von
Stahlmagneten oder in vorliegendem Falle die Polenden des feststehenden Electromagnetes umfassen die Peripherie dieses Eisencylinders
in seiner ganzen Länge mit möglichst geringem Zwischenraume.

Mit Hülfe einer derartig eingerichteten Maschine kann man, wenn
die Verhältnisse der einzelnen Theile richtig bestimmt sind und der
Commutator richtig eingestellt ist, bei hinlänglich schneller Drehung
in geschlossenen Leitungskreisen von geringem ausserwesentlichem
Widerstande Ströme von solcher Stärke erzeugen, dass die Umwindungsdrähte der Electromagnete durch sie in kurzer Zeit bis zu einer
Temperatur erwärmt werden, bei welcher die Umspinnung der Drähte
verkohlt. Bei anhaltender Benützung der Maschine muss diese Gefahr
durch Einschaltung von Widerständen oder durch Mässigung der Drehungsgeschwindigkeit vermieden werden.

Während die Leistung der magnetoelectrischen Inductoren nicht
im gleichen Verhältnisse mit der Vergrösserung ihrer Dimensionen
zunimmt, findet bei der beschriebenen das umgekehrte Verhältniss
statt. Es hat dies darin seinen Grund, dass die Kraft der Stahl-

magnete in weit geringerem Verhältniss zunimmt, als die Masse des
zu ihrer Herstellung verwendeten Stahls, und dass sich die magnetische Kraft einer grossen Anzahl kleiner Stahlmagnete nicht auf eine
kleine Polfläche concentriren lässt, ohne die Wirkung sämmtlicher
Magnete bedeutend zu schwächen oder sie zum Theil ganz zu ent-
magnetisiren. Magnetinductoren mit Stahlmagneten sind daher nicht
geeignet, wo es sich um Erzeugung sehr starker ausdauernder Ströme
handelt. Man hat es zwar schon mehrfach versucht, solche kräftige
magnetelectrische Inductoren herzustellen und auch so kräftige Ströme
mit ihnen erzeugt, dass sie ein intensives electrisches Licht gaben,
doch mussten diese Maschinen colossale Dimensionen erhalten, wodurch sie sehr kostbar wurden.[1]) Die Stahlmagnete verloren bald
den grössten Theil ihres Magnetismus und die Maschine ihre anfängliche Kraft.

Neuerdings hat der Mechaniker Wilde in Birmingham die Leistungsfähigkeit der magnet-electrischen Maschinen dadurch wesentlich
erhöht, dass er zwei Magnetinductoren meiner oben beschriebenen
Construction zu einer Maschine combinirte. Den einen, grösseren
dieser Inductoren versieht er mit einem Electromagnet an Stelle der
Stahlmagnete und verwendet den andern zur dauernden Magnetisirung
dieses Electromagnetes. Da der Electromagnet kräftiger wird als die
Stahlmagnete, welche er ersetzt, so muss auch der erzeugte Strom
durch diese Combination in mindestens gleichem Maasse verstärkt
werden.

Es lässt sich leicht erkennen, dass Wilde durch diese Combination die geschilderten Mängel der Stahlmagnet-Inductoren wesentlich
vermindert hat. Abgesehen von der Unbequemlichkeit der gleichzeitigen Verwendung zweier Inductoren zur Erzeugung eines Stromes,
bleibt sein Apparat doch immer abhängig von der unzuverlässigen
Leistung der Stahlmagnete.

Der Technik sind gegenwärtig die Mittel gegeben,
electrische Ströme von unbegränzter Stärke auf billige
und bequeme Weise überall da zu erzeugen, wo Arbeitskraft disponibel ist. Diese Thatsache wird auf mehreren Gebieten derselben von wesentlicher Bedeutung werden."

---

1) Die grossen magnet-electrischen Maschinen von Nollet, von Van Malderen
u. A., wie sie von der Gesellschaft „L'Alliance" zur Beleuchtung von Leuchtthürmen
gebaut werden.

So der Vortrag von Siemens. Nicht blos die Principien der neuen Maschine, welche die Umwandlung der Arbeitskraft in Electricität zum Zwecke hat, liegen darin klar ausgesprochen, es sind auch die wesentlichen Bedingungen, unter denen die Construction derselben ausgeführt werden muss, mit völliger Bestimmtheit angezeigt.

Auf Veranlassung von Dr. Werner Siemens in Berlin liess sein Bruder William Siemens in London eine kleine dynamo-electrische Maschine anfertigen und kündigte darüber der Royal-Society daselbst unter dem Titel „On the Conversion of Dynamical into Electrical Force, without the aid of permanent Magnetism" auf den 14. Februar 1867 einen Vortrag an. Die Anmeldung derartiger Vorträge geschieht 14 Tage vorher per Circular.

Nach erfolgter Ankündigung dieses Vortrages kündigte Professor Wheatstone für dieselbe Sitzung einen Vortrag unter dem Titel „On the Augmentation of the Power of a Magnet by the Rotation there on of Currents induced by the Magnet itself."

In der Sitzung der Royal Society vom 14. Februar kam daher Wheatstone mit seinem Vortrage dicht hinter Siemens und es zeigte sich dabei, dass beide Physiker in ihren Vorträgen ziemlich dieselben Thatsachen, Grundsätze und Folgerungen behandelten. Der Vortrag von Wheatstone lautete folgendermassen: [1])

„Die bisher beschriebenen magnet-electrischen Maschinen werden in Gang gesetzt durch permanente Magnete oder durch Electromagnete, welche ihre Kraft von irgend einem in ihren Drahtwindungen eingeschalteten Rheomotor erhalten. In dieser Abhandlung beabsichtige ich nun zu zeigen, dass ein Electromagnet, wenn man ihm vorher nur die geringste Polarität ertheilt hat, die stärkste magnetische Kraft annehmen kann, wenn man ihm gestattet, inducirte Ströme zu erzeugen, die dann wieder auf ihn zurückwirken. Ich gebe zu dem Ende die Beschreibung des Electromagnetes, mit welchem ich die Versuche gemacht habe; seine Construction stimmt mit dem electromagnetischen Theile der Wilde'schen Maschine sehr nahe überein.

Der Kern des Electromagnetes besteht aus einer im Ganzen 15 Zoll (engl.) hufeisenförmig gebogenen langen und $1/_2$ Zoll breiten Lamelle von weichem Eisen. Jeder $7^1/_2$ Zoll lange Schenkel ist mit einem Kupferdrahte von 640 Fuss Länge und $1/_2$ Zoll Dicke umwickelt.

---

1) Vergl. III. Band S. 189 ff.

Die Armatur besteht nach der sinnreichen Einrichtung von Siemens aus einem rotirenden Cylinder von weichem Eisen, $8^1/_2$ Zoll im Durchmesser, auf welchem 80 Fuss Kupferdraht von derselben Sorte, wie sie der Electromagnet hat, in der Richtung der Längenachse aufgewickelt sind.

Wenn man nun in die Drahtwindungen des Electromagnetes irgend eine Stromquelle einschaltet, welche einen Strom von unveränderter Richtung liefert, so entstehen bei der Rotation des Cylinders (Armatur) in dem ihn umgebenden Drahte bei jeder halben Umdrehung Ströme von entgegengesetzter Richtung, welche entweder als entgegengesetzt oder als gleich gerichtete Ströme weiter geführt werden können, je nachdem man einen Commutator anwendet oder nicht.

Bleibt der Cylinder in Rotation und sein Stromkreis geschlossen, und man entfernt dann aus dem Stromkreise des Electromagnetes die erregende Stromquelle, so findet man mittelst eines eingeschalteten Galvanometers, dass die Inductionsströme des Cylinders schwach sind; sie nehmen zwar in demselben Maase zu, als der durch das weggenommene Element erzeugte, und in dem Electromagnete zurückgebliebene Magnetismus grösser ist, aber sie erreichen niemals eine erhebliche Stärke.

Ganz anders aber stellt sich die Sache, wenn man die Enden der beiden Drahtwindungen zu einer einzigen continuirlichen Drahtleitung derart vereinigt, dass die Inductionsströme des rotirenden Cylinders vermittelst eines diese Ströme gleich richtenden Commutators in die Spirale des Electromagnetes geleitet werden. Geschah dieses in der Art, dass durch die Ströme der Armatur die permanente Polarität des Electromagnetes verstärkt wurde, so erforderte die Drehung der Armatur eine weit grössere Kraft als vorher, und der in dem Drahtgewinde auftretende Strom, dessen Stärke an einem Galvanometer gemessen werden konnte, erreichte eine solche Intensität, dass ein Platindraht von 4 Zoll Länge und 1 Linie Dicke glühend, ein grosser Electromagnet stark magnetisch und das Wasser zersetzt wurde.

Diese Erscheinungen können auf folgende Weise erklärt werden. Der Electromagnet behält stets einen geringen Grad von permanentem Magnetismus und verhält sich daher wie ein schwacher Stahlmagnet. Bei der Drehung der Armatur entstehen daher in seinen Drahtgewinden schwache Inductionsströme von abwechselnd entgegengesetzter Richtung. Indem diese Ströme durch den Commutator gleiche Richtung

erhalten und in dem vorher bezeichneten Sinne durch die Drahtwindungen des Electromagnetes circuliren, verstärken sie den Magnetismus der Eisenkerne. Die so verstärkten Pole des Electromagnets
wirken dann ihrerseits wieder auf die Armatur und erzeugen in dem
Drahtgewinde dieser letzteren Ströme von grösserer Intensität als
anfänglich. Diese gegenseitige Verstärkung der Inductionsströme und
des Electromagnetes dauert so lange, bis in dem Electromagnete ein
Maximum der magnetischen Kraft eingetreten ist, welches von der
magnetischen Capacität seiner Eisenmasse und der Geschwindigkeit
der Rotation abhängig ist.

Wenn man dagegen die Enden der beiden Drahtgewinde derart
verbindet, dass die durch die Windungen des Electromagnetes gehenden
Inductionsströme der Armatur in jenem eine magnetische Polarität
hervorrufen, welche der des permanenten Magnetismus entgegengesetzt
ist, so entstehen keine Inductionsströme und daher auch keine Verstärkung des Magnetismus in dem Electromagnete."

Nachdem Wheatstone dann näher ausführt, wie diese Erklärung
experimental nachgewiesen werden kann und bis dahin also dieselben
Ansichten ausgesprochen hat, wie Siemens, fügt er noch folgendes
Novum hinzu.

„Man gewahrt eine höchst bemerkenswerthe Steigerung aller
Wirkungen der Maschine, wenn man den aus dem rotirenden Cylinder
austretenden Strom derart verzweigt, dass nur ein kleiner Theil desselben durch das Drahtgewinde des Electromagnetes, der übrige Theil
aber durch einen eingeschalteten Nebendraht geht. Der 4 Zoll lange
Platindraht bleibt dann während der Rotation des Cylinders anhaltend
rothglühend, was sonst nur im Anfange der Bewegung der Fall ist;
ein mit dem Hauptdrahte in die Windungen des Electromagnetes ein-
geschalteter Ruhmkorff'scher Apparat gibt dann im secundären Drahte
$1/_2$ Zoll lange Funken, während sonst keine Funken entstehen; ebenso
entsteht eine viel lebhaftere Zersetzung des Wassers und eine Steigerung in allen anderen Wirkungen des Stromes.

Diese Erscheinungen lassen sich auf folgende Weise erklären.
Obgleich die Nebenschliessung einen grossen Stromtheil an dem Electromagnet vorbeileitet, so wird doch die magnetische Kraft des letzteren,
(bei der unausgesetzten Rotation des Cylinders) wenn auch in einem
geringeren Grade, fortwährend zunehmen müssen. Der in der Armatur entstehende Strom erleidet nun wegen des kurzen Schlusses in

der Zweigleitung einen viel geringeren Widerstand, als wenn er genöthigt ist, die beiden Drahtgewinde der Armatur und des Electromagnetes zu durchlaufen. Die electro-motorische Kraft des Stromes
ist daher zwar verringert, aber der Widerstand ist es auch und zwar
in einem viel höheren Grade; die Folge davon ist, dass die Wirkung
des Stromes durch Einschalten der genannten Nebenschliessung grösser
wird, als sie es sonst ist. Es muss übrigens bemerkt werden, dass
der Widerstand in dem Zweigdrahte eine bestimmte Grösse haben
muss, um das Maximum der Wirkung zu erhalten. Ist nämlich dieser
Widerstand zu klein, so erlangt der Electromagnet nicht genug Magnetismus; ist er zu gross, so wächst zwar die magnetische Kraft des
Electromagnetes, aber diese Zunahme an Kraft wird durch die Vergrösserung des Widerstandes mehr als aufgewogen.

Alle diese Wirkungen aber werden übertroffen, wenn man sie in
dem Zweigdrahte selbst auftreten lässt. Bei einem gleichen Aufwande
an Kraft, um die Maschine zu drehen (die Kraft von zwei Menschen),
wird dann ein Platindraht derselben Sorte von mehr als 7 Zoll glühend und der eingeschaltete Ruhmkorff'sche Apparat gibt 2 bis $2^{1}/_{2}$
Zoll lange Funken."

Wheatstone fand, dass die Wirkung der Maschine viel weniger
durch den Widerstand der Electromagnet-Spirale, als durch den der
anderen Drähte beeinflusst wurde, und bestimmte das Verhältniss
dieser Widerstände für eine auf $^{3}/_{4}$ Zoll angenommene Funkenlänge
des Ruhmkorff'schen Apparates. Wurde an keinem Theile des Drahtgewindes ein besonderer Widerstand eingeschaltet und betrug die
Länge des Zweigdrahtes bloss einige Centimeter, so verhielt sich die
Stromstärke im Drahte des Electromagnetes zu der im Zweigdrahte
wie 1 : 60; wurde dagegen in die Zweigleitung noch ausserdem der
Hauptdraht des Ruhmkorff'schen Apparates eingeschaltet, so verhielten
sich diese Stromstärken wie 1 : 42. Zum Schlusse vergleicht Wheatstone noch die neuen Maschinen mit den Influenz-Maschinen von
Holz u. A.

Eine Vergleichung der beiden angeführten Vorträge zeigt klar,
dass sich die dynamo-electrische Maschine Wheatstone's nicht wesentlich von der Siemens'schen unterscheidet; der Vortrag Wheatstone's enthält überhaupt nur solche Facta, die bereits 6 Wochen
früher von Siemens publicirt und experimentel öffentlich nachgewiesen waren, und wenn es als ein Novum erscheinen könnte, dass

Wheatstone in seiner Zweigleitung zwischen dem rotirenden Cylinder und dem feststehenden Electromagnete stärkere Glüherscheinungen erhielt, so lag das einfach daran, dass er das Verhältniss der Widerstände der Umwindungen in dem festen und dem beweglichen Magnete sehr ungleich gemacht hatte, während es für das Maximum der Wirkung gleich gross sein muss.

Wir lassen nunmehr die Beschreibung der ersten eincylindrigen, dynamo-electrischen Maschine von Siemens folgen, mit welcher derselbe bereits im December 1866 öffentlich experimentirte, und die später als historisches Novum auf der Pariser Ausstellung erschien. Die Maschine war speziell zum Zünden von Minen oder zum Auslösen von Läutewerken, überhaupt zu allen solchen Zwecken, bei welchen nur ein kurzer starker Strom erforderlich ist, eingerichtet. Tafel IX Figur 8 gibt eine perspectivische Ansicht des ganzen Apparates. Figur 9 stellt das Stromschema dar.

E ist der Electromagnet, dessen beide nach oben hervorragende Pole BB (Fig. 9) halbkreisförmig ausgeschnitten sind und dadurch eine Art Büchse bilden, in welcher der gewöhnliche Siemens'sche Cylinder-Inductor A rotiren kann. Die beiden Polenden des feststehenden Electromagnetes E umfassen die Peripherie dieses Cylinders auf einen grossen Theil seiner Länge mit möglichst wenig Zwischenraum. In Figur 9 ist der rotirende Cylinder in seiner wirklichen Lage mit A_1 bezeichnet und oberhalb des Electromagnetes in A noch besonders dargestellt, um die Verbindung der Enden x, y seines Drahtgewindes mit dem Commutator CC und weiter mit dem Electromagnete E und der Unterbrechungs-Vorrichtung leichter erkennen zu können.

Mittelst einer von der Hand bewegten Kurbel werden die beiden Räder R und r' rund gedreht. R greift in den Stahltrieb t des Inductors A ein und ertheilt diesem bei der Drehung der Kurbel eine grosse Umdrehungsgeschwindigkeit; C ist der in Figur 9 besonders gezeichnete Commutator von der gewöhnlichen Construction mit Schleiffedern.

Das Rad r' dreht zugleich das darunter befindliche Rad r mit der darauf befestigten Unterbrechungsscheibe F. Letztere hat in ihrer Peripherie einen Einschnitt, in welchen die nach unten vorspringende Nase o eines federnden Unterbrechungshebels D jedesmal einfällt, wenn die Kurbel oder das Rad r' sich zweimal und in Folge davon das Rad r und die Scheibe F sich einmal rund gedreht hat.

So lange die Nase o nicht in diesem Einschnitte liegt, gleitet sie auf dem Umfange der Scheibe F; der Hebel D liegt dann hoch und seine Contactfeder berührt die Spitze der Contactschraube s, wie es die Figur 9 zeigt; in diesem Falle findet der Strom über s und D kurzen Schluss und gelangt nicht in die längere Leitung. Wenn aber, was nach jedem zweimaligen Runddrehen der Kurbel geschieht, o in den Einschnitt von F einfällt, so ist die Leitung zwischen s und D unterbrochen, der kurze Stromschluss ist aufgehoben und der Strom muss dann die längere Leitung, deren Enden an den Schrauben e_1 und e_2 befestigt sind, durchlaufen.

Die Wirkung des Apparates ist nun leicht zu verfolgen. Bei dem ersten Ingangsetzen der Maschine lässt man den Strom eines Elementes auf einen Augenblick durch die Windungen des Electromagnetes gehen; bei dem darauf erfolgenden Ausschalten dieses Elementes bleibt dann für alle folgende Zeit so viel Magnetismus in den Polen BB zurück, als zu dem jedesmaligen Arbeiten der Maschine erforderlich ist; ebenso kann man den Polen BB durch einmaliges Annähern eines Stahlmagnetes, ja sogar durch Induction mittelst des Erdmagnetismus, den erforderlichen Grad von Magnetismus ertheilen.

Bei der durch die Drehung der Kurbel erzeugten Rotation des Cylinders A entstehen dann in dem Drahtgewinde desselben inducirte Wechselströme, welche über x,y zu dem Commutator CC gelangen, und, nachdem sie hier gleich gerichtet worden sind, auf dem Wege x, C, 1, s, D, 2, E, 3, C, y die Windungen des Electromagnetes E durchlaufen.

Beim Beginn der Rotation des Inductors A unterliegt derselbe nur der Wirkung des im Electromagnete zurückgebliebenen schwachen Magnetismus; die in seinen Windungen erzeugten Ströme sind mithin ebenfalls nur schwach. Sie verstärken aber sofort diesen anfänglichen, permanenten Magnetismus, erzeugen dadurch wieder verstärkte inducirte Ströme, die ihrerseits wieder den Magnetismus der Pole BB bei rascher Rotation des Cylinders in sehr kurzer Zeit bis zu dem Maximum steigern, dessen letztere überhaupt fähig sind.

Der permanente kurze Kreislauf des Stromes wird durch die Contactschraube s so lange anhalten, bis die Kurbel zwei volle Umdrehungen gemacht hat und dadurch der Strom und der durch ihn erzeugte Magnetismus des feststehenden Electromagnetes zur vollen Entwickelung gekommen sind. Ist dieses geschehen, so wird dieser

Contact durch das Einfallen der Nase o in den Einschnitt der Unterbrechungsscheibe F plötzlich unterbrochen, und es entsteht in der
jetzt eingeschalteten Leitung in der Richtung x, C, 1, s, *Leit.* I,
Läutewerk, Leit. II, e_2, 2, E, 3, C, y ein kurzer, aber sehr starker
Strom, welcher sich zur Auslösung von Läutewerken, zur Entzündung
von Minen oder ähnlichen Zwecken vorzüglich eignet.

Bei fortgesetzter Drehung des Cylinder-Inductors wird nach jeder
weiteren Doppelumdrehung der Kurbel ein neuer Unterbrechungs-
funken gebildet; es lässt sich aber durch angemessene Abänderung
oder Vermehrung der Anzahl der Einschnitte in F und der in einander greifenden Räder leicht einrichten, dass bei jeder einmaligen
Kurbeldrehung je nach Bedürfniss ein oder mehrere Unterbrechungs-
funken entstehen.

Der Apparat ist von einem hölzernen Schutzkasten umgeben,
welcher so eingerichtet ist, dass keine Theile beim Gebrauche aus
demselben entfernt zu werden brauchen. Die Welle des Rades R
tritt als Vierkant aus dem Kasten hervor, auf welches die Kurbel
gesteckt wird; letztere findet in einem besonderen Fach oberhalb des
Kastens ihr Unterkommen. Sollen mit der Maschine Minen gezündet
werden, so müssen Zünder mit leitendem Satz oder solche mit einer
leitenden Graphitschicht in Anwendung kommen. Mehrere Minen
werden mit Sicherheit gleichzeitig entzündet, wenn die Zünder so eingeschaltet werden, dass sie gleichzeitig, und nicht nach einander vom
Strome durchlaufen werden.

Die anfängliche Bewegung der Kurbel erfolgt sehr leicht; aber
sehr bald empfindet die Hand einen fortwährend zunehmenden Widerstand, der daher rührt, dass die Pole B des feststehenden Electromagnetes auf die inducirten Ströme des Inductors A und auf den
durch diese letzteren magnetisirten eisernen Kern desselben eine mit
der wachsenden Stärke der Pole ebenfalls wachsende Anziehung
ausüben.

Nur durch Ueberwindung dieses Widerstandes unter Aufwendung
einer bestimmten Arbeitsgrösse wird die Wirkung und die Leistungsfähigkeit der Maschine erzielt, und es ist ersichtlich, dass in demselben Maasse, wie die zur Umdrehung des Inductors verwendete
Arbeit verschwindet, an ihrer Stelle Magnetismus und galvanische
Strömung zum Vorschein kommt. Das Princip der Maschine besteht
daher, wie Siemens dieses zuerst bestimmt ausgesprochen hat, in

der Verwandlung oder Umsetzung der mechanischen Arbeit in Magnetismus oder was auf dasselbe hinausläuft, in Electricität, und aus diesem Grunde ist die von Siemens eingeführte Benennung „der dynamo-magnetischen oder der dynamo-electrischen Maschinen" für diese Apparate durchaus gerechtfertigt.

Ausser dieser kleinen, mit der Hand zu bewegenden Maschine hatte Siemens und Halske noch eine grosse, eincylindrige Maschine ähnlicher Construction ausgestellt, welche jedoch (dem Vernehmen nach aus Mangel an disponibler Triebkraft) nicht functionirte; während eine andere grosse, zweicylindrige Maschine, deren Bau bereits im Januar 1867 begonnen worden war, nicht rechtzeitig fertig wurde, um zur Ausstellung gelangen zu können. Wir kommen auf diese Maschine später zurück.

Noch 4 Wochen später, als Wheatstone, am 14. März 1867, machte William Ladd unter dem Titel „Ueber eine Magneto-electrische Maschine" der Royal-Society in London folgende Mittheilung.

„Im Juni 1864 erhielt ich von Wilde eine kleine magneto-electrische Maschine, die aus 6 Magneten und einer Siemens'schen Armatur (rotirendem Cylinder) bestand. Ich suchte dieselbe zu verbessern und eine billige Maschine herzustellen, um die Abel'schen Zünder zu entzünden. Ich erreichte dieses durch Anwendung von kreisförmigen Ausschnitten in den Magneten und einer zwischen den Magnetpolen sich drehenden Armatur; mit Hülfe einer solchen Vorrichtung war es möglich, einem Electromagneten eine bedeutende Kraft zu geben u. s. w. Mein Gehülfe theilte mir später mit, dass die Kraft der Magnete bedeutend verstärkt werde, wenn man der Armatur statt eines zwei Drahtgewinde gebe und den Strom des einen durch die diese Magnete umgebenden Drahtwindungen leite, wobei dann das andere Dratgewinde einen starken Strom liefere, den man zu äusserer Arbeit verwenden könne; man könnte aber auch zwei Armaturen anbringen, von denen der eine zur Vermehrung der magnetischen Kraft, der andere aber zum Zünden von Minen oder zu anderen Zwecken verwendet würde.

Aus Mangel an Zeit konnte ich bis dahin diesen Gegenstand nicht weiter verfolgen; nachdem jedoch die interessanten Abhandlungen von C. W. Siemens und Professor Wheatstone vorigen Monat veröffentlicht worden sind, habe ich diese Idee auf folgende Weise zur Ausführung gebracht.

Zwei Platten von weichem Eisen, 7½ Zoll (engl.) lang, 2½ Zoll breit und ½ Zoll dick, wurden um ihren mittleren Theil einzeln mit ungefähr 30 Yards (à 2,913 preuss. Fuss = 405,3425 par. Lin.) Kupferdraht von Nro. 10 umwickelt und an jedem Ende mit Schuhen von weichem Eisen derart versehen, dass, wenn sie übereinander gestellt wurden, zwischen diesen Schuhen ein Zwischenraum blieb, in welchem eine Siemens'sche Armatur rund laufen konnte; jede dieser zwei Armaturen wurde mit ungefähr 10 Yards isolirten Kupferdrahtes Nr. 14 umwickelt. Die Enden des einen Armaturdrahtes blieben in beständiger Verbindung mit den Drahtwindungen der beiden Electromagnete, während der Strom der anderen Armatur vollständig frei war und zu irgend welchen Zwecken verwendet werden konnte. Obgleich die Maschine, in kleinen Dimensionen roh ausgeführt, bloss dazu dienen soll, das Princip zu erläutern, so kann doch damit ein 3 Zoll langer Platindraht (0.01) glühend gemacht werden."

Ladd brachte seine Maschine erst gegen die Mitte Mai zu der Pariser Ausstellung, und er hat das Verdienst, die erste zweicylindrige dynamo-electrische Maschine fertig gestellt zu haben; zu der Ausbildung des diesen Maschinen zu Grunde liegenden Princips hat er, wie aus den bisherigen Erörterungen hervorgeht, Nichts beigetragen.

Zur näheren Erläuterung der Maschine von Ladd wählen wir die ideale Figur 7 Tafel X; eine vollständige Darstellung ihrer einzelnen Theile gibt die Figur 11; in beiden Figuren sind die gleichen Theile mit denselben Buchstaben bezeichnet.

$B\,B$ sind flache Kerne von weichem Eisen von etwa 60 Centimeter Länge, 50 Centimeter Breite und 10 Centimeter Dicke, welche etwa 8 Centimeter von einander abstehen und je einzeln mit einem gegen 27 Meter langen, dicken und isolirten Kupferdrahte umwickelt sind. Die vier Enden dieser Eisenplatten $C\,C\,C_1\,C_1$ ragen aus dem Drahtgewinde hervor und bilden die 4 Pole zweier ganz von einander unabhängiger Electromagnete, deren Polarität in Folge der Richtung der Drahtwindungen sich derart gestaltet, dass die entgegengesetzten Pole sich gegenüber stehen. Von den 4 Enden der Umwindungsdrähte sind 2 mit einander verbunden, so dass beide Gewinde einen einzigen 54 Meter langen Draht bilden. Zwischen diesen Polflächen werden zwei mit Kupferdraht umwickelte Siemens'sche Inductor-Cylinder m,n in sehr rasche Umdrehung versetzt, wobei noch die bekannte Einrichtung getroffen ist, dass die Inductionsströme dieser Cylinder in eine und dieselbe Richtung commutirt und vom Commutator aus vermittelst der Schleiffedern 1,2 und 3,4 in die festen Klemmen a,b und a_1, b_1 geführt werden.

Die Klemmen a,b des Cylinders n sind mit den Enden c,d des das Drahtgewinde der Electromagnete B,B bildenden dicken Kupferdrahtes verbunden, so dass das den Cylinder n umgebende Gewinde eines dünneren Drahtes und das Drahtgewinde der Electromagnete B,B vermittelst der Federn 1 2 der Klemmen a,b und der Verbindungsdrähte d,c eine einzige zusammenhängende Leitung darstellen. Die Enden des den zweiten, selbstständig für sich rotirenden Cylinder m umgebenden Drahtes gehen ebenfalls zu einem auf der Achse befindlichen Commutator und dann vermittelst der Schleiffedern 3,4 zu den Klemmen a_1 und b_1, von wo aus die in n entstehenden Inductionsströme durch die Drähte x, y beliebig weiter geleitet werden können.

Um die Maschine werkfähig zu machen, genügt es, vor ihrem ersten Gebrauche den Strom eines galvanischen Elementes durch die Windungen der Electromagnete B,B gehen zu lassen, um den Polen CC,C_1C_1 auf einen Augenblick ihre magnetische Polarität zu geben; bei der Unterbrechung dieses Stromes bleibt dann so viel (remanenter) Magnetismus in den Eisenschenkeln zurück, als zu jedem späteren Ingangsetzen der Maschine erforderlich ist.

Sobald nun der Cylinder n in Rotation versetzt wird, entstehen in Folge der schwachen magnetischen Polaritäten der Eisenplatten CC,C_1C_1 zuerst ganz schwache Inductionsströme in dem Drahtgewinde dieses Cylinders. Indem jedoch diese Ströme über a,d und b,c durch die Windungen des dicken Drahtes um die Schenkel B,B cirkuliren, verstärken sie den Magnetismus der Pole CC,C_1C_1 mit jedem neuen Impulse immer mehr, während andererseits eben diese Verstärkung des Magnetismus die fortwährende Verstärkung der Inductionsströme in n zur Folge hat. Auf diese Weise wächst die Kraft der Pole C,C_1 sehr rasch in demselben Maasse, als die Geschwindigkeit der Rotation der Armatur n zunimmt, und zwar bis zu derjenigen Gränze, bei welcher die Eisenschenkel B,B das Maximum der magnetischen Kraft erlangt haben, dessen sie überhaupt fähig sind.

6*

Gleichzeitig rotirt aber zwischen den am andern Ende der Electromagnete befindlichen Polen ein zweiter Cylinder-Inductor m, dessen Drahtgewinde über die Contactfedern 4,3 in die Klemmen a_1 und b_1 umläuft und unter dem Einflusse der sehr starken Magnetpole und einer grossen Geschwindigkeit sehr kräftige Inductionsströme erzeugt, die zu Glüherscheinungen, chemischen Wirkungen, zur Erzeugung des electrischen Lichtes u. s. w. verwendet werden können.

In der Wirklichkeit liegen bei der Ladd'schen Maschine die 4 freien Enden C, C_1 der flachen Eisenkerne beiderseitig auf einem schmalen Hohlcylinder A, A (Figur 11) aus weichem Eisen, der durch eine eingesetzte Messingplatte in zwei Hälften getheilt ist, um nicht die beiden gegenüberstehenden Magnetpole C und C_1 zu verbinden und ihre Wirkung nach Aussen zu neutralisiren. Diese Cylinder dienen nur als Büchsen für die darin rotirenden Armaturen n und m und zugleich, um letztere mit dem Centrum der magnetischen Kraft möglichst nahe zu bringen. Dass die Drahtwindungen dieser Cylinder parallel zu der Achse derselben gelegt sind, darf als bekannt vorausgesetzt werden.

Die Armaturen haben in den gusseisernen Lagern O, O einen festen Halt und werden unabhängig von einander von der gemeinsamen Welle T einer Dampfmaschine oder einer Transmission durch die Riemen R, R_1 in eine sehr rasche Umdrehung versetzt, deren Maximum bei der in Paris ausgestellten Maschine 1800 Touren in 1 Minute betrug.

Der Cylinder m hatte einen fast doppelt so grossen Durchmesser als n; seine Drahtwindungen führten über die Commutator-Federn 3,4 und die Klemmen a_1 und b_1 vermittelst der Verbindungsdrähte x, y zu einer Duboscq'schen Lampe D, und erzeugten in dem Kohlenlicht-Regulator bei einem angeblichen Aufwande von 1 Pferdekraft ein Licht gleich dem einer Bunsen'schen Batterie von 40 Elementen mittlerer Grösse. Derselbe Strom brachte einen Platindraht von mehr als 1 Meter Länge bei einer Dicke von $1/2$ Millimeter zum Weissglühen.

Die grosse zweicylindrige dynamo-electrische Maschine von Siemens ist, wie wir bereits oben angeführt haben, auf der Pariser Ausstellung nicht erschienen; ihre Construction ist nach dem, was wir über diese Art von Maschinen bereits gesagt haben, aus der Figur 12 leicht zu verstehen.

Auf der Achse des Zahnrades R sitzt eine Riemenscheibe S fest auf, durch welche die Maschine mittelst des Treibriemens TT in Bewegung gesetzt wird.

Zu beiden Seiten greift das Rad R in die Triebe r,r' der rotirenden Armaturen A,A' ein und theilt diesen eine fünffache Geschwindigkeit mit. An beiden Enden dieser Armaturen A,A' sitzen die Commutatoren C,C' und $C''C'''$, welche dazu dienen, die wechselnden Ströme der rotirenden Cylinder in gleichgerichtete zu verwandeln. Die mittleren Theile der Cylinder liegen zwischen den Polen $PP^{\scriptscriptstyle{1}}$ $P''P'''$ der Stabelectromagnete $EE^{\scriptscriptstyle{1}}$, $E''E'''$, deren Windungen untereinander so verbunden sind, dass bei Durchgang des electrischen Stromes sich an den Enden derselben entgegengesetzte magnetische Pole bilden und zwar so, dass beispielsweise die Pole PPP und $P'''P'''P'''$ Süd-, dagegen die Pole $P'P'P'$ und $P''P'P''$ Nord-Magnetismus erhalten.

K,K'',K''' sind Klemmen, die die Verbindung der Commutatoren mit den Schenkeln der Electromagnete vermitteln. Mittelst eines Umschalters U können die verschiedenartigsten Combinationen der Electromagnete und der beiden Armaturen untereinander hergestellt werden. Er besteht aus eisernen, mit Quecksilber gefüllten Näpfchen, die durch einen hölzernen Deckel, aus welchem metallische Stifte nach unten in die Quecksilbernäpfe ragen, je nach der gewünschten Schaltung, miteinander leitend verbunden werden.

Die Klemmen I, II, III, IV sind die End- oder Pol-Klemmen des Apparates. Je nach der Schaltung des Umschalters U werden in je zwei dieser Klemmen die Leitungsdrähte geschraubt. T ist eine starke eichene Bohle, auf welcher das Gestelle G des Apparates mittelst Bolzen und Muttern festgeschraubt ist.

Der vollständige Apparat wiegt circa 20 Centner.

Das Gesammtgewicht des isolirten Kupferdrahtes auf den Armaturen und den Electromagnetschenkeln beträgt 415 Pfund.

Eine Armatur mit Draht wiegt 60 Pfund ($2^{1}/_{2}{}^{mm}$ Draht).

Ein Schenkel mit Draht wiegt 120 Pfund (3^{mm} Draht).

Eine Armatur hat circa 200 Windungen mit 0,165 S. E. Widerstand.

Ein Schenkel hat circa 400 Windungen mit 0,300 S. E. Widerstand.

Der Gesammt-Widerstand des Drahtes der ganzen Maschine beträgt circa 4 S. E.

Die Gesammtzahl der Windungen der 6 Schenkel $= 4800$ (3^{mm} Draht).

Die Gesammtzahl der Windungen der 2 Armaturen $= 184$ ($2^{1}_{2}{}^{mm}$ Draht).

Der Draht einer einzelnen Armatur wiegt 25 Pfund.

Der Draht eines einzelnen Schenkels wiegt 59 Pfund.

Das Eisengewicht einer Armatur beträgt 35 Pfund.

Das Eisengewicht eines Schenkels beträgt 60 Pfund.

Die gewöhnliche Schaltung der Drähte im Apparate ist die, bei welcher eine Armatur (A) die Schenkel (E) magnetisirt, während die andere (A') den freien Arbeitsstrom für die Leitung liefert.

Bei dieser Schaltungsweise sind die dynamischen, wie die Lichteffecte unter Anwendung von 4 bis 5 Pferdekräften ungemein stark und der Grösse der Maschine vollkommen angemessen. Die Wasserzersetzung ergibt 10 Cubic-Centimeter Knallgas pro Secunde. Das electrische Kohlenlicht ist ein äusserst intensives und selbst bei hellem Tage noch blendendes.

Fassen wir hiernach die historische Entwicklung der dynamo-electrischen Maschine nochmals kurz zusammen, so ergibt sich folgendes Resultat:

1) Die Grundlage der Maschine ist der rotirende Inductor, der Cylinder-Inductor oder die rotirende Armatur von Siemens und Halske, zuerst angewandt im Jahre 1854.

2) Wilde in Manchester combinirte zwei solche Cylinder, einen kleineren mit Stahlmagneten und einen grösseren mit einem Electromagneten anstatt der Stahlmagnete, und benützte den Strom der ersteren zur Magnetisirung des letzteren.

3) Anfangs December 1866 zeigte Dr. Werner Siemens den Berliner Gelehrten den ersten dynamo-electrischen Apparat ohne Stahlmagnete vor und experimentirte mit demselben; es war die erste eincylindrige dynamo-electrische Maschine. Der Bau einer zweicylindrigen Maschine wurde damals begonnen.

4) Mitte Januar 1867 kam die Mittheilung von Siemens über die neue Maschine in der Sitzung der Berliner Academie zum Vortrage.

5) Anfangs Februar 1867 kündigte William Siemens im Auftrage seines Bruders in Berlin der Royal-Society in London einen Vortrag über die neue Maschine an.

6) Wheatstone kündigte darauf, 4 Wochen nachdem der Vortrag von Siemens in der Berliner Akademie stattgefunden hatte und der Vortrag von Siemens in London bereits an-

gemeldet war, ebenfalls der Royal Society eine Mittheilung über denselben Gegenstand an.

7) In der Sitzung der Londoner Royal Society vom 14. Februar 1867 hielt sowohl Siemens seinen Vortrag unter Vorzeigung der dynamo-electrischen Maschine seines Bruders, als auch Wheatstone über die von ihm erfundene Maschine ähnlicher Construction.

8) Erst am 14. März 1867, also noch 14 Tage nach dieser Sitzung und 8 Wochen nach den Verhandlungen der Berliner Academie publicirte Ladd seine erste Mittheilung in der Royal Society unter dem Titel „On a Magneto-electric Machine". Ladd hat indessen die erste zweicylindrige Maschine fertig gebracht und öffentlich ausgestellt.

Hiernach kann es keinem Zweifel unterliegen, dass das Recht der Priorität für die dynamo-electrische Maschine ausschliesslich Dr. Werner Siemens in Berlin zur Seite steht. Die erste Anwendung zweier rotirender Cylinder würde selbst dann, wenn sie wirklich zuerst von Ladd ausgegangen wäre, doch kein Recht auf die Behauptung, seine Maschine sei nach einem neuen Princip gebaut, begründen, weil das diesen Maschinen zu Grunde liegende Princip nicht in der Anzahl oder der Disposition der rotirenden Cylinder, sondern allein in der Beseitigung der Stahlmagnete und der Verstärkung der anfänglich ganz geringen magnetischen Kraft und der dadurch erzeugten schwachen galvanischen Ströme durch dynamische, richtiger durch Aufwendung von mechanischer, von Aussen in die Maschine hineingebrachter Arbeit liegt, und dieses Princip unzweifelhaft zuerst von Siemens und nicht von Wheatstone oder von Ladd angewandt worden ist.

Leider ergeben die mit den stärkeren dynamo-electrischen Maschinen angestellten Versuche, dass in Folge des schnellen Polwechsels das Eisen der Armaturen sich stark erwärmt und dadurch bei fortgesetzter Thätigkeit der Maschine eine Erhitzung der Drähte eintritt, bei welcher ihre isolirende Umhüllung verkohlt. Durch diesen Umstand wird der nützlichen Verwendung der den Polwechsel involvirenden dynamo-electrischen Maschine eine natürliche Grenze gesetzt, die ohne Gefahr für ihre Erhaltung nicht überschritten werden darf. Die zur Umdrehung der Armaturen aufgewendete Arbeitskraft wird in solchen Maschinen nur zum Theil in Magnetismus oder Electricität umgewandelt, während der übrige Theil sich in Wärme umsetzt und nicht bloss verloren geht, sondern auch der Maschine schädlich wird. Diese Erscheinungen erklären einerseits den übermässigen Kraftaufwand, den solche Maschinen zur Erzeugung electrischer Ströme verbrauchen, und andererseits fordern sie dazu auf, die Fehlerquelle zu vermeiden und andere Constructionen aufzusuchen.

Siemens ist bereits wieder zum eincylindrigen System zurückgekehrt, und auch Ladd hat in seinen neuesten Maschinen die beiden Armaturen auf einer und derselben Welle derart befestigt, dass ihre magnetischen Achsen einen rechten Winkel bilden. Bei dieser Anordnung ist in den Schenkeln der Electromagnete nur eine einzige Büchse erforderlich, in welcher die Armaturen gleichzeitig rotiren; es fällt damit nicht nur eine Riemenscheibe weg, sondern man kann auch die anderen Enden der Electromagnetschenkel durch ein Stück weiches Eisen verbinden und dann alle Vortheile ausnutzen, welchen die starken Hufeisen-Electromagnete überhaupt gewähren. Es dürfte auch zu versuchen sein, ob es nicht zweckmässig ist, statt der zwei Armaturen nur eine einzige anzuwenden, aber die beiden Drahtwindungen, von denen die eine mit dem Drahte des Electromagnetes in Verbindung steht und die andere die freien Arbeitsströme liefert, in geeigneter Weise übereinander zu wickeln.

Vollständig practisch durchgeführt sind die dynamo-electrischen Maschinen von Siemens und Halske als Zündmaschine und zur Auslösung von Läutewerken; dieselben haben bereits mehrfach practische Verwendung gefunden. Dem Vernehmen nach verfertigen dieselben gegenwärtig auch Maschinen von mittlerer Grösse, welche noch mit der Hand von einem oder von zwei Menschen in Bewegung gesetzt werden. Für Frankreich hat Ruhmkorff sich von Ladd das Recht erworben, die Maschinen nach der englischen Einrichtung zu bauen, während Ladd selbst gegenwärtig ebenfalls derartige Apparate zu Demonstrations-Zwecken construirt, welche von der Kraft eines Menschen bewegt werden.

Beschreibung eines Apparates für die mechanische Darstellung von Vibrationsbewegungen.

Von A. Crova.

(Hiezu Tafel XI.)

(Annales de Chimie et de Physique. Novbre. 1867.)

Die mathematische Behandlung der Schwingungs- und Fortpflanzungsbewegungen der Schallwellen berücksichtigt alle Erscheinungen der Fortpflanzung und Reflexion des Schalles, sowie auch der festen Schwingungsknoten und Bäuche, welche durch die Interferenz von directen Wellen mit reflectirten Wellen sowohl in tönenden Röhren als auch in einem unbegrenzten Raum erzeugt werden.

Allein diese analytische Darlegung ist in vielen Fällen nicht möglich, namentlich in den meisten öffentlichen Vorlesungen, wo es darauf ankommt, in dem Geiste der Zuhörer den Mechanismus der Schallwellen und deren Fortpflanzung zu fixiren. Mehrere Physiker haben sich mit dieser Frage beschäftigt; ehe ich nun meine eigenen Versuche über diesen Gegenstand darlegen werde, will ich in Kürze die experimentalen Anordnungen auseinandersetzen, welche in die Praxis eingeführt worden sind.

Das Gesetz der Vibrationsbewegung von Schallwellen wird analytisch durch die Gleichungen

$$e = a \cos 2\pi . \frac{t}{T}$$

$$v = b \sin 2\pi . \frac{t}{T}$$

ausgedrückt, wo e die Elongation eines schwingenden Theilchens, von seiner Gleichgewichtslage an gerechnet, am Ende der Zeit t bezeichnet.

T ist die Dauer einer Schwingung, a die grösste Elongation, v die Geschwindigkeit des Theilchens am Ende der Zeit t und b der Maximalwerth der Geschwindigkeit für die Zeit $t = \frac{T}{2}$.

Die Fortpflanzung des Schalles wird durch analoge Formeln ausgedrückt, in welche man die Distanz d des Theilchens vom Schwing-
ungscentrum und die Fortpflanzungsgeschwindigkeit V des Schalles
einführt:

$$e = a \cos \frac{2\pi}{T} \left(t - \frac{d}{V} \right)$$

$$v = b \sin \frac{2\pi}{T} \left(t - \frac{d}{V} \right)$$

Die Curven, welche diese Gleichungen darstellen, gehören zur
Familie der Trochoiden; ihre graphische Spur wird in Wirklichkeit
zur Darstellung der Vibrationsbewegung der Schallwellen angewendet.

Wheatstone hat diese Trochoiden auf ein Blatt Papier gezogen, das auf einen Cylinder aufgerollt wurde. Diese Curven, die
mit weisser Farbe auf schwarzen Grund gezogen wurden, folgen in
verschiedener Anordnung aufeinander, je nach der Erscheinung, um
deren Darstellung es sich handelt. Dreht man den Cylinder um seine
Axe, nachdem man ihn in einem Kasten angebracht hat, welcher
parallel zur Axe des Cylinders mit einem Schlitze versehen ist, so
sieht der vor dem Apparate befindliche Beobachter weisse Linien nach
den mathematischen Bewegungsgesetzen schwingender Schnitte (tranches)
im Schlitze oscilliren.

Dieser Apparat erreicht den Zweck, welchen sich sein Urheber
vorgesetzt hatte; allein die Zeichnung und Anordnung der Trochoiden
ist nicht sehr leicht, und der Apparat wird ziemlich schwerfällig und
unbequem, wenn man die Dimensionen des Cylinders hinreichend gross
nehmen will, um den Effect einem nur wenig zahlreichen Auditorium
sichtbar zu machen.

Müller hat für denselben Zweck den wohlbekannten Mechanismus des Phenakistoscops verwendet. Allein diese Anwendung hat
den Missstand, dass man die Wirkungen nur einem einzigen Beobachter ersichtlich machen kann; sie kann also nicht für öffentliche
Vorlesungen gebraucht werden.

Wolf und Diacon haben die theoretische Darstellung einiger
akustischer Erscheinungen mittelst der folgenden Einrichtungen projicirt.[1]) Sie bedienten sich mit Russ geschwärzter Glasstreifen, auf
welchen Trochoiden in passender Ordnung übereinander sich befanden.
Diese Streifen liessen sie in horizontaler Richtung vor einer hell er-

---

1) Mémoires de l'Academie de Montpellier, t. VI.

leuchteten verticalen Spalte bewegen und projicirten so mittelst einer Linse das vergrösserte Bild der leuchtenden Linien, welche nun die Vibrationsbewegung zeigten, die sie darstellen wollten.

Andere, mehr oder weniger complicirte Apparate wurden von Wheatstone, Eisenlohr und Schultze ausgedacht, um die Bewegungen der Aethermolecule und die Zusammensetzung der Vibrationsbewegungen darzustellen.

Die schönen Versuche endlich von Lissajous über die rechtwinklige Zusammensetzung der Vibrationsbewegungen zweier Stimmgabeln, sowie der von diesem Gelehrten erdachte Apparat, um die rechtwinklige Zusammensetzung zweier Vibrationsbewegungen mechanisch zu projiciren, sind Jedermann bekannt.

Die Einrichtung, welche ich anwende, um auf sehr einfache Weise zur Projection der theoretischen Vibrationsbewegungen der Schallwellen zu gelangen, ist auf dem folgenden Principe basirt.

Es sei AO (Tafel XI Figur 1) eine Glasscheibe, welche eine Rotationsbewegung um eine durch ihren Mittelpunct gehende, auf ihrer Ebene senkrechtstehende, horizontale Axe erhalten kann. Um einen Punct P, der in geringem Abstand vom Mittelpuncte gelegen ist, ziehen wir einen Kreis MN auf der vorher mit Russ geschwärzten Oberfläche der Scheibe, so dass wir nun eine durchsichtige Linie erhalten. Versetzen wir nun diese Scheibe vor einer verticalen, hell erleuchteten Spalte BC in Drehung, so wird eine vor der Scheibe befindliche Linse auf einem Schirme eine nahezu horizontale Lichtlinie projiciren, welche die Projection des Durchschnittes vom Kreise MN mit der Spalte sein wird. Dieses Bild erhält während der Rotation der Platte eine verticale Oscillationsbewegung. Ich werde nun zeigen, dass, wenn die Distanz der Mittelpuncte OP hinreichend klein gegen den Halbmesser PD ist, dass dann das erhaltene Bewegungsgesetz genau dasselbe wie das eines tönenden Stabes ist.

Verbinden wir zu diesem Behufe PD und ziehen wir vom Puncte P aus EP senkrecht auf AO. Es sei der Winkel $POD = \alpha$, δ der Abstand der Mittelpuncte OP, und R der Radius PD.

So werden wir haben:

$$OD = OE + ED = \delta \cos \alpha + R \cos PDE.$$
$$R \sin PDE = \delta \sin \alpha;$$

und hieraus $$\sin PDE = \frac{\delta}{R} \sin \alpha$$

und

$$\cos PDE = \sqrt{1 - \frac{\delta^2}{R^2} \sin^2 \alpha}$$

$$OD = \delta \cos \alpha + R \sqrt{1 - \frac{\delta^2}{R^2} \sin^2 \alpha}$$

Ist aber δ hinlänglich klein gegen R, so wird $\frac{\delta^2}{R^2} \sin^2 \alpha$ vernachlässigt werden können und wir haben

$$OD = R + \delta \cos \alpha.$$

Es sei T die Dauer einer Umdrehung der Scheibe, deren Bewegung wir als gleichförmig annehmen wollen, und t die Zeit, welche sie nöthig hat, um einen Winkel α zu durchlaufen; als dann ist

$$\alpha = 2\pi \frac{t}{T}$$

und die Formel wird

(1)
$$OD = R + \delta \cos . 2\pi \frac{t}{T}.$$

Differentiren wir nach t, so wird

$$v = \delta \frac{2\pi}{T} \sin 2\pi \frac{t}{T}$$

und wenn wir noch

$$\delta \frac{2\pi}{T} = \beta$$

setzen

(2)
$$v = \beta \sin 2\pi . \frac{t}{T}.$$

In diesen Formeln bezeichnet δ die halbe Amplitude der Vibration.

Um die verschiedenen Erscheinungen der Fortpflanzung von Vibrationsbewegungen darzustellen, ziehe ich auf der berussten Glasscheibe die verschiedenen excentrischen Kreise, welche durch den Phasenunterschied ihrer Schwingungen die Bewegung erzeugen müssen, die zu projiciren ich vorhabe.

Ich fixire alsdann die Russschicht, indem ich auf die geschwärzte Oberfläche einen transparenten Firniss giesse.

Das folgende Mittel ist vorzuziehen. Ich trage die Zeichnung mit Tusch auf einem transparenten Papier auf; ich lege es auf eine Glasplatte, die auf trockenem Wege photographisch präparirt ist, indem ich dabei Sorge dafür trage, dass das Centrum der Zeichnung mit dem der Glasplatte coincidirt. Nach kurzer Exposition entwickle ich das Bild wie ein gewöhnliches Negativ und bedecke die mit dem Collodium überzogene Seite mit einer dünnen Glasscheibe, die an den Rändern verkittet wird und so die Erhaltung des Bildes sichert. Die Curven werden dann weiss auf schwarzem Grunde.

Ich gebe nun im Folgenden die graphischen Constructionen, welche die mechanische Darstellung der vorzüglichsten Vibrationsphänomene geben. Die angeführten Maasse sind auf Scheiben von 56 Centimeter Durchmesser und auf einen Spalt von 7 Centimeter Höhe und 3 Millimeter Breite bezogen. Man kann sich ohne Nachtheil auch kleinerer Scheiben bedienen; doch ist es gut, ihre Dimensionen nicht zu klein zu nehmen, weil der vom Spalte abgeschnittene Theil der excentrischen Peripherie keine horizontale Linie mehr sein würde. Dieser Theil würde dann eine geneigte Bewegung nach Rechts und nach Links erhalten, welche man gänzlich unmerklich machen sollte; man erreicht dies, entweder indem man Scheiben von grossen Dimensionen anwendet, oder indem man die Breite der Spalte entsprechend vermindert.

1) Fortpflanzung der Schallwellen in einer geraden unbegrenzten Röhre.

Es sei AB (Figur 2) die Peripherie der Scheibe, MN das kreisförmige Loch, das man in ihrer Mitte angebracht hat, um sie mittelst einer Schraube auf der Rotationsaxe befestigen zu können. Die Glasscheibe, die zuvor berusst wurde, indem man sie in geeigneter Weise der Flamme einer Terpentinöllampe aussetzte, wird horizontal auf einem Tische befestigt; man setzt dann in die Oeffnung MN eine Bleischeibe, deren obere Fläche in derselben Ebene wie die der Glasscheibe gelegen ist. Vom Puncte O, dem Mittelpuncte der Scheibe aus zieht man auf der Oberfläche des Bleies einen Kreis von 5 Millimeter im Radius, welchen man in zehn gleiche Theile eintheilt. Von irgend einem dieser Theilungspuncte ziehen wir mit einem Radius von 175 Millimeter eine erste Kreislinie. Vom nächsten Theilungspuncte ziehen wir mit einem um 5 Millimeter kleineren Radius als der vorige eine zweite Kreislinie und fahren so fort, indem wir den Radius um 5 Millimeter vermindern für jede Kreislinie, die der Reihe nach um die einzelnen Theilungspuncte als Mittelpuncte gezogen werden. Da die Länge der Spalte 7 Centimeter beträgt, so werden wir mit der vierzehnten Kreislinie abschliessen.

Die Figur 2 zeigt in halber natürlicher Grösse einen Sector der auf solche Weise construirten Scheibe.

Um nun die Erscheinung der Fortpflanzung der Wellen auf einen Schirm zu projiciren, befestigten wir am Rohre der Duboscq'schen Lampe ein Diaphragma, das mit einem Spalte von 7 Centimeter Höhe und 3 Millimeter Breite versehen ist; diese Spalte erleuchten wir lebhaft durch ein Bündel parallelen Lichtes.

Die Glasscheibe wird vertical vor der Lampe in der Art aufgestellt, dass die Rotationsaxe sich in der Verticalen befindet, welche durch die Axe der Spalte geht. Mittelst einer Sammellinse von 10 Centimeter Oeffnung auf etwa 25 Centimeter Brennweite projicirt man auf einen Schirm die vom Spalte unterbrochenen Lichtlinien. Die Figur 2 zeigt bei TT' das Rohr der Lampe und die Spalte FF'. Die Figur 3 stellt die Anwendung des Apparates dar, wie ihn König nach meinen Angaben ausgeführt hat.

Versetzt man die Scheibe mittelst einer Curbel in Drehung, so sieht man die Verdichtungen und Verdünnungen vertical sich fortpflanzen und zwar in einer Richtung, welche je nach der Drehungsrichtung verschieden ist. Man sieht leicht, dass alle die parallelen Schnitte Oscillationen von gleicher Amplitude zeigen, dass dagegen zwischen zwei aufeinander folgenden Schnitten ein constanter Phasenunterschied statt hat, der von den äquidistanten Lagen der Centren der verschiedenen excentrischen Kreislinien auf der kleinen Peripherie O herrührt. Dieser constante Phasenunterschied bringt die gleichförmige Fortpflanzung der Verdichtungen und Verdünnungen zu Stande.

2) Erster Partialton (harmonique) tönender Röhren.

Wir beschreiben vom Mittelpuncte der Scheibe einen Halbkreis auf einen Diameter AB von 1 Centimeter Länge (Figur 6). Auf diesen Halbmesser projiciren wir die Theilungspuncte des in 10 gleiche Theile getheilten Halbkreises.

Vom Puncte A aus als Mittelpunct beschreiben wir mit einem Radius von 175 Millimeter eine Kreislinie. Von jedem Theilpuncte des Durchmessers als Mittelpunct beschreiben wir Kreislinien mit Radien, die der Reihe nach immer um 5 Millimeter vermindert werden.

Der Durchschnitt dieser verschiedenen Kreislinien mit der Spalte wird parallele Schnitte geben, die für alle Schnitte, welche zu den Kreislinien gehören, deren Mittelpunct über dem Punkte C gelegen ist, die gleiche Richtung, für die vorderen die entgegengesetzte Richtung besitzen. Die Schwingungsamplitude, die an den beiden Enden, wo sie gleiche Werthe aber mit entgegengesetzten Zeichen besitzt, ein Maximum ist, nimmt in dem Maasse, als man sich dem Centrum nähert, nach einem sehr einfachen Gesetze bis zu dem centralen Schnitte, wo sie Null ist, ab.

. Die Drehung der Scheibe vor der Spalte wird den Schwingungsmechanismus offener Röhren projiciren, welcher den Grundton gibt. In der Mitte wird man einen Knoten, den Sitz aufeinander folgender Verdichtungen und Verdünnungen sehen. An den Enden werden sich zwei Bäuche finden; es werden daselbst im Gegentheile die Schnitte eine intensive Vibrationsbewegung ohne Aenderung der Dichte zeigen.

Wenn man die Hälfte der Spalte mittelst eines Schirmes bedeckt, welcher in derselben Ebene wie der unbewegliche Schnitt im Centrum liegt, so wird man die Erscheinungen von geschlossenen Röhren gleichfalls für den Grundton sehen.

3) Zweiter Partialton tönender Röhren.

Man operirt, wie eben angegeben, indem man nach den gleichen Regeln Kreislinien zieht, deren Halbmesser um 5 Millimeter abnehmen.

Man beginnt, wie gesagt, mit dem Punct A (Figur 6), der dem Nullpuncte der Theilung entspricht, mit einem Radius von 175 Millimeter. Die zweite Kreislinie wird vom Theilungspuncte 2 des Durchmessers aus mit einem Radius von 170 Millimeter gezogen und so fort, indem man dabei die Theilpuncte von ungerader Ordnung überspringt und den Radius immer um 5 Millimeter vermindert. Die sechste Kreislinie wird dann vom Puncte B als Mittelpunct aus gezogen werden. Man fährt in gleicher Weise fort, indem man von B nach A vorschreitet und immer die ungeraden Theilpuncte auslässt, bis man zum Puncte A, dem Mittelpuncte der elften Kreislinie gekommen ist.

Die Projection, welche man nun, während sich die Scheibe dreht, erhält, wird drei Bäuche enthalten, den einen in der Mitte, die beiden anderen an den beiden Enden. Dazwischen wird man zwei Knoten beobachten, in welchen zwei gleiche und entgegengesetzte Bewegungen zu Stande kommen, wobei die Verdichtung der einen der Verdünnung der anderen entspricht und umgekehrt.

Man wird den zweiten Partialton geschlossener Röhren erhalten,

wenn man mit Hilfe eines vor die Spalte gestellten Schirmes das
obere und untere Viertel der vorhergehenden Projection unterdrückt.
Der Schirm wird dann genau bis zum ersten und zum zweiten Knoten
gehen müssen.

4) Reflexion einer continuirlichen Vibrationsbewegung.

Man theile wie oben den Halbkreis, der auf dem einem Centimeter gleichen Durchmesser AB beschrieben wurde, in zehn gleiche
Theile (Figur 6). Man ziehe den horizontalen Radius DC und vom
Puncte C als Mittelpunct aus beschreibe man mit einem Radius von
175 Millimeter auf der Scheibe eine Kreislinie, so wird das von der
Spalte abgeschnittene Stück während der Rotation unbeweglich sein
und die obere Reflexionsebene darstellen.

Vom Puncte A aus beschreibe man mit einem Halbmesser von
170 Millimeter in der unteren Hälfte der Scheibe einen Halbkreis,
der in die Verlängerung des Radius DC ausläuft; vom Puncte B aus
beschreibe man mit dem gleichen Radius den symmetrischen Halbkreis in der oberen Hälfte der Scheibe. Diese Halbkreise werden in
zwei Puncten des verlängerten Radius DC zusammentreffen.

Man beschreibe in gleicher Weise zwei symmetrische Halbkreise
vom unmittelbar folgenden Theilpuncte 1 und dem symmetrisch gelegenen Puncte 9 aus mit einem Radius, der um 5 Millimeter kleiner
als der vorhergehende ist, und fährt so für alle anderen Theilpuncte
fort, wobei man immer Sorge dafür trägt, dass jeder Halbkreis in der
Hälfte der Scheibe gelegen ist, welche derjenigen entgegengesetzt ist,
die seinen Mittelpunct enthält. Ist man so zum Puncte D gelangt,
so werden die beiden Halbkreise auf einen einzigen reducirt, der
seinen Mittelpunct in diesem Puncte hat. Man fährt nun fort und
zieht vom Puncte 6 aus den oberen Halbkreis und von dem symmetrisch gelegenen Theilpunct 4 aus den unteren Halbkreis, bis man
wieder zu den Puncten B und A gelangt ist. Endlich zieht man vom
Puncte C aus mit einem Radius, der um 5 Millimeter kleiner als der
vorhergehende ist, einen letzten Halbkreis; sein von der Spalte abgeschnittener Theil wird die untere Reflexionsebene darstellen.

Diese Construction besteht also darin, auf einer Hälfte der Scheibe
die Halbkreise der Fortpflanzung der Wellen (1. Construction) zu
ziehen, wobei die Anzahl der Theilpuncte zwanzig anstatt zehn beträgt,
und sie symmetrisch auf der zweiten Hälfte der Scheibe zu wiederholen.

Versetzen wir nun diese Scheibe vor der Spalte in Drehung, so sehen wir zwischen zwei unbeweglichen Reflexionsebenen elf Schnitte, deren Schwingungen verdichtete und verdünnte Wellen erzeugen werden, welche abwechselnd von den beiden Ebenen reflectirt werden.

5) Fortpflanzung einer isolirten Welle.

Bei dieser und den folgenden Constructionen können die excentrischen Kreislinien nicht mehr angewendet werden.

Vom Mittelpuncte der Scheibe aus ziehe man eine Kreislinie mit einem Halbmesser mit 175 Millimeter. Von demselben Puncte aus ziehe man wie vorhin mit der Reihe nach um je 5 Millimeter verkleinerten Radien elf concentrische Kreislinien. Man denke sich fünf Durchmesser, welche die Oberfläche der Scheibe in zehn gleiche Sectoren theilen. Man ersetze den Bogen der ersten Kreislinie, welcher von den Sectoren *1, 2, 3* abgeschnitten wird, durch eine Curve, die sich allmählig von dieser Kreislinie bis zu einem Maximalabstande von 3 Millimeter entfernt und deren beide Endpuncte mit der Kreislinie zusammenfallen. Man verfahre ebenso auf der zweiten Kreislinie, indem man durch eine der vorhergehenden ähnliche Curve den zwischen den Sectoren *2, 3, 4* enthaltenen Bogen ersetzt, und geht nun so weiter, indem man für jede Kreislinie um einen Sector vorrückt.

Die Figur 4 stellt in einer willkürlichen Scala die Anordnung dieser Curven auf den sechs ersten Kreislinien dar.

Dreht man nun die Scheibe vor der Spalte, so projicirt man auf dem Schirme parallele und äquidistante leuchtende Schnitte. Jeder von diesen Schnitten rückt der Reihe nach vor, um seine Bewegung dem folgenden mitzutheilen, geht dann nach einer Oscillation zu seiner Anfangslage zurück. Die Bewegung pflanzt sich so nach der ganzen Länge des Streifens fort, welcher die Projection der Spalte darstellt. Auf jede Verdichtung folgt eine Verdünnung; die Fortpflanzungsrichtung ändert sich je nach der Drehung der Scheibe.

Die eben besprochenen Curven können willkürlich gezogen werden, man hat nur dafür zu sorgen, dass sie sich gut an die Kreislinie anschliessen. Sie lassen sich aber auch auf ganz präcise Weise ziehen. Die allgemeine Gleichung dieser Curve ist nämlich in Polarcoordinaten ausgedrückt

$$\varrho = R - a \sin \pi . \frac{a}{\Theta}$$

wo Θ den von der Curve abgeschnittenen Bogen des Sectors darstellt.

Im vorliegenden Falle ist $\Theta = 360 . \dfrac{3}{10} = 108^0$, R ist der Halbmesser der zur Curve gehörigen Kreislinie und a die grösste Excursion des schwingenden Schnittes von seiner Gleichgewichtslage an gerechnet d. h. wie bereits gesagt 3 Millimeter. Die Gleichung gibt auch die Werthe von $\varrho - R = a \sin \pi . \dfrac{a}{\Theta}$ d. h. der Ordinate der Curve gerechnet von der Kreislinie als krummlinigen Axe an und zwar in der Verlängerung der Radien. Man hat also die Werthe von $\varrho - R$ als Function des Winkels a von irgend einem Theilungspuncte angefangen.

Zur grösseren Einfachheit, und dies ist in Figur 4 der Fall, kann man nur den Theil der Curve anwenden, welcher den positiven Werthen von $\varrho - R$ entspricht oder auch den Werthen von a zwischen den Grenzen $a = o$ und $a = \Theta$.

Man könnte sich, um grössere Genauigkeit zu erlangen, der ganzen Curve bedienen oder wenigstens desjenigen Theiles, welcher den Werthen von $\varrho - R$, die zwischen $a = o$ bis $a = 2\Theta$ liegen, entspricht; man hätte dann auf jeder Kreislinie eine verdichtete und verdünnte Welle. In diesem Falle dürfte die Excursion a höchstens $2^{mm},5$ betragen, wenn sich nicht zwei aufeinander folgende Curven schneiden sollen.

Die auf allen Kreislinien gezogenen Curven sind einander ähnlich. Man könnte sie mechanisch mit einem Stangenzirkel ziehen, dessen Spitze sich auf einer ausserhalb der Scheibe gezogenen Curve bewegte, während die Axe der Stange beständig durch den Mittelpunct der Scheibe ginge; die am Läufer befindliche Spitze, die der Stange entlang beweglich ist, würde elf den verschiedenen concentrischen Kreislinien ähnliche Curven ziehen.

Diese Projection stellt ebenso wie die erste die theoretische Fortpflanzung der Schallwellen dar; man sieht daraus, dass der Schall mittelst Longitudinalschwingungen erzeugt wird, wobei die Fortpflanzungsrichtung die gleiche wie die Schwingungsrichtung ist; sie zeigen also die Fortpflanzung einer continuirlichen Bewegung ohne Uebertragung der Materie.

6) Aetherschwingungen.

Die Aetherschwingungen werden bekanntlich durch einen völlig verschiedenen Mechanismus hervorgebracht. Es wäre von Interesse, diese Schwingungsart zu projiciren, um den Unterschied beider Arten der Fortpflanzung der Bewegung vor Augen zu führen.

Nahe an der Peripherie einer berussten Scheibe ziehen wir die eben besprochene Sinuscurve, welche eine auf eine kreisförmige (anstatt auf eine geradlinige) Axe bezogene Sinussoide ist. Um eine ganze Schwingung projiciren zu können, ist es nöthig, für Θ sehr kleine Werthe zu nehmen; die Scheibe, welche ich benütze, hat 36 Centimeter im Durchmesser und enthält 20 ganze Schwingungen; der Werth von $2\,\Theta$ beträgt also 18 Grade.

Nachdem man diese Scheibe vor das Rohr der Lampe gebracht hat, bedeckt man den Theil, welcher projicirt werden soll, mit einem Schirme aus geschwärztem Metalle, auf welchem man neun Spalten von 1 Millimeter Breite ausgeschnitten hat, deren Länge, die bei meinem Apparate 24 Millimeter beträgt, grösser als die Schwingungsamplitude $2\,\Theta$ sein muss.[1])

Versetzt man die Scheibe in eine sehr langsame Rotationsbewegung, so sieht man auf dem Schirme leuchtende Puncte sich projiciren, welche transversal oscilliren; während die Bewegung sich longitudinal fortpflanzen wird.

In Wirklichkeit pflanzt sich die Bewegung in einem Kreisbogen fort; allein bei den angegebenen Theilungen fällt der Bogen fast ganz mit der Sehne zusammen und die hervorgebrachte Wirkung ist die gleiche als wenn die Bewegung geradlinig wäre.

Die Figur 5 stellt in einem Maassstabe von 5 Millimeter für 1 Centimeter ein Segment dieser vom Schirme bedeckten Scheibe vor.

Bevor ich diesen Apparat construirte, gebrauchte ich eine andere Einrichtung, die ich hier angeben will, weil das Princip, auf welchem sie beruht, vielleicht in anderen Fällen Anwendung finden kann. Man suche eine sehr dünne und möglichst fehlerfreie Glasröhre von 2—3 Centimeter Durchmesser und 8—10 Centimeter Länge aus. Auf diese Röhre ziehe man eine Schraubenlinie, deren Länge nach

----

1) In der Gleichung der Curve: $\varrho - R = a \sin \pi \cdot \dfrac{a}{\Theta}$ sind die äussersten Werthe von $\varrho - R : + a$ und $- a$; sie entsprechen $a = \dfrac{\Theta}{2}$ und $a = \dfrac{3}{2}\,\Theta$.

man mittelst eines ganz durchsichtigen Leimes kleine Bleikügelchen
von 2—3 Millimeter Durchmesser in gleichen Abständen aufkittet.

Stellen wir nun diese Röhre in den divergirenden Lichtkegel,
der von einer convergirenden Linse von kurzer Brennweite projicirt
ist, so erhalten wir auf einem Schirme den geometrischen Schatten
der Röhre und der Bleikügelchen. Versetzen wir nun die Röhre in
eine Drehung um ihre Axe, so wird der Schatten der Bleikügelchen
auf einem hellen Grunde die Vibrationsbewegung der Aethermolecüle
darstellen, und wenn wir dabei den Schatten der Röhre zum Verschwinden bringen könnten, so würde die Erscheinung in genügender
Weise dargestellt sein. Ich habe versucht dies dadurch zu erreichen,
dass ich die Röhre in ein Gefäss aus parallelen Glasplatten einsenkte,
das mit einer Flüssigkeit gefüllt war, deren Brechungsindex und Zer-
störungsvermögen möglichst genau mit dem Glase übereinstimmte, aus
welchem die Röhre bestand. [1])

Der erste Punct wird leicht erfüllt durch eine Mischung in entsprechenden Verhältnissen von Schwefelkohlenstoff und Benzin. Ich
mische die beiden Flüssigkeiten, indem ich ihre Verhältnisse ändere
bis die Röhre, nachdem sie in die Mischung eingetaucht ist, vollständig
unsichtbar wird. Allein ich konnte den Einfluss der ungleichen Dispersion der Flüssigkeiten und der Glasröhre nicht vollständig eliminiren. Man könnte dies erreichen, wenn man die Röhre aus einer
Glassorte ziehen liesse, welche denselben Brechungsindex und Zer-
streuungscoëfficienten wie die angegebene Mischung oder wie Schwefelkohlenstoff und wasserfreier Alcohol oder auch eine der vorhergehenden
Mischungen hätte, wobei man die Dispersion durch geeignetes Hinzufügen von Cassiaöl oder irgend einer anderen stark zerstreuenden
Flüssigkeit variiren könnte.

Man kann also leicht den Einfluss der ungleichen Refraction der
Röhre und des Mediums, in welches sie getaucht wird, eliminiren.
Unter diesen Umständen würde der Schatten der Röhre nicht mehr
auf dem Schirme sichtbar sein, sondern die geringe Ungleichheit in
der Dispersion der Röhre und der Flüssigkeit projicirt zwei lineare
Spectren, welche den Puncten entsprechen, wo die Lichtstrahlen die
Röhre tangiren. Ohngeachtet dieses Missstandes wird die Projection
ganz gut und gibt eine nette Vorstellung der Erscheinung.

---

1) Es ist wohl kaum nöthig, beizufügen, dass die Röhre mit der Flüssigkeit
ganz angefüllt sein muss.

Die Röhre wird an ihren Enden in zwei Metallfassungen befestigt, die von zwei genau in der Axe der Röhre gelegenen Stäben getragen werden; diese Stäbe gehen durch zwei Kautschuckpfropfen hindurch, welche in zwei in die Seitenwände des Gefässes eingebohrten Löchern befestigt sind. Das Gefäss ist durch eine polirte Glasplatte geschlossen, welche die Verdunstung der Flüssigkeit verhindert. Man versetzt die Röhre mittelst einer Curbel, welche an einer der Stäbe angebracht ist, in Drehung.

7) Reflexion einer isolirten Welle.

Man erhält diese, wenn man in passender Weise die fünfte Construction abändert, welche die Fortpflanzung einer isolirten Welle gibt.

Man ziehe auf der Scheibe zwölf concentrische Kreislinien, deren Radien immer von 5 zu 5 Millimeter abnehmen. Die erste und zwölfte Kreislinie werden, wie bei der Reflexion der Wellen als Reflexionsebenen dienen. Denken wir uns nun zehn Diameter gezogen, welche die Fläche der Scheibe in zwanzig gleiche Sectoren theilen. Auf der zweiten Kreislinie ersetzen wir den Kreisbogen, der von den Sectoren 1 und 2 abgeschnitten wird, durch den Bogen der Curve, welcher die verdichtete Welle gibt. (Figur 7.) Aus der dritten Kreislinie ersetzen wir den von den Sectoren 2 und 3 abgeschnittenen Kreisbogen durch einen ähnlichen Bogen und so fort wie in Figur 4 nur mit dem Unterschiede, dass jetzt der Bogen der Curve bloss 2 Sectoren anstatt dreier einnimmt. Bei der elften Kreislinie angekommen, ergänzen wir die Curve der Sectoren 9 und 10, welche die verdichtete Welle darstellt, durch eine andere Curve, welche den von den Sectoren 11 und 12 abgeschnittenen Kreisbogen ersetzt und deren Ordinaten denen der Curve der Sectoren 9 und 10 gleich, allein nach dem Mittelpuncte der Scheibe hin anstatt nach der Peripherie hin gerechnet werden, mit einem Worte durch den Bogen der Curve, welche durch die Werthe von $\varrho - R$, die zwischen $\alpha = \Theta$ und $\alpha = 2\,\Theta$ enthalten sind, gegeben wird.

Bei der Vereinigung dieser beiden Curven wird die Reflexion erzeugt. Fahren wir fort, indem wir den von den Sectoren 12 und 13 abgeschnittenen Kreisbogen durch einen dem Bogen der Sectoren 11 und 12 ähnlichen Bogen ersetzen und so weiter, wobei wir uns der Peripherie der Scheibe bis zur zweiten Kreislinie nähern, deren von den Sectoren 19 und 20 abgeschnittener Bogen durch eine den vorigen ähnliche Curve ersetzt wird, welche mit der zwischen den Sectoren 1 und 2 enthaltenen Curve in entgegengesetztem Sinne sich vereinigt. Die Figur 7 zeigt diese letztere Vereinigung. Die Reflexion auf der oberen Ebene findet bei *AB* statt.

Diese Projection, sowie die der Reflexion einer continuirlichen Vibrationsbewegung zeigt den Mechanismus der Reflexion der Wellen in geschlossenen Röhren. Man könnte die siebente Construction sehr leicht in der Weise abändern, dass man die Reflexion mit Zeichenwechsel projicirt, welche am Ende der offenen Röhren erzeugt wird. Endlich können diese Projectionen noch zur Demonstration der Theorie der einfachen und multiplen Echos dienen.

8) Interferenz zweier Vibrationsbewegungen.

Wir haben die fixen Schwingungsbäuche und Knoten gezeigt, wie sie durch die Interferenz der directen und reflectirten Wellen in tönenden Röhren erzeugt werden. Wir haben auch den Mechanismus dieser Reflexionen gezeigt. Es erübrigt uns noch, um die Demonstration zu ergänzen, die Interferenz zweier Vibrationen derselben Periode, deren Phasenunterschied veränderlich ist, zu projiciren.

Zu diesem Behufe ist es nöthig für die Projection convergente Beleuchtung anzuwenden, welche auch mit Vortheil bei allen vorhergehenden Projectionen angewendet werden könnte.

Die Anwendung oscillirender Linsen, wie sie Lissajous gebrauchte, gibt eine sehr einfache Lösung des Problemes; die Halblinsen, welche häufig von Billet angewendet wurden, gestatten eine noch bündigere Lösung des Problemes.

Es sei *DD'* (Figur 8) die Scheibe, auf welche die Curven gezogen werden; *AB* ist eine convergente Linse von 10 Centimeter Durchmesser und 25 Centimeter Brennweite[1]), auf welche der parallele Lichtbüschel *LM* auffällt. Im Brennpuncte, wo die Lichtstrahlen concentrirt werden, stelle man eine convergente Linse von 5 Centimeter Oeffnung und 12 Centimeter Brennweite auf; um einen Irrthum zu vermeiden, wollen wir sie die projicirende Linse nennen. Wir werden auch auf einen Schirm das genaue Bild der von der Spalte abge-

---

1) Die angegebenen Dimensionen sind die meines Apparates; sie haben mir gute Resultate gegeben, doch können sie vom Constructeur nach Belieben modificirt werden.

schnittenen Theile der Curve projiciren. Ertheilen wir nun dieser Linse eine verticale Oscillationsbewegung, so werden alle projicirten Lichtlinien an dieser Bewegung Theil nehmen. Da jedoch die Drehung der Scheibe den projicirten Linien eine andere Oscillationsbewegung ertheilt, so wird sich diese mit der von der verticalen Oscillation der Linse erzeugten Bewegung vereinigen, und man wird auf den Schirm die resultirende Bewegung projiciren.

Der grösseren Einfachheit halber sind die auf der Scheibe gezogenen Curven nur drei an der Zahl:

1) Vom Puncte O aus beschreibe ich eine Kreislinie mit einem Radius von 14 Centimeter; 2) von den Puncten A und B, die auf einer durch den Punct O gehenden Linie in einem Abstande von 5 Millimetern auf jeder Seite von diesem Puncte genommen sind, beschreibe ich zwei Kreislinien, die eine von 13 Centimeter, die andere von 14 Centimeter Radius.

Die Projection der von der Spalte abgeschnittenen Bogen wird aus drei Lichtschnitten zusammengesetzt, wovon die beiden äusseren während der Rotation Vibrationsbewegungen von gleicher Periode und gleicher Amplitude, aber von entgegengesetzter Richtung erhalten, d. h. deren Phasenunterschied gleich 2π ist.

Der mittlere Schnitt wird unbeweglich bleiben.

Die Amplitude der so erzeugten Schwingungen beträgt 1 Centimeter. Ertheilen wir nun der projicirenden Linse mittelst einer an der Drehungsaxe der Scheibe angebrachten Excentrik eine vertikale Oscillationsbewegung von der gleichen Amplitude. Ist die Excentrik der Art befestigt, dass die Schwingungsphase der Linse z. B. dieselbe ist wie die des oberen von der Scheibe projicirten Schnittes, so wird uns die Interferenz die folgenden Resultate geben:

Der obere Schnitt wird eine Vibrationsbewegung von doppelter Amplitude erhalten; der mittlere Schnitt, welcher unbeweglich war, wird wie der obere Schnitt vor der Interferenz vibriren; der untere Schnitt wird durch die Zusammensetzung zweier gleicher aber entgegengesetzt gerichteter Bewegungen zur Ruhe gebracht werden.

Um diese Erscheinung auf eine noch bündigere Weise zu projiciren, wird der Schirm EE (Figur 8) mit zwei parallelen verticalen Spalten versehen, welche die gleichen Dimensionen wie die bereits angegebenen besitzen und 15 Millimeter von einander abstehen.

Die projicirende Linse CD wird jenseits des Hauptbrennpunctes der Beleuchtungslinse aufgestellt, sie ist durch einen verticalen Durchmesser entzwei geschnitten. Die rechte Hälfte D ist fest und projicirt auf den Schirm $M'L'$ das Bild L' der Linien der Spalte zur Linken, die nicht durch die Interferenz modificirt werden. Die linke Hälfte C trägt einen Zapfen, welcher in eine am Ende der mit der Excentrik verbundenen Lenkstange angebrachte Gabel eingefügt ist, und bei M' auf dem Schirme das Bild der Linien der Spalte zur Rechten, die durch die Interferenz modificirt sind, projicirt. Man hat also auf demselben Schirm einmal die primitive nicht modificirte Bewegung und daneben die durch die Interferenz modificirte Bewegung. Wenn man die Axe des Apparates etwas weniges nach links zieht, so fallen die Strahlen von beiden Spalten auf die unbewegliche Linsenhälfte D. Die Interferenz hört auf und die Bewegungen der beiden Projectionen werden parallel; führt man die Axe in ihre ursprüngliche Lage zurück, so wird die Interferenz augenblicklich erzeugt.

Die Figur 9 stellt den zu diesem Experimente eingerichteten Apparat dar, wie ihn König nach meinen Angaben construirt hat. Zur grösseren Bequemlichkeit sind das Diaphragma mit den Spalten und die Beleuchtungslinse hinter der rotirenden Scheibe angebracht, wie bei dem Apparate, den Figur 3 darstellt.

Die Leichtigkeit, womit dieser Wechsel erzeugt wird, macht dieses Experiment sehr frappant und bündig.

Bei diesem letzteren Experimente sind das electrische Licht und besonders das Sonnenlicht dem Drummond'schen Lichte vorzuziehen, weil es in diesem Falle zur Deutlichkeit der beiden Projectionen erforderlich ist, dass die durch die Beleuchtungslinse concentrirten Strahlen soviel als möglich in einem mathematischen Puncte als Brennpunct vereinigt werden. Für die anderen Projectionen gibt das Drummond'sche Licht eine hinreichende Deutlichkeit.

Bringt man die Excentrik in eine von der angegebenen verschiedene Lage, so erhält man die Interferenz mit einem beliebigen Phasenunterschiede.

Diese Projectionen dienen zur Demonstration der fixen Schwingungsknoten und Bäuche, welche durch die Interferenz von directen und reflectirten Wellen erzeugt werden, sei es in tönenden Röhren oder in einem unbegrenzten Raume; sie dienen auch dazu, um die Theorie der Stösse zu erklären.

Der Apparat, dessen Dimensionen ich in diesem Exposé gegeben habe, gestattet Streifen von 2 bis 5 Meter Länge zu projiciren, auf welchen alle die eben besprochenen Erscheinungen dargestellt werden; er bietet den Vortheil, dass er sehr leicht construirt werden kann und in deutlicher Weise vor einem zahlreichen Auditorium Erscheinungen darstellt, von welchen man im Allgemeinen nur eine ziemlich unklare Vorstellung hat.

Wendet man zwei parallele Scheiben an, die in einem sehr kleinen Abstande von einander aufgestellt sind, so kann man alle Figuren reproduciren, die sich aus der rechtwinkligen Zusammensetzung zweier Schwingungsbeobachtungen ergeben, wie dies Lissajous mit Hilfe seiner Stimmgabeln erreicht hat.

Es genügt dazu auf den beiden vorher berussten Scheiben drei Kreislinien zu ziehen, die so angeordnet sind, wie ich es schon bei der Interferenz zweier Vibrationsbewegungen angegeben habe. Die parallelen Axen der beiden Scheiben werden der Art gestellt, dass die auf ihnen befindlichen Kreislinien sich unter einem rechten Winkel schneiden.

Ertheilt man mittelst einer Schnur ohne Ende und eines Systems von zwei conischen Rollen den beiden Scheiben Geschwindigkeiten, die in einem bestimmten Verhältnisse zu einander stehen, so wird man auf einem Schirme vier zusammengesetzte Vibrationssysteme projiciren und vier Curven, welche die resultirenden Geschwindigkeiten in vier rechtwinkeligen Azimuthen darstellen, entsprechend den Phasenunterschieden von 90 zu 90 Graden.

Aendert man die relativen Lagen der Linien der Mittelpuncte der excentrischen Kreislinien, wie sie auf den beiden Scheiben gezogen sind, so erhält man beliebige Figuren, die irgendwelchen Phasenunterschieden entsprechen.

Mittheilungen über die Influenz-Electrisir-Maschine.

Von

Ph. Carl.

(Hiezu Tafel XIII.)

I.

Herr Holtz hat in seiner zweiten Abhandlung über die von ihm erfundene Influenzmaschine[1]) eine Einrichtung derselben angegeben, welche sich sehr rasch eine grosse Verbreitung in den physikalischen Laboratorien verschafft hat. Kurz nach dem Erscheinen der citirten Abhandlung habe auch ich begonnen, mich mit der Maschine zu beschäftigen und zwar hielt ich mich am Anfange bei der Anfertigung derselben genau an die Angaben des Herrn Holtz. Im Verlaufe meiner Versuche habe ich jedoch mancherlei Abänderungen in der Construction der Influenzmaschine vorgenommen, welche nicht allein zur Erhöhung der Wirksamkeit derselben beitragen, sondern auch, da der Bau der Maschine dadurch beträchtlich vereinfacht wurde, eine leichtere Uebersicht des Vorganges an dem Apparate ermöglichen. Es ist an mich von mehreren Seiten die Aufforderung ergangen, über die Einrichtung und den Gebrauch der Maschine meine Erfahrungen zu veröffentlichen; ich komme hier diesem Wunsche um so bereitwilliger nach, als manche Puncte dabei für die Leser des Repertoriums von Interesse sein dürften.

§ 1. Beschreibung der Einrichtung der Influenzmaschine.

Ich gehe nun vorerst zur Beschreibung der neuesten Einrichtung der Influenzmaschine über und zwar will ich nicht bloss die Abweichungen von der Holtz'schen Construction anführen, sondern des Zusammenhanges halber eine vollständige Darstellung des ganzen Apparates geben.

---

1) **Poggendorff's** Annalen Bd. 127 pag. 320. 1866.

Die Maschine Figur 1 Tafel XIII besteht zunächst aus zwei kreisrunden, dicht aneinander stehenden Glasscheiben, welche soviel als möglich eben und aus möglichst dünnem Glase herausgeschnitten sind. Die Durchmesser dieser beiden Scheiben sind nicht ganz gleich. Beträgt der Durchmesser der kleineren Scheibe z. B. 12 Zoll, so hat die grössere Scheibe einen Durchmesser von etwa 13 Zollen; ist der Durchmesser der kleineren Scheibe 20 Zoll, so hat die grössere etwa 22 Zoll im Durchmesser. Zwischen diesen Grössen wählt man für die Durchmesser der beiden Scheiben analoge Verhältnisse. Ein ganz genaues Einhalten der angegebenen Zahlenverhältnisse ist jedoch nicht erforderlich, nur hat man für die grössere Scheibe eher etwas grössere denn kleinere Dimensionen als die angeführten zu nehmen.

Die kleinere Glasscheibe ist um eine Axe drehbar, welche hinten durch ein central eingeschnittenes Loch der grösseren Scheibe frei hindurchgeht.

Die grössere Scheibe steht fest; sie ruht nämlich in den drei fixen Puncten a, b, c. Die feste Scheibe hat bei der einfachsten Einrichtung der Maschine ausser dem Loche in der Mitte noch zwei diametral einander gegenüberliegende kreisförmige Ausschnitte, neben welchen sich Belegungen aus Papier in der durch die Figur angezeigten Stellung befinden. Von den Papierbelegungen reichen Spitzen aus Cartonpapier, die man am besten noch mit Staniol überzieht, bis über die Hälfte der Ausschnitte in diese hinein.

Gegenüber den Papierbelegungen befinden sich messingene Saugkämme, welche an cylindrischen Messingstangen befestigt sind, die durch das isolirende Querstück A, A aus Hartkautschuck hindurchgehen und vorne in die Kugeln K, K endigen. Durch diese Kugeln hindurch gehen senkrecht gegen die Stangen zwei verschiebbare Messingstäbe — die sogenannten Conductoren — welche an den Enden, wo sie aufeinander treffen, in kleinen Kugeln auslaufen und an ihren anderen Enden lange Hefte aus Hartkautschuck[1]) tragen. Die Conductoren werden federnd in den Kugeln geführt, jedoch so, dass nirgends eine scharfe Kante vorhanden ist.

Die Axe der drehbaren (kleineren) Glasscheibe besteht aus Stahl; sie ist aber bis auf die Zapfen, welche in messingenen Lagern liegen,

---

1) Ich habe die Erfahrung gemacht, dass es zweckmässig ist, den Hartgummi noch mit einer starken Schellackschicht zu überziehen, um ihn vor äusseren Veränderungen, denen derselbe ausserdem mit der Zeit unterworfen ist, zu schützen.

mit Hartgummi überzogen. Ueber die Axe sind zwei starke Ringe, gleichfalls aus Hartkautschuck, geschraubt, welche zum Fixiren der rotirenden Glasscheibe auf der Axe dienen. Diese Axe trägt ferner eine
kleine Rolle, ebenfalls aus Hartgummi, welche durch eine Schnur
ohne Ende mit dem viel grösseren Rade R, das aus wohl verleimtem
Holze besteht, verbunden ist. Mittelst einer Curbel, die mit der Axe
des hölzernen Rades verbunden ist, kann dieses Rad in Umdrehung
und damit die kleinere Glasscheibe in eine sehr rasche Rotation versetzt werden. Der ganze Ständer, welcher das Rad R trägt, kann sammt
dem Rade, nachdem eine unterhalb dem Bodenbrette der Maschine
befindliche Schraubenmutter M gelüftet ist, in einem Schlitze verschoben
und so die richtige Spannung der Schnur immer wieder hergestellt
werden. In ganz ähnlicher Weise können überhaupt alle Theile an
der Maschine, bei denen dies erforderlich ist, in die geeignete Lage
eingestellt werden.

An der Vorderseite der Maschine unterhalb den Conductoren
brachte ich früher zwei Ständer, wie sie Herr Holtz angegeben hat,
an, welche zum Experimentiren mit dem Entladungsstrome dienten.
Auf zwei Hartgummiuntersätze waren nämlich zwei Klemmen aufgesetzt, über welche federnd verschiebbare Rohre herabgingen, die oben
kugelförmig geschlossen waren. Diese Rohre konnten an die Conductoren emporgeschoben werden, so dass man dann in die Klemmen
die Zuleitungsdrähte einschalten konnte.

Gegenwärtig habe ich diese Einrichtung durch eine weit be-
quemere ersetzt. An den Kugeln können nämlich zwei Klemmen von
der Form der Figur 2 ein- und ausgeschraubt werden, welche den
gleichen Zweck wie die eben angeführten Entladungsständer erfüllen
und sich vor diesen zum wenigsten durch Einfachheit auszeichnen.

Die beiden Glasscheiben müssen, um die Wirkung zu erhöhen,
mit einem Ueberzuge von wohl isolirendem Schellackfirniss versehen
werden, welcher von Zeit zu Zeit erneuert werden muss. Zu diesem
Behufe wäscht man mit Weingeist den alten Ueberzug weg, erwärmt
die Scheiben, was am Besten über langsam von unten erhitztem Sande
geschieht, und trägt nun mit einem breiten Haarpinsel den Firniss
möglichst gleichförmig und zwar mehrere Male auf. Der Firniss selbst
besteht einfach aus einer Lösung von Schellack in absolutem Alcohol.

Herr Holtz hat die feste Scheibe in vier Puncten geführt und
ich hatte früher die gleiche Einrichtung angewendet; gegenwärtig

lasse ich dieselbe jedoch blos in drei Puncten festhalten. Die beiden verticalen Glasstäbe D,D sind nämlich unten in Holzfüsse eingekittet, welche durch einen horizontalen Querstab aus Glas verbunden sind. Sowohl an diesem Querstabe als an den beiden verticalen Querstäben sind die verschiebbaren Klemmen a, b, c aus Hartgummi angebracht. Diese Klemmen können mittelst Schrauben an einer beliebigen Stelle der Glasstäbe fixirt werden und halten dann in passenden Einschnitten die Glasscheibe. Es kann auf solche Weise die möglichst parallele Stellung der festen Scheibe gegen die rotirende leicht und sicher bewerkstelliget werden. Diese Einrichtung bietet jedoch nicht etwa blos den Vortheil der Einfachheit, sie ist auch zweckmässiger, als die früher angewendete, weil die verticalen Glasstäbe aus der Nähe der Conductoren entfernt sind, und so die Möglichkeit einer Seitenableitung beträchtlich vermindert ist. Bei trockener Witterung ist eine solche zwar nicht zu fürchten, allein unter ungünstigeren Umständen kann dieselbe einen nicht unbedeutenden Einfluss ausüben, wovon ich mich durch vielfache Versuche im Dunkeln zu überzeugen Gelegenheit hatte, welche denn auch die Veranlassung zu der neuen Einrichtung gaben.

Die Berliner Maschinen sind vielfach so eingerichtet, dass anstatt einer festen Scheibe mit zwei Papierbelegungen oder einem Elemente, wie es Herr Holtz nennt, auch noch eine solche mit vier Belegen eingesetzt werden kann. Es ist klar, dass sich auch an die von mir beschriebene Maschine sehr einfach die Einrichtung für vier Belege anbringen lässt. Ich werde in einer späteren Mittheilung näher darauf eingehen und bemerke vorläufig nur, dass zu diesem Behufe senkrecht gegen das Querstück ein Hartgummistab aufgesetzt und der Lagerständer gleichfalls aus Hartkautschuck genommen wird. Man lässt dann durch diese beiden Theile die verticalstehenden Saugkämme wie bei der Holtz'schen Einrichtung hindurchgehen und setzt eine andere feste Glasscheibe mit vier um 90° von einander abstehenden Papierbelegungen und Ausschnitten ein.

§ 2. Gebrauch und Behandlung der Influenzmaschine.

Wir betrachten vorläufig blos den Fall, dass die Maschine nur mit zwei Belegen versehen ist. Hat nämlich der Apparat hinreichend grosse Dimensionen (20 pariser Zoll der rotirenden Scheibe), so glaube ich nach meinen bisherigen Erfahrungen, dass man für alle Zwecke des physikalischen Laboratoriums vollständig ausreicht.

Das erste Geschäft, um die Maschine in Gang zu setzen, bildet
das sogenannte Erregen. Man nehme zu diesem Behufe einen Hartgummistreifen [1]) von 8—10 Zoll Länge und 3—4 Zoll Breite und
mache denselben durch Reiben mit einem Katzenpelze (am besten
eignet sich dazu bekanntlich der Pelz der Wildkatze) electrisch. Den
so electrisirten Streifen halte man hinter die eine der Papierbelegungen, während man die rotirende Scheibe in Drehung versetzt und
zwar immer in der Art, dass die Drehungsrichtung gegen die Papierspitzen geht. Dabei müssen die Conductoren geschlossen bleiben
(d. h. die Kugeln sich berühren) und man wird ein eigenthümlich
knisterndes Geräusch hören, welches an Stärke zunimmt, bis es schon
nach wenigen Secunden ein Maximum erreicht. Hat dieses Maximum
statt, so ist die Maschine erregt und zum Experimentiren vorbereitet.

Zieht man jetzt die beiden Conductoren mittelst der Hartgummi-
griffe auseinander, so zeigt sich zwischen den Kugeln ein fast con-
tinuirlicher Funkenstrom, welcher im Dunkeln einen prächtigen Anblick
gewährt.

Um diesen Funkenstrom in hellleuchtende Funken zu verwandeln,
bedient man sich eines Condensators. Dieser Condensator ist in seiner
einfachsten Form weiter nichts als eine ganz kleine Leydener Flasche.

Eine Glasröhre AB (Figur 3) erhält nämlich eine äussere Belegung aus Staniol a von etwa 1 Quadratzoll Oberfläche. Im Innern
der Glasröhre wird hinter dieser äusseren Belegung ein langer, schmaler
Staniolstreifen festgeklebt, welcher nach dem Ende B fortgeht, hier
umgebogen und an der Aussenseite der Glasröhre bis b fortgesetzt
wird, wobei man den Abstand von a bis b gleich dem Abstande der
beiden Stangen, an welche die Kugeln K, K befestigt sind, nimmt. Alles
bis auf die Stellen a und b, welche auf die eben bezeichneten Stangen
aufgelegt werden, wird stark mit Schellackfirniss überzogen und das
Ende A wohl verschlossen, damit kein Ueberschlagen des Funkens
von a aus in das Innere der Röhre stattfinden kann. Nimmt man
die Röhre lang genug, so wird ein solcher Verschluss überflüssig.

Poggendorff hat dem Condensator noch eine andere Einrichtung gegeben, welche zwei kleine Leydener Flaschen bildet, deren
innere Belege mit einander verbunden sind. Es werden nämlich hier

---

1) Man darf hiezu keinen polirten Hartgummi verwenden und muss einen
solchen mit Glaspapier abreiben, bis er eine matte Oberfläche erhält. Dasselbe muss
auch geschehen, wenn der Hartgummi durch häufigen Gebrauch wieder glänzend wird.

aussen auf die Glasröhre *AB* (Figur 4) zwei kleine Staniolbelege *a* und *b*, wieder in der Distanz der Conductorstangen, aufgeklebt und im Innern der Röhre befindet sich ein Staniolstreifen, der von *a* bis *b* geht. Man hat also zwei Leydener Flaschen, deren innere Belege miteinander in leitender Verbindung stehen. Auch hier wird die ganze Röhre bis auf die Belege *a* und *b* mit Schellackfirniss wohl überzogen.

Hinsichtlich der Grösse der Belegungen gilt der Satz: die Funken werden um so länger, je kleiner die Belege, um so stärker, je grösser die Belege sind.

Man lege nun den einen oder anderen der angegebenen Condensatoren auf die beiden Electrodenstangen bei geschlossenen Conductoren und errege die Maschine, wie oben angegeben wurde, so erhält man ungemein kräftige Funken beim Auseinanderziehen der Conductoren. Diese Funken folgen sehr rasch aufeinander und zwar um so rascher, je näher die Conductorkugeln einander stehen. Bei Anwendung eines Doppelcondensators mit Belegungen von etwa $^1/_2$ Quadratzoll erhält man je nach den äusseren Umständen, worüber unten Näheres folgen wird, die Schlagweiten innerhalb der folgenden Grenzen:

bei 12 zölliger rotirender Scheibe zwischen $1^1/_2$—3 Zoll,

bei 15 zölliger rotirender Scheibe zwischen 3—5 Zoll,

bei 20 zölliger rotirender Scheibe zwischen 5—8 Zoll.

Die Conductorkugeln sollen beim Experimentiren nicht über die grösste Schlagweite von einander entfernt werden; hat dies statt, so muss man sie rasch bis zur Berührung einander nähern und darf sie erst wieder öffnen, wenn man bereits das Maximum des knisternden Geräusches von Neuem gehört hat. Unterlässt man dies, so kann die Maschine schnell entladen werden (ihre Wirkung verlieren) und man ist genöthigt, sie neuerdings mittelst des Hartgummistreifens zu erregen.

Besonders kräftige Funken erhält man, wenn man anstatt des Poggendorff'schen Doppelcondensators zwei grössere Leydener Flaschen in der durch Figur 5 angezeigten Weise einschaltet. Die beiden inneren Belege der Flaschen *A* und *B* werden mit den Conductorklemmen *c* und *c'* leitend verbunden, während die beiden äusseren Belege dieser Flaschen durch eine Metallschnur *m* unter sich in leitende Verbindung gebracht werden. Bei einer 20 zölligen Maschine erhält man so Entladungsfunken bis zu 4 Zoll Länge, welche

mit einem ungemein heftigen Knalle überspringen und auf deren
Wirkung wir unten zurückkommen werden.

Wenn die Maschine fortwährend entsprechende Wirkungen geben
soll, so ist es erforderlich, sie stets in gutem Stande zu erhalten.
Zu diesem Behufe müssen alle Metalltheile beständig blank erhalten,
die Zapfen der Axen gehörig mit Oel versehen und die Glasscheiben
von Zeit zu Zeit gereinigt werden. Bei längerem Gebrauche entstehen
nämlich besonders auf der rotirenden Scheibe gegenüber den Spitzen
der Saugkämme blaue Ringe, welche mit einem schwach angefeuchteten
wollenen Tuche weggerieben werden müssen. Man hat dabei die
Scheiben aus der Maschine herauszunehmen und es bietet für die
Leichtigkeit des Herausnehmens die beschriebene Construction grosse
Bequemlichkeit dar. Nach längerer Zeit wird es auch nöthig, die
Scheiben neu zu firnissen, worüber bereits oben das Nähere bemerkt
wurde.

Behandelt man die Influenzmaschine in der angegebenen Weise,
so erhält man bei einiger Uebung im Experimentiren, wenn auch
nicht ganz gleiche, so doch immer befriedigende Wirkungen (die
untere Grenze der oben angegebenen Schlagweiten). Es wurde mir
mehrfach behauptet, dass die Influenzmaschine ebenso empfindlich sei
gegen Witterungsveränderungen als die Reibungselectrisirmaschine und
ich hatte längere Zeit, da ich manchmal gar keine Wirkung erhalten
konnte, selbst diese Ansicht. Ich suchte den Grund des Misslingens
anfangs immer in der Maschine, fand jedoch, dass er vielmehr darin
gelegen ist, dass es unter Umständen schwierig ist, den Hartgummistreifen hinreichend kräftig zu electrisiren.

Man kann sich hier jedoch immer helfen, wenn man den Hartgummistreifen und den Katzenpelz künstlich erwärmt und darauf
achtet, dass der erstere eine matte Oberfläche hat. Ich will einen
ganz bestimmten Fall anführen. Erst kürzlich, an einem ganz warmen Maitage, wurde eine Influenzmaschine von meiner Wohnung zu
einem Photographen geschafft zu dem Zwecke, dieselbe für die vorliegende Mittheilung aufnehmen zu lassen. Ich wollte dem Photographen nun auch die Wirkung der Maschine zeigen, konnte jedoch
den Hartgummi nicht hinreichend stark electrisiren, um den Apparat
erregen zu können; ich liess etwa zwei Minuten lang den Katzenpelz
und den Hartgummi in die Sonne legen und die Maschine konnte
sogleich in Thätigkeit versetzt werden.

Die Temperatur des Beobachtungslocales hat einen bedeutenden Einfluss auf das Gelingen der Versuche; je höher nämlich dieselbe ist, um so schöner treten die Wirkungen hervor. In einem kalten Raume gelingen die Versuche nicht gut; am schlechtesten ist es aber selbstverständlich, wenn man die Maschine aus einem kalten in ein warmes Zimmer bringt und sogleich mit dem Experimentiren beginnen will. Im Winter ist es gut, die Maschine in der Nähe eines Ofens aufzustellen, der mit Durchsichten versehen ist, aus welchen die Wärme gegen die Scheiben hingestrahlt wird. Im Sommer kann man sich damit helfen, dass man einen kleinen Blechofen mit glühenden Kohlen in der Nähe der Maschine aufstellt. Ruhmkorff erreicht den gleichen Zweck auch dadurch, dass er das Licht einer Petroleumlampe gegen die Scheiben hinstrahlen lässt.

Man stellt sich die Sache gewöhnlich so vor als wäre hohe Temperatur bei electrischen Versuchen blos dazu erforderlich, um den Einfluss des in der Luft befindlichen Wasserdampfes zu vermindern. Ich glaube, dass ein Einfluss der Temperatur auch unabhängig von der Feuchtigkeit angenommen werden muss und dass überhaupt die hierher gehörigen Umstände zur Zeit noch viel zu wenig studirt sind.

Ich habe eine kleine Influenzmaschine von 11 Zoll Durchmesser der rotirenden Scheibe vom October vorigen Jahres bis Ende März dieses Jahres fast täglich — häufig mehrere Male an demselben Tage — beobachtet. An keinem einzigen Tage während dieser Zeit war die Maschine vollständig wirkungslos; die Funkenlänge variirte jedoch zwischen 1 und 2 Zoll, einige Male sogar $2^1/_2$ Zoll. Dabei sank die Länge der Funken häufig im Zeitraume von ein paar Stunden fast auf die Hälfte herab, ohne dass eine Veränderung der Witterungsdisposition bemerkbar wàr. Manchmal gab die Maschine vor, während und nach anhaltendem Regen die schönsten Wirkungen, während dieselben öfters bei ganz heiterem Himmel und Frost (vollständig gefrornem Boden) nur mässig waren, wiewohl die Maschine in gutem Stande und das Zimmer geheizt war. In den letzteren Fällen konnte die Wirkung immer dadurch erhöht werden, dass die Maschine in die Nähe des mit Durchsichten versehenen Ofens gestellt und grössere Hitze erzeugt wurde.

Zweckmässig ist es also jedenfalls, wenn man die Maschine, wie dies — soviel ich erfahren habe — Kirchhoff gethan hat, in einen Glaskasten bringt, in welchem ein Gefäss mit Chlorcalcium aufgestellt ist und den man blos beim Experimentiren öffnet. Die Maschine gibt dann bei gehörig hoher Temperatur des Beobachtungsraumes stets mit Sicherheit gute Wirkungen.

§ 3. Ueber die Bedeutung der festen Scheibe, der Papier-belegungen und Papierspitzen.

Die Bedeutung der festen Scheibe, der Papierspitzen und Papier-belegungen geht aus den folgenden Versuchen hervor, welche ich grossentheils in Gemeinschaft mit meinem Collegen Dr. Recknagel ausgeführt habe.

1) Nimmt man die feste Scheibe ganz aus der Maschine heraus und hält man hinter die rotirende Scheibe, während sie in Drehung versetzt ist, gegenüber dem einen der Saugekämme den geriebenen Hartgummistreifen, so erhält man beim Oeffnen der Conductoren schwache Funken, welche sogleich verschwinden, sobald die Kautschuckplatte entfernt wird. Es ist dies der Fall der Maschine von Bertsch (Cfr. Repertorium III, pag. 229), wobei der electri-sirte Hartgummisector hinter die rotirende Scheibe gestellt wird und daselbst stehen bleibt.

2) Bringt man die feste Scheibe wieder in die Maschine und entfernt man die beiden Papierspitzen, welche in die Ausschnitte hinein-reichen, so erhält man die gleiche Wirkung wie unter Nr. 1 d. h. es zeigen sich Funkenerscheinungen blos so lange, als die geriebene Hartgummiplatte hinter das eine der Papierbelege gehalten wird.

Die Papierspitzen sind also zur Erhaltung der Wirk-ung der Maschine nothwendig.

3) Nimmt man die Papierbelege an der festen Scheibe ganz weg und kittet man mittelst Siegellacks die beiden Papierspitzen derart (Figur 6) in die Ausschnitte ein, dass sie nicht in die Fläche der Glasscheibe hineinreichen, sondern blos auf dem Glasrande aufsitzen, so erhält man, so lange der geriebene Hartgummistreifen an die Stelle, wo sich ein Papierbeleg befand, gehalten wird, kräftige Funken-erscheinungen; doch verschwinden dieselben wieder, sobald die Hart-gummiplatte entfernt wird.

4) Befestigt man die Papierspitzen der Art (Figur 7), dass ein Theil des Papieres in die Fläche der Glasscheibe hineinreicht, dass man also kleine Papierbelege hat, so bleibt die Wirkung auch, nach-dem die Hartgummiplatte entfernt ist.

Sowohl die Papierbelege als die Papierspitzen sind
also zur Erhaltung der Wirkung der Maschine absolut
nothwendig.

5) Als die zweckmässigste Form der Papierbelege hat sich die
von abgerundeten Sectoren ergeben, welche aus Figur 1 ersichtlich
ist und bereits von Herrn Holtz angewendet wurde.

6) Die Maschine bleibt längere Zeit geladen, wenn man solche
Papierbelegungen auf beiden Flächen der festen Glasscheibe einander
gegenüber anbringt.

7) Beträchtlich wird aber die Wirkung der Maschine erhöht,
wenn man die in die Ausschnitte hineinreichenden Papierspitzen mit
Staniol überzieht.

8) Ich habe auch versucht, anstatt der Papierbelegungen Staniolbelege zu nehmen; das Resultat war, dass sich die Maschine dann
sehr leicht erregen liess, allein die Ladung nur kurze Zeit behielt
und wieder von Neuem erregt werden musste.

Am wirksamsten sind also doppelte Papierbelege mit
in die Ausschnitte hineinreichenden Staniolspitzen.

§ 4. Electroscopische Untersuchung der Influenzmaschine.

Herr Riess[1]) hat einige interessante Experimente bekannt gemacht, welche ihn auf die Erklärung des Vorganges an der Influenzmaschine führten. Ich werde in einer späteren Mittheilung auf diese
Erklärung zurückkommen und möchte für diesmal nur noch bemerken,
dass ich die Vertheilung der Electricität an der in Thätigkeit befindlichen Maschine selbst untersucht habe. Ich bediente mich bei dieser
Untersuchung des v. Kobell'schen Gemsbartelectroscopes, welches
sich als vorzüglich hiezu geeignet erwiesen hat.

Es sei in Figur 8 die Maschine schematisch dargestellt. F sei
die feste, R die rotirende Scheibe, abc sei das metallene Conductorsystem, H sei der durch Reiben mit dem Katzenpelze negativ electrisch
gewordene Hartgummistreifen.

Erregt man die Maschine, indem man den Hartgummistreifen
hinter die Belegung A hält, entfernt dann den Hartgummistreifen und
fährt fort zu drehen, während die Conductoren geschlossen sind, so
zeigt das Gemsbartelectroscop, dass die Belegung A positiv, die Belegung B negativ electrisch ist.

---

1) Poggendorff's Annalen CXXXI pag. 215.

Untersucht man die den Conductorkämmen zugewendete Fläche der rotirenden Scheibe, so zeigt sich, dass die obere Hälfte derselben positiv, die untere Hälfte negativ electrisch ist. (Die Rotationsrichtung geht von A nach B).

Oeffnet man die Conductorkugeln, so zeigt schon die Funkenerscheinung, dass bei m der positive, bei n der negative Pol sich befindet. Es lässt sich dies am Electroscope direct nachweisen.

Erregt man die Maschine, indem man den negativ electrisirten Hartgummistreifen am Anfange hinter die Belegung B hält, so wird diese Belegung positiv, die Belegung A negativ electrisch. Es ist ferner die obere Hälfte der den Conductorkämmen zugewendeten Fläche der rotirenden Scheibe in diesem Falle negativ, die untere Hälfte positiv electrisch. Ferner hat man jetzt bei m den negativen, bei n den positiven Pol im Conductorsystem.

(Fortsetzung folgt im nächsten Hefte.)

──────────

Kleinere Mittheilungen.

Apparat für die Demonstration der Keppler'schen Gesetze mit Hülfe des Magnetismus.

Von Prof. Ed. Hagenbach.

(Hiezu Tafel XII.)

Fig. 1 Taf. XII gibt die in $\frac{1}{20}$ der natürlichen Grösse ausgeführte perspectifische Ansicht eines Apparates, welcher zum Zweck hat, durch den Versuch die Bewegung eines Körpers unter dem Einfluss einer Kraft zu zeigen, deren Intensität umgekehrt proportional dem Quadrate der Entfernung ist. In der Mitte steht ein grosser Electromagnet; die 4 Spulen sind nur auf einander gesetzt, und der eiserne Kern besteht aus zwei aneinander geschraubten Stücken, damit man, je nach Bedürfniss den Electromagneten auch in anderer Form, z. B. als Hufeisen, aufbauen kann. Der eiserne Kern ragt oben etwas hervor; darüber wird eine polirte Kugel aus Holz S geschoben, welche den anziehenden Körper (die Sonne) vorstellt. BC ist ein langer dünner Stahlmagnet; er besteht aus mehreren Stücken, die an einander geschraubt werden, um je nach Wunsch einen etwas längern oder kürzern Magneten zu haben. Im Puncte D ist dieser Magnetstab vermöge einer Cardanischen Aufhängung befestigt. E ist ein Laufgewicht, welches mit einer Schraube auf dem Magnetstab befestigt wird, und welches den Zweck hat, den Einfluss der Schwerkraft zu eliminiren. Am untern Pol des Magneten wird eine kleine polirte Holzkugel angebracht, welche den Körper (Planeten) vorstellt, der sich unter der Wirkung der anziehenden Kraft bewegt.

Es ist nun selbstverständlich, dass sich die Erscheinung der Bewegung nach den Keppler'schen Gesetzen nicht rein darstellen wird, da eine grosse Anzahl störender Einflüsse vorhanden sind, die wir noch etwas näher in's Auge zu fassen haben.

Der Einfluss des untern Pols des Electromagneten wird bei geringen Ausschlägen nicht sehr bedeutend sein, da der Electromagnet eine ziemlich bedeutende Höhe hat. Der Einfluss der Schwerkraft wird nur dann vollkommen eliminirt sein, wenn der Schwerpunct genau mit dem Aufhängepuncte, d. h. dem Schneidepuncte der beiden Axen der Cardanischen Aufhängung zusammenfällt. Um die Lage des Schwerpunctes nach der Länge und nach der Seite verschieben zu können, haben wir das Laufgewicht E, das. an seitlichen Armen noch drei kleinere Laufgewichte trägt, die auf Schrauben laufen. Auf diese Weise ist es möglich, durch Verschiebung des ganzen Gewichtes auf der Magnetstange und durch Drehen der kleineren Gewichte den Schwerpunct in den Aufhängepunct zu bringen. Da es jedoch nicht wohl zu vermeiden ist, dass sich die Magnetstange bei schiefer Lage etwas biegt, so wird das Zusammenfallen des Schwerpunctes mit dem Aufhängepuncte nicht immer genau stattfinden, und der Einfluss der Schwerkraft wird somit nicht vollkommen eliminirt sein. Figur 2 zeigt in $^1/_2$ der natürlichen Grösse die Construction des Gegengewichtes. Der Einfluss der Reibung ist nicht sehr bedeutend, da die Cardanische Aufhängung eine leichte Bewegung nach allen Seiten gestattet. Figur 3 zeigt in natürlicher Grösse die angewandte Aufhängung. Der Einfluss des Erdmagnetismus und der Widerstand der Luft sind nicht eliminirt.

Trotz dieser mannigfaltigen Mängel, die sich jedenfalls nicht vollkommen beseitigen lassen, gibt der Apparat für die Demonstration sehr hübsche Resultate. Besonders instructiv ist die Bewegung in der elliptischen Bahn; sie ist sehr leicht zu erhalten, wenn man die kleinere Kugel mit der Hand aus der senkrechten Lage bringt und ihr einen kleinen seitlichen Stoss gibt. Die langsame Bewegung im Aphelium und die schnelle Bewegung im Perihelium ist ganz besonders deutlich zu sehen. Die verschiedenen Widerstände bewirken allerdings, dass die Ellipse kleiner wird und dass die kleine Kugel an die grosse anschlägt, wenn etwa drei Umläufe stattgefunden haben; doch genügt diese Zeit um die Art der Bewegung deutlich beobachten zu können. Auch die Bewegung in der Hyperbel lässt sich mit dem beschriebenen Apparate sehr gut zeigen; der Versuch wird so angestellt, dass jemand die Kugel um ein bedeutendes aus der Gleichgewichtslage bringt und so fahren lässt, dass sie nahe an der anziehenden Kugel vorbeifährt, während eine Person auf der andern Seite die Kugel auffängt; je nachdem dann die Kugel P in grösseren oder geringerer Distanz von S vorbeigeht, wird sie schwächer oder stärker abgelenkt.

Da die meisten Theile des Apparates auch für andere Zwecke zu gebrauchen sind, so ist es für ein physikalisches Cabinet nicht mit vielen besonderen Unkosten verbunden, denselben herzustellen.

Ich erwähne noch, dass der Apparat für einen populären Vortrag über die Planetenbewegungen construirt wurde, den mein College Herr Professor Kinkelin hielt. Von demselben befindet sich auch eine vollständige Theorie der Bewegung eines magnetischen Pendels in Grunert's Archiv Bd. XXVIII pag. 456. — Der Apparat wurde nach meinen Angaben von der Société Genevoise pour la construction d'instruments de physique ausgeführt.

Ausdehnung des wasserhaltigen Weingeistes vor dem Erstarren.
Von Dr. Recknagel.

Bei Gelegenheit einer grösseren Untersuchung über die Volumenänderungen des Weingeistes[1] insbesondere bei stärkeren Temperatur-Erniedrigungen machte ich folgende Beobachtungen über das Verhalten von schwachem Weingeist in der Nähe seines Gefrierpunktes. Weingeist, welcher durch Mischung von 52,183 Grammes Wasser mit 10,192 Grammes erhalten worden war, also 16,3 Gewichts- oder 20 Volumenprocente enthielt, befand sich in einem Dilatometer, dessen Reservoir nahezu 2,5 Cubikcentimeter gross war, während eine Abtheilung der Röhre zwischen zwei Theilstrichen 0,0001703 des ganzen Volumens fasste. Dieses Dilatometer wurde in Verbindung mit einem vorzüglichen Quecksilberthermometer, welches über die ganze Scala hin mehrfach mit dem Luftthermometer verglichen und in Pogg. Annalen Bd. 123 S. 115 ff. beschrieben ist, in ein cylindrisches Blechgefäss eingesetzt, welches mit Salzlösung gefüllt und von einem zweiten Cylinder umgeben war, von welchem aus eine Kältemischung dem fortwährend umgerührten Inhalte des inneren Cylinders allmählig die Wärme entzog. Die Beobachtungsreihen sind folgende:

-----

[1] Sitzungsberichte der Münchener Academie der Wissenschaften vom 10. November 1866.

I. Reihe.

Temperatur des Queck-silberthermometers.	Theilstrich des Dilatometers.
Nro. 1. — 0° C.	66,0
2. — 14,76	62,4
3. — 16,00	62,8
4. — 16,60	63,0
5. — 17,20	63,1
6. — 17,52	63,3
7. — 17,89	63,5
8. — 18,13	63,6
9. — 18,40	63,8
10. — 18,58	64,0
11. — 18,76	64,0
12. — 19,06	64,1
13. — 19,20	Krystallbildung durch rasches Steigen der Säule angezeigt.

II. Reihe.

14. 0° C.	52,1
15. — 13,79	47,85
16. — 16,05	48,35
17. — 16,65	48,65
18. — 17,02	49,0
19. — 17,13	49,0

Die beiden Instrumente zeigen nun während 25 Minuten keine Veränderung, Erschütterungen des Dilatometers bewirken keine Krystallisation.

III. Reihe.

20. 0° C.	52,1
21. — 12,82	47,7
22. — 14,20	48,0
23. — 15,04	48,25

15 Minuten constant.

IV. Reihe.

24. 0° C.	52,1
25. — 11,04	47,8
26. — 11,96	47,8 constant.

V. Reihe.

Temperatur des Queck- silberthermometers.	Theilstrich des Dilatometers.
Nro. 27. 0° C.	52,1
28. — 10,98	47,7
29. — 11,04	47,75 constant.

Berechnet man zunächst die bei lange anhaltendem unverändertem Stande der Instrumente erhaltenen Versuche Nro. 19, 23, 26, 29 als die sichersten und schaltet zwischen Nro. 26 und 23 die Versuchsresultate Nro. 21, 15, 22 der Reihe nach ein, so erhält man folgende Zusammenstellung über den Gang des Volumens bei sinkender Temperatur:

Temperatur des Queck- silber-Thermometers.	Volumen des Weingeistes.
0° C.	1,00000
— 11,04	0,99898
— 11,96	0,99897
— 12,82	0,99893
— 13,79	0,99894
— 14,20	0,99895
— 15,04	0,99897
— 17,13	0,99905

Die letzte Dezimale der Volumina ist von den Zehnteln der Theilstriche abhängig, welche mit einem Ableser-Fernrohr geschätzt wurden; die Correctur wegen gleichzeitiger Zusammenziehung des Glases ist angebracht.

Aus der Zusammenstellung geht mit Sicherheit hervor:

1) dass der hier untersuchte Weingeist vor seinem Gefrierpunkte einen ganz ähnlichen anomalen Gang nimmt wie das Wasser, indem er sich bis gegen — 13° hin zusammenzieht, dann aber anfängt sich auszudehnen und diese Ausdehnung bis zu seinem Gefrierpuncte hin fortsetzt;

2) dass dieser Gefrierpunct des 20 % Weingeistes nahe bei — 19° C. liegt, so dass das Intervall, innerhalb dessen die Ausdehnung erfolgt, hier um 2 Grade grösser gefunden wird als bei Wasser.

Es dürfte nicht schwer sein, dieses Resultat zu verificiren und auf andere Procentgehalte auszudehnen, nur wird es dann gut sein, Dilatometer anzuwenden, in welchen das Verhältniss des Theilstriches

zum Inhalt etwa zehnmal kleiner ist wie das von mir benützte. Bedenkt man, dass auch bei schwachen Salzlösungen ähnliche Ausdeh-
ungen beobachtet werden, aber in g e r i n g e r e n Intervallen als bei
Wasser, während hier bei Weingeist die Intervalle g r ö s s e r sind, so
liesse sich bei weiterer Verfolgung der Sache vielleicht eine breitere
Grundlage für die Erklärung dieser merkwürdigen Erscheinung finden.

München, im Mai 1868.

Hilfsmittel zur Erzeugung der Seilwellen.

Aus einem Schreiben des Herrn Prof. P i s k o in Wien entnehmen
wir folgende Notiz:

Zur Erzeugung der Seilwellen bedient man sich für Schulversuche
gewöhnlich eines dünnen, etwas mürben und schwach gespannten
Seiles. Die betreffenden Erscheinungen treten aber u n v e r g l e i c h l i c h
s i c h e r e r , n e t t e r , a u g e n f ä l l i g e r und nach W u n s c h m a n n i g -
f a l t i g e r auf, und es lassen sich besonders die reflectirten Wellen sehr
schön zeigen, wenn das Seil durch einen sehr langen, geringelten
Eisendrehspan, wie er beim Abdrehen grösserer Wellen in Maschinen-
fabriken abfällt, ersetzt wird. Die Länge solcher Eisendrehspäne beträgt oft 20 Meter und darüber. Sie geben ein treffliches und leicht
herbei zu schaffendes Lehrmittel, da die Fabriksherren es billig oder
umsonst abgeben. Ich kann es nicht eindringlich genug für die Erzeugung der Seilwellen empfehlen.

Ueber einen electrischen Wärme-Regulator zur Erzielung constanter Temperaturen bei chemischen und technischen Versuchen.

Von Dr. C. Scheibler.

Bei der Ausführung einer grossen Zahl chemischer Arbeiten ist
die Innehaltung einer bestimmten, mehr oder weniger hohen Temperatur während der Versuche eine unerlässliche Bedingung, so z. B.
bei der Bestimmung des Wassers in organischen oder anderen leicht

veränderlichen Körpern, beim Erhitzen von Substanzen in zugeschmol-
zenen Röhren u. s. w. Dergleichen an sich zwar leichte Arbeiten
erfordern dennoch eine dauernde Ueberwachung der Wärmequelle,
damit die Temperatur eine bestimmte Grenze nicht überschreitet. Nur
in dem einzigen Falle, wo die Erhitzung bei der Temperatur des
kochenden Wassers bewirkt werden kann, erreicht man durch Anwendung eines Wasserbades ohne Schwierigkeit das vorgesteckte Ziel;
muss man aber, wie es meist geboten erscheint, seine Zuflucht zu
Luftbädern, Oelbädern etc. nehmen, um eine Temperatur, die mehr
oder weniger über 100° C. liegt, zu erlangen, so erfordert die Aus-
trocknung eine stetige und zeitraubende Beaufsichtigung, will man
nicht in die Lage kommen, dass die Versuche durch Ueberschreitung
einer bestimmten Maximal-Temperatur verunglücken.

Für die Mehrzahl der vorkommenden Fälle findet man die ge-
wöhnlichen mittelst Leuchtgas geheizten Luftbäder im Gebrauch und
zwar in Verbindung mit der bekannten Bunsen-Kemp'schen Regulator-
Vorrichtung. Diese Vorrichtung gestattet jedoch, wie bekannt, die
Regulirung der Temperatur des Luftbades nicht immer mit genügender
Sicherheit und besonders dann nicht mehr, wenn der Druck des
Leuchtgases während der Versuche sich plötzlich ändert. Bei ver-
stärktem Drucke steigt alsdann entsprechend die Temperatur des
Bades über die vorgesehene Grenze und die der Wärme ausgesetzten
Substanzen verderben dann meistens, die aufgewendete Zeit und Mühe
sind verloren, in der Regel zu nicht geringem Verdruss des Versuchs-
anstellers.

Ich beschreibe nun in Nachstehendem eine Vorrichtung, welche
ich schon seit längerer Zeit [1]) im Gebrauche habe und die sich vor-
trefflich bewährt hat; sie gestattet die Einstellung und Regulirung
eines Luft-, Oel- oder sonstigen Bades auf jede gewünschte Temperatur mit grosser Schärfe und functionirt völlig unbeeinflusst von zeit-
weilig sich einstellenden Druckänderungen des Leuchtgases. In den
folgenden Figuren ist die ganze Anordnung dieser Vorrichtung für.
ein Luftbad, wie solche für gewöhnlich im Gebrauche sind, veran-

---

1) Die erste Anregung zu dem hier beschriebenen electrischen Thermo-
regulator erhielt ich durch eine auf der Industrie-Ausstellung zu Stettin im Jahre
1865 ausgestellte Hühner-Brütmaschine. Ein demselben ähnliches Instrument, welches aber meines Wissens für die hier gedachten Zwecke nicht in Gebrauch gekommen ist, fand ich später von Morin beschrieben, jedoch nicht abgebildet.

schaulicht, selbstverständlich kann dieselbe in gleicher Weise bei allen sonstigen Arten von Bädern oder Erwärmungsapparaten in Anwendung kommen.

Die wesentlichsten Theile dieses Regulators bestehen nun erstens in einem viereckigen Gehäuse, durch welches das Leuchtgas mittelst der Schläuche a und b gehen muss, um zu dem Bunsen'schen Brenner zu gelangen und welches in Figur 2 in halber natürlicher Grösse dargestellt ist, und zweitens in einem thermometerartigen Glaskörper $o\,p$, dessen unterer Theil in den Trockenschrank hineinragt. Dieser letztere Glaskörper stellt ein aus einer etwa 1 Millimeter weiten Glasröhre gefertigtes, oben offenes Thermometer ohne Theilung vor, in dessen unterem mit Quecksilber erfüllten Theile ein Platindraht o so eingelöthet ist, dass er mit dem Quecksilber in leitender Verbindung steht. Dieser Platindraht hat als Verlängerung einen Kupferdraht, der einen in dem Gehäuse ab Figur 2 befindlichen Electromagneten in bekannter Weise umkreist und dann zu dem einen Pol einer aus zwei Meidinger'schen Elementen $e\,e$ (Figur 1) gebildeten

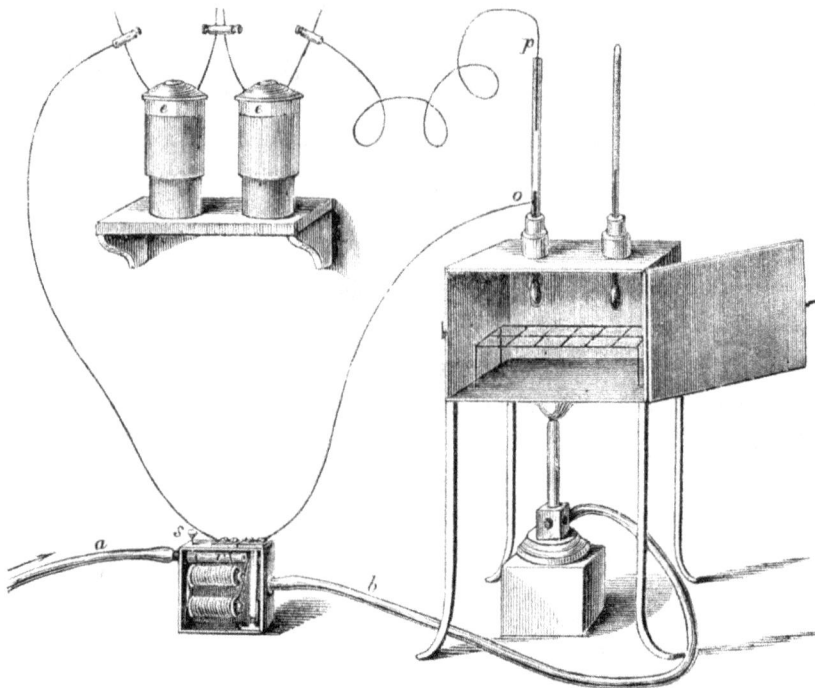

Figur 1.

Batterie führt. Der andere Pol dieser Batterie ist mit einem Platindraht p, in Verbindung, der beliebig tief in das oben offene Ende
des vorhin erwähnten thermometerartigen Glaskörpers hineingeschoben
werden kann.

Diese Vorrichtung functionirt nun, wie leicht zu verstehen, in
folgender Weise: Das Leuchtgas, welches den unter dem Trockenschränkchen befindlichen Bunsen'schen Brenner zu speisen bestimmt
ist, wird durch den Schlauch a in beliebig starkem Strome in das
voran mit einer Glasscheibe verschlossene Gehäuse $a\,b$ (Figur 2) ein-

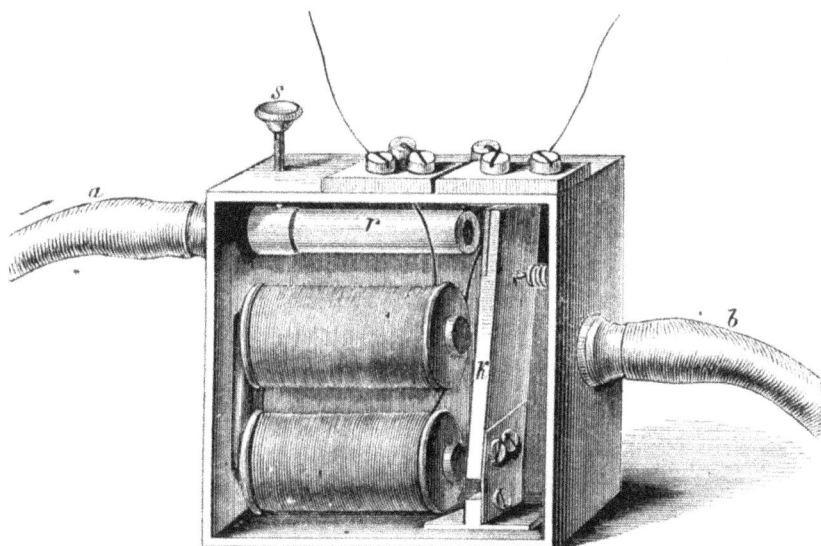

Figur 2.

geleitet, und zwar tritt es durch das Rohr r in dasselbe ein. Nachdem dies Gehäuse mit Gas erfüllt strömt letzteres durch den Schlauch
b zum Brenner und kann hier entzündet werden. Die Erwärmung
des Trockenapparates beginnt hiermit und das Quecksilber in der
Röhre des Glasapparates $o\,p$ sowohl, wie das in dem wirklichen mit
Theilung versehenen Thermometer, welches zur Beobachtung der
Temperatur des Schrankes in denselben eingelassen ist, fängt an zu
steigen. Zeigt dieses letztere Beobachtungs-Thermometer die gewünschte Temperatur, die man dem Trockenschranke im Maximum
zu geben beabsichtigt, so schiebt man den Platindraht p vorsichtig
und langsam so tief in die Röhre $o\,p$ des thermometerartigen Glasapparates ein, bis er eben das darin befindliche Quecksilber berührt.

In diesem Momente ist der Strom der Batterie *e e* geschlossen, der Electromagnet in dem Gehäuse *a b* zieht den Anker *k* an und dieser verschliesst alsdann mit seinem oberen Ende, welches ein Lederpolster trägt, die Oeffnung der Röhre *r*, so dass kein Gas mehr in das Gehäuse treten kann. Die unter dem Trockenschränkchen befindliche Flamme würde in diesem Augenblicke verlöschen, weil ihr kein Gas mehr zuströmt; um dies zu verhindern, besitzt die Gaszufuhrröhre *r* eine kleine seitliche Oeffnung, welche mittelst der Schraube *s* beliebig grösser oder kleiner gestellt werden kann. Durch diese kleine Oeffnung strömt alsdann beständig eine geringe Menge Gas aus, wenn die Hauptöffnung der Röhre *r* verschlossen ist, in Folge dessen dann die Bunsen'sche Flamme unter dem Trockenschranke nicht völlig verlöscht, sondern nur je nach der Stellung der Schraube *s* mehr oder weniger klein wird. So lange nun der electrische Strom geschlossen und der Anker *k* des Electromagneten angezogen bleibt, empfängt der Trockenschrank nur eine geringe Wärmezufuhr und er beginnt abzukühlen.

Das Quecksilber im Thermometer, sowie das in der Glasröhre *o p* beginnt zu sinken und bald trennt sich dann das Quecksilber in letzterer Röhre von der Spitze des eingetauchten Platindrahtes, wodurch dann der electrische Strom unterbrochen wird. Der Electromagnet lässt in diesem Augenblicke den Anker *k* los, der durch eine Feder zurückgezogen wird, die geöffnete Röhre *r* lässt wieder Leuchtgas in starkem Strome zur Bunsen'schen Flamme treten und die Erwärmung des etwas abgekühlten Trockenschrankes beginnt von Neuem, bis das vorher geschilderte Spiel durch abermalige Stromschliessung wieder eintritt u. s. w.

Die Temperatur des Trockenschrankes kann, so lange der Platindraht *p* nicht verschoben wird, die eingestellte Maximalhöhe nie übersteigen, mag der Gasdruck sich noch so beliebig ändern; dagegen fällt die Temperatur bei jeder Stromschliessung um drei bis vier Grade, so dass die beschriebene Vorrichtung, wenn sie einmal in gewünschter Weise eingestellt ist, tagelang den Trockenschrank in einer Temperatur erhält, welche nur um wenige Grade schwankt, ein gegebenes Maximum nie überschreitend. Will man eine höhere Temperatur für das Austrocknen von Substanzen erreichen, so braucht man nur, dieser höheren Temperatur entsprechend, den Platindraht *p* weiter aus der Steigeröhre des Quecksilbers emporzuziehen, bei Ein-

stellung niedriger Temperaturen tiefer in die Röhre einzuschieben.
Der Apparat bleibt selbst bei täglichem Gebrauche Monate lang wirk-
sam, und nur etwa alle halbe Jahre ist eine neue Füllung der Meidinger'schen Elemente erforderlich.

Ich bin überzeugt, dass dieser zunächst für rein chemische Zwecke
bestimmte Apparat auch in der Technik und Pharmacie nutzbringend
sein wird, so z. B. für die Regulirung der Temperatur bei Hühner-
Brütmaschinen, für Oefen zur Lackirung feiner Metallwaaren etc.
auch liessen sich durch geeignete Abänderungen der Apparate für
jede andere als Gasheizung zum Abdampfen von Flüssigkeiten unter
100⁰ einrichten.

Der Mechaniker Wilh. Horn in Berlin, Brandenburgerstrasse 45,
liefert den nach meiner Angabe gefertigten Regulator, bestehend aus
dem Glaskörper *o p* mit eingeschmolzenem Platindraht und dem in
Figur 2 abgebildeten Gehäuse *a b* für 10 Thlr., ausserdem auf Wunsch
pro 1 Stück Meidinger'scher Elemente 1 Thlr. 10 Sgr. Etwa gewünschte
Trockenschränkchen selbst werden nach der bestellten Grösse möglichst billig berechnet.

Foucault's Gyroskop.

Vereinfacht und verbessert von **Dr. E. C. O. Neumann** in Dresden.

(Hiezu Tafel VIII Fig. 1—3.)

(**Poggendorff's** Annalen der Physik 1867 Nr. 11.)

Die Thatsache, dass die Lage der Umdrehungsebene eines in
seinem Schwerpuncte aufgehangenen und um seine Axe rotirenden
Körpers unveränderlich bleibt, veranlasste Foucault einen kleinen
überall leicht aufstellbaren Apparat, sein Gyroskop, zu construiren,
um daran die Axendrehung der Erde nachzuweisen.

Er wendete dazu einen kreisrunden metallenen Ring von beiläufig
4 bis 5 Zoll Durchmesser an, der gleichsam einen starken Wulst an
dem Rande einer Metallscheibe bildete, die in ihrer Mitte genau
senkrecht auf einer Metallaxe befestigt war.

Mit dieser Axe, welche in stählernen Spitzen endigte, wurde
dieser Ring durch zwei Schrauben leicht zwischen einen starken
Metallreifen gespannt, so dass ersterer nur mit sehr geringer Reibung
um seine Axe bewegt werden konnte.

Der Umstand nun, dass, um dem Ringe die höchstmögliche Rotationsgeschwindigkeit zu ertheilen, das Ganze mit einem besonderen Räderwerke verbunden werden, und nachdem diese Geschwindigkeit erlangt, wieder davon getrennt und mit den Händen vorsichtig in eine Aufhängevorrichtung gebracht werden muss, verursacht immerhin eine gewisse Unbequemlichkeit und Unsicherheit in der Handhabung des Apparates, ganz abgesehen von dem dadurch bedingten grösseren Zeitaufwand, wodurch für das eigentliche Experiment an Zeit verloren geht.

In unserem Apparate ist dagegen das Räderwerk mit der Aufhängevorrichtung auf nachher zu beschreibende Weise so verbunden, dass der Ring im Wesentlichen seine ursprüngliche Lage im Apparate beibehält, also nach der einmal erlangten Rotation nicht erst ab- und besonders in die Hand genommen zu werden braucht, um ihn mit einer zweiten Vorrichtung zu verbinden. Die Figuren 1 und 2, Taf. VIII werden genügen, diese Construction klar zu machen.

Wir bemerken zunächst wieder eine ähnliche Aufhängevorrichtung, wie sie F o u c a u l t anwendete, nur mit dem Unterschiede, dass der Ring oder Rotationskörper A mit seiner Axe mittelst der Schrauben B und B_1 direct in den Aufhängerahmen CD eingespannt ist. In einem Abstande von 15^{mm} (bis 30^{mm}) von diesem Rahmen und parallel zu ihm ist die Gabel FG fest auf dem Gestelle des Apparates aufgeschraubt, und trägt die drei Schrauben H, H_1, H_2, in der hier angegebenen Lage. Diese Schrauben haben einen doppelten Zweck: einmal sollen sie den Rahmen CD, somit den Ring A, sobald der ganze Apparat nicht gebraucht wird, des Schutzes halber festhalten, das andere Mal demselben während seiner Gleichgewichtslage bloss als Stützen dienen, damit A mittelst des Räderwerkes $R R_1 R_2$ in die verlangte Rotation versetzt werden könne. Es sind zu diesem Behufe in den Rahmen durch denselben hindurchgehende Gewinde eingeschnitten, in welche die Schrauben H, H_1, H_2 eingeführt werden können, und unmittelbar darunter kleine konische Vertiefungen (den Enden dieser Schrauben entsprechend), in welchen die ersteren den Rahmen gerade nur berühren müssen, wenn derselbe genau so aufgehängt ist, dass er zugleich mit der Spitze s leicht beweglich in einer in der Richtung des Aufhängedrahtes ab befindlichen Pfanne p ruht. Das bereits erwähnte Räderwerk ist mit einem Gelenke ebenfalls auf dem Boden des Apparates befestigt, und zwar so, dass es beim Gebrauche desselben umgelegt werden, und mit einem der beiden gezahnten Räder r_2 und r_3, welche zu beiden Seiten von A auf dessen Axe befestigt sind, in Verbindung gesetzt werden kann. Das Räderwerk besteht aus der Kurbel R, den drei gezahnten Rädern: R_1 mit 180, R_2 mit 120 und R_3 mit 96 Zähnen, und aus den beiden Getrieben r und r_1, jedes mit 12 Zähnen. Da nun jedes der Räder r_2 und r_3 auch 12 Zähne besitzt, so wird A, sobald er in Bewegung gesetzt wird, bei einmaliger Umdrehung von R 1200 Umdrehungen vollenden, also eine für den Versuch hinreichende Rotationsgeschwindigkeit erlangen.

Nehmen wir nun an, der Apparat sei eben aus seinem Etui genommen, um mit seiner Hülfe die Axendrehung der Erde nachzuweisen. Man stelle zunächst nach einer Magnetnadel den Apparat so auf, dass die Ebene des Rahmens CD mit der des Meridians zusammenfällt; es ist diese Vorsicht nöthig, weil der Ring A nicht erst wie beim Foucault'schen Gyroskop in einem horizontalen Reifen, sondern direct in den Aufhängerahmen gespannt ist. Dann befestige man den Zeiger Z, ziehe mittelst der Schraube E den Aufhängedraht nicht zu straff an, schraube die Schrauben H, H_1, H_2, mit H_2 anfangend aus dem Rahmen CD heraus, so dass derselbe sammt A nur allein von dem Drahte ab gehalten wird. Hierauf richte man mittelst der drei Stellschrauben K, K_1 K_2 und der Schraube E das Ganze so, dass bei der nöthigen Spannung des Drahtes die Spitze s zugleich genau in die Pfanne p zu stehen kommt. Nachdem dies geschehen, schraubt man H, H_1, H_2 wieder gegen CD, so, dass die in letzterem befindlichen flachkonischen Vertiefungen von den Spitzen der ersteren nur eben ausgefüllt, leicht berührt werden, wie Fig. 3, Tafel VIII andeutet, wobei man immer darauf zu achten hat, dass CD eine gegen die Gabel FG parallele Lage erhält, und nicht im Mindesten etwa in der Richtung der Schrauben H u. s. w. mit seiner Spitze s aus der Pfanne p gedrängt wird. Nachdem so der aufgehängte Apparat zugleich an der Gabel gewissermaassen eine feste Rückenlage erhalten hat, wird das Räderwerk aus der aufrechten Lage, in welcher es beim Nichtgebrauche des Apparats durch Anziehen der Schraubenmutter M gehalten wurde, durch vorsichtiges Anlegen an das Prisma P in die in Figur 2, Tafel VIII dargestellte Lage gebracht, wobei zugleich die Zähne des Rades R_3 in die des Rades r_2 oder r_3 lose eingreifen. Während man nun mit dem Daumen der Linken den

Griff Q erfasst, und das Räderwerk fest an das Prisma andrückt, ergreift man mit der Rechten die Kurbel R, und beginnt allmählig das Räderwerk, und mit diesem den Körper A in Bewegung zu setzen, die Geschwindigkeit mehr und mehr steigernd. In dem Momente, wo man meint, den höchsten Grad der Rotationsgeschwindigkeit erlangt zu haben, hebt man mit dem Daumen der Linken bei Q das Räderwerk aus, erfasst so schnell als möglich die Schraube H_1 und dreht dieselbe sehr weit zurück, um bei H_1 zwischen CD und FG den nöthigen Spielraum zu erhalten, damit die übrigen Theile des Apparates in Folge der Drehung der Erde unabhängig von CD ihre Lage zu diesem ändern können. An der Bewegung der Zeigerspitze in der Richtung des Pfeiles über einen eingetheilten Bogen hin, wird man diese Veränderung noch sicherer wahrnehmen können.

Um den Apparat wieder ausser Gebrauch zu setzen, werden zunächst auch die Schrauben H und H_2 etwas zurückgeschraubt, dann mittelst E der Rahmen CD so weit gehoben, bis die in denselben eingeschnittenen Muttern den drei Schrauben H, H_1, H_2 gerade gegenüber stehen, welche letzteren man dann nur in erstere einzuschrauben braucht, um CD eine feste Lage zu geben. Hierauf nimmt man den Zeiger ab, und setzt den Aufhängedraht ausser Spannung. Noch sei erwähnt, dass, um dem Schwerpunkte des aus A und CD bestehenden Systems eine richtige Lage zu geben, der Rahmen CD mit seinen Bohrungen so eingerichtet ist, dass beide Seiten abwechselnd gegen FG gekehrt werden können.

Kogelmann's neues Electroscop.

Herr Kogelmann ersetzt die Zambonische Säule am Bohnenberger-Fechner'schen Electroscope durch eine geladene Leydner Flasche und benützt statt des Goldblättchens ein Pendel.

Die Flasche ist ein beiderseits belegter Glascylinder. Die Belegungen sind durch zweckmässig dicke Schellacküberzüge möglichst isolirt. Sie bekommen Drähte angefügt, welche an ihren Enden Kugeln erhalten.

Die Vorzüge der Flasche sind:

1) Man hat die Ladung völlig in der Hand;

2) kann die verlorne Ladung leicht ersetzt werden;

3) leichte Beschaffung.

Eine derart isolirte Flasche zeigt an den Polen eine constante Ladung. Die Spannung an beiden Polen ist gleich. Das P e n d e l, aus dünnem Drahte gefertigt, hat unten ein Scheibchen von steifem Blattgold und spielt mittelst zweier feiner Spitzen auf Stahlpfannen zwischen den Polen der Flasche.

Das Pendel zeichnet sich durch Unveränderlichkeit der Form und durch eine viel exactere Bewegung vor dem Goldblättchen aus.

(Wiener Academischer Anzeiger 1868 Nr. X.)

Dinkler's modificirter Trevelyan'scher Apparat.

Herr Professor Dr. Pierre zeigte in der Sitzung der Wiener Academie vom 22. Mai einen von Dinkler modificirten Trevelyan'schen Apparat vor, der aus einem an beiden Enden mit Messingknöpfen beschwerten, dreiseitigen Kupferstabe besteht, welcher an seiner unteren Kante eine Rille besitzt, mittelst welcher er auf einem hohlen Bleicylinder der Quere nach aufruht. Die Wanddicke des letzteren ist ungleich, an der dicksten Stelle beträgt sie etwa 1 Millimeter. Die dünnwandige nach oben gekehrte Partie des Cylinders dient zur Unterlage für den Kupferstab. Wird dieser an seinen beiden Enden mittelst untergesetzter Weingeistlampen erhitzt, so geräth er alsbald mitunter von selbst, gewöhnlich aber nach einem auf den Tisch geführten Schlage in's Tönen und verharrt darin so lange die Erhitzung dauert. Nach dem Auslöschen oder Entfernen der Weingeistlampen tönt der Stab noch eine geraume Weile fort, wobei sich aber die Tonhöhe häufig ändert.

Hängt man, während der Stab einen constanten Ton gibt, eine oder mehrere Messingkugeln mittelst zugespitzter an denselben angebrachter Häckchen an den Bleicylinder, so ändert sich sofort die Tonhöhe, kehrt aber nach dem Abnehmen der Kugeln wieder. Auch Stahlstäbe, die man in den Bleicylinder hineinlegt, ändern die Tonhöhe.

Die dem Apparate beigegebenen Kugeln wirken derart, dass eine eingehängte Kugel die Tonhöhe beinahe um einen halben Ton erhöht, während zwei Kugeln gleichzeitig eingehängt den Ton tiefer machen. Berührt man die Kugel, während der Apparat tönt, leise mit dem Finger, so fühlt man sie deutlich vibriren, auf den Ton selbst aber hat diese Berührung keinen Einfluss.

Ein während des Tönens auf den Tisch geführter Schlag ist
häufig im Stande das Tönen zu unterbrechen, dasselbe erfolgt aber
auf einen neuen stärkeren Schlag wieder. Ebenso gelingt es mitunter,
das Tönen durch eine intensive und kurz dauernde, in der Nähe des
Apparates hervorgebrachte Schallerregung (einen kräftig gesungenen
Ton z. B.) aufhören zu machen.

Alle diese Erscheinungen scheinen darauf hinzudeuten, dass beim
Trevelyan'schen Versuche die Schwingungen der Unterlage und nicht
blos die momentanen und localen Wirkungen der Erwärmung eine
wichtige Rolle spielen.

Regnault's Experimental-Untersuchungen über die Geschwindigkeit des Schalles. [1]

Von

R. Radau.

Eine Abhandlung von Regnault ist immer etwas Hervorragendes. Man spricht davon, ehe sie erschienen ist, denn man weiss, dass sie die Wissenschaft um einen Schritt vorwärts bringt. Die Arbeiten Regnault's haben die Grundlagen der neueren Physik festgestellt; die Strenge, die Präcision, die ganze Anordnung seiner Experimente lassen die daraus gezogenen Resultate als das letzte Wort der gegenwärtigen Wissenschaft annehmen. Diese Resultate, positiv und sicher, führen die Speculationen, welche in die Wolken der Theorien hineinkommen, in das Bereich der Wirklichkeit zurück; die Thatsachen, welche sie ergeben, haben den frühreifen Generalisationen, die zum Ausgangspuncte einige Gesetze von scheinbarer und trügerischer Einfachheit nahmen, Grenzen gesetzt. Regnault hegt Misstrauen gegen die Formeln; er weiss, dass der Abstand von den Hypothesen bis zu den Erscheinungen ein grosser ist; nur dadurch, dass man in das Chaos der für die Beobachtung zugänglichen Thatsachen Licht bringt, kann man hoffen, definitiv die Grundgesetze festzustellen, welchen die Naturkräfte gehorchen.

Nachdem Regnault die Dilatationen, die Druckverhältnisse, die Wärmeerscheinungen, welche an den Gasen beobachtet werden, gründlich studirt hatte, nahm er sich vor, die Fortpflanzung der Wellen in denselben Medien aufzuklären. Die Experimente, welche er über diesen Gegenstand mit aussergewöhnlichen Hilfsmitteln angestellt hat, sind seit mehreren Jahren vollendet; die Abhandlung, welche sie enthält, ist bereits im XXXVII. Bande der Mémoires de l'Académie des sciences

---

1) Le Moniteur Scientifique, 1868. p. 202 ff.

gedruckt, wovon sie den ersten Theil bilden wird. Da jedoch dieser
Band sobald nicht ausgegeben wird, so hat sich Regnault entschlos-
sen, die Schlussfolgerungen seiner Arbeit in der Academiesitzung am
3. Februar dieses Jahres zu lesen.

Die bisher angenommenen Formeln, um die Fortpflanzungsgeschwindigkeit einer Welle in einem gasförmigen Medium darzustellen,
setzen immer voraus: 1) dass das Gas vollkommene Elasticität besitze,
2) dass der Ueberschuss an elastischer Kraft, welcher die Welle erzeugt, unendlich klein ist im Verhältnisse zur Elasticität des ruhigen
Mediums. Allein die Erfahrung beweist das Gegentheil. Die Gase
folgen nicht genau dem Mariotte'schen Gesetze, ihre Elasticität wird
durch die sie begrenzenden Körper modificirt; sie setzen der Transmission der Wellen eine gewisse Trägheit entgegen, da immer ein
wirkliches Fortführen der ersten erschütterten Schichten statthat,
ein Fortführen, wodurch die Fortpflanzungsgeschwindigkeit zunimmt etc.
Endlich entstehen die sehr starken Schalle, wie die Kanonenschüsse,
aus Wellen, bei welchen die anfängliche Compression keineswegs unendlich klein im Verhältnisse zum gewöhnlichen vom Gase ausgehal-
tenen Druck ist. In diesem Falle ist die Formel von Laplace nicht
mehr anwendbar. Es werden also voraussichtlich die Resultate der
neuen Experimente oft bedeutend von den theoretischen Vorausbestim-
mungen abweichen.

I. Eine ebene Welle pflanzt sich in einer engen Röhre nicht
unendlich mit der gleichen Intensität fort; das Experiment hat gezeigt, dass die Intensität abnimmt und zwar um so rascher, je enger
die Röhre ist. Regnault hat Pistolenschüsse mit einer constanten
Ladung von 1 gr. Pulver an den Mündungen von Röhren mit verschiedenen Calibern abgefeuert und die Weglängen bestimmt, nach
welchen der Schall nicht mehr gehört wurde, dann auch die viel längeren Wege, nach denen die keinen Schall mehr erzeugende Welle
auch nicht mehr auf sehr biegsame Membranen einwirkte. In einer
Gasleitung zu Jvry, deren innerer Durchmesser 0^m,108 betrug, hörte
man den Schuss noch schwach am anderen Ende, das 567 Meter entfernt war. Wurde dieses Ende mit einer Platte aus Eisenblech geschlossen, so hört man das Echo des Schusses am Ausgangspuncte
nur dann, wenn man mit ganz besonderer Aufmerksamkeit aufhorchte;
eine Weglänge von 1150 Meter kann also in diesem Falle als die
Grenze der Tragweite des Schalles angesehen werden. An einer Leitung

von $0^m,30$ der Militärstrasse wurde derselbe Schall deutlich am anderen, 1905 Meter entfernten Ende gehört, das Echo war kaum mehr wahrnehmbar; die Grenze der Tragweite beträgt also hier 3810 Meter. In der grossen Leitung des Canales Saint Michel von einem Durchmesser von $1^m,10$ war der Schall am anderen, 1590 Meter entfernten Ende noch sehr intensiv; erst nach drei aufeinanderfolgenden Reflexionen an beiden Enden, also nach einer Gesammt-Weglänge von 9540 Meter konnte das Echo nicht mehr bestimmt gehört werden. Man sieht, dass die Grenzen der Tragweite des Schalles nahe proportional den Durchmessern der Röhren (nahe 1 Kilometer auf 1 Decimeter) gewesen sind; ohne die Reflexionen wären sie wohl beträchtlich grösser ausgefallen.

Die schalllose Tragweite der Wellen (la portée silencieuse des ondes) ist weit grösser als die Tragweite des Schalles (la portée sonore). Hat die Welle nicht mehr hinreichende Intensität, oder ist sie hinreichend modificirt, um nicht mehr das Ohr zu afficiren, so wirkt sie noch auf die Membranen.[1]) So betrug die schalllose Tragweite der Explosion von 1 gr. Pulver 4056 Meter bei der Leitung von $0^m,108$, sie betrug 11430 Meter bei der Leitung von $0^m,30$ und 19850 Meter bei der Leitung von $1^m,10$. Bei einer anderen Leitung von $1^m,10$, welche den grossen Siphon de Villemonble bildet, wurden bei einer Ladung von 2 gr. 40 Pulver viel grössere Weglängen notirt. Auf den Streifen des telegraphischen Papiers konnten blos sechs Retourgänge (entsprechend 58641 Metern) notirt werden, weil die Streifen nur eine Länge von 27 Meter besassen; als jedoch

---

1) In meinem Werke über die Akustik (Paris 1867) habe ich bereits die von Regnault bei diesen Versuchen, bei welchen ich mehrmals assistiren durfte, angewandte Beobachtungsmethode auseinandergesetzt. Die Ankunft des Geräusches wurde durch gespannte Membranen constatirt, welche, indem sie ein kleines Pendel anstiessen, einen electrischen Schliessungskreis unterbrachen. Der Moment des Abfeuerns des Schusses und die Ankunft des Schalles an der Membrane wurde durch einen Morse'schen Telegraphen auf einem berussten Papierstreifen registrirt. Auf demselben Streifen markirte ein electrisches Pendel die Secunde neben einer an einer vibrirenden Stimmgabel befestigten Spitze, welche die Hundertelssecunden zog. Man beobachtete die aufeinanderfolgenden Retourgänge des Schalles, indem man eine Klappe schloss, sogleich nachdem der Schall in die Röhre gesendet war; er ging und kehrte bis 10 Mal wieder, wobei er die seinem Wege entlang aufgestellten Pendel in Bewegung versetzte. Der Chronoscop von Regnault war in der Ausstellung von König zu sehen.

Regnault ohne die Streifen operirte, konnte er bis zu 10 Retourgänge nachweisen, was eine Weglänge von fast 100 Kilometer gibt.

Die Hauptursache der progressiven Abschwächung der ebenen Wellen muss die elastische Gegenwirkung der Wände der Leitungen sein. Die Röhren des Canales Saint-Michel ruhen auf gusseisernen Säulen in einer weiten gewölbten Galerie; beim ersten Durchgange der Welle hörte man immer einen sehr starken Schall ausserhalb, was beweist, dass ein Theil der lebendigen Kraft durch die Metallwände verloren ging; die von den Membranen geschlossenen Mündungen mussten gleichfalls Intensitätsverluste veranlassen. Ausserdem muss man noch eine gewisse Wirkung der Wände auf das Gas annehmen, welche dessen Elasticität vermindert.

II. Nach der Formel von Laplace sollte die Fortpflanzungsgeschwindigkeit des Schalles unabhängig von der Intensität sein; Regnault hat constatirt, dass sie mit der Intensität zunimmt. Da also die Intensität der Welle in einer geradlinigen Röhre nicht constant ist, so folgt, dass es auch die Fortpflanzungsgeschwindigkeit nicht sein wird; sie nimmt progressiv ab und zwar um so schneller, je enger die Röhren sind. Die folgenden Zahlen beweisen dies. Man hat die Wellen bis zu dem Momente verfolgt, wo sie aufhörten, eine Marke zu machen; die mittleren Geschwindigkeiten beziehen sich auf trockene Luft und Null Grad.

Leitung von 0^m,108		Leitung von 0^m,30		Leitung von 1^m,10	
Durchlaufener Weg	Mittlere Geschwindigkeit	Durchlaufener Weg	Mittlere Geschwindigkeit	Durchlaufener Weg	Mittlere Geschwindigkeit
Ladung 0^gr,3		Ladung 1^gr,4		Ladung 1^gr	
567^m	330,99	1905^m	332,37	749^m	334,16
1700	328,21	3810	330,34	920	333,20
2834	327,52			1418	332,50
Ladung 0^gr,4		Ladung 1^gr,5			
		3810	332,18	5672	331,72
1352	329,95	7621	330,43	8508	330,87
2703	328,20	11430	329,64	11344	330,68
4056	326,77	15240	328,96	14180	330,56
5408	323,34(?)			19851	330,52

In dieser Tabelle ist die Abnahme der mittleren Geschwindigkeit mit der Länge des durchlaufenen Weges sehr merklich. Die Geschwindigkeit nimmt mit der Pulverladung zu; [1]) sie nimmt auch mit dem Durchmesser der Röhre zu. In weiten Röhren nimmt sie weniger rasch ab als in engeren Röhren. Die Unterschiede sind noch bemerklicher bei den Grenzgeschwindigkeiten, für welche Regnault entsprechend den drei Leitungen die folgenden Zahlen annimmt.

Weg	Grenzgeschwindigkeit
	m
4056^m	326,66
15240	328,96
19051	330,52

Diese Differenzen werden nicht durch den Verlust an lebendiger Kraft, der von dem Anprallen an den Wänden herrührt, erklärt. Die Wände müssen auf die Luft eine besondere Wirkung ausüben, welche deren Elasticität vermindert, ohne ihre Dichtigkeit zu modificiren und in Folge dessen sich eine Welle von gleicher Intensität in engen Röhren langsamer fortpflanzt. Die Beschaffenheit der Wand kann auch einen Einfluss auf die Tragweite des Schalles ausüben. So signalisirt man in den Canälen von Paris mit grossem Querschnitte den Arbeitern mit dem Schalle der Trompete; man hat also erkannt, dass das Signal unvergleichlich weiter in den Galerien trägt, deren Wände mit einem sehr glatten Cement bedeckt sind, als in denen, wo sie von rauhen Bruchsteinen gebildet werden.

Diese Wirkung der Wände nimmt ab, wenn die Röhren weiter werden; in den Leitungen von 1^m,10 ist sie schon wenig bemerklich, so dass es erlaubt scheint, diese Röhren mit der freien Luft zu vergleichen. Sehr zahlreiche und sehr übereinstimmende Versuche gaben dann 330^m,6 für die mittlere Fortpflanzungsgeschwindigkeit (in trockener Luft und bei Null Grad) einer Welle, die von einem Pistolenschusse erzeugt wird, gezählt von der Mündung der Waffe bis zur letzten Membrane, welche die Welle noch erschüttert. Die Minimalgeschwindigkeit, welche die Welle gegen das Ende des von ihr durchlaufenen Weges besitzt, unterscheidet sich davon nur

---

1) Nach der Theorie von Earnshaw (Britt. Ass. Report 1858) sollte die Fortpflanzungsgeschwindigkeit sehr starker Schalle wirklich grösser sein als die gewöhnliche Geschwindigkeit. Der Verfasser citirt zum Beweise seiner Theorie eine Thatsache, welche ihm von James Ross mitgetheilt wurde; während der Versuche, die Capitän Parry in den Polarregionen angestellt hat, um die Geschwindigkeit des Schalles bei sehr tiefen Temperaturen zu messen, hörte man beständig die Kanonenschüsse früher als die Stimme, welche Feuer commandirte. Die Distanz betrug 4 Kilometer.

ganz wenig, sie beträgt 330^m,3. In engen Leitungen ist die Minimalgeschwindigkeit kleiner.

III. Regnault hat auch die Wellen studirt, welche durch Ein-
bringung von einer kleinen Quantität comprimirter Luft erzeugt wurden. Die Geschwindigkeit nahm mit der Intensität zu, und mit der
Länge des durchlaufenen Weges ab, wie im vorhergehenden Falle.
In den Leitungen von 1^m,10 war die Anfangsgeschwindigkeit die gleiche
wie bei den Wellen, die von den Pistolenschüssen erzeugt wurden;
allein die mittlere Grenzgeschwindigkeit war eine viel schwächere. In
den Leitungen von 0^m,30 war das Resultat das gleiche, wenn die Luft
hinreichend comprimirt worden war.

IV. Wurde die Oeffnung des Rohres mittelst einer Scheibe, die
durch einen Kolben gestossen wurde, rasch geschlossen, so erhielt
man Wellen, die sich in analoger Weise verhielten; die Fortpflanzungsgeschwindigkeit nahm mit der Länge des Weges ab. Diese Thatsache
wurde durch Experimente festgestellt, welche an der Leitung von
0^m,216 an der Landstrasse von Choisy le Roi und an der Leitung von
1^m,10 von Villemonble ausgeführt wurden. Bei dieser letzteren betrug
bei einer Weglänge von 9773 Metern die mittlere Geschwindigkeit
333^m,11 für die Pistolenschüsse und 332^m,56 für den stossenden Kolben
(piston frappeur). Der Unterschied rührt von der geringen Intensität
der Wellen der letzteren Art her, welche nie einen zweiten Retour-
gang (entsprechend einer Weglänge von 19547 Metern) markirten.

V. Die über den Schall der menschlichen Stimme, der Trompete
etc. angestellten Versuche sind in der Abhandlung beschrieben, allein
sie würden, sagt Regnault, zu viel Platz einnehmen, wollte man
hier ein Resumé davon geben. — Wir wollen hinzufügen, dass König
an diesen Versuchen thätigen Antheil genommen hat. Man blies z. B.
mittelst eines gemeinsamen Mundstückes zwei Trompeten an, die verschiedene Noten gaben; die tiefere Note wurde zuerst gehört. Der
Grundton einer Trompete kam zum Ohr vor den Obertönen, welche
sich in der Reihenfolge ihrer Höhe (acuité) folgten; die Beobachtung
wurde mittelst eines Systemes von Resonatoren angestellt, die in eine
einzige Röhre einmündeten.

VI. Die Versuche von Regnault bestätigen die gewöhnliche
Ansicht, nach welcher die Geschwindigkeit des Schalles unabhängig
vom Luftdrucke ist. Man hatte zur Entscheidung dieser Frage nur
die Versuche von Myrbach und Stampfer oder die von Bravais

und Martins, die zwischen Stationen angestellt wurden, deren Niveaudifferenz beziehungsweise 1364 Meter und 2079 Meter betrug; allein in diesen Fällen unterschieden sich die Barometerdrucke nicht viel vom Luftdruck im Meeresniveau. Regnault operirte mit Drucken, welche zwischen $0^m,247$ und $1^m,267$ in einer Leitung von 70 Metern variirten und zwischen $0^m,557$ und $0^m,838$ bei der Leitung von 867 Metern an der Landstrasse von Ivry. Die Dichtigkeit der Luft variirte hier zwischen 1 und 5, ohne dass man in der Geschwindigkeit des Schalles einen bemerkbaren Unterschied hätte constatiren können.

VII. Wenn man die Geschwindigkeit V', die in einem beliebigen Gase von der Dichte δ beobachtet wurde, mit der Geschwindigkeit V vergleicht, die in der Luft beobachtet wurde, deren Dichte zur Einheit genommen ist, so soll man haben:

$$\frac{V'}{V} = \frac{1}{V\delta},$$

wobei angenommen ist, dass es sich um völlig gasförmige Medien handelt. Bisher hatte man diese Formel nur durch eine indirecte verificirt, welche auf die Theorie der Orgelpfeifen gegründet war. Regnault hat zwei directe Versuchsreihen angestellt, die eine an der Leitung von Ivry mit Wasserstoff, Kohlensäure und Leuchtgas; die zweite an der kleinen Leitung im Hofe des Collège de France (Länge 70 Meter, Durchmesser $0^m,108$) mit Kohlensäure, Stickstoffoxydul und Ammoniakgas. Folgende Tabelle enthält die Resultate dieser Versuche:

$$\frac{V'}{V} = \qquad\qquad \frac{1}{V\delta}$$

	Ivry	Collège de France	
Wasserstoff	3,801	. . . .	3,682
Kohlensäure	0,7848	. . 0,8009	0,8087
Stickstoffoxydul	. . . . . .	0,8007	0,8100
Ammoniak	. . . .	1,2279	1,3025

Man sieht, dass die fragliche Formel ein Grenzgesetz darstellt, dem die Gase Genüge leisten würden, wenn sie sich im Zustande vollkommener Elasticität befinden. Die Uebereinstimmung würde wahrscheinlich noch grösser für chemisch reine Gase.

VIII. Um die Geschwindigkeit des Schalles in der freien Luft zu erhalten, hat Regnault seine Zuflucht zu der Methode der ab-

wechselnden Kanonenschüsse genommen. In Folge der grossen Anfangsgeschwindigkeit und des mechanischen Transportes der ersten
Schichten muss die Welle hier im ersten Theile des durchlaufenen
Weges rascher gehen als in den folgenden; allein diese Acceleration
hört sehr rasch auf. Diese Versuche haben einige hundert Kanonenschüsse erfordert, die in der Ebene von Satory zu den verschiedensten
Zeiten und bei den verschiedensten Temperaturen abgefeuert wurden.
Bei einer ersten Reihe (achtzehn abwechselnde Kanonenschüsse) betrug
der Abstand der Kanonen von den Membranen 1280 Meter; die mittlere Geschwindigkeit bei ruhiger, trockener Luft von Null Grad wurde
gleich $331^m,37$ gefunden. Bei einer zweiten Reihe, welche 11 Tage
mit 149 abwechselnden Kanonenschüssen umfasst, beträgt der Abstand
2445 Meter; das allgemeine Mittel ist $330^m,7$. Die Geschwindigkeit des Schalles nimmt also mit der Länge des durchlaufenen Weges ab. Die Temperatur variirte zwischen 1 und 22
Graden; die allgemein angenommene Correctionsformel hat sich als
genau erwiesen.

IX. Regnault hat seine Untersuchungen hauptsächlich vom
Standpuncte der mechanischen Wärmetheorie aus unternommen. Er
ist zu wichtigen Folgerungen gekommen, welche er in seiner Abhandlung entwickelt hat; allein er hat kein Resumé davon gegeben. Man
ersieht übrigens aus diesem Auszuge, welche reiche Ernte von Thatsachen noch zum allgemeinen Schatz der Wissenschaft hinzugekommen
ist. Man muss ein für alle Mal zugeben, dass die Beobachtung der
Theorie vorangeeilt ist.

Mittheilungen über die Influenz-Electrisir-Maschine.

Von

Ph. Carl.

II.

Fortsetzung von Seite 116.

(Hiezu Tafel XV.)

§ 5. Nähere Betrachtung des Vorganges bei der Influenzmaschine.

Im Folgenden will ich mittheilen, wie ich glaube, dass sich der Vorgang bei der Influenzmaschine in einfacher Weise erklären lässt.

Man muss zu diesem Behufe trennen:

a) die erste Erregung der Electricität mittelst des Hartgummi-streifens;

b) die Vervielfältigung der auf solche Weise erregten Electricität durch das Drehen der kleineren (rotirenden) Glasscheibe.

Was nun die erste Erregung der Electricität betrifft, so wollen wir uns zuerst vorstellen, die Maschine sei vollständig in Ruhe und die Conductorkugeln geschlossen. Sowie man den durch Reiben negativ electrisirten Hartgummistreifen H (Taf. XV Fig. 1) hinter die Papierbelegung A hält, wird die in der Figur angedeutete Vertheilung der Electricität statthaben. Die dem negativ electrisirten Hartgummi zugewendete Seite der feststehenden grösseren Scheibe (die Belegung A) wird durch Influenz positiv, die gegenüberliegende Seite negativ electrisch werden. Diese negative Electricität wirkt vertheilend auf den gegenüberliegenden Theil der kleineren drehbaren (vorerst aber ruhend gedachten) Scheibe: die zugewendete Seite wird positiv, die abgewendete Seite negativ electrisch werden. Durch diese negative Electricität werden aber die beiden Electricitäten im metallenen Conductorsystem getrennt und zwar das Ende von a positiv, das Ende von *b* negativ electrisch werden. Von hier ab hat ganz die analoge Vertheilung auf den beiden Scheiben wie auf der ersteren Seite statt, nur mit entgegengesetztem Zeichen. Die dem Ende von *b* zugewendete Seite der kleineren Scheibe wird positiv, die abgewendete negativ electrisch, wodurch wieder durch Influenz die feststehende Scheibe auf der zugewendeten Seite positiv, auf der abgewendeten Seite negativ electrisch wird.

Aus dem Gesagten ist also ersichtlich, wie durch das Hinhalten des electrisirten Hartgummistreifens hinter die Belegung *A* die andere Belegung *B* blos durch Vertheilung entgegengesetzt electrisch gegen die Belegung *A* wird.

Man kann aber die Maschine auch erregen, wenn man den geriebenen Hartgummistreifen hinter die Belegung *B* hält. Geschieht dies, so hat die Vertheilung, wie dies Taf. XV Fig 2 zeigt, gerade in umgekehrter Ordnung statt: die Belegung *B* wird positiv, die Belegung *A* negativ electrisch werden.[1]

Bisher wurde angenommen, dass die Conductoren geschlossen seien, d. h. die Kugeln *m* und *n* sich berühren; wir wollen nun annehmen, dass dieselben geöffnet seien, dass sich also eine Luftschicht zwischen *m* und *n* befinde. Auch dann noch müssen die Influenz-Electricitäten in der gleichen Ordnung auftreten. Wir haben nämlich für den Fall, dass der Hartgummi hinter die Belegung *A* gehalten werde, die Kugel *m* negativ, die Kugel *n* positiv electrisch; für den Fall, dass der Hartgummi hinter die Belegung *B* gehalten werde, ist die Kugel *n* negativ, die Kugel *m* positiv electrisch (Figg. 1a u. 2a).

In den guten Leitern verschwinden bekanntlich die durch Influenz erregten Electricitäten, sobald der influencirende Körper entfernt wird; die Isolatoren dagegen behalten die Influenz-Electricitäten auf kurze Zeit. Daher kommt es, dass die Papierbelege auch nach dem Entfernen des Hartgummistreifens geladen bleiben. Hiezu trägt auch noch der Umstand bei, dass die ganze Anordnung des Systems eine solche ist, dass die Electricitäten sich gleichsam gegenseitig gebunden halten. Die auf die angegebene Weise erregten Electricitäten sind der Natur der Sache nach sehr schwach; um sie zu vermehren, müssen wir die

---

1) Es lässt sich wirklich die entgegengesetzte Electrisirung der Belegungen *A* und *B* bei ruhender Scheibe mit dem Gemsbartelectroscope unter günstigen Nebenumständen durch das Experiment nachweisen, wie ich mich durch neuerdings an einer grösseren Maschine angestellte Versuche überzeugt habe.

kleinere Scheibe in Drehung versetzen. Bei dieser Drehung kommt nämlich immer eine neue unelectrische Stelle der drehbaren Scheibe den electrisirten Papierbelegungen gegenüber zu stehen; es wird also der angeführte Vorgang eben so oft wiederholt und dadurch die Electricität im metallenen Contuctorsysteme in hohem Maasse angehäuft.

Allein schon nach einer halben Umdrehung würde diese Vervielfältigung der Electricität aufhören, indem die von den Papierbelegungen ausgehenden Influenzwirkungen blos dazu verwendet würden, die an sie herangeführten Electricitäten aufzuheben, wenn nicht die Staniolspitzen, welche von den hinteren Papierbelegungen durch die Ausschnitte in der festen Scheibe gegen die rotirende Scheibe hin gerichtet sind, den einzelnen Theilen der rotirenden Scheibe, schon ehe sie den Papierbelegungen gegenüber zu stehen kommen, ihre Electricität abgenommen hätten, wodurch also die Multiplication der Electricitäten weiter fortgesetzt werden kann.

Nach dem Gesagten könnte man glauben, dass die dem Conductorsysteme zugewendete Fläche der rotirenden Scheibe in der oberen Hälfte negativ, in der unteren Hälfte positiv electrisch sein müsste. Wir haben aber in § 4 gesehen, dass der Versuch das gerade entgegengesetzte Resultat ergibt. Der Grund hievon lässt sich leicht einsehen und liegt darin, dass die der Scheibe zugewendeten Enden des Conductorsystems Spitzenkämme bilden. Betrachten wir vorerst das Ende von *a* (Taf. XV Fig. 1). Hier wird an den Metallspitzen durch fortgesetzte Influenz sehr bald positive Electricität in hinreichend grosser Menge angehäuft, um auszuströmen. Ein Theil der ausströmenden Electricität neutralisirt die negative Electricität der gegenüberliegenden Stelle der Scheibe, der Ueberschuss an positiver Electricität lagert sich auf der Scheibe ab und wird beim Rotiren mit fortgeführt. Entgegengesetzt gestalten sich die Verhältnisse am Spitzenkamm des Endes von *b*, so dass wir also übereinstimmend mit der Beobachtung an der oberen Hälfte der dem Conductorsysteme zugewendeten Scheibenfläche positive, an der unteren Hälfte negative Electricität haben werden.

Nach der angeführten Auseinandersetzung des Vorganges bei der Influenzmaschine muss sich dieselbe auch erregen lassen, wenn die Conductoren nicht geschlossen sind, wenigstens wenn die Entfernung der Kugeln nicht beträchtlich ist. Es gelang mir in der That unter günstigen Verhältnissen nicht selten die Maschine zu erregen, wenn

die Entfernung der beiden Conductorkugeln nicht über ein Paar Millimeter betrug. Eine Hauptbedingung des Gelingens dieses Versuches
liegt darin, dass man die Hartgummiplatte durch das Reiben mit dem
Katzenpelze möglichst stark electrisch macht. Leichter geht das Erregen immer bei ganz geschlossenen Conductoren, wie dies auch aus
der gegebenen Erklärung unmittelbar folgt.

Zum Schlusse der Betrachtungen dieses Paragraphen will ich nur
noch bemerken, dass ich dieselben vor der Hand blos als eine Unter-
suchungshypothese betrachte, deren weitere Ausbildung noch mannich-
facher experimentaler Studien bedarf.

§ 6. Versuche mit der Influenzmaschine.

Die Schlagweiten der Influenzmaschinen von verschiedener Grösse
haben wir bereits oben angegeben. Es wurden dort die Grenzen bezeichnet, innerhalb welcher dieselben im Allgemeinen bei richtiger
Behandlung variiren. Ferner wurde bereits angeführt, dass die Schlagweite um so grösser ist, je kleiner die Belegungen am Condensator
genommen werden, dass dagegen die Intensität des Funkens mit der
Grösse der Belegung wächst.

Es sollen jetzt aus der zahlreichen Menge von Versuchen, die
sich mit der Maschine anstellen lassen, einige hervorgehoben werden,
und zwar will ich für diesmal besonders solche anführen, welche sich
im Hörsaale leicht anstellen lassen.

Um die mechanische Wirkung des Entladungsfunkens zu zeigen,
schaltet man am Besten zwei Leydener Flaschen in der durch Taf. XIII
Fig. 5 angegebenen Weise ein. Man kann dann den Funken schon
bei einer 15 zölligen Maschine durch ein Brett von ein paar Linien
Dicke schlagen lassen. Um das Durchschlagen nachher mit blossem
Auge sichtbar zu machen, kann man das Brett mit Papier überziehen;
letzteres wird nämlich beim Durchschlagen aufgerissen.

Will man die Erwärmung durch den Funken zeigen, so nimmt
man Seidenpapier oder etwas Baumwolle und giesst ein paar Tropfen
Schwefeläther darauf. Hält man das Papier oder die Wolle nun in
den Funken hinein, so wird es sogleich entzündet und brennt mit
heller Flamme.

Das Licht in den Geissler'schen Röhren kann man schon mit
ganz kleinen Maschinen zeigen; man schaltet zu diesem Behufe die
von den Enden der Geissler'schen Röhre ausgehenden Kupferdrähte

in die Conductorklemmen *KK* (Taf. XIII Fig. 1) ein — es leuchtet die
Röhre continuirlich. Das Licht wird discontinuirlich, aber intensiver,
wenn man zwischen dem Zuleitungsdrahte und einer Conductorklemme
eine Luftschicht oder ein kurzes Stück einer schlechtleitenden Schnur
einschaltet. Man sieht hiebei das geschichtete Licht sehr schön. Bei
grösseren Maschinen kann man ganze Serien von Geissler'schen Röhren
zwischen den Conductorklemmen einschalten.

Es lässt sich mit der Geissler'schen Röhre auch eine Einrichtung
verbinden, womit zugleich die Anzahl der Bilder im Winkelspiegel
experimentell nachgewiesen werden kann. Man hängt nämlich die
Geissler'sche Röhre zwischen zwei unter einem Winkel, der verändert
werden kann, geneigten Spiegeln *S* und *S'* (Taf. XV Fig. 4) ein;
die Grösse des Winkels lässt sich an einem am Boden des Apparates
angebrachten Gradbogen ablesen. Man erhält so z. B. 5 Bilder der
Geissler'schen Röhre, wenn der Winkel 60° beträgt (man sieht also
im Ganzen sechs leuchtende Röhren), da bekanntlich die Zahl der
Bilder im Winkelspiegel $\frac{360^0}{n^0} - 1$, in unserem Falle also $\frac{360}{60} - 1$
= 5 ist.

Ein sehr instructiver Versuch ist die Rotationserscheinung, auf
welche besonders Poggendorff aufmerksam gemacht hat und die
wir bereits im III. Bande des Repertoriums pag. 386 beschrieben haben.
Da sich nur wenige Anstalten entschliessen würden, zwei Maschinen
anzuschaffen, so habe ich einen Hilfsapparat ausgeführt, welcher mit
jeder Influenzmaschine verbunden werden kann und in Figur 3 dargestellt ist.[1] Der Apparat ist, wie man sogleich aus der Figur ersieht, eine kleine Influenzmaschine mit zehnzölliger Scheibe, bei welcher
die Conductoren und die Vorrichtung, womit die kleinere Scheibe in
Drehung versetzt werden kann, fehlen. Die Spitzenkämme sind senkrecht an Messingstücken befestigt, welche durch den Querstab aus Hartgummi *HH* hindurchgehen und vorn in den Klemmen *KK* auslaufen. Diese
Klemmen werden durch Kupferdrähte mit den Conductorklemmen der
Influenzmaschine verbunden. Versetzt man, nachdem diese Verbindung
hergestellt ist, die kleinere Scheibe des Hilfsapparates mit der Hand
in Drehung, so wird nach dem Oeffnen der Conductoren der erregten
Influenzmaschine die Drehung am Hilfsapparate nicht blos unterhalten,

---

1) Der Hilfsapparat ist durch meine physikalische Anstalt um den Preis von
25 fl. zu beziehen.

sondern sogar beträchtlich beschleunigt. Die feste Scheibe hätte man
bei diesem Apparate ganz weglassen können; ich habe sie jedoch beibehalten, weil die Rotation viel rascher wird, wenn sie vorhanden ist.
Dieses Experiment bietet besonderes Interesse, wenn man bedenkt,
wie durch das Drehen der kleineren Scheibe an der Influenzmaschine
die Electricität vervielfältigt wird, wie diese Electricität, nachdem sie
auf den Hilfsapparat übergeleitet ist, hier dazu dient, genau dieselbe
Art der Drehung zu unterhalten, welche an der Influenzmaschine
durch den Experimentator ausgeführt wird.

Für viele Versuche sehr geeignet ist ein Tischchen von der Form,
wie sie Fig. 5 darstellt, bei welchem die Tischplatte P der Höhe nach
verschiebbar ist. Dieses Tischchen stellt man unter den Conductorkugeln auf und bringt darauf die Körper, durch welche man die Entladung gehen lassen will. Man kann damit, um nur ein Beispiel an-
zuführen, sehr gut die Erscheinung des unterbrochenen Funkens zeigen,
welche ich bereits im dritten Bande pag. 387 mitgetheilt habe. Man
befestigt auf einem Holzklötzchen eine Reihe von Metallstiftchen mit
Unterbrechungen. Legt man dieses Klötzchen auf die Tischplatte und
hebt dieselbe bis nahe unter die Conductorkugeln, so zeigt sich der
unterbrochene Funke sehr schön.

Das Tischchen ist auch so eingerichtet, dass man die Platte P
herausnehmen und dafür einen Holzcylinder C (Fig. 6) einsetzen kann,
welcher den isolirenden Hartgummiaufsatz H trägt, in den man verschiedene Hilfsapparate, z. B. den electrischen Schirm etc., einschrauben
kann.

(Fortsetzung folgt im nächsten Heft.)

Ueber die persönlichen Fehler.

Von

R. Radau.

(Aus dem Moniteur Scientifique übersetzt.)

Zu der Zeit, als ich eine historische Uebersicht der Arbeiten über
die persönlichen oder physiologischen Fehler veröffentlichte,[1] kannte
ich eine Abhandlung von F. Kaiser nicht, welche vom Jahre 1863
datirt und worin der Verfasser eine Methode zur Bestimmung des
absoluten persönlichen Fehlers auseinandersetzt.[2] Diese Methode beruht auf der Anwendung des Principes des Verniers auf die Zeit-
messung; ich will versuchen, davon in Kürze eine Vorstellung zu
geben.

Verlängert oder verkürzt man das Pendel eines Secundenzählers,
so kann man die Oscillationen leicht in der Weise verlangsamen oder
beschleunigen, dass man z. B. 49 oder 51 Schläge im Zeitraume von
50 Secunden erhält. Das Zeitintervall zwischen zwei aufeinander folgenden Schlägen weicht dann von einer Secunde nur um einen Bruchtheil = 0^s,02 ab, und wenn der Zähler neben einer astronomischen
Penduluhr aufgehängt wird, so wird immer am Ende von 50 Secunden
wieder die Coincidenz der Schläge der beiden Uhren erhalten. Die
Schläge des Zählers werden zwischen denen der Penduluhr wie die
Theilstriche eines Verniers zwischen denen der Haupttheilung vertheilt
sein; sie können dazu dienen, einen sehr kleinen Bruchtheil der Secunde bei der Beobachtung einer augenblicklichen Erscheinung zu
bestimmen.

Setzen wir voraus, man halte mittelst eines kleinen Hackens das

---

1) Cfr. Repertorium I, p. 202. 306. II, p. 115.
2) Verslagen en Mededeelingen der k. Academie van Wetenschappen, 1863,
t. XV, p. 173—220. — Ein Auszug dieser Abhandlung wurde in den Archives
néerlandaises des sciences exactes et naturelles, t. I, 3. livraison. La Haye 1866
veröffentlicht.

Pendel des Zählers in der schiefen Lage in Ruhe, welche dem Falle des Hammers auf die Glocke entspricht, und man lasse es in dem Momente frei, wo die Erscheinung eintritt, um deren Beobachtung es sich handelt. Der Anfang der Bewegung coincidirt dann mit dem Schlage Null; man wird den Schlag 1 notiren, der durch den ersten Hammerschlag erzeugt wird, wenn das Pendel eine doppelte Schwingung zurückgelegt haben wird; den Schlag 2 nach zwei doppelten Schwingungen u. s. f. Man wird fortfahren diese Schläge zu zählen, bis einer kommt, welcher mit einem Schlage der Hauptuhr coincidirt, man wird die Stunde, Minute und Secunde markiren, welche die Uhr in diesem Augenblicke angibt; davon zieht man die Anzahl der gezählten Schläge, in Secunden ausgedrückt, ab und hat so die genaue Beobachtungszeit. Ich will z. B. annehmen, dass die Coincidenz beim 35sten Schlage eines Zählers stattfand, welcher 49 Doppelschwingungen in 50 Secunden (1 Schlag = 1,02 Secunden) machte, und dass man in diesem Augenblicke 10^h 42^m 50^s an der astronomischen Penduluhr abgelesen hat; die 35 Schläge werden dann 35,70 Secunden darstellen, welche man von der abgelesenen Zeit subtrahiren muss, und man wird so 10^h 42^m $14^s,30$ für den Moment der Beobachtung finden. Dieses Messungsmittel gestattet grosse Präcision, denn das Ohr trennt leicht zwei Schläge, die nur um 2 Hundertel einer Secunde auseinandergehen.

Bei der Anwendung dieses Principes stösst man auf eine kleine Schwierigkeit. Die schiefe Lage des Pendels, welche dem Auslösen des Hammers entspricht, sollte gerade am Ende des Schwingungsbogens stattfinden, wo die Geschwindigkeit Null ist; es folgt daraus, dass man, um den Anfang der Pendelbewegung mit dem Nullschlage zur Coincidenz zu bringen, das Pendel von einem tieferen Puncte aus als dem Endpuncte des Bogens, den es durchlaufen muss, loslassen sollte. In diesem Falle würden aber die ersten Schwingungen zu klein sein, woraus sich ein merklicher Fehler ergeben würde. Diese Schwierigkeit hat Kaiser auf folgende Weise beseitigt. Er lässt das Pendel vom Ende des Schwingungsbogens selbst ausgehen und neigt den Zähler so, dass der Schlag des Hammers dem Durchgange des Pendels durch die Verticale entspricht; der Intervall zwischen dem Momente der Beobachtung und dem ersten Schlage beträgt alsdann genau drei Viertel der Dauer einer Doppelschwingung; man zieht einfach einen Viertelsschlag von der Anzahl der gezählten Schläge ab.

Dies ist die Methode, welche noch jetzt am Observatorium zu Leyden befolgt wird. [1])

Das Pendel kann in der schiefen Lage mittelst eines Electromagneten festgehalten werden; es beginnt in dem Momente zu sinken, wo der Strom unterbrochen wird. Dieser Moment wird mit grosser Präcision durch die Beobachtung der Coincidenz der Schläge des Zählers und der Hauptuhr bestimmt. Nehmen wir nun an, dass die Unterbrechung des Stromes eine augenblickliche Erscheinung erzeuge, welche aus der Ferne beobachtet werden kann, so wird die Differenz zwischen dem beobachteten Momente und dem durch die Coincidenzen bestimmten Momente der persönliche Fehler des Beobachters sein.

Kaiser hat die folgende Anordnung getroffen, um mittelst dieses Apparates künstliche Durchgänge beobachten zu können. Auf einem horizontalen Brette befestigt man einen verticalen Schirm, der ein kreisförmiges Loch hat, über welches ein geöltes Papierblatt gespannt ist. Eine schwarze verticale Linie, die auf das Papier gezogen ist, stellt den Faden für die Durchgänge dar; der künstliche Stern ist ein beweglicher lichter Punct, den man auf das kreisförmige Feld des Schirmes projicirt. Dieses bewegliche Licht erhält man auf folgende Weise. Hinter dem Schirm ist ein Uhrwerk aufgestellt, welches eine horizontale hölzerne Stange in langsame Umdrehung versetzt. Am einen Ende trägt dieselbe eine kleine Lampe, welche ein mit einem kleinen Loche versehener Schirm bedeckt; am anderen Ende der Stange befindet sich eine Linse, welche das Bild der Flamme auf das geölte Papier projicirt. Der lichte Punct geht über das kreisförmige Feld mit einer Geschwindigkeit, die man beliebig reguliren kann. In dem Momente, wo er über den Faden geht, stösst die horizontale Stange, welche die Lampe trägt, an eine kleine Wippe (levier à bascule), die in den Strom des Electromagneten eingeschaltet ist; der Strom wird unterbrochen und das Pendel des Zählers ausgelöst. Der wahre Moment des Durchganges coincidirt also mit dem Beginne der Bewegung des Pendels und kann auf die bereits angegebene Weise bestimmt werden.

---

1) Man kann die Werthe der Schläge des Zählers in Secunden ausgedrückt in eine Tabelle bringen, wenn man dabei die Correction von $1/4$ Schlag, welche von der Anfangslage des Pendels herrührt, dabei in Rechnung bringt. Die wahre Dauer des Intervalles zwischen zwei aufeinanderfolgenden Schlägen wird leicht durch die Beobachtung einer Reihe von aufeinander folgenden Coincidenzen bestimmt.

Bei dem Apparate an der Sternwarte zu Leyden befindet sich der Papierschirm, der das Gesichtsfeld eines Fernrohres darstellt, in einem Abstande von $0^m,6$ vom Drehungspuncte der horizontalen Stange, der lichte Punct beschreibt also einen Umkreis von $3^m,77$. Hat der Apparat seine grösste Geschwindigkeit, so macht die Stange eine Umdrehung in 96 Secunden und der lichte Punct durchläuft in 1 Secunde einen Raum von 4 Centimeter, was in der Distanz von 11 Meter mit einem kleinen Fernrohre von viermaliger Vergrösserung beobachtet, einen Winkel von 50 Minuten umfasst, so dass die Bewegung des künstlichen Sternes wie die eines Aequatorsternes erscheint, der mit 200facher Vergrösserung, der gewöhnlichen Vergrösserung der Meridianfernrohre, beobachtet wird. Man kann die scheinbare Geschwindigkeit des lichten Punctes nach Belieben ändern, wenn man den Gang des Uhrwerkes, die Distanz des Beobachters und die Stärke des Fernrohres variirt.

Wenn es sich darum handelt, mit Hilfe dieses Apparates den absoluten persönlichen Fehler eines oder mehrerer Beobachter zu bestimmen, so placirt man sie in geeigneten Distanzen, wo sie den künstlichen Durchgang durch die gewöhnliche Methode mittelst einer beliebigen astronomischen Penduluhr beobachten, während eine andere Person den wahren Eintritt aus der Coincidenz der Schläge des Zählers und der Hauptuhr bestimmt. Man vergleicht sodann die beiden Uhren mittelst eines Chronometers, um den wahren Eintritt des Durchganges in der Zeit der vom Beobachter gebrauchten Penduluhr ausdrücken zu können: man kann übrigens diese Vergleichung (da sie eine Unbequemlichkeit ist) umgehen, wenn man dieselbe Penduluhr für die gewöhnlichen Beobachtungen und für die Bestimmung des wahren Eintrittes des Durchganges verwendet. Man muss in diesem Falle nur den Zähler ein wenig entfernen. Man kann auch den Hammer und die Glocke weglassen und nur die Schläge beobachten, welche der Stoss des Echappementrades gegen den Anker des Zählers erzeugt; dies ist zwar weniger leicht, allein der Gang des Zählers wird dann regelmässiger.

Der gleiche Apparat gestattet auch andere Himmelserscheinungen, wie die Sternbedeckungen etc., darzustellen. Bedeckt man die eine Hälfte des künstlichen Gesichtsfeldes mit einem dunklen Schirm, so ahmt man den dunklen Rand des Mondes nach, hinter welchem man den Stern aus- und eintreten lassen kann. Bringt man vor das geölte

Papier einen dunklen Schirm mit einer geraden Spalte, so wird die Durchgangserscheinung des lichten Punctes die Pulversignale etc. nachahmen. Man kann also auf diese Weise den persönlichen Fehler eines jeden Astronomen bei der Beobachtung von Sterndurchgängen und anderer momentaner Erscheinungen nachahmen. Es lässt sich übrigens dieser Fehler entweder durch die gewöhnliche (Aug und Ohr) Methode oder durch die Anwendung electrischer Registrirung bestimmen, je nachdem man die Beobachtungen nach der einen oder anderen dieser Methoden anstellt; der dem electrischen Verfahren inhärirende Fehler wird indirect durch die Anwendung eines zweiten Zählers erhalten werden können, dessen Pendel man mittelst eines electrischen Schlüssels auslöst.

Kaiser hat es nicht unterlassen, diesen Apparat für die Heranbildung von Beobachtern zu empfehlen. Man kann ihn zu einer beliebigen Zeit für mehrere Beobachter zugleich anwenden und die Beobachtungen in einem sehr kurzen Zeitraume nach Belieben vervielfältigen.

Die ersten Versuche, welche Kaiser nach diesem Verfahren angestellt hat, datiren schon vom Monat Mai 1859, sie fanden statt unter Beihilfe von P. J. Kaiser, Hoek, Kam, Brouwer, van de Sande Bakhuyzen, Binkes, Hennekeler und Gussew. Folgende sind einige der am 21. Mai 1859 erhaltenen Bestimmungen:

Beobachter	Grenzen, zwischen welchen der persönliche Fehler schwankt		Mittlerer persönlicher Fehler	Wahrscheinlicher Fehler
Gussew . . .	$+0,07$ . .	$-0,31$ . .	$-0,10$ . .	$\pm 0,057$
Brouwer . . .	$+0,33$ . .	$-0,21$ . .	$+0,18$ . .	$0,095$
Kam . . .	$+0,29$ . .	$-0,18$ . .	$+0,15$ . .	$0,083$
P. J. Kaiser .	$+0,29$ . .	$-0,11$ . .	$+0,08$ . .	$0,088$

Das Verfahren von Kaiser setzt indessen voraus, dass die Beobachtung der Coincidenzen keinem physiologischen Fehler unterworfen ist; unglücklicherweise ist dies eine willkürliche Annahme, wie wir sogleich sehen werden. In Nr. 1632 der astronomischen Nachrichten hat v. Littrow sehr interessante Untersuchungen über die persönlichen Gleichungen veröffentlicht, welche gewisse Beobachtungsverfahren afficiren. Der erste von v. Littrow citirte Fall betrachtet die Fehler des Gesichtes. Als im Jahre 1863 die Längendifferenz zwischen Leipzig und Dablitz durch die telegraphische Methode bestimmt wurde,

war die Ablesung der Papierstreifen, auf welche die Beobachtungen
registrirt waren, gemeinschaftlich von E. Weiss und A. Murmann
ausgeführt worden und es fand sich, dass die vom einen und vom
andern dieser Beobachter erhaltenen Resultate immer in dem gleichen
Sinne differirten, um etwa 4 Hundertel des zwischen den Marken von
zwei aufeinanderfolgenden Secunden enthaltenen Intervalles. Folgende
sind einige Beispiele dieser Differenzen:

		M — W			
5. September 1863		0,036	aus	14	Sternen
18.	„	„	0,048	„	16	„
23.	„	„	0,054	„	16	„
3. October	„	0,027	„	14	„
4.	„	„	0,045	„	16	„
5.	„	„	0,027	„	12	„
7.	„	„	0,033	„	16	„

Mittel 0,039 ± 0,00065

Diese persönlichen Differenzen erklären einen Theil von denjenigen, welche bei der Beobachtung der Durchgänge nach der gewöhnlichen Methode vorkommen. Sie haben auch viel Analogie mit einer
constanten Differenz von mehreren Umgängen einer Micrometerschraube,
welche E. Weiss und Allé immer fanden, als sie beide zu einer
anderen Zeit auf einen fixen Faden ein System von zwei beweglichen
parallelen Fäden einstellten.

Das zweite Beispiel von persönlichen Gleichungen, welches
v. Littrow bekannt gemacht hat, bezieht sich auf die Beobachtungen
von Coincidenzen. Folgende sind die Unterschiede, welche Weiss
und fünf andere Personen erhielten, welche gleichzeitig aufzeichneten,
wenn ihnen die Secunden oder die Schläge von zwei Penduluhren zu
coincidiren schienen:

	Unterschied Weiss — Beobachter N	Wahrscheinlicher Fehler		
Beob. I . . .	+ 2,4	± 0,44	aus	8 Coincidenzen
„ II . . .	— 2,1	0,38	„ 21	„
„ III . . .	— 0,1	0,36	„ 16	„
„ IV . . .	— 1,3	0,40	„ 22	„
„ V . . .	+ 1,8	0,42	„ 21	„

Bei der ersten und der letzten Reihe machte das Pendel des Zählers 181 Schwingungen in 180 Secunden; bei den drei zwischenliegenden Reihen 151 Schwingungen in 150 Secunden. v. Littrow macht darauf aufmerksam, dass wahrscheinlich die physiologischen Ursachen der beiden betrachteten Arten von persönlichen Gleichungen zugleich auf die Beobachtungen der Durchgänge nach der gewöhnlichen Methode einwirken.

Eine andere Art von Gleichung existirt zwischen den Resultaten, welche man erhält, wenn man mit einem gebrochenen Fernrohre in seinen beiden Lagen (Kreis Ost und Kreis West) beobachtet. Im Jahre 1864 hatte Weiss eine derartige Differenz constatirt zwischen den Uhrcorrectionen, welche aus den Beobachtungen hergeleitet waren, die er zu Dablitz angestellt hatte und wobei er abwechselnd am Ost- und am Westende seines Instrumentes beobachtete. Später hat Weiss seine persönliche Gleichung mit Bruhns bestimmt, indem er die Beobachtungen discutirte, welche sie gleichzeitig, der eine zu Leipzig mit einem gewöhnlichen Meridianfernrohre, der andere zu Dablitz mit einem gebrochenen Fernrohre ausgeführt hatten. Es fand sich, dass die so erhaltene persönliche Gleichung jedes Mal sich änderte, wenn das Fernrohr zu Dablitz umgekehrt wurde. Als Weiss zu Dablitz beobachtete, war die Differenz Kreis West — Kreis Ost = — 0ˢ,166 für Auge und Ohr und 0ˢ,214 für Auge und Tastsinn; als Bruhns an seine Stelle trat, war dieselbe Differenz beziehungsweise + 0ˢ,072 und — 0ˢ,099. Dies sind übrigens die Mittelwerthe; die einzelnen Differenzen schwanken in sehr merklicher Weise von einem Tag zum andern; sie erreichen manchmal 3 und selbst 4 Zehntel einer Secunde. Man wird sich erinnern, dass Wolff analoge Differenzen zwischen den persönlichen Correctionen gefunden hat, welche der directen und der umgekehrten Bewegung bei seinem Apparate entsprechen.

v. Littrow hat andere Beispiele von derartigen Abweichungen in den Beobachtungen von Greenwich (Jahrgänge 1852 und 1853) aufgefunden. Man hatte an dem Meridianfernrohre das Ocular von Th. Jones (binocular eye-piece) angebracht, bei welchem ein Prisma von 60 Grad das Bild verdoppelt, das vom Objectiv gebildet wird, so dass es zwei Beobachter in zwei um 120 Grad auseinandergehenden Richtungen sehen können. Diese Anordnung entspricht der gleichzeitigen Anwendung von zwei gebrochenen Fernrohren in zwei entgegengesetzten Lagen. Die Beobachter wechselten ab und ihre persönliche Gleichung variirte, je nachdem der eine von ihnen am Ocular links oder am Ocular rechts sich befand. So betrug die Differenz Main — Ellis — 0',22, als Ellis am Ocular links, Main am Oculare rechts beobachtete; sie war + 0',43, als beide Beobachter ihren Platz wechselten. Das Mittel ist + 0',10. Als die persönliche Gleichung von Main und Ellis aus Beobachtungen bestimmt wurde, welche sie zu derselben Zeit mit dem gewöhnlichen Oculare angestellt hatten, so fand man sie = + 0',19 oder nur um 0',09 grösser als beim anderen Verfahren. Dasselbe gilt für die anderen Astronomen zu Greenwich. Das Mittel aus den mit dem Doppeloculare erhaltenen Bestimmungen stimmt etwa bis auf 0',1 mit dem Resultat, das aus der Anwendung des einfachen Oculars sich ergibt. Folgende sind die mittleren Resultate, wie sie v. Littrow angibt.

Persönliche Gleichungen der Beobachter zu Greenwich.

	Doppelocular	Einfaches Ocular	Unterschied
1853 Dunkin — Ellis	— 0,19	— 0,07	+ 0,12
1852 Henry — Henderson	+ 0,53	+ 0,40	— 0,13
1853 Id. — Id. .	+ 0,32	+ 0,23	— 0,09
1852 Main — Ellis	+ 0,10	+ 0,19	+ 0,09
„ Henry — Dunkin . .	+ 0,14	+ 0,13	— 0,01
„ Dunkin — Rogerson .	+ 0,57	+ 0,50	— 0,07
„ Henry — Rogerson .	+ 0,52	+ 0,63	+ 0,11
„ Dunkin — Henderson .	+ 0,13	+ 0,27	+ 0,14
„ Rogerson — H. Breen .	— 0,59	— 0,66	— 0,07
„ Rogerson — J. Breen .	— 0,34	— 0,41	— 0,07
„ Henderson — Ellis . .	— 0,20	— 0,21	— 0,01
„ Rogerson — Henderson	— 0,31	— 0,23	+ 0,08
„ Henderson — J. Breen	— 0,53	— 0,18	+ 0,15
„ Main — Henry . . .	— 0,04	0,00	— 0,04

Bei einem Meridianfernrohre mit Prisma hat die Bewegung des Sternes immer eine schiefe Richtung von unten nach oben oder von oben nach unten; allein die horizontale Projection dieser Bewegung bleibt in den beiden Lagen des Fernrohres die gleiche, nur die verticale Projection ändert sich. Es ergibt sich daraus, dass das Mittel der Beobachtungen, die in den beiden Lagen angestellt sind, in gewissem Sinne eine gewöhnliche Beobachtung darstellen muss, bei

welcher die Bewegung einfach horizontal wäre. Allemal ist die Bewegungsrichtung derjenigen entgegengesetzt, in welcher sich der beobachtete Stern ohne Prisma bewegt. Geht der Stern im gewöhnlichen
Fernrohre von Rechts nach Links, so wird er im Fernrohre mit Prisma
von Links nach Rechts und von Oben nach Unten gehen, wenn das
Ocular im Osten steht, von Links nach Rechts und von Unten nach
Oben, wenn sich das Ocular im Westen befindet; im Mittel wird man
eine horizontale Bewegung von Links nach Rechts haben. Diese
Bemerkung erklärt zur Genüge, warum das Mittel der Beobachtungen,
die an den beiden Lagen des Fernrohres mit Prisma angestellt sind,
nicht genau vergleichbar mit einer Beobachtung ist, welche mit dem
gewöhnlichen Fernrohre angestellt wurde.

_____

Der vorstehenden Notiz liess Herr Radau im Moniteur Scientifique vom 15. Febr. 1868 noch die nachstehende folgen:

Im Moniteur Scientifique vom 15. Mai 1867 habe ich den Apparat
beschrieben, womit F. Kaiser an der Sternwarte zu Leyden eine
lange Versuchsreihe über die persönlichen Fehler bei den Durchgangs-
beobachtungen angestellt hat. Diese Versuche, die zwischen 1851 und
1859 begonnen wurden, sind im Jahre 1862 veröffentlicht worden.
Seit dieser Zeit wurde das Observatorium zu Leyden mit zwei Regi-
strirapparaten bereichert, einem nach dem System Krille, dem anderen nach dem System Hansen, verbessert von v. Littrow.
Kaiser wollte dieselben benützen, um seine Untersuchungen über die
persönlichen Fehler wieder aufzunehmen, und er construirte einen
neuen Apparat, der bequemer und leichter transportabel als der erstere
ist. Der künstliche Stern wird wie beim alten Apparate durch das
Bild einer Flamme erzeugt, welches eine Linse auf einen Schirm von
geöltem Papier projicirt; die Linse ist am Ende eines horizontalen
Armes befestigt, welchen ein Uhrwerk mit gleichförmiger Geschwindigkeit in Umdrehung versetzt. Als Lichtquelle bedient sich Kaiser
einer Petroleumlampe. Sie ruht auf einem Untersatze, um den sich
eine horizontale Scheibe dreht, die mit acht Armen versehen ist, deren
jeder eine Linse trägt und die gewöhnlich einen Umgang in dreissig
Secunden zurücklegen; regulirt man den Abstand der Linse und die
Rotationsgeschwindigkeit in geeigneter Weise, so kann man Bilder von
einem beliebigen Durchmesser erhalten, die auch mit jeder gewünschten
Geschwindigkeit laufen.

Jeder Arm trägt an seinem Ende eine verticale Gabel, deren beide Spitzen der Art regulirt sind, dass sie gleichzeitig zwei Quecksilbertröpfchen genau in dem Momente berühren, wo das lichte Bild von dem schwarzen Striche, der auf dem Schirme den verticalen Faden des Fernrohres darstellt, bissecirt wird. Durch diesen Contact wird ein electrischer Strom geschlossen, der die Function hat, den wahren Eintritt des Durchganges am Registrirapparate zu markiren. Wenn man nach der Aug- und Ohr-Methode beobachtet, so markirt die Penduluhr die Secunden und der electrische Schlüssel den wahren Eintritt des Durchganges auf dem Cylinder des Registrirapparates; der scheinbare Eintritt des Durchganges wird direct notirt. Will man dagegen den scheinbaren Eintritt des Durchganges mit Hilfe des electrischen Schlüssels notiren, so wird der wahre Eintritt vom Electromagneten notirt, der vorher die Secunden registrirte; die Uhr bleibt dann ausserhalb des Schliessungskreises und der Unterschied des wahren und scheinbaren Durchganges wird am Registrirapparate abgelesen. Für die Ablesung des Registrirapparates hat Kaiser ein Instrument construiren lassen, welches der Schätzung der Bruchtheile von Secunden überhebt.

In den ersten Monaten vom Jahre 1867 haben Kaiser Vater und Sohn, Kam und Van Hennekeler zu Leyden mehrere Tausende vergleichbarer Beobachtungen mittelst dieses ingenieusen Apparates angestellt.

Sie haben constatirt, dass der persönliche Fehler für Jeden von ihnen klein und bemerkenswerth constant war, wenn die Beobachtungen immer unter den gleichen Umständen angestellt wurden; er wurde durch die Uebung verkleinert. Liess man den künstlichen Stern abwechselnd von links nach rechts und von rechts nach links gehen, so war das Resultat ganz das gleiche für drei Beobachter; nur Van Hennekeler blieb etwas mehr zurück, wenn die Richtung der Bewegung von rechts nach links ging. Beobachtete man Durchgänge, die von oben nach unten, dann von unten nach oben gerichtet waren, wie man sie mittelst Prismen sieht, so erhielten die vier Astronomen die gleichen Verzögerungen, was den Conjecturen von Littrow entspricht. Es wäre zu wünschen, dass analoge Experimente an allen Observatorien angestellt würden.

Ueber die Bestimmung des Zeichens der Krystalle.

Von

Bertin.

(Annales de Chimie et de Physique. Février 1868.)

(Hiezu Tafel XVII Fig. 1—7.)

Die doppelbrechenden Substanzen werden in zwei Classen eingetheilt, je nachdem sie eine oder zwei optische Axen besitzen. Die Krystalle einer jeden Classe werden wieder in zwei Gruppen getheilt, je nachdem sie positiv oder negativ sind. Das Zeichen des Krystalles wird durch sehr klare analytische Bedingungen definirt und durch sehr einfache Experimente bestimmt, deren Theorie, ohne neu zu sein, doch wenig bekannt ist. Ich will deshalb diese Theorie kurz auseinandersetzen.

I. Definition des Zeichens der einaxigen Krystalle.

Die Krystalle mit einer Axe haben zwei Indices, den ordentlichen m und den ausserordentlichen m', und das Zeichen der Differenz $m' - m$ bestimmt das des Krystalles. So ist z. B. diese Differenz positiv beim Quarz und negativ beim Doppelspath; man drückt dies so aus, dass man sagt, der Quarz sei positiv und der Spath negativ.

Die Indices stehen im umgekehrten Verhältnisse zu den Geschwindigkeiten O und E, womit sich die beiden Strahlen fortpflanzen: das Zeichen von $m' - m$ ist demnach dasselbe wie das von $O - E$; man kann also auch sagen, dass das Zeichen des Krystalles dasselbe ist wie das des Ueberschusses der ordentlichen Geschwindigkeit über die ausserordentliche.

Bei den Krystallen mit einer Axe ist die ordentliche Welle eine Kugel und die ausserordentliche Welle ein Revolutionsellipsoid um die Axe. Die Kugel hat zum Radius die ordentliche Geschwindigkeit, das Ellipsoid berührt die Kugel an der optischen Axe; es hat zur halben

Revolutionsaxe dieselbe ordentliche Geschwindigkeit und zum Radius des Aequators die ausserordentliche Geschwindigkeit. Daraus folgt, dass die ausserordentliche Welle ein Ellipsoid ist, das bei den positiven Krystallen ($O>E$) wie ein Ei verlängert ist, während es bei den negativen Krystallen ($O<E$) wie eine Linse abgeplattet ist.

Jede Vibration, welche nach der optischen Axe statthat, pflanzt sich in dem perpendiculären Schnitte mit der Geschwindigkeit E fort, indem sie eine E^2 proportionale Elasticität entwickelt, so dass die optische Axe zugleich die Axe der kleinsten oder grössten Elasticität ist je nach der relativen Grösse von E in Bezug auf O. So ist die optische Axe die Axe der kleinsten Elasticität (Axe der z) bei den positiven Krystallen, und die Axe der grössten Elasticität (Axe der x) bei den negativen Krystallen. Fassen wir zusammen, so ist:

Bei einem positiven Krystalle, wie dem Quarz,

1) der ausserordentliche Index der grössere, $m'-m>o$;
2) die ausserordentliche Geschwindigkeit die kleinere, $O-E>o$;
3) die ausserordentliche Welle ist ein wie ein Ei verlängertes Ellipsoid;
4) die optische Axe ist die Axe der kleinsten Elasticität oder die Axe der z.

Bei einem negativen Krystalle ist:

1) der ausserordentliche Index der kleinere, $m'-m<o$;
2) die ausserordentliche Geschwindigkeit die grössere, $O-E<o$;
3) die ausserordentliche Welle ist ein wie eine Linse abgeplattetes Ellipsoid;
4) die optische Axe ist die Axe der grössten Elasticität oder die Axe der x.

II. Definition des Zeichens der doppelaxigen Krystalle.

Bei den Krystallen mit zwei Axen gibt es drei Hauptindices α, β, γ und drei Hauptgeschwindigkeiten a, b, c, welche die Fortpflanzungsgeschwindigkeiten der Schwingungen parallel zu den drei Elasticitätsaxen sind. Man nimmt diese drei rechtwinklichen Axen für die Axen der x, der y und der z, und wenn man voraussetzt, dass $a>b>c$ ist, so heisst dies, dass die Axe der x oder die Axe für die Schwingungen, welches sich mit der grössten Geschwindigkeit a fortpflanzen, die Axe der grössten Elasticität ist, während die Axe der z die der kleinsten Elasticität ist, weil die zu dieser Axe parallelen Schwingungen sich mit der kleinsten Geschwindigkeit c fortpflanzen.

Man kommt von dieser Classe von Krystallen zu der vorhergehenden, wenn man annimmt, dass zwei von den drei Geschwindigkeiten a, b, c einander gleich werden. Eine einzige Elasticitätsaxe ist alsdann bestimmt, es ist diejenige, auf der man die ausserordentliche Geschwindigkeit rechnet, und dies ist die einzige optische Axe des Krystalles. Folglich ist klar, dass man einen einaxigen positiven Krystall erhalten wird, wenn man a = b nimmt, wobei also die optische Axe in der Richtung der Axe der z oder der kleinsten Elasticität gelegen ist, während die Voraussetzung b = c einen negativen Krystall geben wird, da seine optische Axe die Axe der x oder der grössten Elasticität sein wird.

Wiewohl die optischen Eigenschaften der beiden Classen von Krystallen ganz verschieden sind, so haben sie doch eine gewisse Analogie, die eine Vergleichung zwischen ihnen gestattet; es ist dies die Mittellinie, welche den spitzen Winkel der Axen halbirt und die bei den zweiaxigen Krystallen der optischen Axe im engeren Sinne bei den einaxigen Krystallen entspricht. Man sieht also, dass diese Mittellinie die Axe der kleinsten Elasticität oder die z Axe bei den positiven doppelaxigen Krystallen, und die Axe der grössten Elasticität oder die x Axe bei den negativen doppelaxigen Krystallen sein muss.

Sucht man die Lage der beiden optischen Axen in doppelaxigen Krystallen auf analytischem Wege, so findet man, dass jede von ihnen mit der x Axe einen Winkel einschliesst, dessen Tangente mittelst der drei Indices durch die folgende Formel ausgedrückt wird:

$$\tan \Theta = \sqrt{\frac{\gamma^2 - \beta^2}{\beta^2 - \alpha^2}}$$

Bildet die x Axe die Mittellinie oder ist der Krystall negativ, so ist Θ kleiner als 45 Grad, während man $\Theta > 45^\circ$ für die positiven Krystalle erhält, bei welchen die Mittellinie die z Axe ist. Fassen wir zusammen, so haben wir:

Bei den positiven doppelaxigen Krystallen, wie dem Topas ist:

1) die Mittellinie (die Halbirungslinie des spitzen Winkels der Axen) die Axe der z;

2) die Linie, welche den stumpfen Winkel der Axen halbirt, ist die Axe der x;

3) der Winkel Θ ist grösser als 45°, $\Theta - 45 > 0$.

Bei den negativen doppelaxigen Krystallen, wie dem Glimmer, ist:

1) die Mittellinie die Axe der x;

2) die Halbirungslinie des stumpfen Winkels der Axen ist die Axe der z;

3) der Winkel Θ ist kleiner als 45^0, $\Theta - 45^0 < o$.

Man sieht also, wenn man die beiden Classen von Krystallen vergleicht, dass ihr Zeichen dasselbe ist wie das von $m' - m$ bei den einaxigen und wie das von $\Theta - 45^0$ bei den doppelaxigen. Man kann noch sagen, dass die optische Axe der einaxigen Krystalle und die Mittellinie der doppelaxigen Krystalle beide die Axe der kleinsten Elasticität sind, wenn der Krystall positiv ist, und die Axe der grössten Elasticität, wenn er negativ ist.

Unter den negativen doppelaxigen Krystallen gibt es einen, den wir studiren müssen, da wir ihn benützen wollen; es ist dies der Glimmer. Die Leichtigkeit, womit sich derselbe spalten lässt, ist bekannt. Eine ein wenig dicke Glimmerplatte, unter einem Polarisationsapparate mit convergentem Lichte beobachtet, zeigt das durch Fig. 4 dargestellte System von Lemniscatenstreifen. Diese einfache Beobachtung beweist uns, dass der Glimmer sich senkrecht zur Mittellinie d. h. senkrecht zur x Axe spaltet, weil dieses Mineral negativ ist. Die Linie PP', die durch die Pole der Lemniscaten geht, ist also die den stumpfen Winkel der Axen halbirende Linie oder die Axe der z. Eine auf der Platte senkrecht gegen diese gezogene Linie ist die Richtung der y Axe. Jeder Strahl, der normal durch die Platte hindurchgeht, wird in zwei Strahlen zerlegt: der eine vibrirt parallel zur Polaraxe PP' oder Cz, bewegt sich mit dem Index γ und durchläuft bei der Dicke ε der Platte einen $\gamma\varepsilon$ äquivalenten Weg; der andere vibrirt parallel zur y Axe, bewegt sich mit dem Index β und durchläuft einen $\beta\varepsilon$ äquivalenten Weg. Die Platte ertheilt ihnen also eine Wegdifferenz gleich $(\gamma - \beta)\,z$.

Beträgt diese Differenz eine Viertelswellenlänge, so sagt man, der Glimmer sei von einer Viertelswelle; seine Dicke ist dann $\dfrac{\lambda}{4\,(\gamma - \beta)}$, wo λ die Wellenlänge der gelben Strahlen bedeutet, welche gleich 550 Millionteln von einem Millimeter ist. Man kann sie nicht direct berechnen, weil man weder γ noch β genau kennt; allein ältere Versuche von Biot über die Vergleichung der Farben von Glimmerplatten mit den Newton'schen Farbenringen haben ergeben, dass die

Differenz der Indices $\gamma - \beta = \dfrac{1}{220}$ ist. Der Glimmer von einer

Viertelswelle muss also eine Dicke von $\dfrac{0^{mm},000550}{4} \cdot 220$ oder von

$\dfrac{3}{100}$ Millimeter haben. So feine Platten kleben am Glase an und man bemerkt am Rande die Richtung der Linie, welche durch die Pole der Lemniscaten ging, als die Platte dicker war. Man nennt diese Linie der Kürze halber die Axe des Glimmers. Man muss sich daran erinnern, dass dies die z Axe ist und dass der normale Strahl, welcher in dieser Linie schwingt, im Krystall eine Verzögerung von $\dfrac{\lambda}{4}$ gegen den Strahl erfährt, welcher in einer dazu perpendiculären Richtung schwingt.

Der Glimmer von einer Viertelswelle und der Quarz können uns dazu dienen, das Zeichen aller Krystalle zu bestimmen, die in Platten senkrecht zur Axe oder zur Mittellinie geschnitten sind, wenn wir sie nur in einem Polarisationsapparate mit convergentem Lichte beobachten können. Der vollkommenste aller dieser Apparate ist ohne Zweifel das Nörremberg'sche Polarisationsmikroskop; wir werden im Folgenden sehen, wie man damit das Zeichen der Krystallplatten bestimmen kann.

III. Bestimmung des Zeichens der einaxigen Krystalle.

Eine einaxige Platte, die senkrecht zur Axe geschnitten ist, zeigt im Polarisationsmikroskope wie in der Turmelinzange, Farbenringe, die von einem schwarzen Kreuze durchzogen sind, wenn der Analysator in der Auslöschungsstellung steht. Fügt man zur Krystallplatte einen Glimmer von einer Viertelwelle hinzu, so wird der Anblick der Erscheinung ein anderer. Der geeignetste Platz zum Einlegen des Glimmers in das Nörremberg'sche Mikroskop ist der freigelassene Raum zwischen dem Ocular und dem analysirenden Nicol; man legt ihn auf die Fassung des Oculares. Dreht man ihn auf dieser Fassung, so kann man die Axe des Glimmers leicht in das Azimut von 45° bringen, d. h. in gleichen Abstand von den beiden Polarisationsebenen des Polarisators und Analysators. Die Farbenringe sind dann ganz andere. Das schwarze Kreuz wird grau und theilt jeden Ring in vier abwechselnd helle und dunkle Theile. Keiner dieser Bogen hat mehr

eine gleichförmige Färbung; die Intensität nimmt daselbst von dem
Streifen des Kreuzes nach der Mitte hin, woselbst sie Null ist, ab.
Daraus folgt, dass die zwei ersten, welche die kleinsten sind, unter
der Form von zwei schwarzen Flecken in der Mitte des Gesichtsfeldes
erscheinen. Wir wollen unsere Aufmerksamkeit auf die Linie richten,
welche durch diese beiden Flecken geht, und ihre Richtung mit der
der Axe unseres Glimmers vergleichen:

1) Stehen die Linien der Flecken und die Axe des Glimmers senkrecht aufeinander, so bilden diese beiden Linien, auf den Horizont
projicirt, indem sie sich kreuzen, das Zeichen $+$, und dann ist der
Krystall positiv.

2) Sind die Linien der Flecken und die Axe des Glimmers parallel,
so bilden diese beiden Linien, auf den Horizont projicirt, indem sie
sich decken, das Zeichen $-$, und dann ist der Krystall negativ.

Man hat viele Methoden vorgeschlagen, um das Zeichen der Krystalle zu erkennen, allein keine ist mit dieser in Bezug auf Genauigkeit vergleichbar. Sie ist implicite in der Abhandlung von Airy über
die Streifen des Spathes, wie sie im circular polarisirten Lichte beobachtet werden,[1] enthalten; allein der Verfasser hat nicht zwischen
den Krystallen von verschiedenen Zeichen unterschieden. Dove hat
später bemerkt,[2] dass die einen sich im polarisirten Lichte rechts
drehend, die anderen links drehend verhalten. Nörremberg war
der Erste, welcher die oben angegebene nette Regel bekannt gemacht
hat. Ich habe darüber schon in meiner Beschreibung des Polarisations-
mikroskopes berichtet, ohne davon jedoch eine Erklärung zu geben.
Da diese Erklärung noch wenig bekannt ist und ich oft darum gefragt
worden bin, so will ich sie hier unter einer einfachen Form auseinander
zu setzen versuchen.

Es sei CV (Fig. 1) die Schwingungsrichtung des einfallenden
Lichtes oder der auf den Krystall durch den Polarisator gelangenden
Strahlen und CN die Schwingungsrichtung des aus dem analysirenden
Nicol austretenden Lichtes. Da diese beiden Richtungen, so lange
kein Krystall dazwischen gelegt ist, rechtwinklig auf einander stehen,
so ist das Licht ausgelöscht. Treffen jedoch die vom polarisirenden
Spiegel reflectirten Strahlen die Krystallplatte, so wird die Lichtvibra-
tion in zwei zerlegt, die eine ausserordentliche CE im Hauptschnitte

1) **Poggendorff's** Annalen t. XXIII, p. 204 (1831).
2) Ibidem, t. XL, p. 457 (1837).

CS, die andere ordentliche CO in dem perpendiculären Schnitte CP. Da der ordentliche Strahl, wenn er im Krystall die Dicke e durchlaufen hat, den Index m hat, so ist es wie wenn er in der Luft den äquivalenten Weg me durchlaufen hätte; der ausserordentliche Strahl hat einen Index μ, der zwischen m und m' gelegen ist, folglich ist für ihn der äquivalente Weg beim Durchgang durch den Krystall μe. Der Unterschied der durchlaufenen Wege ist dann $\delta = (\mu - m) e$ und hat stets das gleiche Zeichen wie $m' - m$ oder das gleiche Zeichen wie der Krystall. Da wir übrigens blos Differenzen in Betracht zu ziehen haben, so können wir sagen, der ordentliche Strahl tritt aus dem Krystall mit einer Verzögerung gleich Null, während der ausserordentliche mit einer Verzögerung gleich δ austritt, die dasselbe Zeichen wie der Krystall hat.

Nach ihrem Durchgange durch die Krystallplatte treffen die beiden Strahlen auf den Glimmer, dessen Axe Cz im Azimut von 45^0 steht, und jede der Schwingungen wird in zwei andere nach Zz und Cy gerichtete zerlegt. Man hat so zwei Schwingungen CY und CY', welche im Glimmer eine Verzögerung gleich Null erfahren, während die beiden anderen CZ und CZ' in demselben um $\frac{\lambda}{4}$ verzögert werden.

Da sich die von den beiden Krystallen mitgetheilten Schwingungen addiren, so ist klar, dass das System der beiden Platten den vier Strahlen

die Amplituden . .	CY	CY'	CZ	CZ'
und die Verzögerungen	o	δ	$\dfrac{\lambda}{4}$	$\delta + \dfrac{\lambda}{4}$

ertheilt.

Da die Schwingungen dieser vier Strahlen paarweise rechtwinkelig auf einander stehen, so kann man sie nur interferiren lassen, wenn man sie mittelst des analysirenden Nicols in dieselbe Richtung CN führt. Man muss also die vier Vibrationen auf diese Richtung projiciren, was die definitiven Composanten CA und CA', CB, CB' gibt.

Es erübrigt noch den analytischen Ausdruck für diese Composanten zu finden. Bezeichnen wir mit α und β die Winkel PCV und PCy; bezeichnen wir der Kürze halber den Sinus dieser Winkel mit a und b, ihre Cosinusse mit a' und b': so lassen sich die Amplituden leicht in folgender Weise ausdrücken.

Amplituden   Verzögerungen

$$CO = \cos \alpha = a' \begin{cases} CY = a' b' & -CA = -\sqrt{\frac{1}{2}} a' b' & o \\[2mm] CZ = a' b & CB = \sqrt{\frac{1}{2}} a' b & \frac{\lambda}{4} \end{cases}$$

$$CE = \sin \alpha = a \begin{cases} CY' = a b & CA' = \sqrt{\frac{1}{2}} a b & \delta \\[2mm] CZ' = a b' & CB' = \sqrt{\frac{1}{2}} a b' & \delta + \frac{\lambda}{4} \end{cases}$$

Um die Resultante dieser vier Schwingungen zu finden, muss man vorerst jede von ihnen in zwei andere zerlegen, welche die Verzögerung o und $\frac{\lambda}{4}$ hätten. Die Regel des Parallelogramms lehrt uns, dass eine Vibration von der Amplitude A und der Verzögerung δ ersetzt werden kann durch die beiden Vibrationen:

die eine mit der Verzögerung o und der Amplitude $A \cos 2\pi . \frac{d}{\lambda}$

die andere „ „ „ $\frac{\lambda}{4}$ „ „ „ $A \sin 2\pi \frac{d}{\lambda}$.

Wenden wir diese Regel auch auf unsere vier Vibrationen an, so werden wir erhalten:

Zu zerlegende Vibration A	Verzögerung d	Schwingung der Verzögerung o	Schwingung der Verzögerung $\frac{\lambda}{4}$
$-\sqrt{\frac{1}{2}} a' b'$	o	$-\sqrt{\frac{1}{2}} a' b'$	o
$\sqrt{\frac{1}{2}} a' b$	$\frac{\lambda}{4}$	o	$\sqrt{\frac{1}{2}} a' b$
$\sqrt{\frac{1}{2}} a b$	δ	$\sqrt{\frac{1}{2}} a b \cos 2\pi \frac{\delta}{\lambda}$	$\sqrt{\frac{1}{2}} a b \sin 2\pi \frac{\delta}{\lambda}$
$\sqrt{\frac{1}{2}} a b'$	$\delta + \frac{\lambda}{4}$	$-\sqrt{\frac{1}{2}} a b' \sin 2\pi \frac{\delta}{\lambda}$	$\sqrt{\frac{1}{2}} a b' \cos 2\pi \frac{\delta}{\lambda}$

Die Schwingungen der Vergrösserung o addiren sich, um eine Resultante von der Amplitude X zu geben; die der Verzögerung $\frac{\lambda}{4}$ geben eine Resultante von der Amplitude Y.

$$X = \sqrt{\frac{1}{2}} \left(a' b' + a b \cos 2\pi . \frac{\delta}{\lambda} - a b' \sin 2\pi . \frac{\delta}{\lambda} \right)$$

$$Y = \sqrt{\frac{1}{2}} \left(a' b + a b \sin 2\pi \frac{\delta}{\lambda} - a b' \cos 2\pi . \frac{\delta}{\lambda} \right)$$

Die beiden Vibrationen X und Y vereinigen sich dann, um den Strahl von der Intensität $I = X^2 + Y^2$ zu geben. Stellt man die beiden Quadrate her, so erhält man, wenn man bedenkt, dass $a^2 + b^2 = a'^2 + b'^2 = 1$ ist, nach einigen einfachen Reductionen:

$$I = \frac{1}{2}\left(1 + \sin 2\,\alpha \, \sin 2\,\pi\,\frac{\delta}{\lambda}\right)$$

In diesem Ausdrucke ist α das Azimut des Hauptschnittes der Platte, welcher hier eine beliebige Einfallsebene ist; δ ist die Verzögerung des ausserordentlichen Strahles, der sich in dieser Ebene bewegt. Diese Verzögerung ist offenbar für die gleiche Distanz rings um die Axe constant, es sind also die Linien der kleinsten Intensität kreisförmig. Diese Linien sind die Airy'schen Ringe. Die neutrale Linie entspricht $\sin 2\,\alpha = o$, es ist dies ein Kreuz, das wie bei den Ringen vom Spath liegt; allein es ist nicht mehr schwarz, seine Intensität ist $I = \frac{1}{2}$. Dieses Kreuz theilt das Gesichtsfeld in vier Quadranten, die wir als 1, 2, 3, 4 zählen werden, wobei wir von demjenigen ausgehen, welches die Axe $C\,z$ des Glimmers enthält (Fig. 2 und 3). Man sieht leicht, dass $\sin 2\,\alpha$ positiv ist in den ungeraden Sectoren und negativ in den geraden Sectoren, und man schliesst daraus, dass die Intensität in den ersten ein Minimum ist, da $\sin 2\,\pi\,\frac{\delta}{\lambda} = -1$ ist, und in den zweiten, weil $\sin 2\,\pi\,\frac{\delta}{\lambda} = +1$ ist. Diese Gleichungen führen jedoch auf verschiedene Resultate, je nachdem δ positiv oder negativ ist.

1) Ist δ positiv (Fig. 2), so ist

$$\sin 2\,\pi\,\frac{\delta}{\lambda} = -1, \text{ da } 2\,\pi\,\frac{\delta}{\lambda} = 2\,n\,\pi + 3\,\frac{\pi}{2}$$

woraus

$$\delta = (4\,n + 3)\,\frac{\lambda}{4},$$

$$\sin 2\,\pi\,\frac{\delta}{\lambda} = +1, \text{ da } 2\,\pi\,\frac{\delta}{\lambda} = 2\,n\,\pi + \frac{\pi}{2}$$

woraus

$$\delta = (4\,n + 1)\,\frac{\lambda}{4}.$$

Man weiss aus der gewöhnlichen Theorie der Streifen, dass δ proportional dem Quadrate des Durchmessers der Ringe ist. Man sieht also, dass bei den positiven Krystallen die Airy'schen Ringe Durchmesser besitzen, deren Quadrate zunehmen wie die Zahlen 1 5 9 13 in den geraden Sectoren und wie die Zahlen 3 7 11 15 in den ungeraden Sectoren.

Das graue Kreuz theilt also die Ringe in abwechselnde Bogen, welche in den geraden Sectoren beginnen. Auf jedem dieser Bogen ist die Intensität $I = \frac{1}{2}(1 - \sin 2\alpha)$; sie nimmt dann von den Rändern, wo sie $\frac{1}{2}$ ist, bis zur Mitte, wo sie Null ist, ab. Von diesen Bogen sind die hervorspringendsten die beiden ersten, deren Durchmesser 1 ist; sie erscheinen wie zwei schwarze Flecken auf jeder Seite vom Centrum auf der Linie, welche die Sectoren 2 und 4 bissecirt, und also auf einer zur Axe des Glimmers senkrechten Linie. Bei den positiven Krystallen durchkreuzen sich also die Linie der Flecken und die Axe des Glimmers und stellen das Zeichen $+$ dar (Fig. 2).

2) Wenn δ negativ ist, so gilt Alles, was wir von den geraden Sectoren gesagt haben, für die ungeraden und umgekehrt. In den negativen Krystallen bissecirt die Linie der Flecken die Quadraten 1 und 3, d. h. sie fällt mit der Axe des Glimmers zusammen; die beiden Linien bilden durch Deckung das Zeichen —, wie dies die Regel von Nörremberg verlangt (Fig. 3).

IV. Bestimmung des Zeichens der doppelaxigen Krystalle.

Eine doppelaxige zur Mittellinie perpendiculäre Krystallplatte zeigt im Polarisationsmikroskope Streifen, die einem Systeme von Lemniscaten gleichen (Fig. 4). Diese Streifen zeigen das Maximum an Helligkeit, wenn die Linie der Pole PP' im Azimut von 45^0 steht; es ist dies die von uns immer vorausgesetzte Lage. Die Pole P und P' sind die Puncte, wo die zu den Axen parallelen Lichtstrahlen durch die Platte hindurchgehen, in diesen Puncten ist die Wegdifferenz der Strahlen Null. Um jeden Pol bemerkt man einen ersten Ring, auf dem die Verzögerung der interferirenden Strahlen λ ist, dann einen zweiten, einen dritten, vierten etc., auf welchen diese Verzögerung der Reihe nach 2λ, 3λ, 4λ etc. beträgt. In den dicken Platten sieht man nur zwei Ringsysteme, ist jedoch die Platte dünner, so zeigt sich in den meisten Fällen eine Curve von der Form ∞, welche die Ringe einschlieszt, und ausser dieser centralen Linie sieht man noch äussere Streifen, welche eingedrückten Ovalen gleichen.

Die Linie der Pole ist stets die Linie, welche den stumpfen Winkel der Axen bissecirt; sie ist also nach dem Vorhergehenden die x Axe in den positiven und die z Axe in den negativen Krystallen. Eine darauf senkrechte Linie bildet die y Axe. Jeder zur Platte normale Strahl wird also in zwei zerlegt, wovon der eine in der Richtung der y Axe schwingt und einen $\beta \varepsilon$ äquivalenten Weg durchläuft, während der andere in der Richtung der Linie PP' schwingt und einen $\alpha \varepsilon$ oder $\gamma \varepsilon$ äquivalenten Weg durchläuft, je nach dem der Krystall positiv oder negativ ist. Der Unterschied der durchlaufenen Wege wird also für die Centralstrahlen

$(\beta-\alpha) \varepsilon$ in den positiven Krystallen

$(\gamma-\beta) \varepsilon$ in den negativen Krystallen.

Ist diese Differenz gleich einer ganzen Zahl und beträgt sie nur wenige Wellenlängen, so erhält man eine centrale Curve von der Form ∞. In Fig. 4, z. B. ist diese Curve die fünfte: die Wegdifferenz beträgt in allen ihren Puncten 5λ; sie ist geringer für die Ringe 1, 2, 3, 4 und grösser für die äussern Streifen 6, 7, 8. Wird durch irgend einen Kunstgriff die Wegdifferenz der Strahlen progressiv vermindert und ist sie allmählig auf 4λ für die Centralstrahlen zurückgeführt, so wird man bemerken, wie die vierten Ringe sich allmählig verlängern, ihre beiden gegenüberliegenden Ränder werden sich schliesslich berühren um eine neue Curve von der Form ∞ zu bilden, während die ursprüngliche Curve ∞ verrückt sein wird, um den ersten äusseren Streifen zu bilden. Nimmt die Wegdifferenz noch weiter ab, so wird der dritte, dann der zweite, endlich der erste Ring nach dem Centrum geführt, um die Curve ∞ zu ersetzen, welche gleichzeitig, während neue Ringe sich um jeden Pol bilden, um die verschwundenen Ringe zu ersetzen, die Stelle des zweiten, des dritten, des vierten äusseren Streifens einnehmen wird.

Eine umgekehrte Erscheinung würde man erhalten, wenn die Wegdifferenz der Centralstrahlen zunimmt anstatt abzunehmen, es würden dann die äusseren Streifen nach dem Mittelpuncte hingeführt und sie werden dann die Ringe bilden, welche in den Polen verschwinden würden. Allein diese Erscheinung ist schwieriger herzustellen, weil sie erfordert, dass der Krystall nicht zu dick sei. Dies hat nicht statt bei der ersteren Erscheinung, welche alle Krystalle zeigen, welches auch ihre Dicke sein mag. Wir wollen deshalb blos auf diese erste Erscheinung, das Auseinandergehen der Ringe, unsere Aufmerksamkeit lenken und sie dazu benützen um das Zeichen des Krystalles zu bestimmen.

Um das Auseinandergehen der Ringe herzustellen, muss man die Wegdifferenz der centralen Strahlen, welche $(\beta-\alpha)\,\varepsilon$ für die positiven und $(\gamma-\beta)\,\varepsilon$ für die negativen Krystalle ist, vermindern. Man wird dieses Resultat erhalten, wenn man die kleinste der beiden Verzögerungen oder der beiden von den interferirenden Strahlen durchlaufenen Wege, d. h. die Verzögerung $\alpha\,\varepsilon$ bei dem Strahle, der in der Richtung PP' schwingt, wenn der Krystall positiv ist, und die Verzögerung $\beta\,\varepsilon$ bei dem Strahle, welcher in der Richtung Cy schwingt, wenn der Krystall negativ ist, vermehrt. Um diese Verzögerung zu vermehren, wird es genügen, dazu die des ausserordentlichen Strahles im Quarz oder des Strahles, der in der Richtung des Hauptschnittes schwingt, hinzuzufügen. Man muss also über den Krystall einen Quarz legen, dessen Hauptschnitt in der Richtung PP' gelegt wird, wenn der doppelaxige Krystall positiv ist, und in die Richtung Cy, wenn er negativ ist. Man hat dann für die im Krystall und im Quarz durchlaufenen Wege:

$$\begin{array}{ccc} & \mathbf{Krystall}\ + & \mathbf{Krystall}\ - \\ \text{Schwingung nach der Richtung } Cy & \beta\varepsilon+me & \beta\varepsilon+\mu e \\ \text{,,\quad,,\quad,,\quad,, } PP' & \alpha\varepsilon+\mu e & \gamma\varepsilon+me \\ \text{Unterschied .} & (\beta-\alpha)\varepsilon-(\mu-m)e, & (\gamma-\beta)\varepsilon-(\mu-m)e. \end{array}$$

Man muss jedoch die Wegdifferenz nicht blos vermindern, man muss sie progressiv vermindern. Man erreicht dies durch Anwendungen prismatischer Quarzplatten (Fig. 5 u. 6), wie sie beim Babinetschen Compensator vorkommen. Man verschiebt diese Platten im Polarisationsapparate und erhält das Auseinandergehen der Ringe, wenn die Linien CO und PP' gekreuzt sind, bei den positiven Krystallen, wenn sie parallel sind, bei den negativen Krystallen; CO ist die ordentliche Schwingungsrichtung oder die Spur des perpendiculären Schnittes des Quarzes.

Diese Methode wurde schon vor langer Zeit von Biot vorgeschlagen, um das Zeichen der Krystalle mit zwei Axen zu erkennen. Sie ist gewiss ebenso einfach als geistreich, allein sie führt auf eine Zweideutigkeit. Die prismatischen Quarzplatten können auf verschiedene Weise geschnitten sein, ohne dass der Verfertiger davon Kenntniss hat; die einen, und dies ist der häufigste Fall, haben ihre Axe parallel zur Länge (Fig. 5), während in den andern diese Axe in der Richtung der kleinen Seite (Fig. 6) gelegen ist. Es ist ganz klar, dass diese beiden Platten umgekehrte Wirkungen hervorbringen werden, und da nichts die Richtung der Axe anzeigt, so gibt der hervorgebrachte Effect keine sichere Anzeige über das Zeichen des doppelaxigen Krystalles, dessen Ringe auseinandergegangen sind. Man kann diese Unsicherheit beseitigen, wenn man mit derselben Platte über einem Krystalle arbeitet, dessen Zeichen bekannt ist, allein dies führt eine Complication herbei, die man besser umgehen würde. Diese Platten haben einen anderen Missstand; um empfindlich zu sein, müssen sie unter einem sehr spitzen Wirbel geschnitten sein und dann können sie keine grosse Dicke an ihrer Basis bei B haben; es ist ferner sehr schwer, sie an ihrer Spitze bei A sehr dünn zu machen: man kann dann die Dicke des Quarzes nicht von Null bis zu einer ein wenig beträchtlichen Grenze zunehmen lassen.

Alle diese Missstände verschwinden bei der Modification, welche Nörremberg am Biot'schen Verfahren angebracht hat. Dieser geistreiche Experimentator bediente sich nicht mehr prismatischer Platen; er wandte einen einfachen zur Axe perpendiculären Quarz an. Er brachte ihn in seinem Mikroskope zwischen dem Ocular und dem Analysator in einen besonders für diesen und einige andere Versuche frei gelassenen Raum, welchen die französischen Constructeure häufig mit Unrecht unterdrücken. Er drehte sodann diesen Quarz um eine horizontale Linie, die bald parallel, bald senkrecht zur Polaraxe PP' der Lemniscaten des doppelaxigen Krystalles war. Eine dieser Rotationen erzeugte stets das Auseinandergehen der Ringe. Sind dabei die Drehungsaxe und die Linie der Pole gekreuzt oder bilden sie durch ihre relative Lage das Zeichen $+$, so ist der Krystall positiv; sind dagegen diese beiden Linien parallel, so dass sie auf eine horizontale Ebene projicirt sich decken und das Zeichen $-$ bilden, so ist der doppelaxige Krystall negativ.

Wir haben so eine Regel ohne Zweideutigkeit, die überdiess sehr einfach, sehr leicht einzuhalten und zu demonstriren ist. Bemerken wir nämlich, dass wenn ein Strahl normal auf einen perpendiculären Quarz auffällt und wenn man diesen Quarz um irgend eine in seiner Ebene gezogene Linie CO (Fig. 7) in Drehung versetzt, dass der Strahl dann in zwei andere zerlegt wird, wovon der eine ordentliche in der Richtung CO, der andere ausserordentliche in der Richtung CE in einer zur Drehungsaxe senkrechten Ebene schwingt. Die Linie, um den man den Quarz dreht, stellt also immer die ordentliche Schwingungsrichtung dar, wie die Linie CO bei den prismatischen

Platten (Fig. 5 u. 6). Es muss also nach dem, was wir über diese Platten gesagt haben, die Drehungsaxe CO senkrecht oder parallel zur Polaraxe PP' sein, je nachdem der doppelaxige Krystall positiv oder negativ ist, damit die Differenz der in diesem Krystalle durchlaufenen Wege in allen Fällen vermindert sei.

Ueberdiess nimmt die Differenz der im Quarz durchlaufenen Wege beliebig und durch unmerkliche Zwischenstufen zu. Schliesst das Licht in der Platte mit der Normalen, welche hier die Axe des Krystalles ist, einen Winkel r ein, so ist der durchlaufene Weg für die beiden Strahlen $= \dfrac{e}{\cos r}$; da der Index des ausserordentlichen Strahles μ ist, so wird die Wegdifferenz oder die dem ausserordentlichen Strahle vom Quarz ertheilte Verzögerung

$$d = (\mu - m)\,\frac{e}{\cos r} = (m' - m)\,e\,\sin r\,\mathrm{tang}\,r.$$

Diese Verzögerung nimmt also mit der Neigung der Platte zu, gerade wie sie in den prismatischen Platten mit der Dicke zunimmt. Allein es ist klar, dass nun die Verzögerung so langsam, als man nur immer will, von Null bis zu einem hinreichend grossen Werthe zunimmt, so dass man mit einem einfachen perpendiculären Quarz alle auch die verschiedensten prismatischen Platten ersetzen kann, was ein neuer Vortheil der Nörremberg'schen Methode ist.

Ueber die Intensität des Gas-, Kerzen- und Lampenlichtes, verglichen mit dem electrischen und Drummond-Licht.

Von

S. Elster.[1]

(Hiezu Tafel XVI.)

Es sind schon öfter über die Leuchtkraft des elektrischen Lichts Mittheilungen gemacht worden, welche nicht recht glaubhaft erscheinen, da der Versuch nicht genau beschrieben ist. In Folge dessen hat Herr Dr. Siemens eine grosse dynamoelektrische Maschine mit rotirenden Magneten in diesem Frühjahr angefertigt, und zu gleicher Zeit ein starkes Drummondlicht und auch das gewöhnliche elektrische Licht aufgestellt und mich ersucht, die photometrischen Vergleiche anzustellen, deren Resultate in nachstehenden Versuchen enthalten sind; wir warteten nur einen guten Tag ab, um die Intensität des elektrischen und Drummond-Lichts und des Gas-Lichts zu vergleichen.

Um die bedeutende Lichtstärke, welche wir bis zuletzt gemessen haben, zu bestimmen, war es durchaus nothwendig, eine Lichteinheit zu bestimmen; und diese Bestimmung führte uns zu dem Resultate, dass für jedes Leuchtmaterial bei einer bestimmten Brennverrichtung die Höhe der Flamme das genaueste Maass der Lichtschwankungen darbietet. Dies gilt sowohl für die bisher üblichen Normalspermacetikerzen, wie für den Gasstrahl des Einlochbrenners und des Argand-Normalbrenners. — Sollte morgen noch Zeit übrig sein, so können wir hiermit experimentiren und habe ich einen grossen Theil der Apparate mit denen wir photometrirt haben, im Vorzimmer aufgestellt.

Ich habe schon früher erwähnt, dass ich die bisherige englische Normalspermacetikerze für die beste Lichteinheit halte, wenn deren Flammenhöhe genau festgestellt wird. Dies war bisher in England nicht üblich, vielmehr wurde von Minute zu Minute die Lichtstärke

---

1) Vortrag gehalten bei der VIII. Hauptversammlung des Vereines der Gasfachmänner Deutschlands in Stuttgart, am 22. und 23. Mai 1868.

des Gases notirt und nach 10 Minuten der Verbrauch der Kerze gemessen, hiernach der stündliche Consum der Kerze berechnet und die
Leuchtkraft des Gases auf die Einheit von 120 Troy Grains Sperma-
ceti reducirt. Aus diesem amtlichen Verfahren entstehen Fehler, weil
es möglich ist, dass die 10 Beobachtungen nicht der mittleren Leuchtkraft der Normalkerze entsprechen, und es fehlte ein Apparat, welcher während der kurzen Zeit von 10 Sekunden, wo die Normalkerze
gleiche Höhe behält, den Consum markirt. Zu diesem Zwecke habe
ich den Kerzenareometer construirt, der auf Taf. XVI abgebildet
ist. Je dünner der Draht ist, der aus dem Wasser taucht, desto
schneller steigt die Kerze und jede gewünschte Empfindlichkeit kann
hiemit erreicht werden.

Die besten englischen Kerzenwaagen markiren, wenn belastet 0,1
Troy Grains Verbrauch. Das Kerzenareometer zeigt an seiner Theil-
ung von 0,0133 engl." diesen Verlust noch deutlich an, der bei der
Normalkerze in 3 Sek. verbraucht wird.

Wir sehen daher am Kerzenareometer den Verbrauch für die constante Lichthöhe der Normalkerze und photometriren nur, wenn die
Normalkerze diese Höhe erreicht hat. Die englische Normalkerze verbrauchte 138—140 Troy Grains per Stunde bei $2^1/_8$" engl. Flammenhöhe und verhält sich zur Einheit nahezu wie der Verbrauch mithin
wie 7 zu 6 und wie die Flammenhöhe der Normalkerze von 1,8"
engl. Nachdem so die Lichteinheit festgestellt war, wurden die bisher üblichen Stearinkerzen und die Carcel'sche Lampe darauf reducirt und ergaben

Stettiner Stearinkerze von 9 Gramm Verbrauch = 1 Normalkerze,
Münchner 6er Stearinkerzen 10 Gramm Verbrauch = $1^1/_9$ Normalkerze,
Carcellampe von 42 Gramm Verbrauch = 7 Normalkerzen.

Zu den Versuchen musste ein möglichst grosses Licht-
maass zu Grunde gelegt werden. Dieses ergibt sich, wenn man
einen grossen Argandgasbrenner auf das Maximum seiner Leuchtkraft
bringt. Bei den von mir gefertigten 40° Br. findet derselbe statt,
wenn die Gasflamme so hoch gestellt wird, dass die Flamme bis an
den Rand des 8" Cylinders züngelt. Die Flamme röthet sich hierbei
in den oberen Theilen und wenn dieselbe nicht ganz die Höhe erreicht,
so wird das Licht weisser, behält aber dieselbe Leuchtkraft von 21
Kerzen. Dieser Punkt des Einstellens der Flamme ist leicht zu treffen und bei den täglichen geringen Differenzen der Leuchtkraft des

Gases wird die Leuchtkraft von 21 Kerzen entsprechend dem grössesten Sauerstoffverbrauch der Luft, den der Brenner zulässt, mit etwas mehr oder weniger als 7 c′ Gas stets erreicht werden. Um eine noch grössere constante Lichteinheit zu Gebote zu haben, wurde ein zweiter derartiger Brenner mit einem versilberten Glashohlspiegel von 12″ Diam. und 2³/₄″ Tiefe versehen. Die Mitte des Brenners stand dabei 1³/₄″ von der Mitte des Spiegels ab. Derartige Spiegel kommen aus Paris und dienen dazu das Gaslicht nach einer Richtung zu werfen. Die beiden Gasflammen an meinem Photometer von 100″ engl. verglichen, gaben eine Entfernung von 79″ und 21″ also beinahe wie 4:1 und die Leuchtkraft des concentrirten Strahls beträgt demnach $\frac{79^2}{21^2}\,21 = 298$ Kerzen, wofür rund 300 Kerzen gerechnet werden kann.

Es wird daher durch diesen Spiegel in einer Entfernung von 80″ ein Gegenstand ebenso hell beleuchtet wie ohne Spiegel in ca. 20″ Entfernung. Aendert sich die Entfernung vom Spiegel, so wird die Concentration des Lichts und mithin die Leuchtkraft eine andere und es ist daher nur in der constanten Entfernung von ca. 80″ des Photometerpapiers vom Spiegel dies Normallicht anzuwenden von 300 Kerzen.

Von Photometern waren vorhanden:

1) das kleine transportable Photometer von Th. Edge nach Bunsens Prinzip mit 10″ engl. Einheit der Normalspermkerze;

2) das in Frankreich jetzt übliche Photometer von Regnault gefertigt von Deleuil in Paris nach dem System von Foucault;

3) ein neues, nach Foucault von mir gefertigtes Photometer zum Zweck des Austausches mit dem von mir nach dem Prinzip von Bunsen gefertigten Photometer, —

4) Photometrische Papiere und Controlphotometer nach Bunsen wie ich dieselben anfertige, um die in England üblichen verschiedenen Systeme vergleichen zu können.

Das Photometer Nr. 1 ist bestimmt zur Feststellung des Gaslichts auf 21 Kerzen. Es besitzt die gute Eigenschaft, dass der Einfluss des zunehmenden Durchmessers der konischen Kerze beseitigt ist durch eine Metallfassung von 0,7″ engl. Oeffnung, welche für den brennenden Docht den flüssigen Speisebehälter bildet. — Das alte

Papier musste durch eins von Nr. 4 ersetzt werden und markirte auf 18 Kerzen noch 1 Kerze.

Das Photometer Nr. 2 diente zum Vergleich mit Nr. 3 und ergab, dass die neue Anordnung Nr. 3 einfacher und bequemer ist, ohne an Empfindlichkeit zu verlieren; Beide gewähren für den gewöhnlichen Gebrauch richtig adjustirt eine grössere Empfindlichkeit desshalb, weil das Auge übersichtlich und unmittelbar zusammenhängend beide beleuchteten Flächen erblickt. Eine grössere Empfindlichkeit des durchscheinenden Mediums als es das frisch getränkte Bunsen'sche Papier gewährt, welche 0,05 einer Kerze markirt, konnte ich nicht herausfinden. Diese Photometer Nr. 2 und 3 haben jedoch den gemeinsamen Uebelstand, dass bei · verschieden gefärbten Lichtquellen, das Diaphragma verschiedenfarbiger wird, als es bei Bunsen stattfindet, wo in den transparenten Theilen die Farben sich durchdringen. Es zeigte daher schon der erste Versuch mit dem elektrischen Licht und dem Gaslicht die Unsicherheit des Photometers Nr. 2 und 3 und dass diese Photometer nur dann dem von Bunsen vorzuziehen sind, wo die zu vergleichenden Lichtquellen nahezu gleich gefärbt sind.

Die unter Nr. 4 genannten Photometerpapiere gaben bei ca. 6 gleichzeitigen Beobachtungen übereinstimmende Entfernungen und zeigten deutlich die Schwankungen des elektrischen Lichts.

Sie verdienen daher zu den Versuchen besonders empfohlen zu werden. — Die Entfernung der Lichtquellen betrug 100' und genügte bis auf den letzten Versuch.

Erster Versuch. Electrisches Licht von 40 Bunsen Elementen gemessen durch Gaslicht mit Schirm von 300 Kerzen ergab eine Entfernung des Photometerpapiers von der Gasflamme von 50': Intensität = 300 Kerzen.

Zweiter Versuch. Electrisches Licht von 50 Elementen gemessen durch dasselbe Gaslicht ergab eine Entfernung des Papiers vom Gaslicht von 45': Intensität daher $\frac{55^2}{45^2}$ 200 = 450 Kerzen.

Dritter Versuch. Electrisches Licht von 40 Elem. gemessen durch Gaslicht ohne Schirm von 21 Kerzen ergab eine Entfernung des Photometers von der Gasflamme von 19': Intensität = $\frac{81^2}{19^2}$ 21 = 378 Kerzen.

Vierter Versuch. Electrisches Licht von 50 Elementen gemessen durch dasselbe Gaslicht von 21 Kerzen ergab eine Entfernung des Papiers von 18′ von der Gasflamme. Intensität $\frac{81^2}{19^2}$ 21 = **436 Kerzen.**

NB. Die Differenzen der Messungen mit dem Schirm und ohne denselben sind auf Rechnung der stets wechselnden Lichtquellen des elektrischen Lichts zu bringen; der Schirm gab demnach noch ziemlich übereinstimmende Resultate bis 50′ Entfernung des Papiers von der Gasflamme.

Bunsen   fand bei 48 Elementen eine Intensität von 576 Kerzen.

Becquerel „   „   60   „   „   „   „   506   „

Letztere sind nicht genau bezeichnet.

Fünfter Versuch. Dynamoelektrisches Licht von Dr. Siemens mit Wechselstrom gemessen durch obiges Gaslicht von 21 Kerzen ergab eine Entfernung von 12′.   Intensität $\frac{88^2}{12^2}$ 21 = **1113 Kerzen.**

Sechster Versuch. Dasselbe Licht mit einfachem Strom ergab eine Entfernung des Papiers vom Gaslicht von 11′. Intensität $\frac{89^2}{11^2}$ 21 = **1365 Kerzen.**

NB. Professor Wiedemann notirt das Licht der Maschine der Gesellschaft Alliance zu 166 Carcellampen à 7 Normalkerzen = 1162 Kerzen.

Siebenter Versuch. Drummond-Licht dargestellt aus Leuchtgas und Sauerstoff; Druck im Rezipienten bis 14 Atm., gemessen durch Gaslicht von 21 Kerzen ergab eine Entfernung bis 15′ vom letzten.

Intensität daher $\frac{85^2}{15^2}$ 21 = **672 Kerzen.**

Achter Versuch. Jetzt wurde ein parabolischer Silberspiegel, dessen Durchmesser im Brennpunkt 20¼″ dessen grössester Durchmesser 40½″ beträgt mit dem Drummond-Licht verbunden. Die Entfernung des Papiers von der Gasflamme betrug 1½′; die Intensität daher $\frac{98\frac{1}{2}^2}{1\frac{1}{2}^2}$ 21 = **90552 Kerzen.**

Die Intensität des Drummond-Lichts ohne Schirm betrug 672 Kerzen. Die Wirkung des Spiegels verstärkte den Lichtstrahl daher um $\frac{90552}{672}$ das 134fache. Es wird daher mittelst dieses Spiegels ein

Gegenstand in ca. 100′ Entfernung ebenso gut beleuchtet, als ohne den Spiegel in einer Entfernung von $\dfrac{100}{\sqrt{134}}$ oder ca. 8$^1/_2$ Fuss.

Neunter Versuch. Dynamoelectrisches Licht mit einfachem Strome und mit Hohlspiegel gemessen durch Gaslicht von 21 Kerzen in Entfernung von 100′ ergab eine solche Intensität des Lichtstrahls, dass die Gasflamme noch Schatten warf. Es musste daher das Gaslicht auf 200′ entfernt werden. Hiebei betrug die Entfernung des Photometerpapieres vom Gaslichte nahezu 6″. Die Intensität des Lichtstrahls beträgt daher $\dfrac{200^2}{^1/_2{}^2}\,21 = 3'360,000$ Kerzen. Es beträgt aber die Intensität desselben Lichts ohne Hohlspiegel 1365 Kerzen, mithin die concentrirende Wirkung des Hohlspiegels $\dfrac{3'360'000}{1365}$ das 2461fache. — Es wird daher mittelst dieses Spiegels ein Gegenstand in 200′ Entfernung ebenso stark beleuchtet als bei $\dfrac{200}{\sqrt{2461}} =$ ca. 4 Fuss Entfernung von demselben Lichte ohne Spiegel.

Derselbe Spiegel gab bei einer Entfernung von 100′ die 11$^1/_2$-fache Beleuchtung während er bei 200′ schon die 50fache Beleuchtung eines Gegenstandes ermöglichte.

Hieraus folgt einerseits die grosse Wichtigkeit des stärksten Lichtes des dynamoelectrischen Lichtes und die Anwendung des bestmöglichsten Spiegels für Beleuchtung entfernter Gegenstände; andererseits, dass vergleichende Angaben über Lichtstärken des electrischen und des Drummond-Lichts nur dann Glauben verdienen, wenn die Lichtquellen ohne Spiegel gemessen werden. In diesen Fällen wird, wie bei vorstehenden Versuchen, das Verhältniss nahezu das Folgende sein:

1. Electrisches Licht bei 50 Bunsen-Elementen bis   436 Normalkerzen.
2. Drummond-Licht aus Leuchtgas und Sauerstoff bis 672   „
3. Dynamoelectrisches Licht mit einfachem Strom bis 1365   „

Ueber die Untersuchung feiner Gewichtssätze.

Von

Dr. R. Rühlmann,

Assistent für Physik am Polytechnikum in Karlsruhe.

Da bei Fortsetzung meiner Untersuchungen über die Aenderung der Fortpflanzungsgeschwindigkeit des Lichtes durch die Wärme[1] auch die Abhängigkeit der Dichte von der Temperatur ermittelt werden muss, und ich mich hierzu eines Wägungsverfahrens bedienen will, so sah ich mich genöthigt den grösseren Staudinger'schen Gewichtssatz (Nr. 73) des hiesigen Grossherzoglichen physikalischen Cabinetes einer genauen Prüfung zu unterwerfen.

Mein Vorgänger am Karlsruher Polytechnikum, Herr Dr. Bauer hat denselben Gewichtssatz ebenfalls untersucht[2] und das Grammstück als Ausgangspunkt genommen. Ich hielt es für zweckmässiger ein Gewichtsstück mittlerer Grösse als Einheit zu nehmen, da die scheinbar grossen Abweichungen (bis zu 0.0261 Gr.), welche Dr. Bauer für die einzelnen Gewichte gefunden hat, zum grossen Theil nur von der Wahl einer wenig geeigneten Einheit herrühren. Eine blose Umrechnung der früheren Angaben auf eine andere Einheit konnte für meine Zwecke aber nicht genügen, da man sich bei eigenen Untersuchungen doch nur auf eigene Arbeiten stützen kann.

Da eigentlich Jeder, der genaue Wägungen auszuführen hat, in ähnlicher Weise seine Gewichte controlliren und ihre unvermeidlichen Fehler eliminiren sollte, so will ich kurz das von mir eingeschlagene Verfahren wiedergeben, um so mehr, als mir nicht erinnerlich ist, in einem der mir bekannten Werke eine Anleitung hierzu gefunden zu haben.

---

[1] Untersuchung über die Aenderung der Fortpflanzungsgeschwindigkeit des Lichtes im Wasser durch die Wärme. Pogg. Ann. Bd. 132 pag. 1 u. 177.

[2] Dieses Repertorium Bd. 3 pag. 280. Zur richtigen Beurtheilung der Gewichtssätze feiner Wagen.

Obgleich mir die gewöhnlichen Prüfungen die Güte unserer Staudinger'schen Wage (Nr. 74) vollkommen gezeigt hatten, so bediente
ich mich zur Ermittelung der zwischen den Gewichtsstücken bestehenden verschiedenen Gleichungen doch natürlich der Wägung durch
Substitution oder der sogenannten Borda'schen Methode. Die letzten
Bruchtheile der Milligramme aber bestimmte ich nicht, wie gewöhnlich, durch vollkommene Ausgleichung mit Hülfe des Reiters, sondern
ich beobachtete die Schwingungen der Wage und bestimmte nachher,
um wie viele Nebentheile die zwischen den einzelnen Elongationen
liegende Gleichgewichtslage durch ein bekanntes Gewichtsstück, z. B.
$^5/_{10}$ des Reiters verschoben wurde. Hieraus konnte ich dann die kleine,
zwei verschiedenen Ruhelagen entsprechende Gewichtsdifferenz sehr
genau ermitteln.

Die Beschreibung eines Beispieles wird am Besten das eingeschlagene Verfahren erklären.

Um die Beziehungen zwischen dem 20 Grammstück, den beiden
10 Grammstücken (10 u. 10') und den 5, 2, 1, 1, 1 Grammstücken (5, 2, 1,
1', 1'') zu finden, trennte ich das auf der rechten Seite stehende 20
Grammstück durch auf die linke Schale gebrachte Stücke eines anderen
Gewichtssatzes und beobachtete nachher folgende 4 Schwingungen des
Zeigers der Wage auf der Scala: $+ 1.1$, $+ 12.4$, $+ 2.7$, $+ 11.2$.
Hierbei ist zu bemerken, dass ein Ausschlag des Zeigers nach der
rechten Seite hin (ein Steigen der rechten Wagschale bedeutend) mit
$+$, ein Ausschlag nach der linken Seite aber mit dem Zeichen —
bezeichnet ist. Um aus den beobachteten Schwingungsweiten die wahr-
scheinliche Ruhelage berechnen zu können, muss man bedenken, dass hier
die Amplituden der Ausschläge durch die Widerstände der Luft und der
Reibung stetig vermindert werden, dass aber die hierdurch hervorgerufene Abnahme der Schwingungsweiten selbst innerhalb grösserer
Zeiträume eine gleichförmige ist.

Liegt also die zu suchende Gleichgewichtslage bei $+ x$ und ging
der erste beobachtete Ausschlag nach rechts um eine Grösse A über
dieselbe hinaus, lief der Zeiger also auf der Scala bis zum Punkte
$A + x$, so wird er nach der linken Seite sich nicht um $- A$ von der
Ruhelage entfernen, sondern nur bis $- (A - k)$, wird also auf der
Scala eine Stellung $+ x - A + k$ erreichen. Bei dem Rückgange
wird der Zeiger nun aber nur auf der rechten Seite nicht einmal bis
$+ (A - k)$ über die Gleichgewichtslage hinausgehen, wie er dies thun

würde, wenn keine kraftverwandelnden Widerstände vorhanden wären, sondern er wird nur bis $+ A - 2\,k$ gehen, auf der Scala also bis $+ x + A - 2\,k$ ausschlagen. Bildet man nun aus der ersten und dritten Schwingung das arithmetische Mittel $x + A - k$ und vereinigt es mit seinem Vorzeichen mit der zwischen beiden liegenden zweiten Schwingung $+ x - A + k$, so erhält man als Ruhelage das gesuchte x.

In gleicher Weise vereinigt man das arithmetische Mittel der zweiten und vierten Schwingung mit der zwischen beiden liegenden Dritten und muss aus ihnen natürlich dieselbe Gleichgewichtslage finden. Die Beobachtung von vier Schwingungen gibt gleichzeitig eine gute Controle, schützt vor groben Fehlern und erhöht die Genauigkeit. Bei unserer Wage, wo 1 Scalentheil ungefähr $= 1$ Millimeter ist, konnte man bequem Zehntel dieser Theile schätzen. So gibt z. B. bei der angeführten Beobachtung das arithmetische Mittel des ersten und dritten Ausschlages $+ 1.75$ und dies mit seinem Vorzeichen mit dem Ausschlag $+ 12.4$ vereinigt, gibt den Nullpunkt $+ 7.07$. Ebenso findet man aus den 3 letzten Beobachtungen $+ 7.10$, im Mittel also 7.09.

Nachdem die erste Wägung beendet, entfernte man das 20 Grammstück von der Schale und stellte dafür die beiden 10 Grammstücke auf dieselbe, ohne selbstverständlich die auf der linken Wagschale befindliche Tara irgend zu ändern. Da der Unterschied der Gewichte schon mehr bekannt war, so fügte man durch Aufsetzen des Reiters auf den Wagbalken noch 0.084 von dessen Gewicht hinzu. Alsdann beobachtete man wieder 4 Schwingungen und zwar $+ 1.0$, $+ 2.0$, $+ 11.9$, $+ 10.8$, was die Ruhelage zu $+ 6.69$ ergibt. Später fand man, dass eine Gewichtsänderung von 5 Milligrammen (in Einheiten des Reiters) die Gleichgewichtslage um 13.46 Scalentheile verschiebt, eine Differenz der Gleichgewichtslagen von $+ 0.40$ Scalentheilen mithin 0.015 Theilen des Reitergewichtes entspricht. Fügt man diese Differenz unter Berücksichtigung des Sinnes des Ausschlages zu dem Gewichtsunterschiede hinzu, so findet man:

$$20 = 10 + 10' + 0.065 \text{ Reiter.}$$

Um die Rechnung der Nullpunkte aus den Schwingungen leichter vollziehen zu können, ordnete ich die Ausschläge beim Aufschreiben gewöhnlich folgendermassen: $\dfrac{1,\ 2,}{3,\ 4}$.

Dies wird nun wohl genügen um die nachfolgenden Beispiele zu verstehen, die ich meinem Beobachtungsjournal entnehme:

Gewichtsstücke in Grammen.	Ausschläge.			Reiter-angaben in Bruchtheilen desselben.	Einfluss bekannter Gewichts-stücke.	Abgeleitete Gleichungen.	Bemerkungen.
	Beobachtet.	Null-punkte.	Mittel.				
20	+1.1 +12.4 +2.0 +11.2	+7.07 +7.10	+7.09	0			Die Gleichungen sind gebildet mit Hülfe der arithmetischen Mittel der zusammengehörigen Wägungen. Jeder derselben kommt das Gewicht [1] zu.
10, 10	+1.0 +11.9 +2.4 +10.8	+6.70 +6.68	+6.69	0.08		$20 - 10 + 10' + 0.067$ Reiter [1]	
10, 5, 2 1, 1', 1''	+1.6 +11.9 +2.6 +10.9	+7.00 +7.00	+7.00	0.18		$10 = 10' + 0.001$ Reiter [1]	
10', 5, 2 1, 1', 1''	+2.1 +11.7 +3.0 +10.9	+7.12 +7.15	+7.14	0.18	$\left.\begin{array}{c}0.50 = \\ 13.56\end{array}\right\}$	$10' = 5 + 2 + 1 + 1' + 1'' + 0.109$ Reiter[1]	
desgl.	−1.6 −10.9 −2.4 −9.9	−6.45 −6.40	−6.42	0.68			
desgl.	+1.8 +11.5 +2.7 +11.1	+6.88 +7.00	+6.94	0.18	$\left.\begin{array}{c}0.50 = \\ 13.36\end{array}\right\}$		
10, 5, 2 1, 1', 1''	+12.6 +2.2 +11.3 +3.3	+7.07 +7.12	+7.04	0.18			
10, 10'	+1.3 +12.3 +2.3 +11.1	+6.90 +6.92	+6.91	0.08			
20	+1.8 +12.0 +2.9 +11.4	+7.32 +7.38	+7.35	0			

Die symetrische Anordnung der einzelnen Wägungen, welche vielleicht auffallend sein könnte, ist gewählt worden, weil es mehrfach
schien, als ob kleine Aenderungen der Wage der Zeit nahezu proportional vor sich gingen und man den Einfluss der hierdurch entstehenden Fehler durch ein solches Verfahren thunlichst eliminirte. Man
glich ausserdem mit dem Reiter auch immer nahezu aus, um die
Schneide der Wage während der Ermittelung einer zusammengehörigen Anzahl von Gleichungen immer mit derselben Stelle aufzusetzen, da
bei grossen Abweichungen in der Stellung des Wagbalkens durch die
mehr oder weniger cylindrische Gestalt der Schneide kleine Aenderungen in der Länge der Hebelsarme der an den Enden hängenden
Gewichte hervorgebracht werden können.

Nach diesen angedeuteten Principien sind sämmtliche Gleichungen gefunden worden. Jede einzelne Gleichung ist ausserdem aus
mindestens zwei vollkommen getrennten Beobachtungsreihen bestimmt
worden, bei grösseren Abweichungen wurden die Wägungen öfter
wiederholt, so dass man viele Beziehungen bis 5 mal erhielt. Schliesslich entstanden zwischen den 26 Gewichtsstücken 39 selbstständige
lineare Relationen, aus denen man mit Rücksicht auf ihre Gewichte die
einzelnen Stücke ausgedrückt in Bruchtheilen des 100 Grammstücks
erhielt. Die resultirenden Werthe sind die Folgenden:

500	=	500.00774	1'	=	0.99973
200	=	200.00301	0.5	=	0.50000
100	=	100.00000	0.2	=	0.20001
100'	=	100.00037	0.1	=	0.99996
50	=	49.99857	0.1	=	0.10000
20	=	19.99927	0.05	=	0.04994
10	=	9.99952	0.02	=	0.02006
10'	=	9.99950	0.01	=	0.00999
5	=	4.99961	0.01	=	0.01004
2	=	1.99970	0.005	=	0.00505
1	=	0.99965	0.002	=	0.00220
1	=	0.99974	0.001'	=	0.00106
			0.001''	=	0.00102

$$\text{Reiter} = 0.009947.$$

Man ersieht hieraus, dass bei den Gewichtsstücken, welche
leichter als 100 Gramm sind, nur einmal bei dem 50 Grammstück eine Abweichung vorkommt, welche 1 Milligramm übersteigt,

dass sonst die Fehler aber meist nur wenige Zehntel Milligramme betragen. Berücksichtigt man, dass unser Gewichtssatz schon sehr lange
in Gebrauch ist und man eine Abweichung jedes Stückes bis zu 2 Zehntel Milligramm dem Mechaniker als unvermeidlichen Fehler wohl nachsehen muss, so ist damit die Ansicht wohl gerechtfertigt, dass der
geprüfte Gewichtssatz ein recht guter gewesen. Gleichzeitig kann aber
allen denen, welche oft mit nicht geprüften oder auf gleiche Weise
reducirten Gewichtssätzen bis auf Milligramme oder gar Zehntelmilli-
gramme wiegen, und sich dabei im Selbstbewusstsein ihrer Sorgfalt
und Genauigkeit sehr glücklich fühlen, diese vorstehende Gewichts-
tabelle ein Beweis dafür sein, welche grosse Unexactheit sich dieselben damit zu schulden kommen lassen.

Kleinere Mittheilungen.

Apparat zur Demonstration der Geschossabweichung.

Von W. Beetz.

(Hiezu Tafel XIV Fig. 1, 2.)

Zur Erläuterung der sinnreichen Erklärung, welche er von der seitlichen Abweichung rotirender Kugelgeschosse gegeben hat, hat Magnus einen Apparat construirt, welcher aus einer Rotationsmaschine mit rotirendem Cylinder, aus zwei Windfahnen und aus einem Gebläse zusammengestellt wird.[1]) Aus dem Gebläse wird ein breiter Luftstrom gegen den Mantel des rotirenden Cylinders geblasen. Dieser Strom begegnet auf der einen Seite des Cylinders dem Strudel, welcher sich um die Mantelfläche herum durch das Mitreissen der umgebenden Luftschicht erzeugt, auf der anderen Seite hat der Strom gleiche Richtung mit dem Strudel. Auf der ersten Seite entsteht deshalb Luftverdichtung, auf der zweiten Luftverdünnung, so dass sich auf jener das Windfähnchen vom Cylinder entfernt, auf dieser sich ihm nähert. Ich habe diesem Apparate folgende einfache Gestalt gegeben, welche sich für die Demonstration im Auditorium besser eignet:

Auf einem Fussbrett (Fig. 1, b) stehen zwei eiserne Stäbe hh, welche oben durch einen Bügel ff verbunden sind. Bei cc hat dieser Bügel Schlitze, durch welche man die Fahnen $g\,g'$ hindurchstecken kann. Diese Fahnen werden dann um 90° um die Drähte, von welchen sie getragen werden, gedreht, und nun mit feinen Stahlaxen auf die Axenlager cc aufgelegt. Am oberen Ende tragen die Drähte rothlackirte Blechscheiben ii, deren Ebene senkrecht steht zu den Ebenen der Windfahnen. Die um c drehbaren Vorrichtungen sind so balancirt, dass ihre Schwerpuncte nur wenig unter c liegen. Zwischen den Stangen hh ist ein Blechkasten d eingeschoben, in welchen man durch einen Cautchoucschlauch und das Rohrstück e einen Luftstrom

---

1) Poggendorff, Annalen LXXXVIII p. 1.

13*

blasen kann. Die durchlöcherte Scheidewand kk bewirkt, dass der Strom nicht in der Richtung des Rohres e weiter geht, sondern aus der ganzen Kastenbreite fast gleichmässig und gleichlaufend mit hh heraustritt. Dieser Apparat wird nun auf das horizontale Brett einer vertical aufgeschlagenen Rotationsmaschine gestellt, so dass sich der auf die horizontale Rotationsaxe befestigte Cylinder a zwischen den Fahnen g und g' befindet. Weder durch die Rotation des Cylinders allein, noch durch das Anblasen desselben wird die Stellung der Fahnen verändert. Tritt aber Beides zugleich ein, wobei die Rotation die Richtung des gekrümmten Pfeiles haben mag, so begegnen sich beide Luftströme auf der Seite von g', sie haben gleiche Richtung auf der von g. Die Fahnen nehmen deshalb die weithin erkennbaren Stellungen an, welche in Fig. 2, welche den vollständig zusammengestellten Apparat zeigt, gezeichnet sind. Mit Umkehrung der Rotationsrichtung wechseln natürlich auch die Fahnen ihre Stellung. Ein ganz leiser Luftstoss genügt, um die Erscheinung augenfällig zu machen.

Ueber das Minimum der Prismatischen Ablenkung.

Von R. Radau.

(Hiezu Tafel XIV Fig. 5—9.)

Herr Radau hat einem Schreiben an den Herausgeber die folgende Notiz über das Minimum der prismatischen Ablenkung beigefügt, welche wir unsern Lesern mittheilen zu müssen glauben.

Bezeichnen wir mit i den Incidenz-, mit l den Emergenz-Winkel, mit a den brechenden Winkel des Prisma's und mit d die Ablenkung, so ist bekanntlich

$$i + e = a + d.$$

Sei ferner n der Brechungsindex, so findet man ohne Schwierigkeit:

$$1) \quad \sin^2 \frac{a+d}{2} = n^2 \sin^2 \frac{a}{2} \cdot \frac{\cos^2 \frac{a}{2} - \frac{1}{n^2} \sin^2 \frac{e-i}{2}}{\cos^2 \frac{a}{2} - \sin^2 \frac{e-i}{2}}$$

$$= \sin^2 \frac{a}{2} + \frac{(n^2 - 1) \sin^2 \frac{a}{2}}{1 - \sin^2 \frac{e-1}{2} \sec^2 \frac{a}{2}},$$

woraus hervorgeht, dass d ein Minimum wird für $i = e$, oder wenn $\sin \frac{a+d}{2} = n \sin \frac{a}{2}$. Es muss aber dazu $n \sin \frac{a}{2} < 1$ oder a kleiner als der doppelte Winkel der totalen Reflexion sein.

Ferner ist

$$2) \;\; \cos^2 \frac{a+d}{2} = \cos^2 \frac{a}{2} \cdot \frac{\cos^2 \frac{e-i}{2} - n^2 \sin^2 \frac{a}{2}}{\cos^2 \frac{e-i}{2} - \sin^2 \frac{a}{2}}.$$

$$3) \;\; \tan^2 \frac{a+d}{2} = \tan^2 \frac{a}{2} \cdot \frac{n^2 \cos^2 \frac{a}{2} - \sin^2 \frac{e-i}{2}}{\cos^2 \frac{e-i}{2} - n^2 \sin^2 \frac{a}{2}}.$$

Wenn nun $\sin(e-i)$ von Null an wächst, so ist die Ablenkung d anfangs reell und positiv, wird aber imaginär, so lange

$$\text{arc} \cos \left(n \sin \frac{a}{2} \right) < \frac{e-i}{2} < \text{arc} \sin \left(n \cos \frac{a}{2} \right)$$

oder

$$n \sin \frac{a}{2} > \cos \frac{e-i}{2}$$

und

$$\sin \frac{e-i}{2} < n \cos \frac{a}{2}.$$

Für $n \sin \frac{a}{2} = \cos \frac{e-i}{2}$ wird $a + d = 180^0$, für $\sin \frac{e-i}{2} = n \cos \frac{a}{2}$ ist $a + d = 0$. Von hier ab wird d negativ.

Geometrisch lässt sich das Minimum auf drei Arten sehr elegant construiren, wie folgt:

I. Man beschreibe (Fig. 5) zwei concentrische Kreisbögen mit den Radien 1 und n, und mache einen Centriwinkel gleich dem brechenden Winkel a oder, was dasselbe ist, schneide auf dem zu n gehörigen Kreise einen Bogen $= a$ ab. Zieht man durch die Endpuncte dieses Bogens zwei Parallele, welche den kleineren Kreis treffen, so schneiden diese auf den letzteren ein Bogen $= a + d$ aus.

Zieht man einen Radius parallel zu den beiden Linien, so theilt derselbe den äusseren Bogen a in zwei Theile, welche die Brechungs-winkel r und r' vorstellen, und den inneren Bogen $a + d$ in zwei Theile, welche e und i vorstellen (denn sin $i = n$ sin r, sin $e = n$ sin r'). Sind die Parallelen symmetrisch zum Mittelpuncte, so ist d das Minimum.

II. Zieht man durch einen Punct des äusseren Kreises zwei Ge-rade (Fig. 6), welche den Peripheriewinkel a bilden (also den Bogen $2\,a$ ausschneiden), so schneiden diese auf dem inneren Kreise einen Bogen $= d$ aus; der zugehörige Centriwinkel ist also gleich der Ab-lenkung, die Schenkel von a bilden mit den Schenkeln von d Winkel, welche $= e$ und i sind. Dreht man den Winkel a um seinen Scheitel, bis er symmetrisch zum Mittelpunct liegt, so ist d das Minimum.

III. Anstatt den Winkel a, wie in II, um seinen Scheitel zu drehen, kann man ihn auf dem äusseren Kreise weiterschieben, so dass die Schenkel sich selber parallel bleiben (Fig. 7). Man sieht dann, dass a wächst, wenn man aus der symmetrischen Mittellage herausgeht. Dies ist die Construction, welche Reusch in seinem Aufsatze über Pris-men (Poggendorff's Annalen 1862 Nr. 10) angibt, wo überhaupt das Princip dieses Verfahrens sehr elegant entwickelt ist. Mir war diese werthvolle Arbeit entgangen als ich 1863 eine ähnliche Con-struction bei Gelegenheit der Spectroscope mit directer Absehen-linie publicirte.

IV. Noch erwähne ich, dass Herr L. d'Henry ein solches Spectroscop auf das Minimum der Ablenkung gründet. Da nämlich für das Minimum $i = e$ wird, also der eintretende und ausfahrende Strahl mit der Basis eines gleichschenkeligen Prismas gleiche Win-kel bilden, so braucht man nur diese Basis zu verlängern und den austretenden Strahlen der Verlängerung reflectiren zu lassen (Fig. 8); er wird dann parallel zu dem eintretenden. Durch eine Com-bination von zwei symmetrischen Prismen (Fig. 9) kann man auch die seitliche Verrückung des Strahles aufheben. Ich habe indessen schon durch Rechnung gezeigt, dass man den Strahl durch 2 innere Reflexionen im brechenden Prisma selber redressiren kann.

Apparat zur Demonstration des Gesetzes über das Schwimmen.

Von Dr. H. Schellen.

(Hiezu Tafel XIV Fig. 10.)

Zum Nachweise des Gesetzes, dass das Gewicht eines schwimmenden Körpers gleich ist dem Gewichte der von ihm verdrängten Flüssigkeit, bediene ich mich seit mehreren Jahren mit gutem Erfolge der nachstehenden Einrichtung.

Ein circa 2 Decimeter hohes und 8 Centimeter weites Standglas A hat oben eine Messingfassung $m\,m\,n\,n$ mit einem abwärts geneigten Ausgussrohre.

B ist ein gewöhnliches nach Cubik-Centimetern eingetheiltes Mensur-Cylinderglas, bei welchem die Theilung von 0 bis 300 aufwärts geht. C ist ein aus dünnem Messingblech zusammengesetzter, 2 Decimeter hoher, oben $2^{1}/_{2}$, unten 4 Centimeter weiter hohler Körper, dessen Gewicht genau auf 200 Gramm abgeglichen und dessen unterer Theil zum Zwecke einer grösseren Stabilität beim aufrechten Schwimmen mit etwas Blei ausgegossen ist. Man erhält diesen Körper am einfachsten durch Zusammenlöthen von zwei Messinghülsen, deren sich die Uhrmacher zur Anfertigung der Gewichtsstücke für die gewöhnlichen kleineren Hausuhren bedienen.

Ausser diesen 3 Theilen sind noch 3 oder mehrere Kugeln von Messing erforderlich, deren Gewicht 20, 30 oder 40 Gramm beträgt, die also, da 1 Kubikcentimeter Wasser 1 Gramm wiegt, wenn sie in Wasser geworfen werden, beziehlich 20, 30 oder 40 Cubikcentimeter Wasser verdrängen.

Man beginnt den Versuch damit, dass man das Glas A ganz mit Wasser anfüllt; es wird dann so viel Wasser aus dem Ausgussrohre abfliessen, bis das Niveau $m\,m$ mit dem untersten Rande dieses Rohres einspielt. Um in letzterer Beziehung möglichst genau zu verfahren und das letzte etwas langsam erfolgende Abtröpfeln zu beschleunigen, versieht man den unteren Rand des Ausgussröhrchens im Inneren des Glases A mit einer Kerbe. Es versteht sich übrigens von selbst, dass ein Firnissen der Messingtheile vermieden werden muss, um das Adhäriren der Flüssigkeit an das Metall zu verhindern und das Einsinken des Messingcylinders in das Wasser zu erleichtern. Wenn kein Wasser mehr aus A abfliesst und also das Niveau $m\,m$ der Flüssigkeit in das Abflussrohr einspielt, wird das leere Mensurglas B un-

ter das letztere gestellt und der Cylinder C in das Wasser eingesenkt.
Es fliesst nun das verdrängte Wasser aus A in B ab und steigt in
B, weil C 200 Gramm wiegt, genau bis zum Theilstrich 200.

Ist dieses geschehen, so bringt man eine der Messingkugeln, z. B.
von 20 Gramm, in den Cylinder C; das absolute Gewicht des schwimmenden Körpers C wird dadurch um 20 Gramm grösser, dem entsprechend werden neuerdings 20 Kubikcentimeter Wasser verdrängt und
in B aufgefangen und das Niveau in B steigt bis auf 220. Durch
weiteres Hinzufügen einer Kugel in C von 20 oder 30 Gramm Gewicht
werden entsprechend 20 oder 30 Kubikcentimeter Wasser verdrängt
und jedesmal in B gemessen, so dass sich schliesslich der Satz ergibt,
dass das absolute Gewicht des schwimmenden Körpers
stets gleich ist dem Gewichte der von ihm verdrängten
Flüssigkeit.

Vorlesungs-Apparat zum Nachweis der Reaction, welche beim Aus-strömen von Flüssigkeiten und Gasen erzeugt wird.

Von Ph. Carl.

(Hiezu Tafel XVII Fig. 11.)

Der Anwendung des Segner'schen Wasserrades im Grossen steht
bekanntlich der Missstand entgegen, dass die Reibung am unteren
Zapfen der Drehungsaxe zu gross ist, da derselbe das ganze Gewicht
einer grossen Wassermasse zu tragen hat. Dagegen bewährte sich
die Einrichtung vollständig, bei welcher das Wasser von unten her in
die horizontalen Arme des Segner'schen Rades eingeführt wird.

Ich habe nun nach diesem Principe einen Vorlesungs-Apparat
construirt, welcher zugleich den Vortheil hat, dass man damit auch
die Reaction der Luft nachweisen kann. Ich legte bei der Construction die in Müller Pouillet's Physik I pag. 329 gegebene Skizze des
Principes zu Grunde; der Apparat selbst ist auf Tafel XVII Figur 11
dargestellt.

Die horizontalen, an den äusseren Enden geschlossenen und mit
entsprechenden seitlichen Löchern versehenen Rohre HH sind in das
Rohr BB rechtwinklich eingelöthet, welches unten in die Büchse M
eingeschliffen ist und oben in einer Schraubenspitze s läuft. Das
Rohr BB ist so um seine Axe ungemein leicht drehbar. In die
Büchse M mündet das umgebogene Rohr RR ein, an welches ein

Cautschoucschlauch SS angesteckt wird, der an seinem anderen Ende den Trichter T trägt.

Hebt man nun den Schlauch und giesst man Wasser in den Trichter, so ist der Druck desselben bald hinreichend gross, um die Reibung auf ein Minimum herabzubringen und die Drehung der horizontalen Arme um die Axe des Rohres BB in Folge der Reaction des ausströmenden Wassers zu bewirken.

Will man die Reaction der ausströmenden Luft mit dem Apparate nachweisen, so entfernt man den Trichter T und bläst einfach in den Cautschoucschlauch SS hinein; es findet dann eine rasche Umdrehung der Arme HH statt.

Zur grösseren Stabilität steht der ganze Apparat auf einer festen runden Eisenplatte E. Da die Reibung am geringsten ist, wenn das Rohr BB genau vertical steht, so sind, um dies bewirken zu können, an der Fussplatte E die drei Stellschrauben PPP angebracht.

Neues Physicalisches Experiment.

Von Kommerell.

(Hiezu Tafel XVII Fig. 10.)

Auf einer schiefen Ebene liegt eine Walze, welche zwei gleiche concentrische Scheiben an ihren beiden Grundflächen trägt, mit horizontaler Axe auf, so dass sie über die Ebene herunterrollt, wenn man sie nicht hält. Die Scheiben sind grösser als die Walze und man kann also eine Federrolle, eine Spule u. dergl. dazu nehmen. Ein Band, welches mit dem einen Ende an der Walze befestigt und einigemal um sie geschlungen ist, wird am anderen Ende mit der Hand festgehalten in der Art, dass das tangentiell von der Walze ausgehende Ende parallel der schiefen Ebene gehalten wird und dass es die Walze nicht oben, sondern unten verlässt. Wenn die schiefe Ebene nicht zu steil ist, so hat man den unerwarteten Anblick, dass die Walze nicht nur nicht hinunterrollt, sondern dass sie, wenn man aufwärts zieht, berganrollt und das Band weiter um sich herumwickelt, bis sie bei der festhaltenden Hand ankommt.

Für die Theorie der Erscheinung einige kurze Bemerkungen. Die schiefe Ebene zeichne man sich als eine Gerade ab (Fig. 10 Taf. XVII),

die mit der horizontalen Linie den Winkel φ einschliesst, der also die
horizontale Neigung der schiefen Ebene ist. Ein Kreis mit dem Mittelpunct o und dem Halbmesser R berühre ab in c und bedeute die
beiden Scheiben; ein kleinerer concentrischer Kreis mit Halbmesser
$r = od$ bedeute die Walze. Eine Tangente de in d am kleineren
Kreise, die also parallel ab ist, bezeichnet das Band, an welchem die
Hand mit der Kraft P ziehe. Eine Gerade oy durch den Mittelpunct,
welche parallel mit ab abwärts gehend gezeichnet wird, stellt diejenige Composante des Gewichtes Q der Rolle vor, welche das Hinab-
rollen hervorbringen würde, und welche $= Q \sin \varphi$ ist. Zieht aber
die Kraft P in der Richtung de aufwärts, so entsteht in c durch Reibung eine abwärts gerichtete Kraft auf ab, welche $= N$ sei. Zwischen
diesen drei parallelen Kräften, um welche es sich allein handeln kann,
besteht Gleichgewicht, wenn

$$P = Q \sin \varphi + N \ . \ . \ (1)$$

und

$$N \times cd = Q \sin \varphi \ . \ od \ . \ . \ (2)$$

Die Gleichung (1) ist im Allgemeinen immer möglich, wenn man
P beliebig vergrössern kann. Aber (2) kann unmöglich werden, wenn
die horizontale Neigung φ zu gross genommen wird. Ist nämlich F
der sogenannte Reibungscoëfficient, so tritt das Maximum für die Kraft
N ein, wenn sie $= F \ . \ Q \cos \varphi$ wird. Für diesen Fall sei die horizontale Neigung der Ebene $= \alpha$; die Gleichung (2) geht alsdann
über in

$$F \ . \ Q \cos \alpha \ . \ cd = Q \sin \alpha \ . \ od$$

oder

$$\tan \alpha = \frac{F(R - r)}{r} \ . \ . \ . \ (3)$$

Hieraus bestimmt sich der Winkel α als Grenzwerth von φ und
es liegt in dieser Gleichung (3), dass die Ebene um so steiler genommen werden darf, je grösser R und je kleiner r ist.

Ist aber $\varphi < \alpha$, so ist auch $N < F \ . \ Q \cos \alpha < F \ . \ Q \cos \varphi$, und
man kann dann das Gleichgewicht stören durch Vergrösserung von P,
d. h. durch stärkeres Ziehen mit der Hand; es erwacht in r eine
grössere Kraft als N, während die Kraft $Q \sin \varphi$, die in o angreift,
gleich bleibt. Ehe also N seinen Grenzwerth erreicht, erfolgt eine
Drehung der Geraden co um c, wie wenn c der feste Punct eines Hebels
co wäre, an welchem das Moment der Kraft P grösser ist als das

Moment der Kraft Q sin φ. Die Folge dieser Drehung ist ein Hin-
aufrollen und ein Umwickeln des Bandes $d\,e$. Für jeden höher liegenden Berührungspunct wiederholt sich dann das Nämliche.

Zur biographischen Notiz über Plössl.

(Repertorium IV. Band, S. 64.)

Ich habe nachträglich aus verlässlicher Quelle in Erfahrung gebracht, dass Jacquin auf eigene Kosten den gelehrten Kreis um sich
versammelt und keinerlei Tafelgelder bezogen habe. π.

Ein ohne Mechanismus functionirender Electrischer Regulator.

Von Fernet.

Man weiss seit Ampère, dass zwei aufeinander folgende Leiter
desselben Stromes sich abstossen, wenn der eine in der Verlängerung
des anderen gelegen ist. Die beiden Kohlen, zwischen welchen der
electrische Lichtbogen überspringt, bilden zwei von demselben Strome
durchlaufene Leiter; sie müssen also aufeinander eine Abstossung ausüben, welche ihren Abstand zu vergrössern strebt. Wären demnach die
beiden Kohlen vollständig frei beweglich, so würde die sie bewegende
Repulsivkraft sofort die Länge des Lichtbogens vermehren und ihn
sodann unterbrechen. Ich habe versucht, solche Verhältnisse herzustellen, dass wenn diese Beweglichkeit der Kohlen erhalten wird, blos
durch die Zunahme ihres Abstandes eine andere Kraft erzeugt wird,
die fähig ist, die Repulsivkraft zu neutralisiren und das System auf
einen stabilen Gleichgewichtszustand zurückzuführen; die Unveränderlichkeit des Abstandes würde so in absoluter Weise gesichert sein.

Da die abstossende Kraft sehr schwach ist, selbst wenn die Kohlen sich berühren, da sie an Stärke abnimmt, je mehr der Abstand
zunimmt, da die Entfernung der Kohlen zur Folge hat, dass sie noch
geringer wird, so folgt, dass man dem Systeme eine so grosse Beweglichkeit wird ertheilen müssen, dass die Bewegungen keinerlei Reibung veranlassen.

Die eine der Kohlen ist an einem Metallstabe angebracht, der wie der bewegliche Hebel der Coulomb'schen Wage aufgehängt und so eingerichtet ist, dass der Strom in ihn eintreten kann; die andere Kohle stellt man gegenüber in einer Richtung auf, welche eine Tangente an den Kreisbogen bildet, den das Ende des Metallstabes beschreibt, wenn es sich um seinen Aufhängungspunct dreht. Sind ausserdem die Kohlen so angebracht, dass die eine in der Verlängerung der anderen gelegen ist, so dreht man das obere Ende des Drahtes, der den Metallstab, woran die eine Kohle angebracht ist, trägt, der Art, dass sich die Kohlen leicht aneinander anlegen. Sowie der Strom geschlossen ist, sieht man die bewegliche Kohle sich von der anderen entfernen, und da die Torsionskraft, welche sie aufzuhalten strebt, mit der Grösse der Abweichung zunimmt, so erreicht man bald eine Gleichgewichtslage. Dieses Gleichgewicht ist stabil, da jede Zunahme des Abstandes der Kohlen die abstossende Kraft vermindert und die Torsionskraft vermehrt, während eine Annäherung die Torsionskraft vermindert und die abstossende Kraft vermehrt. Die continuirliche Abnützung der Kohlen lässt also die bewegliche Kohle continuirlich eine Reihe von Gleichgewichtslagen durchlaufen; die Kohlenenden, zwischen welchen das Licht übergeht, bewahren also gegen einander einen nahe constanten Abstand.

Die bisher angestellten Versuche haben eine hinreichende Continuität des Lichtes ergeben. Das Gleichgewicht kann nach Belieben für verschiedene Abstände hergestellt werden durch eine einfache Aenderung der Torsion des Drahtes.

(Les Mondes, 4 Juin 1868.)

Vorlesungs-Versuche über Siedverzüge.

Von Dr. G. Krebs.

(Hiezu Tafel XVII Fig. 8, 9.)

(Aus Poggendorff's Annalen 1868 Nr. 4.)

Um Versuche über Siedverzüge anzustellen, nimmt man eine tubulirte Retorte, deren Tubulus so weit ist, dass ein kleiner Gummistopfen mit zwei Löchern tief hineingeht. In das eine Loch des Stopfens steckt man ein Thermometer, auf dessen Röhre, wenn es sich nur um Vor-

lesungsversuche handelt, bloss die Grade 70, 80, 90 und 100 angegeben zu sein brauchen; der 70. Grad muss oberhalb des Stopfens sichtbar sein. In das zweite Loch des Stopfens steckt man eine kurze
Glasröhre, in welche zwei Platindrähte mit angelötheten Platinplätt-
chen, von einander isolirt, eingekittet sind. Die Retorte wird theilweise mit Wasser, dem etwas Schwefelsäure zugesetzt ist, gefüllt.

Für einen blossen Vorlesungsversuch, sagt Dufour, reiche es
hin, die Retorte durch einen Cautschoucschlauch direct mit der Luftpumpe zu verbinden; allein diese Anordnung ist nicht rathsam, weil,
wenn das angesäuerte Wasser plötzlich zu kochen beginnt, was oft
mit solcher Heftigkeit geschieht, dass das Wasser in den Schlauch
hineinschiesst, die Luftpumpe schweren Schaden leidet.

Für feinere Versuche empfiehlt Dufour, die Retorte durch eine
Röhre mit einem Blechgefäss zu verbinden, welches durch eine zweite
Röhre mit der Luftpumpe und durch eine dritte mit einem Manome-
ter in Verbindung gebracht wird. Dieser Apparat ist aber etwas um-
ständlich, abgesehen davon, dass das Blechgefäss durch die sauren
Dämpfe bald zerstört wird; auch fehlt noch eine Vorrichtung zum
Schutz der Luftpumpe gegen die sauren Dämpfe. Ich möchte dess-
halb, namentlich für Vorlesungsversuche, einen anderen Apparat, den
ich „Communicationsgefäss" nennen will, vorschlagen: Ein cylindrisches
Glas (Fig. 8 Taf. XVII), etwa ein solches, wie man es für galvanische
Elemente gebraucht, wird mit einem starken, luftdicht aufgekitteten
Messingdeckel, das drei Röhren trägt, verschlossen. In die mittlere
Röhre ist ein Barometer (mit einfacher Theilung in Zolle) eingekittet;
die zweite Röhre ist mit einem Hahn versehen und hat etwa die
Weite von 2 Ctm. (so weit, wie der Hals der zu diesen Versuchen
benutzten Retorten); die dritte Röhre ist 9 Ctm. lang und so weit,
wie die Röhre der Luftpumpe, da sie durch einen Cautschoucschlauch
mit der Luftpumpe verbunden werden soll; ausserdem hat diese Röhre,
wie aus Fig. 9, Taf. XVII ersichtlich, unten einen durchlöcherten Boden und kann oben durch ein aufgeschlitztes Cylinderchen mit etwas
übergreifendem, durchlöchertem Deckel verschlossen werden. Vor An-
stellung der Versuche nimmt man den Deckel ab und füllt die Röhre
mit Bimsteinstückchen, auf die man so lange Kalilauge giesst, bis die
Flüssigkeit in das Gefäss läuft und den Boden einige Millimeter hoch
bedeckt. Ausser der Röhre mit dem Hahn ist es gut noch eine andere ohne Hahn zu haben, die man statt ihrer aufschrauben kann;

denn nur ein einziger Versuch verlangt einen Hahn; die sauren Dämpfe
und die oft überschiessende Flüssigkeit aber würden den Hahn bald
verderben. Auch ist es vortheilhaft, bei den Versuchen das Communicationsgefäss in kaltes Wasser zu stellen, um die Dämpfe zu con-
densiren.

Um nun einen grösseren Siedverzug zu erhalten, kocht man das
Wasser in der Retorte einige Minuten, nimmt dann einen Augenblick
die Flamme weg, kocht wieder etc.; jedenfalls muss man das Kochen
so lange fortsetzen, als man noch am Thermometer, den Platindrähten,
oder der Gefässwand Luftblasen bemerkt; oder, so lange noch von
einzelnen Stellen der Wand aus Dampfblasen in grösserer Menge sich
entwickeln.

Nunmehr lässt man bis etwa 75° erkalten.

Um keine Zeit zu verlieren, benutzt man zum Kochen einen
grossen Gasbrenner mit viellöcherigem Aufsatz und bringt das Wasser
dadurch zum Erkalten, dass man den Bauch der Retorte wiederholt
in ein darunter gehaltenes Gefäss mit kaltem Wasser tauchen lässt.
Nur darf man nicht vergessen, wenn man wieder erhitzen will, die
Retorten vorher abzutrocknen.

Ist die Erkaltung bis 75° fortgeschritten, so verbindet man den
Hals der Retorte durch einen dickwandigen Cautschoucschlauch mit
dem Communicationsgefäss, das man schon vorher mit der Luftpumpe
verbunden hatte.

Hierauf pumpt man langsam aus; ist man einmal unter 11 Zoll
gekommen, bei welchem Druck Wasser von 75° kochen kann, so kann
man schon etwas rascher pumpen; gerade bei 11 Zoll ist die meiste
Gefahr vorhanden, dass das Wasser zu kochen beginnt. Man kann
nachher oft so weit auspumpen, als es nur die Luftpumpe hergiebt,
ohne dass das Sieden eintritt.

Um beim Pumpen Erschütterungen möglichst zu vermeiden, ist
es gut, wenn die Luftpumpe auf einem besonderen Tische steht.

Nach dem völligen Auspumpen ist ein Siedverzug von 30 bis 40°
entstanden und man kann nun das Wasser zum plötzlichen, heftigen
Kochen auf eine der folgenden Arten bringen:

1. Durch Einführung gasiger Körper: man halte die Poldrähte eines Bunsen'schen Elements an die Platindrähte der Retorte
(Dufour).

2. Durch Erschüttern: man erhitze das Wasser, welches nach

dem heftigen Kochen im ersten Versuch tief unter 75⁰ gefallen ist, bis etwas über 75⁰ und lasse es wieder bis 75⁰ erkalten; dann pumpe man, wie vorhin, aus und hebe den Hals der Retorte etwas, so, dass das Wasser an den Wänden derselben in die Höhe schwankt; das Kochen beginnt sicher und mit grosser Gewalt. Auch hier scheint die Berührung des Wassers mit den Gasblasen in dem oberen Theil der Retorte, oder an der Retortenwand die Ursache des plötzlichen Aufkochens zu sein. Ich habe auf sehr verschiedene Weise das Wasser durch Erschütterung zum Kochen zu bringen gesucht, z. B. auch durch Loslassen einer auf das Thermometer gewickelten Spiralfeder, ohne aber sichere Resultate erlangt zu haben. Dufour sagt, man könne „fast" sicher durch „Erschütterung" das plötzliche Kochen hervorrufen; — wenn man aber die Retorte so, wie angegeben, erschüttert, gelingt der Versuch unfehlbar.

3. Durch momentanes Erhitzen: man verfahre wie im zweiten Versuch, um einen starken Siedverzug herzustellen und halte dann einen Augenblick eine Lampe unter: das Kochen beginnt sogleich mit grösster Heftigkeit.

Der zweite und dritte Versuch geben ein deutliches Bild davon, wie in der Wirklichkeit manche Explosionen entstehen; wird ein Kessel, der mehrere Stunden in Ruhe gestanden hat, so erschüttert, dass das Wasser an den Wänden in die Höhe schwankt, so tritt, wenn ein Siedverzug stattgefunden, das heftigste Sieden ein, das leicht eine Explosion hervorrufen kann; oder — will der Heizer das Feuer frisch schüren, so ist, sobald die Flamme an den Kessel schlägt, ebenfalls die Möglichkeit einer Explosion vorhanden.

4. Durch plötzliche Druckverminderung: man erhitze das Wasser bis auf 90⁰, pumpe etwa bis 18 Zoll aus (wobei schon ein Siedverzug stattfindet), schliesse den Hahn an der Röhre, welche die Retorte mit dem Communicationsgefäss verbindet und pumpe nun so weit als möglich aus: öffnet man jetzt den Hahn, so kommt manchmal durch die plötzliche Druckverminderung das Wasser ins Sieden. Der Versuch ist, selbst wenn das Wasser noch etwas mehr als 90⁰ Hitze hatte, nicht sicher, vorausgesezt, dass man beim Oeffnen des Hahns keine Erschütterung hervorbringt. Dieser (von Dufour angegebene) Versuch ist insofern interessant, als er zeigt, dass selbst sehr starke plötzliche Druckverminderung nicht immer das Wasser in's Kochen bringt, auch wenn es schon einen Siedverzug erlitten hat.

Die drei letzten Versuche kann man auch mit reinem Wasser anstellen; zu dem vierten wird man, zur Schonung des Hahnes, nur reines Wasser verwenden und kann bei den drei ersten die Röhre mit dem Hahn durch eine andere ohne Hahn, wie schon erwähnt, ersetzen.

Eine neue Form des schwimmenden Stromes.

Von Dr. G. Krebs.

Herr Krebs hat den Korb am de la Rive'schen schwimmenden Strome beseitigt und statt desselben ein ausgehöhltes Holzstück genommen, welches die Gestalt eines halben Eies hat; dasselbe ist oben durch einen geraden Deckel verschlossen und gut gefirnisst. Die Enden des Drahtes werden durch den Deckel und den unteren spitzen Theil des Eies hindurchgeführt; an das eine Ende nun wird ein etwa 1 bis $1^1/_2$ Centimeter weiter Kupfercylinder und an das andere ein etwas engerer Zinkcylinder, welcher in dem Kupfercylinder, ohne ihn zu berühren, steckt, angelöthet. Will man den Strom noch verstärken, so steckt man in den Zinkcylinder noch einen Kupfercylinder, welcher mit dem äusseren durch kleine Kupferdrähte verbunden wird. Die drei Cylinder erhält man durch oben und unten übergelegte Querstäbchen von Holz auseinander. (Pogg. Ann. 1868. 1.)

Ein neuer Verdunstungsmesser.

Von Prof. v. Lamont.

(Hiezu Tafel XVIII Figg. 1—3.)

Dass es keine leichte Aufgabe sei, einen den practischen Anforderungen genügenden Verdunstungsmesser zu construiren, beweist die Thatsache, dass von den vielen vorgeschlagenen Constructionen keine bisher eine gar weit verbreitete Anwendung gefunden hat: neue Versuche möchten desshalb wohl nicht als überflüssig zu betrachten sein. Die neue Construction, welche hier den Meteorologen vorgelegt wird, hat jedenfalls den Vortheil grosser Einfachheit, so zwar, dass wenige Worte ausreichen werden, um die beiliegende Zeichnung verständlich zu machen.

Das Instrument, wovon in Fig. 1 Tafel XVIII die Ansicht nebst einigem Detail, in Figur 2 und 3 der Durchschnitt des untern Theiles dargestellt wird, besteht aus drei Haupttheilen, einem Wasserbehälter $abcd$, einer damit durch die Röhre RR communicirenden Verdunstungsschaale $efgh$ und einem Messcylinder $mnop$, der mittelst der Schraube SS in den Wasserbehälter mehr oder weniger tief hineingeschoben wird, und dazu dient, das Wasserniveau beliebig zu ändern. Wie tief der Messcylinder hinabgeht, zeigt der Index k auf der Scala ss an. Die Drehung des Messcylinders während der Bewegung wird durch die Gabel qq verhindert, welche die Säule $C'C'$ umfasst.

Vom Anfange wird der Index auf Null gestellt und in die Verdunstungsschaale Wasser gegossen, bis es die Niveaulinie MN (Fig. 2) erreicht, d. h. bis die Oberfläche desselben an der Oeffnung der Communicationsröhre bei A erscheint; alsdann bewegt man den Messcylinder abwärts und bewirkt dadurch, dass die Verdunstungsschaale mit Wasser sich anfüllt und das Wasserniveau bis $M'N'$ (Fig. 3) steigt. Wenn in diesem Stande uas Instrument während eines bestimmten Zeitraumes der freien Luft ausgesetzt war, und es darum

sich handelt, die Höhe des verdunsteten Wassers, d. h. die Dicke der
in die Atmosphäre übergegangenen Wasserschichte, zu messen, so
zieht man den Messcylinder·mittelst der Schraube SS soweit herauf,
bis das Wasser wie in Figur 2 gerade an die Oeffnung bei A zu
stehen kommt und liest den Stand des Index an der Scala ab. Je
nach der Trockenheit der Luft können zwei,·drei oder mehrere Tage
vergehen, bis es nöthig wird, neues Wasser nachzufüllen und eine
neue Beobachtungsperiode zu beginnen.

Bei Beginn einer Beobachtungsperiode sollte, wie vorhin angegeben wurde, soviel Wasser nachgefüllt werden, dass dasselbe an der
Oeffnung der Communicationsröhre bei A erscheint, während der Index
auf Null steht, was dadurch sich bewerkstelligen lässt, dass man etwas
zu viel Wasser aufgiesst, und das Ueberflüssige mittelst eines nassen
Schwammes entfernt. Zweckmässiger aber ist es, die Auffüllung nur
näherungsweise vorzunehmen: hat man nämlich nach einer ersten
genauen Auffüllung gefunden, wie weit man den Index hinabbewegen
muss, bis das Wasser den Rand der Verdunstungsschaale erreicht, so
braucht man später nur immer auf diesen Stand einzustellen, und die
Verdunstungsschaale bis zum Rande aufzufüllen. Zieht man nach
solcher Auffüllung den Messcylinder so weit herauf bis die Wasser-
oberfläche an die Oeffnung der Communicationsröhre bei A zu stehen
kommt, so wird die Ablesung nur um einige Zehntellinien von Null
abweichen, und diese Ablesung muss als Ausgangspunct für die neue
Periode notirt werden. Die Berechnung wird dadurch nicht erschwert,
denn die Verdunstung ist immer dem Unterschiede je zweier auf
einander folgender Ablesungen gleich.

Die Scala ss wird so getheilt, dass sie die Höhe des verdunsteten
Wassers unmittelbar in Zehntellinien und mittelst Schätzung in Hun-
dertellinien angiebt; eine Linie wird auf der Scala durch eine Länge
von $\frac{R^2}{r^2}$ Linien dargestellt, wo R den (innern) Durchmesser der Verdunstungsschaale und r den (äusseren) Durchmesser des Messcylinders
bedeutet.

Bezüglich der richtigen Construction des Instruments wäre als
wesentlich zu bemerken, dass dem Messcylinder mit aller Sorgfalt auf
der Drehbank die cylindrische Gestalt gegeben werden muss, ebenso
ist es nothwendig, dass die innere Wand der Verdunstungsschaale
eine genaue cylindrische Gestalt erhalte.

Die Bewegungsschraube *S S* muss behufs der Erzielung einer hinreichend raschen Bewegung ein dreifaches Gewinde haben; die Schraubenmutter *r r* soll aus zwei Hälften bestehen, die durch Schrauben mehr oder weniger zusammengezogen werden können. Die Säulen *C C, C′ C′* haben zunächst den Zweck, oben die Bewegungsschraube *S S* zu halten, wozu nöthigenfalls eine einzige Säule ausreichen könnte.

Die Dimensionen sind im Grunde willkührlich, jedoch sollte, damit die Scalatheile nicht zu klein ausfallen, der innere Durchmesser der Verdunstungsschaale wenigstens doppelt so gross sein, wie der äussere Durchmesser des Messcylinders, ferner muss die Scala (und mithin auch der Messcylinder) die nöthige Länge haben, damit man wenigstens 8 Linien Verdunstungshöhe — in südlichen Ländern einen entsprechend grössern Betrag — darauf ablesen kann. Für die Verdunstungsschaale reicht nach den bisherigen Versuchen ein Durchmesser von 36 bis 42 Pariser Linien vollkommen aus.

Was die Anwendung von Verdunstungsmessern zum Zwecke der Meteorologie betrifft, so giebt es Bedingungen, worüber die Fachmänner einig sind und Bedingungen, worüber eine Verschiedenheit der Ansichten besteht. Zu den ersteren gehört die Bedingung, dass man zum Auffüllen des Instrumentes nur Regenwasser oder wenigstens Wasser, welches keinen Satz macht und keine die Verdunstung modificirenden Substanzen aufgelöst enthält, benützen dürfe: zu den letzteren gehört die Exposition, denn einige Beobachter setzen den Verdunstungsmesser den directen Sonnenstrahlen aus; andere stellen ihn im Schatten auf. Ich glaube übrigens, dass nur die letztere Aufstellung — gerade wie bei der Temperatur — geeignet ist, normale und vergleichbare Bestimmungen zu liefern. Bei der Aufstellung möchte besonders darauf zu sehen sein, dass die Luft von allen Seiten Zutritt habe; zugleich ist es nothwendig, dass oben ein Dach zum Abhalten des Regens und seitwärts Drahtgitter zum Abhalten der Vögel angebracht werden.

Bei jeder neuen Auffüllung ist es zweckmässig, die Verdunstungsschaale mit einem nassen Schwamme auszuwischen. Sollte an dem Messcylinder Unreinigkeit sich zeigen, so wird der Aufsatz *F F* abgeschraubt und der Cylinder gereinigt. Die Bewegungsschraube muss von Zeit zu Zeit ein wenig mit Fett abgerieben werden, um das Rosten zu verhindern.

14*

In wie ferne noch ausserhalb des Bereiches der Meteorologie der Verdunstungsmesser Anwendung finden könnte, und ob insbesondere in Krankenhäusern, Gebäuden mit Luftheizung, feuchten Wohnungen, und wo es sonst darauf ankommt für hygienische Zwecke oder Vegetations-Untersuchungen ein Maass der Verdunstung und Feuchtigkeit zu erhalten, Instrumente obiger Art — von kleinen Dimensionen — zu empfehlen sein möchten, muss erst durch Versuche entschieden werden: vorläufig scheint mir, dass die Angaben derselben in mehrfacher Hinsicht den gewöhnlichen hygrometrischen Messungen vorzuziehen wären. [1])

---

1) Der Verdunstungsmesser ist durch die physikalische Anstalt des Herausgebers zu beziehen.

Der Hipp'sche Wärme-Regulator zur Erzielung constanter Temperatur in geschlossenen Räumen.

Von

Dr. Ad. Hirsch,

Director der Neuenburger Sternwarte.

(Hiezu Tafel XIX Fig. 5 und XX Fig. 1.)

Die Mittheilung von Herrn Dr. Scheibler im 2. Heft (IV. Bandes) des Repertoriums: „Ueber einen elektrischen Wärme-Regulator" etc. veranlasst mich, Ihnen die Beschreibung eines ähnlichen Apparates mitzutheilen, welcher auf unserer Sternwarte zum Zwecke, die Compensation der auf derselben deponirten Chronometer zu bestimmen, bereits seit 8 Jahren im beständigen Gebrauche ist und sehr befriedigende Resultate ergiebt. Vor dem Scheibler'schen Apparate hat derselbe zunächst den Vorzug, dass die Regulirung der Temperatur auf mechanischem Wege, und nicht durch Electricität erreicht wird, die man ihrer Natur nach wesentlich nur da anwenden sollte, wo es auf weit entfernte oder möglichst simultane Kraftübertragung ankömmt. Vor allen Dingen aber erzielt der Hipp'sche Apparat die gewünschte Constanz der Temperatur innerhalb viel engerer Grenzen. Denn während beim Scheibler'schen Regulator „die Temperatur bei jeder Stromschliessung um 3 bis 4 Grade hält", sind die Schwankungen im Hipp'schen Ofen bedeutend enger. Für viele chemische, technische, physiologische Versuche und Operationen aber ist es von erheblicher Bedeutung, die Temperatur des betreffenden Raumes innerhalb der Grenzen etwa eines Grades auf längere Zeit constant zu erhalten. Herr Hipp hat diese Aufgabe sehr befriedigend gelöst, indem er die zur Heizung dienende Gasmenge durch die grössere oder geringere Biegung einer im Innern des Ofens angebrachten bimetallischen Lamelle regulirt.

Folgendes ist die einfache Construction des Apparates, welche durch die zwei beigefügten Zeichnungen genügend erläutert sein

dürfte, von denen die erste (Tafel XIX Figur 3) eine perspectivische
Gesammt-Ansicht des Ofens und die zweite (Tafel XX Figur 1) den
Regulirapparat darstellt: Der Ofen, dessen Dimensionen natürlich
 nerhalb gewisser Grenzen willkührlich sind (der meinige hat circa
50 ᵐ· Seite, ist aus Holz mit Glasscheiben auf der vorderen und
oberen Seite), construirt; der Boden wird von einem aus Kupferblech bestehenden Wasserkasten (K) gebildet, dessen Eingusstrichter
bei E sichtbar ist, während der Abschlusshahn sich auf der in der
Zeichnung unsichtbaren Seite befindet. An den inneren Wänden ver-
laufen ausserdem, behufs gleichmässiger Vertheilung der Wärme, mehrfach gewundene Röhren, die mit dem Wasserbehälter communiciren
und die bei aa zwei Oeffnungen zum Auslassen der Luft beim Ein-
füllen des Wassers und zum Auslassen des Dampfes haben für den
Fall, dass durch irgend einen Zufall das Wasser in's Kochen gerathen sollte. An der inneren Hinterwand des Ofens befindet sich
eine U-förmig gebogene Lamelle (C, Figur 1 Tafel XX), deren
eines Ende bei A befestigt ist, während das andere Ende B — da
die Stahllamelle aussen und die Messinglamelle innen liegt — bei
fallender Temperatur sich A nähert, d. h. nach rechts, und bei steigender Temperatur nach links bewegt. Dieses bewegliche Ende der
Lamelle steht dann mittelst eines dünnen, bei o die Ofenwand durch-
setzenden Kupferfadens mit dem Gasregulator (R) in Verbindung,
indem derselbe um die Axe einer Regulirschraube (z) gewunden ist.
Diese Schraube bildet das obere Ende eines um den Punkt h beweglichen, unten umgebogenen Winkelhebels, dessen anderes Ende bei v
ein konisches Ventil trägt, welches die Zuleitungsröhre des Gases (E)
verschliesst. Daneben befindet sich in dem aus Blech gearbeiteten,
an der Aussenseite des Ofens angebrachten und mit Wasser abgeschlossenen Gasregulator (R) die Ausflussröhre (S, Fig. 3 Tafel XIX)
des Gases, welches durch einen Schlauch (G) zum Brenner (F) gelangt, dessen Flamme unmittelbar unter dem Wasserbehälter (K)
das Wasser in diesem und somit die Luft im Innern des Ofens erwärmt.

Nach dieser Beschreibung ist das Spiel des Apparates leicht zu
verstehen: Beginnt die Temperatur im Innern des Ofens über eine
gewisse, durch die Regulirschraube (z) bestimmte Grösse zu steigen, so
bewegt sich das Ende (B) der bimetallischen Lamelle nach links und
damit wird das Ventil (v) mehr geschlossen, d. h. es dringt weniger
Gas durch die Zuflussröhre zur Flamme, die damit schwächer wird

und die Temperatur wieder sinken macht; das Umgekehrte findet statt, wenn die Temperatur im Innern zu sinken beginnt, das Ventil wird mehr geöffnet, die Flamme verstärkt etc.

Ich füge nur noch einige Bemerkungen über die zwei bei einem solchen Apparat wichtigsten Fragen hinzu; erstens: innerhalb welcher Grenzen die beiden bestimmenden Factoren, nämlich die äussere Zimmertemperatur und der Gasdruck schwanken dürfen, damit der Regulator die Temperatur im Innern des Ofens noch constant erhalte; und zweitens: welches die Schwankungen sind, innerhalb welcher die innere Temperatur sich um ihren Mittelwerth bewegt.

Was den ersten Punkt betrifft, so befindet sich mein Apparat allerdings insofern unter besonders günstigen Bedingungen, als die Zimmertemperatur innerhalb 24 Stunden selten um mehr als 2^0 schwankt, und der Gasdruck in unserer Sternwarte, die $50^{m\cdot}$ über dem nahen Gasometer liegt, äusserst constant ist. Doch habe ich den Ofen öfter mehrere Tage hintereinander, während welcher die Temperatur um 6^0 schwankt, im Gang erhalten, ohne eine merkliche Aenderung der mittleren Temperatur des Ofens zu beobachten. Auch brauche ich im Laufe des Jahres, wo die Zimmertemperatur von 2^0 bis 24^0 sich ändert, die Regulirschraube des Ofens nur etwa 3 — 4 mal zu corrigiren, um die Temperatur des Ofens bei 30^0 zu erhalten. — Was dann die Variation der Ofentemperatur in 24 Stunden betrifft, welche ich regelmässig durch stündliche Ablesungen eines im Innern des Ofens aufgehängten Thermometers bestimme, so ist dieselbe äusserst gering, nachdem einmal das Gleichgewicht zwischen der innern und äussern Temperatur vermittelst weiterer in ihrer Amplitude stets abnehmender Schwankungen sich hergestellt hat, was in der Regel nach etwa 4 Stunden eintritt. Man hat dann eben nur die Vorsicht zu gebrauchen, den Ofen 4 Stunden vor dem Beginne des Experimentes zu heizen. Unter solchen Bedingungen erhält sich dann die Temperatur nahezu innerhalb eines Grades constant, und die mittlere Abweichung der stündlich abgelesenen Temperaturen vom Tagesmittel beträgt im Mittel einer sehr grossen Menge von Beobachtungen nur einige Zehntel eines Grades. Zum Beweise dessen führe ich aus dem Beobachtungshefte des letzten Jahres die zwei Tage an, welche den Extremen der Temperatur im Zimmer entsprechen und die keineswegs zu den günstigsten Tagesresultaten gehören:

	Mittlere Ofentemperat.	Mittlere Abweichung v. Mittel.	Maximum.	Minimum.	Gesammtschwankung.	Zimmertemperatur	
						Maxim.	Minim.
4. Nov. 1867	30°,7	± 0°,52	31°,6	29°,6	2°,0	2,5	1,9
11. Juli 1868	29°,8	± 0°,18	30°,3	29°,5	0°,8	20,0	19,0

Da der Hipp'sche Ofen auch somit während des langjährigen Gebrauches nur einmal eine kleine Löthungs-Reparatur am Wasserkasten erfordert hat, da ich niemals ein Eindringen von Wasser oder Dampf in das Innere des Ofens bemerkt habe, da ferner auch mehrere unserer Chronometerfabrikanten denselben mit gleich gutem Erfolge zur Regulirung der Compensation benutzen, so glaube ich den Physikern und Chemikern durch die Beschreibung dieses Apparates einen Dienst zu erweisen.

Ueber Zahnräder.

Von

L. Natani.

(Hiezu Tafel XX Fig. 4.)

Die Aufgabe, deren Lösung die Theorie der Stirnräder bezweckt, lässt sich am kürzesten so darstellen:

„Ein Kreis *A* dreht sich um einen festen Mittelpunkt, derselbe soll einen zweiten ihn berührenden Kreis *B* so um seinen ebenfalls festen Mittelpunkt führen, dass beide Peripherien gleiche Geschwindigkeit haben."

Am einfachsten ist dies durch blosse Friction der Peripherien zu erreichen; da diese Kraft aber nicht immer zu dem angegebenen Zwecke ausreicht, so ist der Normaldruck an deren Stelle zu setzen. Zu dem Ende muss man dann mit dem Kreise *A* eine Curve (Zahn) *α*, und mit *B* eine Curve *β* so verbinden, dass während jedes Zeittheilchens der Drehung immer ein Punkt von *α* einen solchen von *β* berührt, und jeder dieser beiden Punkte auf derjenigen Curve, welcher der anderen angehört, während dieses Zeittheilchens eine gleitende Bewegung hat.

Viel einfacher stellt sich diese Bedingung dar, wenn man den Kreis *A* sich fest denkt, und nur die relative Bewegung von *B* in Bezug auf *A* betrachtet. Es wird dann offenbar *B* auf *A* rollen, es muss dann 1) in jedem Zeittheile die Curve *α* die Curve *β* berühren, und 2) der Berührungspunkt von *β* auf *α* dahin gleiten. Da nun aber dieser Punkt nur eine drehende Bewegung um den Berührungspunkt der Kreise *A* und *B* haben kann, so muss diese Bewegung mit der in 2) vorausgesetzten übereinstimmen. Diesen Bedingungen lässt sich sogleich der mathematische Ausdruck geben.

Die Curven *α* und *β* haben immer eine gemeinschaftliche Normale, welche durch den Berührungspunkt der Kreise *A* und *B* geht.

Diese Bedingung ist für die gestellte Aufgabe nothwendig und ausreichend, und heissen dann *α* und *β* zusammengehörige Zahncurven.

Es ist eben nur noch Folgendes für die Möglichkeit der technischen Ausführung zu bemerken.

Da einerseits in der Mehrheit der Fälle das Eingreifen der Zahncurven α und β ineinander die wirkliche Berührung zweier materiellen Peripherien A und B hemmen würde, und andererseits die Länge der Zähne nicht zu gross genommen werden darf, so ist dem in folgender Weise entgegen zu treten.

A und B sind bloss gedachte Kreise, sie heissen Theilkreise. In der That haben die Räder den technischen Bedingungen gemäss grössere oder kleinere, jedoch bezüglich mit A und B concentrische Peripherien. Die mitgetheilte Bewegung erfolgt dann so, als wenn sich die Theilkreise berührten.

Ferner haben die Zähne α und β mässige einander entsprechende Grösse, die Peripherien sind dann in gleichen Zwischenräumen mit solchen Zähnen α und β besetzt, so dass die auf den Theilkreisen A und B genommenen von je zwei auf einander folgenden Zahncurven begrenzten Bogen einander gleich sind.

Die Anzahl der Zähne beider Räder ist also den Radien ihrer Theilkreise proportional. Die oben hingestellte Bedingung zeigt, dass die Form eines Zahnes α ganz beliebig, wenn diese aber gewählt, die Form des entsprechenden β völlig bestimmt ist. Es entsteht daher die Aufgabe, aus der Gleichung von α die von β zu finden.

Dies Problem führt auf Quadraturen zurück; es ist, soviel dem Verfasser bekannt, ausser der im mathematischen Wörterbuche enthaltenen Darstellung*) nicht anderweitig behandelt worden. Wir wiederholen die Lösung hier in etwas veränderter Darstellung. Wie bei vielen andern Aufgaben, welche nur die Gestalt, nicht aber die Lage der Curven betrifft, ist hier ein Coordinatensystem von besonderem Vortheil, worauf der Verfasser wiederholentlich aufmerksam gemacht hat. Dieses System besteht 1) in der Bogenlänge s der Curve von einem festen Punkt O auf derselben gezählt, und in dem Winkel l der Tangente durch den veränderlichen Punkt mit der durch einen festen Punkt etwa der durch O gehenden. Der Uebergang zu diesen Coordinaten von den rechtwinkligen, xy geschieht durch folgende Formeln:

---

1) Mathematisches Wörterbuch von Hoffmann, fortgesetzt von L. Natani Bd. VI Seite 33—42.

$$s = \int_{x_0}^{x} \sqrt{dx^2 + dy^2}, \quad tg\,(l + l_0) = \frac{dy}{dx},$$

wo x_0 die Abscisse von O ist, wo l_0 der Winkel der anfänglichen Tangentenrichtung mit der Abscissenaxe ist.

Der Rückgang aber von unsern Coordinaten auf die rechtwinkligen ist enthalten in den Beziehungen

$$x - x_0 = \int_{0}^{s} \cos\,(l + l_0)\,ds,$$

$$y - y_0 = \int_{0}^{s} \sin\,(l + l_0)\,ds.$$

Auf diese Weise erhält man z. B. die Gleichungen folgender Curven in den neuen Coordinaten:

1) für die gerade Linie
$$l = \text{const};$$

2) für den Kreis mit Radius r
$$s = rl;$$

3) für die Hypocycloide, wenn der Erzeugungskreis den Radius r, der feste Kreis den Radius R hat:
$$s = \frac{4r}{R}\,(R - r) \cos \frac{R}{R - 2r}\,l;$$

4) für die Epicycloide erhält man hieraus, indem man r negativ nimmt
$$s = \frac{4r}{R}\,(R + r) \cos \frac{R}{R + 2r}\,l;$$

5) für die gewöhnliche Cycloide, in dem man $R = \infty$ setzt
$$s = 4r \cos l.$$

Die Gleichung
$$s = A \cos a\,l$$
gibt also jedenfalls eine der Cycloiden.

6) Für die logarithmische Spirale
$$s = A\,e^{al};$$

7) für die Kettenlinie
$$s = A\,tg\,l.$$

Der Uebergang von einer Curve zu ihrer Evolvente ist gegeben durch die Gleichung:

$$d\sigma = (s + \alpha)\,dl, \quad \sigma = \int (s + \alpha)\,dl,$$

wo σ der Evolventenbogen ist.

Es ergibt sich sonach z. B.

8) für die Kreisevolvente

$$\sigma = r l^2 + \alpha l + \beta;$$

9) für die Evolvente einer der Cycloiden

$$\sigma = a \sin \alpha l + b l + c.$$

Da man übrigens den Punkt O und die anfängliche Tangentenrichtung beliebig verlegen, dabei aber Bogen und Tangentenwinkel nach 2 Richtungen zählen kann, so kann man in jeder dieser Gleichungen s mit $e \pm s$, und l mit $f \pm l$ vertauschen, wo e und f beliebige Constanten sind. So z. B. ist also $s = f \pm r l$ die allgemeinste Gleichung des Kreises.

Greifen wir jetzt unser Problem direct an.

Sei $r = CA$ (Fig. 4 Tafel XX) der Radius des einen Theilkreises, a der Winkel, den ein Punkt desselben in einer gewissen Zeit bei der Drehung um seine Axe beschreibt, $BCA = da$, das unendlich kleine Increment desselben. $AD = p$ die gemeinschaftliche Normale beider Zahncurven, welche nach dem momentanen Berührungspunkt A der Theilkreise gerichtet ist. $DAE = \gamma$ der Winkel derselben mit der Tangente AE an dem Theilkreis, s die Bogenlänge des Radzahnes bis zum Berührungspunkte mit dem entsprechenden des andern Rades, l der Winkel, welchen die gemeinschaftliche Tangente im Berührungspunkte beider Zähne mit der Tangente des anfänglichen Berührungspunktes macht. Mögen ferner den Grössen $r\,a\,s\,l$ in Bezug auf das andere Rad $\varrho\,\alpha\,\sigma\,\lambda$ entsprechen, derart, dass man im Normalfalle die Räder sich von innen berührend denkt. Bei äusserer Berührung sind dann $\varrho\,\alpha\,\lambda$ mit entgegengesetztem Vorzeichen zu nehmen. Da zunächst die Punkte in der Peripherie beider Räder bei der Axendrehung gleiche Bogen zurücklegen, hat man

$$r\,a = \varrho\,\alpha, \quad r\,d\,a = \varrho\,d\,\alpha.$$

Sei BG die Normale, welche den Punkt B des Theilkreises trifft, wo der Bogen AB unendlich klein gedacht ist, so ist

$$BG = p + dp, \quad DG = ds.$$

Ziehen wir AF parallel BG, und AH senkrecht auf BG, so ist

$$\angle A B H = \gamma + d\gamma, \ A B = r\, d\, a$$
$$B H = r \cos \gamma\, d\, a,$$

oder auch da

$$H G = A F = A D = p$$
(nämlich $A F = A D \cos d\gamma = A D$),
so hat man $B H = d p$,

also

$$d p = r\, d\, a \cos \gamma$$
$$A H = r\, d\, a \sin \gamma.$$

Man hat ferner:

$$A H = F G = D G - D F,$$

oder

$$D G = d s, \ D F = p\, d\, l,$$

also

$$d s - p\, d l = r\, d\, a \sin \gamma.$$

Noch ist

$$\angle E A F = \gamma + d l,$$

oder auch, wenn $B K$ die Tangente in B ist,

$$\angle E d F = E A K + K B G = d a + \gamma + d\gamma,$$

also

$$d\gamma = d l - d a.$$

Da sich ganz entsprechende Formeln für das andere Rad ergeben, so hat man schliesslich

1) $r a = \varrho a$,

2) $d p = r\, d a \cos \gamma = \varrho\, d\, a \cos \gamma$,

3) $r\, d a \sin \gamma = \varrho\, d\, a \sin \gamma = d s - p\, d l = d\sigma - p\, d\lambda$,

4) $d\gamma = d l - d a = d\lambda - d a$.

Bei äusserer Berührung der Theilkreise erhalten $a \lambda \varrho$ das Minuszeichen.

Im Anfange der Bewegung möge nun sein

$$a = a = l = \lambda = p = s = \sigma = 0.$$

D. h. wir zählen die Bogen der Zähne s und σ, so wie die Tangentenwinkel l und λ von dem Punkte und der Richtung an, wo sie die Theilkreise treffen, die Drehung der Räder von dem Punkte an, wo sich (wegen $p = o$) die Zähne in der Centrallinie berühren. — Es sei noch im Anfange der Bewegung $\gamma = c$. Dann gibt Gleichung 4) durch Integriren:

5) $\gamma = l - a + c = \lambda - a + c$,

Gleichung 3) oder

$$\frac{ds}{dl} - r \sin \gamma \, \frac{da}{dl} = p$$

gibt durch Differenziiren

$$\frac{dp}{dl} = \frac{d}{dl} \left(\frac{ds}{dl} - r \sin \gamma \, \frac{da}{dl} \right),$$

oder wenn man aus 2) $\frac{dp}{dl}$ aus 5) a berechnet

$$r \cos \gamma \left(1 - \frac{d\gamma}{dl} \right) = \frac{d}{dl} \left(\frac{ds}{dl} + r \sin \gamma \, \frac{d\gamma}{dl} \right),$$

oder wenn man setzt

$$r \cos \gamma = u.$$

$$6) \quad u = \frac{d^2 s}{dl^2} - \frac{d^2 u}{dl^2}.$$

Sei nun $u = A \sin l + B \cos l$, wo A und B zwei neue Variablen sind, so ist

$$\frac{du}{dl} = A \cos l - B \sin l + \sin l \, \frac{dA}{dl} + \cos l \, \frac{dB}{dl};$$

da zwischen A und B noch eine willkürliche Beziehung angenommen werden kann, so setzen wir

$$\sin l \, \frac{dA}{dl} + \cos l \, \frac{dB}{dl} = 0,$$

also

$$\frac{dB}{dl} = - \, tg \, l \, \frac{dA}{dl}$$

$$\frac{du}{dl} = A \cos l - B \sin l,$$

dann ist

$$\frac{d^2 u}{dl^2} = - d \sin l - B \cos l + \cos l \, \frac{dA}{dl} - \sin l \, \frac{dB}{dl}.$$

Setzt man dies in Gleichung 6) ein, so ergibt sich

$$\cos l \, \frac{dA}{dl} - \sin l \, \frac{dB}{dl} = \frac{d^2 s}{dl^2},$$

oder

$$\frac{dA}{dl} = \cos l \, \frac{d^2 s}{dl^2}$$

$$A = \int \cos l \, \frac{d^2 s}{dl^2}, \quad B = - \int \sin l \, \frac{d^2 s}{dl^2},$$

also

$$u = \sin l \int_0^l \cos l \, \frac{d^2s}{dl} - \cos \int_0^l \sin l \, \frac{d^2s}{dl} + \alpha \sin l + \beta \cos l,$$

α und β sind die Integrationsconstanten. Durch theilweises Integriren erhält man noch:

$$\sin l \int \cos l \, \frac{d^2s}{dl} = \sin l \, \text{sos} \, l \, \frac{ds}{dl} + \sin l \int \sin l \, ds,$$

$$\cos l \int \sin l \, \frac{d^2s}{dl} = \sin l \cos l \, \frac{ds}{dl} - \cos l \int \cos l \, ds,$$

also

$$u = \sin l \int_0^l \sin l \, ds + \cos l \int_0^l \cos l \, ds + \alpha \sin l + \beta \cos l,$$

oder wenn man für u seinen Werth setzt und bemerkt, dass für $l = o$ auf $\gamma = c$ ist

$$\beta = r \cos c.$$

Gleichung 3) aber gibt

$$\frac{ds}{dl} - p = r \sin \gamma \left(l - \frac{d\gamma}{dl} \right)$$

und wenn man u differenziirt

$$- r \sin \gamma \, \frac{d\gamma}{dl} = \frac{ds}{dl} + \cos l \int_0^l \sin l \, ds$$

$$- \sin l \int_0^l \cos l \, ds + \alpha \cos l - \beta \sin l,$$

also durch Vereinigung beider Gleichungen

$$\cos l \int_0^l \sin l \, ds - \sin l \int_0^l \cos l \, ds$$

$$+ \alpha \cos l - \beta \sin l + p + r \sin \gamma = o,$$

also wenn man $l = p = o$, $\gamma = c$ setzt

$$\alpha = - r \sin c.$$

Man hat somit die Gleichungen:

I. $r \cos \gamma = r \cos (l + c) + \sin l \int_0^l \sin l \, ds + \cos l \int_0^l \cos l \, ds.$

II. $p = \sin l \int\limits_0^l \cos l\, ds - \cos l \int\limits_0^l \sin\ l\, ds + r \sin\ (l + c) - r \sin \gamma.$

Die letztere Gleichung kann auch durch die einfachere ersetzt werden:

$$\text{II. a)}\quad p = \frac{ds}{dl} - r \sin \gamma \left(1 - \frac{d\gamma}{dl}\right).$$

1) und 5) aber geben

$$\gamma = \lambda - \frac{ra}{\varrho} + c = \lambda - \frac{r}{\varrho}(l - \gamma + c) + c, .$$

also

$$\text{III.}\quad \gamma = \frac{rl}{\varrho} + \frac{\varrho - r}{\varrho}(\gamma - c).$$

Gleichung 3) gibt noch

$$d\sigma - ds = p\,(d\lambda - dl),$$

oder wenn man $d\lambda$ aus III bestimmt

$$\text{IV.}\quad d\sigma - ds = \frac{r - \varrho}{\varrho}\, p\,(dl - d\gamma).$$

Die Gleichungen I, II, III, IV lösen das Problem völlig ohne andere Rechnungsmittel als Quadraturen. Ist nämlich s als Function von l gegeben, so wird aus I und II γ und p bestimmt, IV gibt dann σ als Function von l. Der Werth von γ ist dann in III einzusetzen, und aus III und IV l zu eliminiren, so dass man eine Gleichung zwischen σ und λ hat, also die Gleichung des Zahnes, welcher dem gegebenen entspricht.

Beispiel.

Sei die Gleichung des gegebenen Zeichens

$$s = A \sin (ml + n) + Bl + El^2 + F$$

für $E = o$ ist dies eine Cycloidenevolvente, für $A = o$ eine Kreisevolvente (siehe oben),

für $A = E = o$ ein Kreis,

für $B = E = o$ eine der Cycloiden.

Wie leicht zu sehen stellt die Curve in ihrer Allgemeinheit aber die Evolvente einer Cycloidenevolvente dar:

Vollzieht man in I die vorgeschriebenen Integrationen, so ist

$$r \cos \gamma = r \cos (l + c) + \frac{Am}{2(1 + m)} \sin (ml + n)$$

$$- \frac{Am}{2\,(1-m)}, \ \sin\,(m\,l+n) + \frac{Am}{1-m^2}\sin l\cos n$$

$$+ \frac{Am^2}{1-m^2}\cos l\sin n + B\sin l + 2E - 2E\cos l.$$

Setzen wir aber der Einfachheit wegen $E = o$ und

$$r\cos c + \frac{Am^2}{1-m^2}\sin n = o$$

$$- r\sin c + \frac{Am}{1-m^2}\cos n + B = o,$$

so kann man von den 4 Grössen $A\,B\,m\,n$ zwei bestimmen, und hat dann

$$r\cos \gamma = - \frac{Am^2}{1-m^2}\sin\,(m\,l+n);$$

wird noch $\dfrac{Am^2}{1-m^2} = r$

gesetzt, so sind 3 der Grössen $A\,B\,m\,n$ bestimmt, und

$$\gamma = m\,l + n + \frac{\pi}{2}$$

und da für $l = o$ auch $\gamma = o$ ist

$$c = n + \frac{\pi}{2},$$

ferner

$$- m\,r\sin c + r\sin c + m\,B = o$$

$$B = \frac{r\,(m-1)\,\sin c}{m},$$

also

$$s = - \frac{r\,(1-m^2)}{m^2}\cos\,(m\,l+c) + \frac{r\,(m-1)\,\sin c}{m}\,l + F$$

$$\gamma = m\,l + c$$

$$\lambda = \frac{r}{\varrho}\,l + \frac{\varrho-r}{\varrho}\,m\,l = \left(m + \frac{r}{\varrho}\,(1-m)\right)l.$$

Gleichung II a) gibt

$$p = \frac{r\,(1-m)}{m}\left\{\sin\,(m\,l+c) - \sin c\right\}$$

und wenn man dies in IV setzt und integrirt

$$\sigma = - \frac{r\,(1-m)^2}{m^2}\,\frac{r-\varrho}{\varrho}\cos\,(m\,l+c) - \frac{r\,(1-m)^2}{m}\sin c\,\frac{r-\varrho}{\varrho}\,l + G,$$

wo G die Integrationsconstante ist.

Zur Bestimmung derselben und der von F setzen wir $l = s = \varrho = o$, dann kommt:

$$F = \frac{r\,(1-m^2)}{m^2}\cos c$$

$$G = \frac{r\,(1-m)^2}{m^2}\,\frac{r-\varrho}{\varrho}\cos c,$$

hieraus ergibt sich

$$\sigma = -\,\frac{r\,(1-m)}{m^2}\left\{2\,m + \frac{r}{\varrho}\,(1-m)\right\}\cos\left(\frac{m\lambda}{m + \frac{r}{\varrho}\,(1-m)} + c\right)$$

$$+\,\frac{r\,(m-1)\sin c}{m}\,\lambda + \frac{r\,(1-m)}{m^2}\cos c\left(2\,m + (1-m)\,\frac{r}{\varrho}\right),$$

während die Gleichung des ursprünglichen Rades war

$$s = -\,\frac{r\,(1-m)}{m^2}\cos\,(m\,l + c)\,r\sin c\,\frac{m-1}{m}\,l + \frac{r\,(1-m^2)}{m^2}\cos c.$$

Beides sind Cycloidenevolventen. Also:

Ist der eine Zahn eine Cycloidenevolvente, so ist auch der andere eine solche.

Für $c = o$ sind beide Curven allgemeine Cycloiden (Hypocycloiden oder Epicycloiden).

Im Uebrigen übergehen wir die leicht zu bewerkstelligende geometrische Bedeutung der Constanten, und verweisen auf das schon angeführte mathematische Wörterbuch.

Ist auch $A = o$, so wird, weil für $l = o$ auch $s = o$ ist, F verschwinden, also

$$s = Bl + El^2$$

man hat eine Kreisevolvente. Dann ergibt sich aus unsern Gleichungen

$$\sigma = \varrho\,\lambda\,\sin c + \frac{\varrho}{2}\cos c \cdot \lambda^2,$$

also wieder eine Kreisevolvente.

Wir bemerken noch, dass das eine Rad in eine Stange übergehen kann, dann ist $\varrho = o$ zu setzen, was auf die Gleichungen I und II keinen Einfluss ausübt, während an die Stelle von III und IV treten

V. $\lambda = \gamma - c$, VI. $d\sigma - ds = -p\,(dl - d\gamma)$.

Das vorgesetzte Problem ist hiermit völlig gelöst. Indess ist vielleicht nicht überflüssig einer einfachen geometrischen Beziehung zu erwähnen, welche zwischen je 2 zusammengehörigen Zahncurven stattfindet und in der Mehrheit der Fälle zu höchst einfacher Darstellung der zusammengehörigen Zahncurven führt. Mau denke sich eine beliebige Curve *m* erst auf dem einen und dann den andern Theilkreis mit demselben Punkte berühren, und dann auf bezüglich in beiden Kreisen rollen. Ein beliebiger Punkt von *m* wird dann auf jedem der beiden Kreise eine Curve (Cycloide im allgemeinsten Sinne) beschreiben. Seien α und β diese Curven, so sind dies stets zusammengehörige Zähne für beide Theilkreise.

In der That ist es fast selbstverständlich, dass die Curven α und β sich stets berühren, wenn die Theilkreise aufeinander rollend gedacht werden, und dass dann ihre gemeinschaftliche Normale durch den Berührungspunkt der Theilkreise gehen, womit unser Satz bewiesen wäre.

Ist die Curve *m* z. B. eine Grade, so hat man Kreisevolventen als Zähne, und Cycloiden, wenn sie ein Kreis ist.

Berlin, Juli 1868.

Ueber den Einfluss der Dalton'schen Theorie auf die barometrische Höhenmessung und die Eudiometrie.

Von

Dr. K. L. Bauer.

Bei der Abfassung dieses Aufsatzes habe ich vorzugsweise zwei in Gilbert's Annalen erschienene Abhandlungen berücksichtigt; die erste derselben rührt von Tralles her (Bd. 27 S. 438 etc. 1805), die zweite von Benzenberg (Bd. 42 S. 162 etc. 1812). Die Resultate beider Arbeiten stimmen keineswegs mit einander überein, obschon man dies, ohne Zweifel wegen blos oberflächlicher Ansicht derselben, an verschiedenen Orten behauptet findet. Es wird im Nachfolgenden gezeigt werden, dass der Grund der Nichtübereinstimmung in mehreren fehlerhaften Rechnungen Benzenberg's liegt, die dessen Tabellen und Schlüsse völlig illusorisch machen. Ich habe es daher nicht für überflüssig gehalten, jene Tabellen, unter Zugrundelegung der Regnault'schen Constanten, neu zu berechnen; im übrigen war es mein Bestreben, der Darstellung des Sachverhaltes möglichste Klarheit und Einfachheit zu verleihen, weshalb nur die Sauerstoff- und Stickstoffatmosphäre Berücksichtigung fanden. Als Einführung in den zu behandelnden Gegenstand dient am besten die Ableitung der hypsometrischen Fundamentalformel, wie sie meines Wissens zuerst von Kästner gegeben wurde; sie setzt die Atmosphäre als ruhend, trocken, von gleichförmiger Temperatur und, im Gegensatze zu Dalton, als einheitlich voraus und abstrahirt von der Verschiedenheit der Schwere in verschiedenen Höhen.

I.

An der Meeresfläche sei der Barometerstand $= b_0$, das auf Quecksilber bezogene specifische Gewicht der Luft $= s_0$; in der Höhe h über dem Meer seien die entsprechenden Grössen b und s! Hebt man von hier aus das Barometer in verticaler Richtung noch um das Differential dh, so wird sich die hiedurch bedingte Aenderung des Barometerstandes mit $- db$ bezeichnen lassen. Die Differentialgleichung

$$db = - s \cdot dh$$

drückt jetzt aus, dass das Gewicht eines Luftcylinders von beliebiger Grundfläche, der Höhe dh und dem spec. Gew. s gleich ist dem Gewicht eines Quecksilbercylinders von gleicher Grundfläche, der Höhe db und dem spec. Gew. 1. Dem Mariotte'schen Gesetze $b_0 : b = s_0 : s$ zu Folge kann man auch setzen

$$db = - s_0 \frac{b}{b_0} dh;$$

die Variabeln sind jetzt leicht trennbar, und die Integration gibt alsdann:

$$\int_{b_0}^{b} \frac{db}{b} = - \frac{s}{b_0} \int_{0}^{h} dh; \quad \lg. \frac{b}{b_0} = - \frac{s_0}{b_0} h$$

$$h = \frac{b_0}{s_0} \lg. \text{ nat. } \frac{b_0}{b}; \quad b = b_0 \, e^{- \frac{s_0}{b_0} h}$$

Diese Fundamentalformeln lassen uns aus einem Barometerstand auf die zugehörige Höhe über dem Meer und aus einer gegebenen Höhe auf den daselbst herrschenden Barometerstand schliessen. Dem unter den gemachten Voraussetzungen constanten Verhältnisse $\frac{b}{s} = \frac{b_0}{s_0}$ hat man den Namen barometrischer Coefficient oder beständige Zahl beigelegt; es gibt die Höhe einer vertikalen Luftsäule, durchweg von dem auf Quecksilber bezogenen spec. Gew. s an, welche einer Quecksilbersäule von gleicher Grundfläche und der Höhe b, oder dem Druck der entsprechenden Atmosphäre, das Gleichgewicht hält. Um, statt der natürlichen, dekadische Logarithmen einzuführen, braucht man nur den barometrischen Coefficienten mit 2,302585 zu multiplicieren. In der letzten der obigen Formeln schreiben wir genauer b_h statt b und führen ausserdem den Index L (Luft) ein, so dass wir haben

$$1) \quad b_h{}^L = b_0{}^L \, l^{- \frac{s_0{}^L}{b_0{}^L} h}$$

Nach Dalton ist der Barometerstand als Folge des Druckes mehrerer von einander unabhängiger Atmosphären zu betrachten, von

denen hier, wie gesagt, bloss die Stickstoff- und Sauerstoffatmosphäre,
als die bei weitem wichtigsten, Berücksichtigung finden sollen. In
der Höhe h über dem Meer ist dann der Barometerstand nicht $= b_h{}^L$,
sondern $=$

$$2)\ b_h{}^{N,O} = b_h{}^N + b_h{}^O = b_0{}^N e^{-\frac{s_0{}^N}{b_0{}^N}h} + b_0{}^O e^{-\frac{s_0{}^O}{b_0{}^O}h}$$

Obwohl nun die Gleichungen 1) und 2) nur unter Annahme mehrerer.
der Wirklichkeit nicht entsprechenden, Bedingungen bestehen, so können sie doch recht wohl dazu dienen, den Einfluss der Dalton'schen
Theorie auf Höhenmessung und Eudiometrie, wenigstens der Art
nach, zu untersuchen, weil die gemachten Voraussetzungen sich in
gleicher Weise auf 1) und 2) beziehen.

II.

Um nach obigen Formeln die Barometerstände $b_h{}^L$, $b_h{}^N$, $b_h{}^O$ für
verschiedene h zu berechnen, bedürfen wir vor allen Dingen verschiedener, numerischer Constanten, die ich dem Annuaire du bureau des
longitudes pour 1867 entlehne; nach S. 359 sind die specifischen Gewichte der in Frage kommenden Gase, bei 760^{mm} Druck und 0^0
Temperatur, $=$

	L	N	O
Spec. Gew.	1,00000	0,97137	1,10563

Fügt man noch hinzu, dass unter denselben Bedingungen das Gewicht
der Luft zu dem des Quecksilbers sich wie $1:10517,3$ verhält, so
folgt weiter

Gew. gegen Quecks.	L	N	O
bei 760^{mm} Dr.	$1:10517,3$	$1:10827,3$	$1:9512,5$

An der Meeresfläche mögen 100 Volumina Luft x Vol. N und
$100 - x$ Vol. O enthalten; die Zahl x berechnet sich dann aus der
Gleichung $0,97137\,x + 1,10563\,(100 - x) = 100$, welche ausdrückt,
dass das Gewicht des $N +$ dem Gew. des $O =$ dem Gew. der L ist.

N und O am Meer	N	O
in Volumproc.	78,6757	21,3243

Durch Multiplication jeder dieser Zahlen mit dem bezüglichen spec.
Gew. erhält man die Gewichtsprocente; natürlich braucht nur Eine
der Multiplicationen wirklich ausgeführt zu werden.

N und O am Meer	N	O
in Gewichtsproc.	76,4232	23,5768

Um die Grössen b_0^N und b_0^O zu bestimmen, denken wir uns in einem kleinen, verticalen Luftcylinder an der Meeresfläche für einen Augenblick den Stickstoff gänzlich vom Sauerstoff getrennt, z. B. über diesen gelagert, so dass der Sauerstoff 21,3243 Vol., der Stickstoff 78,6757 Vol. einnimmt und jedes der beiden Gase die Spannkraft 760ᵐᵐ besitzt. Nach der Dalton'schen Theorie verbreitet sich nun jedes der Gase gleichmässig in dem ganzen, cylindrischen Raum, wie wenn das andere gar nicht vorhanden wäre. Die von N und O anfänglich occupirten Räume vergrössern sich in Folge dessen in dem Verhältnisse von 78,6757 : 100, resp. 21,3243 : 100, die Spannkräfte ändern sich also nach Mariotte im reciproken Verhältnisse. So findet man die an der Meeresfläche stattfindenden Partialdrucke des Stickstoffs und Sauerstoffs:

$$b_0^L \qquad\qquad b_0^N \qquad\qquad b_0^O$$
$$760^{mm} \qquad 597^{mm},935 \qquad 162^{mm},065$$

Benzenberg's Berechnung dieser Zahlen ist irrthümlich; er setzt den Druck der wasserfreien Atmosphäre an der Meeresfläche = 27,76 P. Zoll und erhält nun beispielsweise aus dem Umstande, dass in 100 Theilen trockener Luft 76,49 Gewichtstheile N sind, den Partialdruck des $N = 27,76 \cdot 0,7649 = 21,2336$ P. Z. Statt dessen hätte er aus der Annahme, dass in 100 Theilen Luft 78,93 Volumtheile N enthalten sind, den Partialdruck des N berechnen sollen zu $27,76 \cdot 0,7893 = 21,911$ P. Z. Schon wegen dieses gleich zu Anfang vorgefallenen Versehens sind sämmtliche von Benzenberg am angeführten Orte publicirte Tabellen unrichtig.

Die beständige Zahl $\dfrac{b_0^L}{s_0^L}$ ist, in Metern ausgedrückt, $= \dfrac{0^m,760}{1 : 10517,3} =$ $0^m,76 \cdot 10517,3$; bringt man hieran successive den Factor $1 : 0,97137$ und $1 : 1,10563$ an, so resultiren die Werthe für $b_0^N : s_0^N$ und $b_0^O : s_0^O$. Bei vollständiger Angabe des Zählers und Nenners würde

$$\frac{b_0^N}{s_0^N} = \frac{0^m,597935}{1 : 10827,3 \cdot \dfrac{760}{597,935}} = 0^m,760 \cdot 10827,3$$

$$\frac{b_0^O}{s_0^O} = \frac{0^m,162065}{1 : 9512,5 \cdot \dfrac{760}{162,065}} = 0^m,760 \cdot 9512,5,$$

was mit der vorher angedeuteten Berechnungsweise identisch ist.

Beständige Zahl L N 0

$b_0 : s_0$ $7993^m,15$ $8228^m,74$ $7229^m,5$

Die Formeln zur Berechnung der Barometerstände bei einer beliebigen Höhe h über dem Meer gestalten sich jetzt für die drei Atmosphären, wie folgt:

$$b_h{}^L = 760^{mm} e^{-\frac{h^{met.}}{7993,15}}$$

$$b_h{}^N = 597^{mm}935 \, e^{-\frac{h}{8228,74}}$$

$$b_h{}^0 = 162^{mm}065 \, e^{-\frac{h}{7229,5}}$$

III.

Unter Zugrundelegung dieser Gleichungen lässt sich folgende Tabelle berechnen:

h	$b_h{}^N$	$b_h{}^0$	$b_h{}^N + b_h{}^0$	$b_h{}^L$	$b_h{}^{N,0} - b_h{}^L$
m	mm	mm	mm	mm	mm
0	597,935	162,065	760,000	760,000	0,000
100	590,713	159,839	750,552	750,551	0,001
1000	529,513	141,129	670,642	670,626	0,016
10000	177,369	40,641	218,010	217,510	0,500
20000	52,614	10,191	62,805	62,251	0,554
21000	46,593	8,87493	55,46793	54,9305	0,53743
66000	0,196481			0,197157	
67000	0,173998			0,173972	

Aus dieser Zusammenstellung sieht man zunächst, dass in irgend einer Höhe über dem Meere der Stand des Barometers nach Dalton höher ausfällt, als nach der älteren Ansicht, oder dass irgend einem Barometerstand nach Dalton eine grössere Höhe über dem Meere entspricht, als nach der früheren Theorie. Der Mehrbetrag des Barometerstandes bleibt jedoch sehr unbedeutend, erreicht in einer Höhe von 20000 Metern etwa den Maximalwerth von wenig mehr als einem halben Millimeter und nimmt dann wieder beständig ab. In der Höhe von 67000 Metern ist der Druck der Stickstoffatmosphäre allein schon bedeutender als der der älteren Ansicht entsprechende Atmosphärendruck.

Dass der Barometerstand nach Dalton stets beträchtlicher ausfällt als ohne Berücksichtigung seiner Theorie, hätten wir auch vor Aufstellung der Tabelle ganz allgemein nachweisen können, wie folgt.

Die Differenz $(b_h{}^N + b_h{}^O) - b_h{}^L$ lässt sich nach dem Früheren unter der Form darstellen:

$$be^{-\beta h} + (a-b)e^{-\gamma h} - ae^{-\alpha h} = b\left(e^{-\beta h} - e^{-\gamma h}\right) - a\left(e^{-\alpha h} - e^{-\gamma h}\right)$$
$$\gamma > \alpha > \beta; \ a > b.$$

Diese Grösse wird stets positiv sein, wenn das Verhältniss

$$\frac{b\left(e^{-\beta h} - e^{-\gamma h}\right)}{a\left(e^{-\alpha h} - e^{-\gamma h}\right)} = \frac{b}{a} \cdot \frac{e^{(\gamma-\beta)h}-1}{e^{(\gamma-\alpha)h}-1} = \frac{b}{a} \cdot \frac{(\gamma-\beta)h + \frac{(\gamma-\beta)^2}{1:2}h^2 + \cdots}{(\gamma-\alpha)h + \frac{(\gamma-\alpha)^2}{1.2}h^2 + \cdots} > 1 \ \text{ist.}$$

Nun besteht aber, wie aus der Bedeutung der Buchstaben leicht abzuleiten, die Beziehung $\frac{b}{a} = \frac{\gamma-\alpha}{\gamma-\beta}$; der fragliche Ausdruck nimmt daher die einfache Gestalt an:

$$\frac{1 + \frac{1}{2}\frac{\gamma-\beta}{1}h + \frac{1}{3}\frac{(\gamma-\beta)^2}{1.2}h^2 + \cdots}{1 + \frac{1}{2}\frac{\gamma-\alpha}{1}h + \frac{1}{3}\frac{(\gamma-\alpha)^2}{1.2}h^2 + \cdots} > 1$$

für jedes h, weil $\gamma > \alpha > \beta$.

Dasselbe Resultat wurde in anderer Weise schon 1805 von Tralles abgeleitet; er entwickelte den Quotienten $(b_h{}^N + b_h{}^O) : b_h{}^L$ in eine nach Potenzen von $x = \alpha h$ fortschreitende Reihe und bewies, dass hierin der Coefficient von x identisch Null ist, unter Benutzung einer Relation, die mit der von uns gebrauchten $b : a = (\gamma-\alpha) : (\gamma-\beta)$ auf Eins hinauskommt [$\sigma = c : (c-\gamma)$ in der Bezeichnung von Tralles; $1-\sigma = -\gamma : (c-\gamma)$ ist mit unserer Beziehung identisch]. Hieraus schloss er, dass der Barometerstand nach Dalton für jede beliebige Höhe sich um sehr weniges höher finde, als ohne dessen Theorie; er berechnet ein einziges Beispiel unter der Annahme $h = 6600$ Meter (die grösste Höhe, welche Gay-Lussac im Luftballon erreichte) und findet, bei Benutzung Biot'scher Constanten, $b_h{}^N + b_h{}^O \div b_h{}^L = 0,013$ P. Zoll.

Zu einem ganz anderen Ergebnisse kam sieben Jahre später Benzenberg, weil er, wie schon erwähnt, die Partialdrucke $b_0{}^N$ und $b_0{}^O$ fehlerhaft bestimmte. Benzenberg findet, dass bis zu 12000 P. Fuss Höhe über dem Meere der Unterschied zwischen den Barometerständen $b_h{}^N + b_h{}^O$ und $b_h{}^L$ wächst und zwar, dass der erstere Stand niedriger als der letztere ist, während es in Wahrheit sich umgekehrt verhält; von 12000 bis 34000 Fuss (bei trockener Luft bis 48000 F.) nehme die Differenz von ihrem Maximum 0,0202 Zoll bis 0 ab, und in noch bedeutenderen Höhen sei der Barometerstand nach Dalton der grössere. — Wir sind übrigens nicht der von Benzenberg ausgesprochenen Ansicht, dass dieses Resultat „eine nicht sogleich zu erklärende Merkwürdigkeit" sei. Ebenso unbegründet wie das Resultat selbst sind die Anwendungen, welche Benzenberg davon machte. Er behauptet, die trigonometrischen und barometrischen Höhenmessungen des Montblanc und des Monte Gregorio stimmten weit besser mit einander überein, wenn man nach seinen Tabellen die Dalton'sche Theorie in Betracht ziehe, also von der Höhe der genannten Berge 30, resp. 16 P.-Fuss subtrahire und schliesst aus diesem Umstande auf die Richtigkeit jener Theorie. Hätte jedoch Benzenberg richtig gerechnet, wie es Tralles vorher gethan, so würde die Correction in entgegengesetztem Sinne ausgefallen sein und somit ein Argument gegen Dalton's Theorie ergeben haben. Statt der Benzenberg'schen Partialdrucke b_0 sollte gesetzt werden $b_0^N =$ 21,911 P. Z.; $b_0^O = 5,8296$; $b_0^C = 0,0194$ (wo C die Kohlensäure-atmosphäre andeutet), dann würde man für $h = 10000$ Fuss erhalten $b^N = 14,7503$; $b^O = 3,69766$; $b^C = 0,0105318$, deren Summe $= 18,4585$, wogegen $b^L = 18,4531$, also gegen Dalton um 0,0054 zu niedrig, während nach Benzenberg um 0,0217 zu hoch.

Trotz dieses Sachverhaltes hat 1829 Brandes in Gehler's physik. Wörterb., Art. Höhenmessung, S. 305—306, die Bemerkung gemacht, dass Tralles in den Barometerständen nahe dieselbe Differenz wie Benzenberg gefunden habe, und in dem Artikel Atmosphäre S. 492 wird Benzenberg als „der bedeutendste, gründlichste und eifrigste Vertheidiger der Dalton'schen Theorie" bezeichnet. Wir werden dem Bisherigen sogleich noch einiges zu dem Beweise beifügen müssen, dass der genannte Gelehrte dieses Lob wenigstens nicht durchgängig verdient.

IV.

Betrachtet man die Luftatmosphäre als eine einheitliche, so hat man die Zusammensetzung derselben in allen Höhen für eine und die nemliche zu halten; nimmt man aber mit Dalton mehrere von einander unabhängige Gasatmosphären an, so erklärt man die Zusammensetzung der Luft für veränderlich: der Stickstoff wird nach oben eine langsamere Abnahme erfahren, als der specifisch schwerere Sauerstoff, das specifische Gewicht der Luft aus der Höhe wird also geringer sein als dasjenige der unter gleichem Druck gedachten Luft aus der Tiefe. Das Vorausgegangene erlaubt, den Gegenstand sogleich genauer zu untersuchen.

Wie wir aus der für die Meeresfläche geltenden Angabe der Volumprocente von N und O auf die Partialdrucke b_0^N und b_0^O schlossen, ebenso gestatten uns die jetzt für verschiedene Höhen berechneten b_h^N und b_h^O, auf die jedesmalige eudiometrische Zusammensetzung der Luft zu schliessen. Die Volumprocente von N und O in der Höhe h werden gegeben sein durch $100\, b_h^N : (b_h^N + b_h^O)$ und $100\, b_h^O : (b_h^N + b_h^O) = 100 - 100\, b_h^N : (b_h^N + b_h^O)$. Das Verhältniss der Volumprocente von N und O zu einander ist dargestellt durch $b_h^N : b_h^O$, wie auch Tralles angibt, während Benzenberg fälschlich hierin das Verhältniss der Gewichtsprocente erblickt und somit in die Tabellen einen zweiten Fehler einführt. Aus dem Bisherigen erhalten wir:

Volumprocente.

$h =$	0^m	100	1000	10000
$N =$	78,6757	78,7038	78,9561	81,3580
$O =$	21,3243	21,2962	21,0439	18,6420

Die Zunahme des Stickstoffgehalts und die Abnahme des Sauerstoffgehalts mit der Höhe lassen diese Zahlen deutlich erkennen. Tralles hat eine Reihenentwicklung für $\dfrac{b_h^O}{b_h^N + b_h^O}$ gegeben; er berechnete den eudiometrischen Sauerstoffgehalt für die Höhe 6600 Meter zu 2 % geringer, als an der Meeresfläche und schloss hieraus auf die Unhaltbarkeit der Dalton'schen Theorie, indem Gay-Lussac bei einer Genauigkeit der Analyse von 0,1 % keine merkliche Verschiedenheit habe nachweisen können.

Obige Tafel gestattet, das spec. Gew. der Luft in verschiedenen Höhen und bei gleichem Drucke zu berechnen, das spec. Gew. der an der Meeresfläche befindlichen Luft = 1 gesetzt. Es haben z. B. in 100 Meter Höhe 100 Volumina Luft ein Gesammtgewicht von $78,7038 . 0,97137 + 21,2962 . 1,10563$; nehmen wir hievon den hundertsten Theil, so haben wir das Gewicht der Volumeinheit, oder das specifische Gewicht. — Benzenberg rechnet anders; er multiplicirt (l. c. S. 179) die Zahl der, allerdings bloss vermeintlichen, Gewichtsprocente N mit dem spec. Gew. des N, addirt dazu das Product aus der Zahl der vermeintlichen Gewichtsprocente O in das spec. Gew.

des O und würde nun, aber auf offenbar sehr seltsame und wenig empfehlenswerthe Weise, in dem Verhältnisse solcher für die Meeresfläche und die Höhe h berechneten Summen wirklich das Verhältniss der spec. Gewichte der Luft an der Meeresfläche und in der Höhe h erhalten, wenn die Grössen $b_h{}^O$ und $b_h{}^N$, somit auch die daraus berechneten, vermeintlichen Gewichtsprocente nicht fehlerhaft, d. h. die richtigen Volumprocente wären.

Wir finden Folgendes:

Spec. Gewicht der Luft bei gleichem Druck.

$h =$	0^m	100	1000	10000
Sp. G. $=$	1,000000	0,999962	0,999624	0,966399

Setzen wir das spec. Gew. der Luft in der Höhe h der Einheit gleich, so haben wir die früher angegebenen spec. Gewichte des N und des O in demselben Verhältnisse zu vergrössern. Diese Bemerkung führt zu der weiteren Tabelle:

Spec. Gew. von N und O, auf Luft in gleicher Höhe bezogen.

$h =$	0^m	100	1000	10000
$N =$	0,97137	0,971407	0,971735	0,974880
$O =$	1,10563	1,10567	1,10605	1,10963

Mit Hilfe der beiden letzten Tabellen können wir noch schliesslich die Gewichtsprocente von N und O in verschiedenen Höhen bestimmen. Indem wir beispielsweise das spec. Gew. der Luft in der Höhe $100^m = 1$ setzen, ist das Gewicht des Stickstoffs $= 78,7038 . 0,971407$ und das des Sauerstoffs $= 21,2962 . 1,10567 - 100 = 78,7038 . 0,971407$. Hierauf basirt folgende Zusammenstellung:

Gewichtsprocente.

$h =$	0^m	100	1000	10000
$N =$	76,4232	76,4534	76,7245	79,3143
$O =$	23,5768	23,5466	23,2755	20,6857

Auch vorliegende Zahlen lassen die Zunahme des Stickstoffs und die Abnahme des Sauerstoffs bei wachsender Höhe deutlich erkennen; es wäre wohl wünschenswerth, dass diese aus Dalton's Theorie gefolgerte Thatsache durch neue, exakte eudiometrische Versuche geprüft würde.

Ettenheim in Baden, 1868, Juli 16.

Ueber einen Wellenapparat mit graphischer Leistungsfähigkeit.

Von

G. Heidner,

Lehrer an der k. b. Gewerbschule in Schweinfurt.

(Hiezu Tafel XXI.)

A. Theoretische Grundlage des Apparates.

Auf der Peripherie eines Kreises von beliebig grossem Halbmesser r, Figur 1 Tafel XXI, bewege sich ein Punct gleichförmig mit der Geschwindigkeit a. An den Kreis sei irgend eine Tangente DB gezogen und auf diese werde der bewegliche Punct in allen seinen Lagen projicirt. Stellt dann die Linie EG, welche in E tangirt, die unveränderliche Geschwindigkeit a der Grösse und Richtung nach in dem Augenblick vor, wo der Punct den Ort E einnimmt, so muss EF die Geschwindigkeit seiner Projection sein. Es ist nun leicht den Bewegungszustand derselben für jeden beliebigen Augenblick festzustellen.

Um ihn näher zu bestimmen sei t die Zeit, welche der bewegliche Punct von A bis E braucht, so ist

$$\text{arc} \,.\, AE = a\,.\,t$$

und daher $\dfrac{a\,.\,t}{r}$ die Grösse des Winkels ACE, im Bogenmaass für den Halbmesser s ausgedrückt. Bezeichnet nun v die Geschwindigkeit der Projection und nimmt man $\triangle\,GEF$ zu Hülfe, so ergibt sich ohne Weiteres:

$$v = a\,.\,\cos\,.\,GEF,$$

oder, da Winkel $GEF = ACE$,

$$\text{I.}\quad v = a\,\cos\,.\,\frac{a\,.\,t}{r};$$

eine Gleichung, welche die Geschwindigkeit der Projection für jeden beliebigen Augenblick finden lehrt.

Den jedesmaligen Ort der Projection beziehen wir auf den Punct A als Anfangspunct und geben ihn durch seinen Abstand s davon. Es ist dann aus $\triangleright ACK$:

$$AK = EK = r \cdot \sin \tfrac{1}{2} \, \frac{a \cdot t}{r}, \text{ also } AE = 2\,r \sin \tfrac{1}{2} \cdot \frac{a \cdot t}{r}.$$

Da aber auch $s = AE \cdot \cos \cdot BAE$ und Winkel $BAE = \tfrac{1}{2} ACE$, so erhält man jetzt

$$s = 2\,r \cdot \sin \tfrac{1}{2} \cdot \frac{a \cdot t}{r} \cdot \cos \tfrac{1}{2} \frac{a \cdot t}{r},$$

oder

$$\text{II.} \quad s = r \cdot \sin \frac{a \cdot t}{r};$$

womit eine zweite Gleichung gegeben ist, welche, gleichzeitig neben I gebraucht, den Bewegungszustand der Projection vollständig bestimmt.

Führt man die einmalige Umlaufzeit T des sich auf dem Kreise gleichförmig bewegenden Punktes ein, so ist

$$a = \frac{2\,r\,\pi}{T}, \text{ also } \frac{a \cdot t}{r} = 2\,\pi \cdot \frac{t}{T}$$

und dann werden die Gleichungen I und II zu folgenden:

$$\text{III.} \quad s = r \cdot \sin 2\,\pi \cdot \frac{t}{T},$$

$$\text{IV.} \quad v = \frac{2\,r\,\pi}{T} \cdot \cos 2\,\pi \cdot \frac{t}{T}.$$

Beide Gleichungen sind in ihrer Zusammensetzung identisch mit denen für die Verschiebung der Theilchen eines elastischen Mittels, in welchem Wellenbewegungen stattfinden und man kann es daher als erwiesen erachten, dass die Projection eines sich auf der Peripherie eines Kreises gleichförmig bewegenden Punktes auf irgend eine Tangente oder auf jede zu dieser gezogene Parallellinie, denselben Bewegungszustand annimmt, wie ihn die Undulationstheorie für die schwingenden Theilchen elastischer Medien aufstellt.

Von diesem Satze kann man nun Gebrauch machen, wenn es sich darum handelt, für einen Punkt auf mechanische Weise eine solche Bewegung zu Stande zu bringen. Das Mittel hiezu besteht in der Anwendung einer herzförmigen Scheibe, die sich um eine zu ihr senkrechte Achse drehen lässt und dabei so gestaltet wird, dass die Curve, nach welcher sie begrenzt ist, in Bezug auf den Achsenpunct der Polargleichung:

$$\varrho = \varrho_0 + s$$

entspricht, wobei ϱ_0 eine beliebige Constante und s die in II oder III aufgestellte Function bezeichnet.

Um diese Scheibe zu construiren, werde ein Kreis von beliebigem Halbmesser ϱ_0, Figur 2, angenommen und dazu ein kleinerer vom Radius r, concentrisch mit jenem. Nun ziehe man einen Durchmesser BC, dazu senkrecht einen zweiten EF, theile jeden Quadranten des kleinern Kreises in eine und dieselbe, sonst aber beliebige Anzahl gleicher Theile und fälle von sämmtlichen Theilungspuncten aus Senkrechte auf den Durchmesser GH. Die dadurch erhaltenen Geraden 11, 22, 33, 44, 55, KA können dann als die Abstände eines schwingenden Punctes von seiner Gleichgewichtslage aufgefasst werden, wobei die Grösse des Halbmessers r die Oscillationsamplitude vorstellt. Legt man jetzt durch sämmtliche Theilungspuncte des Kreises Durchmesser, verlängert dieselben und macht $I\,I = 11$, $II\,II = 22$, $III\,III = 33$, $IV\,IV = 44$, $V\,V = 55$, endlich DF und $ME = AK$, so erlangt man eine Curve, welche der darnach begrenzten Scheibe die Eigenschaft verleiht, bei ihrer Drehung um die in A senkrechte Achse jedem, nur auf einer Geraden verschiebbaren Punct, eine oscillatorische Bewegung von der Amplitude r zu ertheilen.

Die Curve, nach welcher die Scheibe begrenzt ist, gehört ihrer Construction nach zu denjenigen, bei welchen die Summe zweier diametral gegenüber gerichteten Radienvectoren einen constanten Werth hat, hier 2ϱ. Aus diesem Grunde kann mit dem eben betrachteten Punct sogar ein zweiter fest verbunden und in fortwährender Berührung mit der Scheibe erhalten werden, wenn dieser, diametral gemessen, von jenem den Abstand $2.\varrho_0$ hat und seine Verschiebbarkeit im gleichen Sinne geschieht. Die zweckmässige Verbindung beider geschieht dann entweder durch einen Stab, der durch Führungen in seiner Richtung gehalten wird, oder durch einen Rahmen, welcher zwischen Gleitbacken geht. Um aber die ebengenannten zwei Puncte für den letztern Fall zu realisiren, bringt man am Rahmen, Figur 3, zwei Zapfen AA mit kreisbogenförmig gestalteten Flächen an, welche die Herzscheibe zwischen sich fassen und daher beim Drehen derselben in einerlei Sinn oscilliren müssen.

Wird indessen die Herzscheibe schon in grösserem Massstabe ausgeführt und natürlich auch die zugehörigen Zapfen, so verändert der Berührungspunct mit der Scheibenstellung auch seinen Ort auf der bogenförmigen Zapfenfläche etwas und es muss dann die Begrenzungs-

linie der Scheibe einer kleinen Correctur unterworfen werden. Man
erhält dieselbe dadurch, dass man in der Verlängerung der einzelnen
Radienvectoren Puncte annimmt, welche um den Halbmesser der
Zapfenkrümmung vom Vectorende abliegen, um diese Kreisbogen mit
dem Zapfenradius beschreibt und an alle diese Kreise die Umhüllte
zeichnet, welche dann die der Scheibe zu gebende Begrenzung vorstellt.

Da die Herzscheibe sich innerhalb des Rahmens frei drehen
muss, so ist man hinsichtlich des inneren Spielraumes zwischen beiden
an einige Bestimmungen gebunden, die nicht übersehen werden dürfen.
Zur Feststellung der Dimensionen des Rahmens trage man daher die
nach anderweitigen Umständen vorläufig angenommene Zapfenlänge
ab, Figur 3, als Verlängerung an alle Fahrstrahlen und errichte zu
diesen in den dadurch erhaltenen Puncten Senkrechte. Treffen die
letzteren die Herzscheibe nirgends, so ist ab genügend gross, so dass
die Scheibe in keiner Lage, weder mit Bl noch Dl mit dem Schlitten
in hindernde Berührung tritt. Damit nun aber auch keine Hemmung
an den Seiten BD und CE stattfinden kann, muss nothwendig die
Dimension AB den grössten Radiusvector um Einiges übertreffen.

Bringt man nun mit dem Schlitten $BCED$ einen Schreibstift F,
Figur 3 und 4, in feste Verbindung und ausserdem eine mit Papier
überzogene Walze an, welche um eine zur Bewegungsrichtung des
Schlittens parallele Achse drehbar gemacht und jenem so nahe ge-
rückt ist, dass der Stift F bei seinen oscillatorischen Auf- und Nieder-
gängen die Walze fort und fort unter entsprechendem Druck berührt,
so wird der letztere eine Wellenlinie beschreiben, deren Länge von
dem Verhältniss der beiderseitigen Drehungsgeschwindigkeiten abhängt.
Am einfachsten wird es sein, beiden Wellen gleiche Geschwindigkeiten
zu ertheilen, die Welle der Herzscheibe vermittelst einer Kurbel um-
zudrehen und von da aus die Bewegung durch ein konisches Räder-
paar, wie dies Figur 5 andeuten soll, auf den Cylinder zu übertragen.

Die Wellenlinie erscheint somit als Diagramm, d. h. als eine
solche Linie, welche durch doppelte Bewegung entsteht, nämlich eines
Zeichenstiftes, der die Schwingungsbewegung macht mit einer sich
davor drehenden Walze, deren Umdrehungsgeschwindigkeit der Fort-
pflanzungsweite der Welle entspricht. Durch Anwendung von Walzen
mit kleineren Durchmessern kann man dann selbst wieder die letztere
variiren, wenn man zur Aufnahme derselben auf die in Figur 5 angedeutete Weise Vorsorge trifft.

Mit Hülfe dieses Apparates können sogar zwei Wellen graphisch addirt oder subtrahirt werden. Zu diesem Zwecke darf man nur auf der Kurbelwelle eine zweite Herzscheibe anbringen, welche drehbar gemacht und mit Arretirung versehen ist. Lässt man diese Scheibe auf einen Schlitten wirken, der auf dem ersten seine Führung erhält und giebt jetzt diesem zweiten Schlitten den Schreibstift, so wird dadurch, je nach der gegenseitigen Stellung der Herzscheiben, die graphische Addition und Subtraktion zweier Wellen möglich gemacht.

B. Montirung des Apparates.

Die Welle A, Figur 4, über welche die Herzscheibe geschoben wird, läuft in zwei geschlossenen Lagern eines viereckigen, gusseisernen Gestelles, das den ganzen Apparat aufzunehmen bestimmt ist, und trägt an ihrem einen Ende die Kurbel, mittelst deren dieselbe in Umdrehung versetzt werden kann. Zur Anbringung des Schlittens sind an den beiden Seitenwänden des Gestelles in einer zur Längenachse senkrechten Ebene nach innen zu zwei Ansätze B,B angegossen, mit welchen die Schienen C,C verschraubt werden. Dieselben tragen die Gleitbacken D,D. Der richtigen Centrirung der Zapfen A,A wegen, muss die Stellung dieser Gleitbacken zum Reguliren eingerichtet sein, was durch die Schrauben E,E bewerkstelligt wird.

Am Schlitten selbst ist der eine Zapfen zur Erzielung präcisen Berührens durch die Schraube N, Figur 3, verstellbar und in der Verlängerung ihrer Mittellinie der Schreibstift F in passender Höhe durch eine Einrichtung zu befestigen, welche es gestattet, denselben leicht und sicher unter Druck in innige Berührung mit dem Papiercylinder zu bringen und ihn ebenso leicht wieder davon entfernen zu können.

Was den zweiten Haupttheil des Apparates, nämlich die Walze betrifft, so ist derselbe so angeordnet, dass er sich um eine feste Achse A, Figur 5, dreht, die mittelst der Schraube C auf einem Stege B, welcher sich von einer Wand zur andern erstreckt, festgehalten wird. Ueber diese Achse ist das conische Rad D geschoben, das mit einem eben solchen E auf der Kurbelwelle im genauen Eingriff steht und von letzterem seine Drehung erhält. Die Hülse F, welche den Boden G trägt, umgibt dann den noch übrigen Theil der festen Achse A. Sie wird mittelst der Feder L und der Schraube H mit dem conischen Rad D in die nöthige Verbindung gebracht, so dass keine von beiden Theilen eine selbstständige Drehung annehmen kann. —

Die Röhre *M*, welche für den Gebrauch mit Papier zu umspannen ist, kann leicht vom Stativ abgezogen werden, was für das Auswechseln des Papieres von Wichtigkeit ist. An ihr sind zwei Federstreifen befestigt, welche zum Festklemmen des Papieres dienen. Solcher Röhren werden dem Instrumente mehrere von verschiedener Weite beizugeben sein, wenn es sich darum handelt, für verschiedene Wellenlängen Diagramme zu zeichnen, wobei dann selbstverständlich die im Durchmesser variirenden Cylinder ebenso viele passende Stativrohre *V* wieder erfordern.

Es wird gut sein, an der vorderen Seite des Gestelles eine Scheibe mit einer zur Kurbelwelle concentrischen Kreistheilung zu befestigen, so dass von der Welle aus mittelst eines Zeigers es ermöglicht wird, den Schreibstift leicht und ohne alles Probiren in die Gleichgewichtslage des oscillirenden Punctes einstellen und durch Drehung des Papiercylinders *M* bei unbeweglich gehaltenem Schreibstift durch letztere die Gleichgewichtslinie vorzeichnen zu können.

Theorie der magnetelectrischen Maschinen.

Von

Jamin und **Roger**.

Aus den Comptes rendus der Pariser Academie.

I.

Man kann die Formel dieser Maschinen charakterisiren, wenn man sagt, dass sie einem Motor unter der Form von Kraft eine gegebene Quantität Wärme entnehmen und dass sie dieselbe mit Hilfe eines electrischen Stromes in den inneren und äusseren Widerständen wiederherstellen. Die einzige Frage wäre, die Gesetze aufzufinden, welche die einerseits entnommenen, andererseits wiederhergestellten Wärmequantitäten befolgen.

Unsere Maschine wurde von der Alliançe-Compagnie[1]) construirt; sie besteht aus sechs rotirenden Scheiben, wovon jede mit 16 Bobinen, die auf Spannung vereinigt sind, versehen ist und einen Totalwiderstand R von 12 Umgängen des Rheostaten bildet. Diese Scheiben sind auf Quantität vereinigt, so dass sie einen Electromotor von sechs unabhängigen Maschinen bilden, die ihre Electricität in einen gemeinsamen äusseren Schliessungskreis senden. Der Widerstand des Ganzen ist als gleich R dividirt durch 6 oder gleich 2 Umgängen des Rheostaten. Dieser Maschine wurden Geschwindigkeiten ertheilt, die während jeder Versuchsreihe constant blieben und die bei den verschiedenen Versuchsreihen zwischen 350 und 550 Umgängen in der Minute variirten. Die Kraft wurde einem Gasometer nach dem Systeme Hugon entnommen, dessen Regelmässigkeit sich als vollkommen erwiesen hat. Eine Bremse, die beständig mit der Hauptwelle verbunden war, diente dazu, die Kraft und also auch die der Maschine ertheilte Wärme zu messen und zu verändern. Die in den äusseren Widerständen wiederhergestellten Wärmemengen wurden mit einem unter den gewöhnlichen Verhältnissen aufgestellten Calorimeter gemessen.

Cfr. Repertorium III pag. 252. Taf. XX Fig. 1.

Alle Versuche haben ergeben, dass die Anzahl C von Calorien, die auf solche Weise in einem äusseren Widerstande x wiederhergestellt wurden, zuerst mit diesem Widerstande zunimmt, dann aber, wenn dieser unendlich wird, bis zu Null abnimmt. Sie erreicht ein Maximum für einen Werth von x, der gleich R oder gleich 12 Umgängen des Rheostaten ist; sie wird genau dargestellt durch die Formel $C = \dfrac{x \cdot A^2}{(R + x^2)}$. Man weiss aber, dass in dem äusseren Schliessungsbogen x einer Säule, deren electromotorische Kraft A und deren innerer Widerstand R ist, die erzeugte Wärme ausgedrückt wird durch die Formel von Joule: $C = x\,i^2$ oder auch durch $C = \dfrac{x \cdot A^2}{(R+x)^2}$. Die magnetelectrische Maschine verhält sich also wie diese Säule, allein mit einem wesentlichen Unterschiede, der darin besteht, dass R nicht ihren wirklichen inneren Widerstand, der $\dfrac{R}{6}$ ist, sondern den einer jeden Scheibe oder eines jeden der Electromotoren darstellt, welche mit einander den ganzen Strom erzeugen. Man kann also sagen, dass das Ohm'sche Gesetz für die magnetelectrische Maschine gilt, allein dabei eine wesentliche Modification erleidet, wobei man annimmt, dass die verschiedenen Scheiben unabhängig und dass ihre Ströme sich im äusseren Schliessungsbogen vereinigen.

Es existirt zwischen der Säule noch ein anderer wichtiger Unterschied. Die in der Säule in der Zeiteinheit gelieferte Wärmequantität ist proportional der electromotorischen Kraft und dem Gewichte des verbrauchten Zinkes, d. h. der Stromintensität, so dass man hat $C_1 = \dfrac{A}{R + x}$, was beweist, dass dieser Werth wie die Ordinaten einer gleichseitigen Hyperbel sich ändert. Die magnetelectrische Maschine scheint also nichts als eine Säule zu sein, die ihre Wärme einem Motor entnimmt, anstatt sie durch eine chemische Action zu erhalten und man wird auf den Gedanken geführt, dass die Quantität Wärme, die ihr zugeführt wird, nach dem gleichen Gesetze sich ändern muss. Dem ist jedoch nicht so. Diese Quantität wird dargestellt durch die empirische Relation $C^1 = \beta + \dfrac{(x - \alpha)\,A^2}{(R + x)^2}$ in welcher α und β Constante sind. Sie wird ein Minimum für $x = o$, d. h. wenn der äussere Schliessungsbogen 0 ist; sie nimmt progressiv zu, bis sie gleich $\dfrac{A^2}{2(R + \alpha)}$

für $x = R + 2\,\alpha$ wird; sie nimmt ab bis β, wenn x sich dem Werthe „Unendlich" nähert, was stattfindet, wenn der Schliessungskreis offen ist. Daraus folgt, dass wenn man die Bremse nicht berührt, der Gang der Maschine, progressiv in dem Maasse verzögert wird als der Widerstand zunimmt bis zu dem Werthe von x, der gleich $(R + 2\,\alpha)$ ist, um sodann wieder zunehmende Geschwindigkeiten zu erlangen, wenn der äussere Schliessungskreis fortwährend zunimmt.

Die dem Motor entnommene Wärme $\beta + \dfrac{(x - \alpha)\,A^2}{(R + x)^2}$ erzeugt also in dem äusseren Schliessungskreise eine Menge $C = \dfrac{x\,A^2}{(R + x)^2}$. Nach demselben Gesetze von Joule muss sie in dem inneren Schliessungskreise eine Anzahl von Calorien $= A^2\,\dfrac{R}{6} \cdot \dfrac{1}{(R+x)^2}$ erzeugen, woraus folgt, dass der Unterschied zwischen diesen Grössen, d. h. $C' = \beta - \left(\alpha + \dfrac{R}{6}\right) A^2 \times \dfrac{1}{(R + x)^2}$ die unnütz verwendete Wärme darstellt. Unsere Versuche haben ergeben, dass sie gleich zwei Dritteln von der dem Motor entnommenen Wärme ist.

Als diese Gesetze gefunden und verificirt waren, suchten wir die einzige Anwendung zu studiren, welche man mit diesen Maschinen gemacht hat, nämlich das electrische Licht. Allemal wenn man einen Regulator in den Weg des Stromes einschaltet, wird die Geschwindigkeit der Maschine wie beim Einschalten eines Metalldrahtes verzögert. Der Lichtbogen setzt also dem Durchgange der Ströme einen Widerstand x entgegen, den man ermitteln kann, indem man die Anzahl von Umgängen des Rheostaten sucht, die man in den Schliessungskreis einschalten muss, um eine gleiche Verzögerung in der Geschwindigkeit der Maschine hervorzubringen. Sodann haben wir die von diesem Lichtbogen freigemachte Wärme mit derjenigen verglichen, welche in diesem Widerstande erzeugt wurde, und wir haben gefunden, dass alle Beide genau einander gleich waren. Wir sind also auf den Gedanken geführt worden, dass die beiden Kohlen der electrischen Lampe nicht anders wirken wie ein Metalldraht, nämlich der Art, dass sie eine Verminderung in der Stromintensität erzeugen. Diese Wärme des Lichtbogens ist sehr gering, kaum gleich derjenigen eines Gasbrenners, der 1 Liter in der Minute verbrennen würde. Um dieses Resultat zu erhalten, musste man 100 Liter Gas in dem Motor

Hugon verbrennen; die wiedererhaltene Wärme überstieg also nicht den hundertsten Theil der aufgewandten Wärme. Allein so schwach sie auch ist, so entwickelt sie doch, da sie auf einem sehr kleinen Raum — die Kohlenspitzen — concentrirt ist, daselbst eine enorme Temperatur und in Folge dessen eine Lichtmenge, welche nahe doppelt so gross wie diejenige ist, die man erhielte, wenn man direct die 100 Liter Gas verbrennen würde, welche man aufwendet, um sie zu erzeugen; sie ist selbst viermal so gross wie diese, wenn man die von Carré präparirten Kohlen verwendet. Man hat also auf der einen Seite einen beträchtlichen Wärmeverlust, andererseits einen bedeutenden Gewinn an Licht. Dieses Resultat bietet nichts Paradoxes. Die magnetelectrische Maschine verwerthet — das ist wahr — nur einen geringen Theil der absorbirten Wärme, allein sie sammelt dieselbe, die auf einem grossen Raum zerstreut ist, um sie auf ein kleines Volumen zu concentriren; sie nimmt sie bei einer niedrigen Temperatur auf, um damit eine enorme Erwärmung der Kohlen zu erzeugen; sie findet sie im Zustande dunkler Wärme, um damit Licht zu erzeugen; sie vermindert ihre Quantität; transformirt ihre Natur; sie verwendet Wärmestrahlen, die nichts kosten und macht daraus Lichtstrahlen, die sehr viel kosten, und gibt sie endlich billiger als jede andere Lichtquelle.

II.

In der vorhergehenden Notiz haben wir gezeigt, dass die im äusseren Schliessungskreise einer mit constanter Geschwindigkeit gehenden magnetelectrischen Maschine wiederhergestellte Wärme das gleiche Gesetz befolgt, wie bei einer gewöhnlichen Säule. Unsere Maschine bestand aus sechs rotirenden Scheiben, wovon jede mit 16 Bobinen versehen war, die auf Spannung vereinigt waren. Diese Scheiben waren selbst wieder auf Quantität fest verbunden, d. h. die gleichnamigen Pole einer jeden von ihnen endigten in zwei gemeinsamen Punkten, in welche auch der äussere Schliessungskreis auslief. Seitdem wurde unsere Maschine neuerdings eingerichtet und Anordnungen getroffen, um die verschiedenen Scheiben in allen möglichen Weisen zu combiniren. Wir wollen nur die Resultate bekannt machen, die man erhält, wenn man 1, 2, ... 6, ... n Scheiben nach Quantität verbunden nimmt.

Würde man in gleicher Weise n Elemente von der electromotorischen Kraft A und vom Widerstande r vereinigen, so würde man einen Electromotor von der Kraft A und vom Widerstande $\frac{r}{n}$ erhalten; die Intensität i des Stromes mit einem äusseren Widerstande x wäre dann

$$i = \frac{A}{\frac{r}{n} + x},$$

und die Wärmemenge, die in diesem Widerstande entwickelt würde, wäre gegeben durch die Formel

$$C = \frac{A^2 x}{\left(\frac{r}{n} + x\right)^2}$$

Operirt man mit 1, 2, ... 6, ... n Scheiben, so haben wir gefunden, dass die Maschine dieser Formel Genüge leistet, wenn man für A^2 und r die Werthe 813,12 und 100 nimmt.

Folgende sind einige unserer Resultate:

Im Schliessungskreise gelieferte Calorien.

Wider- stand x	2 Scheiben		3 Scheiben		4 Scheiben		5 Scheiben		6 Scheiben	
	Beob- achtet	Be- rechn.	Beob- achtet	Be- rechn.	Beob- achtet	Be- rechn.	Beob- achtet	Be- rechn.	Beob- achtet	Be- rechn.
7,52	1,27	1,56	2,72	3,14	4,75	4,98	6,20	7,01	8,35	8,36
15,04	2,30	2,48	4,55	4,58	6,65	6,77	9,05	8,91	10,85	11,00
22,56	2,86	3,05	5,18	5,24	7,45	7,32	9,57	9,24	10,71	15,99
30,08	3,26	3,37	5,62	5,50	7,35	7,37	9,30	9,02	10,51	10,45
46,40	3,69	3,67	5,66	5,47	7,00	6,01	8,20	8,02	9,05	9,01
69,60	8,81	3,65	5,33	5,02	5,90	6,00	6,76	6,74	6,82	7,32
92,08	3,70	3,41	4,49	4,50	5,09	5,21	5,60	5,81	5,60	6,13

Die angeführten Gesetze können nicht als besondere Gesetze für das von uns benützte Instrument betrachtet werden; wir glauben, dass sie für alle Electromotoren derselben Art anwendbar sind, da sie die allgemeinen Gesetze der Induction ausdrücken.

Künftig wird man die Wirkung dieser Maschinen berechnen können, wie man die der Säulen berechnet; man wird dann die Anwendung mit Einsicht zu reguliren im Stande sein; es wird genügen, dass man die Constanten A' und r bestimmt hat. Wir haben über diese Constanten bereits eine Einsicht, auf die man sich stützen muss.

Handelt es sich um eine Säule mit constantem Strome, so ist der innere Widerstand gleich dem der in den Trögen enthaltenen Flüssigkeiten. Dem ist keineswegs so bei unserer Maschine: r ist ein einfacher Coëfficient, welcher der Formel Genüge leistet, der aber viel grösser ist, als der innere Widerstand einer der Scheiben; er ist gleich 110 und dieser Widerstand kommt 16 Umgängen des Rheostaten gleich.

Man muss also annehmen, dass für sehr kurze und entgegengesetzt gerichtete Ströme, die in den Scheiben im Moment des Vorüberganges vor den inducirenden Magneten entwickelt werden, die Bobinen einen sehr grossen Widerstand besitzen, der weit grösser ist als derjenige, den man in ihnen mit länger andauernden Strömen vorfindet, mit einem Worte grösser als der, welcher in die Ohm'schen Formeln eintritt.

Dieser Umstand allein charakterisirt die Induction, da dies die einzige Aenderung ist, welche in die Formeln eingeführt wird; und er allein reicht hin, um die beobachteten Thatsachen zu erklären. In der That, wenn die magnetelectrische Maschine keinen anderen Widerstand als den ihrer Drähte hätte, so würden sechs nach Quantität verbundenen Scheiben weniger ausmachen, als 6 Meter Normal-Kupferdraht, sie würde wie eine thermoëlectrische Säule functioniren und, da sie keinen eigenen Widerstand besitzt, so würde sie weder Licht- noch Spannungswirkungen geben.

Die Spannung ist dagegen der wesentliche Charakter der Induction; sie kann nur durch einen Electromotor mit grossem Widerstand erzeugt werden, und da wir jetzt entdeckt haben, dass dieser grosse Widerstand in den Bobinen in dem Momente vorhanden ist, wo sie der Sitz der Induction werden, so erklären wir Wirkungen, die bisher unbegreiflich waren, und wir verstehen die Transformation von dynamischer Electricität in Spannungselectricität.

III.

Durch unsere Studien der magnetelectrischen Maschine haben wir bewiesen, dass man, wenn man die Scheiben, aus denen sie besteht, nach Quantität vereinigt, in dem äusseren Schliessungsbogen eine Wärmemenge erhält, die durch dasselbe Gesetz ausgedrückt wird, als wenn diese Scheiben ebensoviele Säulen von derselben Kraft und demselben Widerstande wären. Es war nun zu suchen, was herauskommt, wenn man diese Scheiben nach Spannung verbindet oder wenn man sie auf verschiedene Arten in parallele Gruppen theilt.

Würde man n' Elemente von der Kraft A und dem Widerstande r nach Spannung vereinigen, so würden sie dann ein einziges Element von der Kraft $n'A$ und dem Widerstande $n'r$ bilden. Würde man n dieser Elemente parallel verbinden, so würde man eine Säule bilden, deren Constante $n'A$ und $\dfrac{n'r}{n}$ wären; die im äusseren Schliessungsbogen r erzeugte Wärme wäre

$$C = \frac{n'^{\,2}\,A^2\,x}{\left(\dfrac{n'r}{n}+x\right)^2}$$

Wir haben unsere Scheiben paarweise, oder in Gruppen von dreien, oder alle nach Spannung vereinigt; das Resultat des Versuches stimmte mit der Formel, wie die folgende Tabelle zeigt:

In Gruppen vereinigte Scheiben.

Widerstände.	1 Paar		2 Paare		3 Paare		2 Gruppen zu dreien		6 Scheiben nach Spannung	
	Calorien		Calorien		Calorien		Calorien		Calorien	
	Beobachtet	Berechn.	Beobachtet	Berechn.	Beobachtet	Berechn.	Beobachtet	Berechn.	Beobachtet	Berechn.
58	2,25	2,44	6,80	6,67	10,52	10,93	7,27	8,05		
92	2,92	3,06	7,97	7,32	10,99	10,93	9,12	9,51		
144	3,35	3,51	7,43	7,25	9,80	9,99	11,05	10,98		
173	3,98	3,64	7,05	6,99	9,22	9,24	10,93	11,08		
239	3,86	3,69	6,27	6,37	7,90	7,97	10,35	10,88		
303	3,63	3,60	6,30	5,76	7,19	6,96	8,93	9,51		
452	3,38	3,25	4,59	4,65	5,26	5,33	7,40	8,63		
612	2,86	2,86	3,87	3,81	4,25	4,23	7,02	7,32	11,32	11,08

Unsere Versuche lassen sich folgendermaassen generalisiren:

„Allemal wenn die Bobinen in irgend einer Anzahl in gleichen Intervallen an den Magneten mit einer constanten Geschwindigkeit vorübergehen, wirken sie wie die Elemente einer Säule mit constantem Strom. Trotz der Unterbrechungen und der Umkehrungen des Stromes, wird die Quantität der entwickelten Electricität nach dem

Ohm'schen Gesetze und die in dem äusseren Schliessungskreise entwickelten Calorien nach dem Gesetze von Joule regulirt. Diese
Gesetze finden auf alle Arten der Gruppirung der Bobinen Anwendung;
die electromotorische Kraft einer jeden Bobine variirt mit der Geschwindigkeit und mit allen Verhältnissen ihrer Construction. Dasselbe
gilt für den Widerstand ϱ dieser Rolle, er ist immer grösser als der
Widerstand der Drähte, aus denen die Bobine besteht.“

Es wären noch a und ϱ zu messen, d. h. mit den Constanten eines
bekannten Elementes zu vergleichen. Zu diesem Zwecke haben wir
mit 20 Bunsen'schen Elementen die in einem äusseren Schliessungskreise r erzeugte Wärme gemessen. Sie ist gegeben durch die Formel

$$C = \frac{(20\,a')^2 \cdot x}{(20\,\varrho' + x)^2}.$$

Diese Versuche gestatteten a' und ϱ' zu messen. Man fand:

für eine Bobine . . . . . $a = 1{,}78$ . . $\varrho = 6{,}87$
für ein Bunsen'sches Element $a' = 0{,}753$ . . $\varrho' = 1$

Verhältniss $\dfrac{a}{a'} = 2{,}37$ . . $\dfrac{\varrho}{\varrho'} = 6{,}87.$

Unsere Maschine mit ihren 96 auf Spannung verbundenen Bobinen
besitzt also eine Kraft von 226 und einen Widerstand von 655 Bunsen'-
schen Elementen. Auf Quantität verbunden kommt sie nur 58 Elementen vom Widerstande 18 gleich. Mit anderen Gruppirungen erhält
man die folgenden Resultate. Man wird also leicht in allen Fällen
die Wirkung der Maschine und ihre Anwendung reguliren können,
um in einem gegebenen Theile des Schliessungskreises das Maximum
der Wärmewirkung zu erhalten.

	Werth der Maschine in Bunsen'schen Elementen	
	Electrische Kraft.	Widerstand.
Auf Spannung .	226	655
2 Gruppen zu 3 .	113	163,6
3 Gruppen zu 2 .	75	72,3
Auf Quantität . .	37,9	18

Man wird so leicht die Wirkung der Maschine für alle Fälle
berechnen und die Anordnung reguliren können, um für eine gegebene Lage des Schliessungskreises das Maximum der Wärmewirkung
zu erhalten.

Neues Thermometer für Temperaturen über dem Siedepunkt des Quecksilbers.

Von

M. Berthelot.

(Aus den Annales de Chimie et de Physique. Février 1868.)

(Hiezu Tafel XV Fig. 7.)

I. Beschreibung des Thermometers.

Das neue Thermometer (Fig. 7 Taf. XV) besteht aus einem Gefässe mit Luft, aus einer Capillarröhre, einem mit Quecksilber gefüllten Gefässe, einer Scala und einem Stative.

1) **Das Gefäss mit Luft.** Dieses Gefäss ist aus hartem Glase, *B*, von cylinderischer Form, 40 Millimeter lang und hat einen Durchmesser von 12 Millimetern. Seine Wände sind ganz dünn, seine innere Capacität beträgt etwa 4 Cubikcentimeter.

Diese Dimensionen sind genommen worden, um das Thermometer in eine tubulirte Retorte von 125 Cubikcentimeter bringen zu können; man kann sie übrigens nach Belieben vergrössern, wenn man Gefässe von grösserer Capacität anwendet.

Das Gefäss ist an seinem oberen Ende an eine Capillarröhre angeschmolzen.

2) **Die Capillarröhre.** Die Röhre *tt hh ll mm nn* ist nahe 1200 Millimeter lang; sie besteht aus einer Capillarröhre, deren innerer Durchmesser etwa ein Fünftel Millimeter beträgt. Wendet man Gefässe von grösserer Capacität an, so kann der innere Durchmesser der Capillarröhre bis auf einen halben Millimeter und darüber gebracht werden.

In allen Fällen muss die Röhre im Voraus sorgfältig mit Hilfe einer kurzen Quecksilbersäule geprüft werden, um zu verificiren, dass ihr inneres Caliber gleichförmig ist.

Die so verificirte Röhre ist an dem oberen Ende des Gefässes *B* angeblasen. Man gibt ihr die in der Figur dargestellte Form und

Anordnung; der verticale Theil muss etwa 730 Millimeter lang sein, er endigt in eine weite Glaskugel Q, die an ihrem oberen Ende mit einer cylindrischen Einmündung versehen ist.

Die Röhre tt hh ll mm nn muss aus einem einzigen Stücke bestehen und darf dazwischen nicht zusammengeblasen sein. Dieser Punct ist wesentlich, denn jede zusammengeblasene Stelle würde die Gleichförmigkeit des Calibers beträchtlich unterbrechen.

Eine Vorsichtsmassregel, welche beachtet werden muss, besteht darin, dass man die Capillarröhre und das Luftgefäss B austrocknet. Man benutzt dazu den Moment, wo das letztere an seinem oberen Ende bereits an die Capillarröhre angeschmolzen, an seinem unteren Ende dagegen noch offen und in eine Spitze ausgezogen ist. Diese offene Spitze setzt man mit einem Aspirator in Verbindung und lässt diesen beständig wirken, während man das Gefäss Q und die Capillarröhre ihrer ganzen Länge nach über einer Lampe stark erwärmt. Der Wasserdampf, der in der capillaren Glasröhre stark adhärirt, entweicht dann. In gleichem Maasse tritt bei S die Luft ein und man kann diese zur Genüge austrocknen. Ist die ganze Röhre erwärmt worden, so schliesst man die Spitze am unteren Ende des Luftgefässes B und lässt es erkalten.

3) Das Quecksilbergefäss. Das Quecksilbergefäss besteht aus der Kugel Q, es ist an seinem unteren Theile an die Capillarröhre angeschmolzen; oben ist es offen und hat die Form eines Flaschenhalses. Um das Eindringen von Staub zu vermeiden, bringt man in die Mündung des Gefässes einen Pfropfen, welchen man wegnimmt, wenn man sich des Instrumentes bedient, um den freien Eintritt der Luft zu ermöglichen. Die Füllung dieses Gefässes wird sogleich beschrieben werden.

4) Die Scala. An der Röhre $llll$ befindet sich in verticaler Stellung ein flaches hölzernes Lineal RR, das etwa 750 Millimeter lang ist. Dieses Lineal ist mit zwei kleinen Klammern pp befestigt, welche man mit Hilfe einer Schraube anziehen und nachlassen kann, wodurch eine Verschiebung des Lineales der Röhre $llll$ entlang ermöglicht wird. Ausserdem liegt das Lineal in einer Hohlkehle, die sich an einem mit dem Fusse des Instrumentes verbundenen Metallstücke AA befindet.

Das Lineal trägt eine doppelte Theilung: die eine, welche auf der linken Seite der Capillarröhre gelegen ist, ist eine Theilung in

Millimeter; die andere rechts gelegene ist eine Theilung in Thermometergrade, die mit Hilfe gewisser fixer Puncte, worauf wir alsbald zurückkommen werden, empirisch construirt ist.

5) **Das Gestell.** Der Thermometer wird von einem sehr festen und schweren Stative getragen.

Dieser Stativ besteht:

a. aus einer horizontalen Führung CC für den horizontalen Theil hh der Capillarröhre.

b. An dieser Führung ist die verticale Metallstange TT befestigt, die 5—6 Millimeter im Durchmesser hat. Diese Stange trägt unten das Stück AA, das an seinem freien Ende mit einer Hohlkehle versehen ist, worin die Scala gehalten wird.

c. Die Stange selbst ist unten an einem sehr schweren Fusse P befestigt, wodurch das Ganze eine grosse Stabilität erhält.

II. Graduirung des Thermometers.

Diese Graduirung besteht aus drei verschiedenen Operationen: 1) der Füllung, 2) der Bestimmung der fixen Punkte, 3) der Eintheilung der Scala.

1) Die Füllung.

Um das Thermometer zu füllen, giesst man ganz trockenes und reines Quecksilber in die Kugel Q, so dass diese bis zur Hälfte voll wird; sodann stellt man über Q einen theilweise luftverdünnten Raum mittelst einer Luftpumpe her; man bringt den Druck höchstens bis auf eine 20 oder 25 Centimeter lange Quecksilbersäule herab. Die Luft im Apparate tritt dann zum Theile neben dem Quecksilber aus. Man stellt nun den vollen Luftdruck wieder her und das Quecksilber wird dadurch in der Capillarröhre gehoben.

Um zu wissen ob die Verdünnung der Luft auf den gewünschten Grad gebracht wurde, taucht man der Reihe nach das Luftgefäss B in schmelzendes Eis und in Wasser von der Temperatur der Umgebung. Man bestimmt so eine Differenz des inneren Druckes und einen bestimmten Gang des in der Capillarröhre enthaltenen Quecksilberfadens. Die Anzahl Millimeter, welche der Quecksilberfaden an der Scala durchlaufen hat, muss dann durch eine Zahl ausgedrückt sein, die der Gradezahl, welche die umgebende Temperatur ausdrückt, nahe gelegen ist, wenn das Thermometer Temperaturen bis zu 500 Grad anzeigen soll. Ist die Luftverdünnung nicht hinreichend, so fällt diese

Ziffer zu gross aus. Man verdünnt die Luft von Neuem etwas weiter. War dagegen die Luftverdünnung zu beträchtlich, sank z. B. die Barometerprobe auf 10—12 Centimeter herab, so müsste man das Quecksilber mit einer Pipette aus dem Gefässe Q vollständig entfernen. Sodann würde man die ganze Operation von Neuem beginnen.

Die Kugel Q hat einen beträchtlichen Durchmesser erhalten, damit die Höhenänderungen der Quecksilbersäule in der Capillarröhre das Niveau des Quecksilbers in dieser Kugel nicht merklich afficiren. Die in die Kugel gebrachte Quecksilbermasse bietet noch den Vortheil, dass die Bewegungen des Quecksilbers in der Capillarröhre $llll$ leichter und rascher vor sich gehen. Einige kleine Stösse am Instrumente genügen, um dem Meniskus seine normale Gestalt zu nehmen und die Angaben regelmässig zu machen.

2) Bestimmung der fixen Punkte.

Um das Instrument zu graduiren habe ich die folgenden fixen Punkte gewählt:

Schmelzpunkt des . . . . . 0°
Siedepunkt des Wassers . . . 100
Siedepunkt des Quecksilbers . . 350
Siedepunkt des Schwefels . . . 440

Diese vier Punkte müssen an demselben Tage und in einem möglichst kurzen Zeitintervalle bestimmt werden, damit der Luftdruck keine merkliche Veränderung erfährt, ich meine damit eine Aenderung um einen Millimeter.

Der Nullpunkt wird bestimmt, indem man das Luftgefäss B und einige Centimeter der Capillarröhre in schmelzendes Eis bringt unter Beachtung der bekannten Vorsichtsmassregeln. Die Röhre $llll$ muss dabei genau vertical gestellt werden. Am Ende von einigen Minuten, wenn der Quecksilberfaden in der Röhre $llll$ eine fixe Stellung anzunehmen beginnt, gibt man der Scala unterhalb dem Stabe AA einige leichte Stösse, um in der Capillarröhre eine Reihe von Hin- und Hergängen mit entgegengesetzten Zeichen bestimmen zu können. Sodann lässt man die Quecksilbersäule auf ihren definitiven Gleichgewichtsstand zurückgehen. Hören die Oscillationen auf, so notirt man die Zahl der entsprechenden Millimeter und Bruchtheile derselben an der graduirten Scala. Dies ist der Nullpunkt für den während des Versuches statthabenden Luftdruck.

Der Punkt 100 wird dann bestimmt, indem man das Gefäss B in einen Ballon einsenkt, in welchem man destillirtes Wasser zum Sieden gebracht hat.

Der Punkt 440 wird folgendermassen bestimmt. Man bringt das Gefäss B in eine tubulirte Retorte, in die bereits geschmolzener Schwefel gebracht wurde; man schliesst den Tubulus der Retorte mittelst eines Korkpfropfes, durch den man vertical ein Loch für die Aufnahme der Capillarröhre tt gebohrt hat und der im verticalen Sinne in zwei gleiche Hälften geschnitten wurde. Nachdem nun die Retorte an einem geeigneten Träger befestigt ist, bringt man das Gefäss in dieselbe; die Capillarröhre muss dabei nahezu in der Mitte des Tubulus liegen. Man schiebt dann zwischen dem Tubulus und der Röhre die beiden Hälften des Korkes zusammen; sie halten die Capillarröhre in der gewöhnlichen Weise fest, d. h. ebenso wie man eine Thermometerröhre in dem Halse einer Retorte befestigt. Der Hals der Retorte ist so hinreichend geschlossen. Man verbindet sie dann mit einer Vorlage und erwärmt den Schwefel allmählig über einer starken Gaslampe, bis er vollständig in's Kochen kommt und continuirlich überdestillirt. Das Luftgefäss muss zum Theil in den Dampf, zum Theil in den kochenden Schwefel eintauchen. (Siehe Figur 7.)

Hierauf bestimmt man den Punkt 350 mittelst kochenden Quecksilbers. Die Operation wird genau so ausgeführt, wie die Bestimmung des Siedepunktes des Schwefels, nur mit folgenden Vorsichtsmassregeln. Das Luftgefäss B muss sorgfältig so angebracht werden, dass es zum Theil in das Quecksilber eintaucht, trotz dem Drucke dieser Flüssigkeit. Man muss ausserdem den Hals der Retorte besser schliessen als beim Schwefel, um zu vermeiden, dass sich die Quecksilberdämpfe im Laboratorium verbreiten. Man verkittet zu diesem Behufe den Kork, nachdem er sorgfältig adjustirt wurde. Endlich muss das Kochen mit der Vorsicht zu Stande gebracht werden, die Alle kennen, welche Quecksilber zu destilliren Gelegenheit hatten.

Nach dieser Operation ist es nöthig sich zu überzeugen, ob die Capacität des Luftgefässes B keine Aenderung durch die hohen Temperaturen von 440 und 350 Grad erfahren hat. Man bestimmt deshalb von Neuem die Punkte 0 und 100 Grad, welche keine oder zu vernachlässigende Aenderungen erfahren dürfen. Haben sie sich geändert, so wiederholt man die Versuche.

Die vier fixen Punkte 0, 100, 350, 440 sind so bestimmt. Es

scheint auf den ersten Anblick, dass sie nur einem bestimmten Drucke entsprechen; denn es ist klar, dass unser Instrument einen analogen Gang wie das Quecksilber zeigt, und dass die Quecksilbersäule bei einer und derselben Temperatur, je nach den Aenderungen des Luftdruckes, oscillirt. Allein man sieht leicht, dass diese Oscillationen die Intervalle nicht afficiren, welche die fixen Punkte, paarweise genommen, trennen.[1]) Es wird also genügen, sehr genau diese Intervalle bei einem ersten Versuche zu notiren, um sie sodann von einem der vier fixen Punkte aus wieder herzustellen, der in dem Augenblick bestimmt wurde, in dem man sich des Thermometers bedienen will. Man wird also die vier fixen Punkte an der Scala neben der Millimetertheilung notiren können. Man wird sie so notiren, wie man sie an einem Tage und in einer Reihe von gegebenen Beobachtungen erhält. Will man sich dann des Instrumentes bedienen, so wird man von Neuem einen der Punkte, z. B. den Nullpunkt, oder besser noch den Punkt 100 bestimmen, und wird, indem man die Schrauben pp löst, die Scala der Röhre $llll$ entlang verschieben, bis der auf der Scala notirte fixe Punkt genau der jeweiligen Lage der Quecksilbersäule entspricht. Sodann stellt man die Röhre der Scala wieder fest.

3) Graduirung der Scala.

Die genaueste Methode, das Instrument zu graduiren, besteht darin, dass man die vier als fixe Punkte genommenen Temperaturen auf quadrirtem Papiere notirt, indem man sie auf die an der Scala in Millimetern gerechneten Längen bezieht, und dass man die sie trennende Curve in gewöhnlicher Weise zieht. Man verlängert diese Curve einerseits bis + 500 Grade, nach der anderen Seite hin bis — 100 Grade. Die Abscissen stellen dann die Länge der Scala in Millimetern, die Ordinaten die Temperaturen dar.

Man trägt diese letzteren auf die Scala auf, indem man sie an einer verticalen Linie aufträgt, die parallel zu der Linie der Millimeter rechts von der Röhre $llll$ gezogen ist.

Hat die Capillarröhre ein gleichförmiges Caliber, so nimmt die Länge der Grade sehr langsam ab in dem Maasse als die Temperatur steigt. Diese Aenderung kann noch etwas langsamer werden,

---

[1]) Wenn sich nur die Capillarität der Röhre nicht in dem der Oscillation entsprechenden Raume ändert.

wenn das Caliber der Capillarröhre sich ändert. Es kann sogar zufäl-
lig eine Compensation in der Weise zu Stande kommen, dass die
Länge der Grade constant wird; ich besitze ein derartiges Imstrument.

Berücksichtigt man die Fehlergrenzen, welche das Instrument in
sich schliesst und die in den hohen Temperaturen 2 bis 3 Grade betragen
können, und bedenkt man, dass seine Benützung speciell für Temperaturen zwischen 300 und 500 Graden bestimmt ist, so kann man für
alle Fälle die Graduirung des Instrumentes vereinfachen. Es genügt
dann, das zwischen 350 und 440 Graden gelegene Intervall in 90
gleiche Theile zu theilen; jeder dieser Theile stellt dann einen Tem-
peraturgrad dar. Man verlängert die Theilung nach der einen Seite
hin bis 300 Grad, nach der andern bis 500 Grad. Zwischen diesen
Grenzen wird die so gezogene Theilung mit der übereinstimmen, die
sich aus der aus den vier fixen Punkten hergeleiteten Curve ergibt; der
Unterschied überschreitet nicht die Beobachtungsfehler.

Wenn man so das Thermometer graduirt, so genügt es, an der
Scala die Punkte 0 und 100 Grad, die blos als Merk- und Anfangs-
punkte dienen, zu notiren; es ist unnöthig, das Intervall in Grade
einzutheilen.

Wollte man an einem solchen Thermometer die Theilung unter
Null bis — 100 Grad fortsetzen, so müsste man einen neuen fixen
Punkt bestimmen, der so tief als möglich gelegen wäre, man hätte
dann ein Thermometer, das genauer wäre, als die allgemein für die
niederen Temperaturen gebrauchten Alcoholthermometer.

Das in der angegebenen Weise construirte Instrument gibt über
300 Grad Angaben, welche zum wenigsten eben so genau sind wie
die des Quecksilberthermometers, wenn man überdies die Nothwen-
digkeit berücksichtigt, dass die Zahlen des letztern Thermometers cor-
rigirt werden müssen, wegen des nicht in den Raum, dessen Temperatur zu bestimmen ist, eingetauchten Theiles der Röhre.[1]) Die Unsicherheit der Angaben des Quecksilberthermometers wird wenigstens
ebenso gross wie die des neuen Thermometers werden, wenn man die
Aenderungen in der Ausdehnung verschiedener Glassorten berücksichtigt;
man weiss aus den Versuchen von Regnault, dass bei den besten
Quecksilberthermometern diese Aenderungen die Temperatur innerhalb

---

[1]) Ich bemerke, dass diese Correction um 350° herum sich bis zu 20 Grad
erheben kann.

Grenzen zweifelhaft lassen, welche bis auf 5 bis 6 Grade über 300 Grad gehen.

Die Angaben unseres Thermometers haben noch den Vortheil, dass sie die Angaben des Luftthermometers selbst sind, welche um 10 Grade etwa von denen des Quecksilberthermometers in der Nähe von 550 Grad abweichen.

Besonders über 330 Grad wird das neue Thermometer werthvoll, weil die meisten Quecksilberthermometer über diesem Punkte zerspringen. Wenn das neue Instrument gut construirt ist, so lassen seine Angaben keine Unsicherheit über 2 bis 3 Grad zu, selbst für Temperaturen, die in der Nähe von 500 Graden gelegen sind.

III. Theorie des Instrumentes.

Die Genauigkeit des Instrumentes hängt von zwei Fundamentalbedingungen ab, nämlich: der empirischen Construction der Temperaturcurve vermittelst der durch das Experiment bestimmten fixen Punkte, und der relativen Kleinheit der im capillaren Theile befindlichen Luftmasse im Vergleiche zur Luftmasse im cylindrischen Gefässe.

Im Ganzen steht das neue Thermometer den Bedingungen sehr nahe, welche ein Luftgefäss von unveränderlicher Capacität zeigen wird. In einem solchen Gefässe werden die Aenderungen des Druckes den Aenderungen der Temperatur proportional sein. Es sei nämlich V_0 das Volum des Gases unter einem Anfangsdruck H_0 bei der Temperatur Null. Wird die Temperatur t, so wird der Druck $H_0 + h$, und man hat

also

$$V_0 = V_0(1 + \alpha t)\frac{H_0}{H_0 + h},$$

also

$$1 + \frac{h}{H_0} = 1 + \alpha t$$

d. h.

$$\frac{h}{H_0} = \alpha t,$$

was die angegebene Relation ist.

Wenn sie genau beobachtet werden könnte, so genügte es neben die Scala der Drucke die Scala der Temperaturen, in proportionalen Theilen dargestellt, zu ziehen.

In Wirklichkeit ist die Bedingung, welche diese Relation bestimmt,

nicht ganz genau bei dem neuen Thermometer erfüllt und das aus
doppelten Gründen, nämlich wegen der Ausdehnung des Gefässes und
des Austrittes eines Theiles der Luft aus dem Reservoir, welche das
Quecksilber in die capillare Röhre treibt. Allein es lässt sich leicht
zeigen, dass wenn man die Dimensionen einhält, welche sogleich angegeben werden, man sich wenig von der theoretischen Bedingung
entfernen wird und zwar innerhalb Grenzen, welche die genaue Construction des Instrumentes möglich machen.

Berechnen wir vorerst die Aenderung der Capacität des Gefässes.

Nehmen wir für den cubischen Ausdehnungs-Coefficienten $\frac{1}{37000}$
an, so findet man, dass von 0 bis 500 Grad die Capacität des Ge-
fässes um $\frac{500}{37000}$ oder $\frac{1}{74}$ zunimmt. Daraus folgt, dass die Länge
eines Grades am Instrumente allmählig zwischen 0 und 500 Grad ab-
nimmt, so dass er an dieser Grenze etwas geringer wird. Ohne dass
man nöthig hätte, diese Abnahme zu berechnen, genügt es zu bemerken, dass unsere Graduirungsweise, da sie nach der Erfahrung und
mit Hilfe empirischer fixer Punkte ausgeführt wird, keinem Einwurf
wegen der progressiven Aenderung der Capacität des Gefässes ausgesetzt ist.

Gehen wir nun zum Austritte eines Theiles der Luft aus dem
Gefässe über.

Nach den angenommenen Dimensionen beträgt die Capacität des
cylindrischen Gefässes nahe 4 Cubikcentimeter. Andererseits nimmt
die Luft in der Capillarröhre bei Nullgrad eine Länge von 500 bis
550 Millimeter etwa ein. Bei 500 Grad nimmt sie etwa 1000 bis
1100 Millimeter ein. Berechnen wir die Volumszunahme dieser Luft
unter den extremen Verhältnissen, d. h. für 500 Grad. Es sei der
innere Durchmesser einer Röhre ein fünftel Millimeter; seine innere
Capacität für die Länge von 1 Meter wird dann gleich $\pi \frac{1}{10^2} 1000$
Cubikmillimeter, nämlich etwa 31 Cubikmillimeter sein.

Dieses Volum ist etwa der 130. Theil vom Volum des Gefässes.
Allein das Gewicht der Luft, das die Röhre einschliesst, ist ein merk-
lich grösserer Bruchtheil von dem Gewichte der im Gefässe enthaltenen
Luft. Denn die Luft im Gefässe ist bei 500 Grad zwei und ein halb
Mal weniger dicht als die Luft in der Capillarröhre, welche die Tem-

peratur der Umgebung besitzt. Die Masse der im Gefässe enthaltenen Luft ist also vermindert:

1) Um die Masse der in den 500 Millimetern der Capillarröhre enthaltenen Luft, welche bei Nullgrad mit Quecksilber ausgefüllt waren und nun mit Luft von 500 Grad erfüllt sind; diese Masse beträgt etwa den hundertsten Theil von der der Luft, die in dem Gefässe bei 500 Grad enthalten ist.

2) Um die Differenz zwischen der Masse der in dem ersteren Theile der Capillarröhre bei Nullgrad enthaltenen Luft und der in demselben Theil bei 500 Grad enthaltenen Luftmasse. Da der Druck, und in Folge dessen die Condensation der Luft, in diesem Intervalle nahe verdreifacht und die Länge dieses ersten Theiles der Röhre nahe gleich der des anderen Theiles (desjenigen, in welchem die Luft an die Stelle des Quecksilbers getreten) ist, so sieht man, dass die Zunahme der Luftmasse im ersteren Theile der Röhre nahe zwei Drittel der Quantität repräsentirt, welche das Quecksilber in dem zweiten Theile derselben Röhre ersetzt hat.

Vereinigt man diese beiden Grössen, so findet man im Ganzen eine Abnahme um ein Sechzigstel in der Luftmasse, die im Gefässe enthalten ist, in Folge der Ausdehnung, die aus dem Zuwachse der Temperatur hervorgeht.

Diese Abnahme variirt offenbar mit der Capillarität der Röhre. Sie bezieht sich auf eine Röhre von ein Fünftel Millimeter inneren Durchmessers. Bei einer Röhre von ein Zehntel Millimeter Durchmesser betrüge sie nur ein Zweihundertvierzigstel, während sie bei einer Röhre von einem halben Millimeter im Durchmesser sich auf ein Zehntel erhöhen würde.

Prüfen wir nun die Folgen dieser Aenderung der Masse der Luft im Gefässe.

Es ergibt sich zunächst daraus eine neue Ursache der Verminderung der Länge der Grade, welche zu derjenigen hinzukommt, die aus der Ausdehnung des Gefässes hervorgeht. Allein man hat hier nur eine theoretische Fehlerquelle, da die Grade empirisch durch eine Curve und mittelst fixer Punkte bestimmt sind.

Indessen verursacht der Austritt eines Theiles der Luft aus dem Gefässe eine theoretisch viel bedeutendere Fehlerquelle, wiewohl, wie wir gesehen haben, ihr Einfluss in der Praxis gänzlich vernachlässigt werden kann. Diese Fehlerquelle entsteht aus den Veränder-

ungen der umgebenden Luft. Die in dem capillaren Theile enthaltene
Luft besitzt nämlich bei den verschiedenen Versuchen nicht die gleiche
Temperatur. Sein Volumen ändert sich also aus einer von der Temperatur des Raumes, in welchem sich das Gefäss befindet, unabhängigen Ursache. Wie weit weicht also unser Thermometer von dem
gewöhnlichen Luftthermometer ab?

Bekanntlich theilt sich beim letzteren Instrumente das Volum der
im Apparate enthaltenen Luft in zwei Theile, die beide beträchtlich
sind; die Temperatur des ausserhalb dem Gefässe befindlichen Theiles
muss dann mit der grössten Genauigkeit bestimmt werden. Dies ist
jedoch bei unserem Instrument nicht so wegen der relativen Kleinheit
des Volumens der im capillaren Theile enthaltenen Luft. Man hat
nämlich gesehen, dass die Masse der im Gefässe bei 500 Grad enthaltenen Luft um ein Sechzigstel etwa geringer ist als die Luftmasse,
die das Gefäss bei Nullgrad enthält, wenn die Capillarröhre einen inneren Durchmesser von ein Fünftel Millimeter besitzt. Die Gesammtmasse der in der Capillarröhre enthaltenen Luft ist sogar ein wenig
grösser, da die Capillarröhre bereits Luft bei 0 Grad enthält; diese
Gesammtmasse erhöht sich bei 500 Grad ohngefähr auf den fünfzig-
sten Theil der Masse der im Gefässe enthaltenen Luft. Diese in der
Capillarröhre enthaltene Luft ist es, deren Temperatur je nach der
Temperatur der Umgebung variirt; folglich ändert sich das Volumen,
welches sie einnimmt, und übt einen gewissen Einfluss auf die Lage
der Quecksilbersäule aus.

Prüfen wir die Grösse dieser Fehlerquelle. Setzen wir voraus,
dass das Instrument bei der Temperatur von 15 Grad graduirt sei,
und nehmen wir an, dass die Temperatur der Umgebung zwischen
Null und 30 Grad im Maximum schwanke, d. h. um 15 Grad nach
der einen und nach der anderen Seite hin. Man weiss, dass ein bestimmtes Luftvolum sich um $\frac{11}{3000}$ seines Volum für einen Temperatur-
grad ändert. Die äusserste Aenderung wird also $\frac{11 \cdot 15}{3000}$ sein, d. h.
etwa ein Zwanzigstel vom Volum der im capillaren Theile enthaltenen
Luft. Allein dieses letztere ist höchstens, und zwar in den extremen
Fällen, ein Fünfzigstel der Luftmasse im Gefässe; die Aenderung seines Volums, unter dem Einflusse der Temperatur der Umgebung, ist
also im Maximum einer Aenderung um ein Tausendstel gleich. Diese

Grösse ist höchstens ein Drittel eines Grades am Instrumente; sie kann also vernachlässigt werden. Selbst wenn man das Instrument mit einer Capillarröhre von einem halben Millimeter Durchmesser construirt hätte, würde die grösste Aenderung, die von dem Einflusse der Temperatur der Umgebung herrührte, nur ein Zweihundertstel des Volums der Luft im Gefässe betragen, eine Grösse, die kaum die Fehlergrenze der Versuche übersteigt.

Geschichte des Ozons.

(Zeitschrift der österreichischen Gesellschaft für Meteorologie, 1868, Nr. 14.)

Im Jahre 1774 entdeckte Priestley den Sauerstoff und bald beschäftigten sich mit den Wundern des neugefundenen Elements alle europäischen Chemiker. Ausser den solchergestalt hervorgerufenen systematischen Forschungen, die bestimmt waren eine so edle Frucht zu tragen, wurde eine Menge abgesonderter Versuche angestellt, und einer von diesen war, nachdem man ihn genauer kennen gelernt, von der höchsten Wichtigkeit. Im Jahre 1785 gerieth Van Marum, der sich vorzugsweise dem Studium der Electricität widmete, auf den Gedanken, electrische Funken durch Sauerstoff gehen zu lassen, wahrscheinlich als ein blosses Experiment, um zu sehen, was geschehen werde. Er fand, dass der Sauerstoff einen eigenthümlichen Geruch erlangte und damit die Kraft unmittelbar auf Quecksilber zu wirken. Er erhielt Ozon; allein da die chemische Methode noch jung und Van Marum wahrscheinlich kein himmelentsprossener Genius war, so wurde durch den Versuch nur wenig wirkliche Kenntniss gewonnen. Der Geruch war der nämliche, wie derjenige, den man in der Nähe einer in Thätigkeit befindlichen electrischen Maschine in der Luft beobachtet. Von Marum begnügte sich daher mit der Annahme, dass es der natürliche Geruch der „electrischen Materie" sei. In diesem Zustande blieb die Sache bis 1840, als Prof. Schönbein in Basel sie in die Hand nahm, und bald eine Anzahl merkwürdiger Thatsachen an's Licht brachte. Er fand, dass sich die Substanz durch mehrere abgesonderte Processe bilden lasse; dass sie in dem Sauerstoffe vorhanden sei, welchen man durch die Volta'sche Wasserzersetzung erhielt, und dass man sie sogar erzeugen könne ohne Mitwirkung von Electricität durch langsame Oxydation von Phosphor, oder mit andern Worten, dass, wenn ein Theil Sauerstoff durch Phosphor aufgesaugt sei, ein anderer Theil sich stets in Ozon verwandle. Die Eigenschaften des Ozons, oder richtiger gesagt, des ozonisirten

Sauerstoffes, wurden von Schönbein ebenfalls mit grosser Sorgfalt
und vielem Scharfsinne studirt. Die bei weitem merkwürdigste dieser
Eigenschaften war, wie er fand, seine ausserordentliche oxydirende
Kraft. Eine grosse Menge Substanzen, welche die Fähigkeit nicht
besitzen sich unmittelbar mit Sauerstoff zu vereinigen, selbst bei hoher
Temperatur, werden augenblicklich von Ozon oxydirt, und zwar nicht
nur oxydirt, sondern zugleich in ihren höchsten bekannten Oxydations-
zustand erhoben. Eine gute Erklärung für dieses Phänomen bietet
Silber. Aus demselben Grunde ist Ozon ein kräftiges Bleichungs-
und Desinficirungsmittel, indem es in diesen Beziehungen eine so
grosse Aehnlichkeit mit Chlor hat, dass Schönbein anfangs glaubte,
es sei ein neues Analogon dieses Elementes. Allein dies widerlegte
sich durch die Thatsache, dass die durch die Verbindung von Ozon
mit andern Körpern erlangten Mischungen Oxyde waren, die in keiner
Hinsicht von den durch andere Mittel erlangten Oxyden abwichen.
Auf seine thätige oxydirende Kraft gründete Schönbein eine höchst
empfindliche Probe für Ozon. Bekanntlich bildet Jod mit Stärke eine
blaue Farbe, diese Reaction kann aber nur mit freiem oder ver-
bindungslosem Jod erlangt werden. Man kann Jodkalium mit Stärke
mischen ohne die Erzeugung irgend einer Farbe, und der Sauerstoff
der Luft ist durchaus nicht im Stande das Jod zu zersetzen, wogegen
die kleinste Spur von Jod augenblicklich die Zersetzung bewirkt;
kaustisches Kali bildet sich und die Mischung wird der Bildung der
sogenannten Jodstärke wegen blau. Diese Mischung wird, auf Papier-
stücke ausgebreitet, zum Ozon-Reactionspapier, das jetzt so starke
Verwendung findet, und die „Ozonometer" sind blos Instrumente zur
Registrirung der Tiefe der Färbung, die sich dadurch erzeugt, dass
man eines der Papiere eine gewisse Zeit lang einer gewissen Quantität Luft aussetzt. Die Angaben des Ozonometers sind blos vergleichende, indem sie auf einer willkürlichen Scala von 1 bis 10 ausgedrückt sind. Ueber die sonstigen Eigenschaften des Ozons kann
man für jetzt mit wenigen Worten hinweggehen. Es ist unlöslich im
Wasser, und ohne Einwirkung auf dasselbe. Es wird durch Hitze
zerstört — eine Temperatur, welche ungefähr gleich ist der von
schmelzendem Zinn, reicht hin es in gewöhnlichen Sauerstoff zu verwandeln — und endlich wird es durch schwarzes Mangan-Oxyd und
einige andere Substanzen, die von ihm nicht selbst oxydirt werden,
zerstört.

Die noch unausgebildeten Theorien der früheren Ozonforscher übergehend, bemerken wir, dass der erste Schritt zur wahren Theorie von Marignac und de la Rive gethan wurde, welche bewiesen, dass Ozon kein anderes Element enthalte als Sauerstoff, und dass es sonach nur eine etwas geänderte oder „allotropische" Form dieses Elements sein könne. Im Jahre 1852 wurde eine andere wichtige Fortschritts-Stufe von Becquerel und Fremy erreicht, welche nicht nur die Schlussfolgerungen Marignac's und de la Rive's bestätigten, sondern auch zeigten, dass man durch verlängerte Electricitätseinwirkung den Sauerstoff gänzlich in Ozon verwandeln könne. Es ist wahr, dass dies nur geschehen kann, wenn das Ozon eben so schnell aufgesaugt als erzeugt wird — wenn man z. B. die electrischen Funken durch eine über Quecksilber oder Jodkalium aufgerichtete Sauerstoffröhre hindurchziehen lässt — und dass man es bisher für unmöglich hielt von gewöhnlichem Sauerstoff freies Ozon zu bereiten; allein die gänzliche Umwandlung ist nichts destoweniger bedeutungsvoll für die wahre Natur der Substanz. Im Jahre 1856 zeigte Dr. Andrews auf's Bündigste, dass Ozon immer eine und dieselbe Substanz sei, durch welches Verfahren man es auch bereite, und widerlegte endlich vollkommen die Beweisgründe, durch welche Williamson und Baumert darzuthun gesucht hatten, dass es dreifaches Wasserstoff-Oxyd sei.

Soweit hatten die Forschungen über das Ozon einen befriedigenden Charakter. Fehlerhafte Experimente hatte man allerdings angestellt, und unrichtige Theorien hatte man als etwas selbstverständliches auf dieselben gegründet. Immer aber folgten die Theorien aus den vermeintlichen Thatsachen, und die Experimente selbst wurden mit aller möglichen Sorgfalt durchgeführt. Allein obgleich Schönbein die quantitativen Methoden, auf welche allein sich eine Theorie sicher gründen lässt, kaum berührte, wagte er in einem Briefe an Faraday, d. d. 25. Juni 1858 doch die Aufstellung einer neuen Hypothese, der er seitdem treu geblieben, und der es nie an Vertheidigern gefehlt hat, obwohl sie bestimmt und förmlich verworfen worden ist. Er nahm das Vorhandensein zweier verschiedener und entgegengesetzter Arten von Sauerstoff an, einer negativen und einer positiven Art. Die erstere — die durch Electricität, die Phosphor-Oxydation etc. erhaltene — nannte er fortdauernd Ozon, die letztere unterschied er als Antozon und behauptete, dass gewöhnlicher oder neutraler Sauerstoff durch die Vereinigung beider Arten gebildet werde. Von diesen hypothetischen Bestandtheilen des Sauerstoffes wurde ferner angenommen, dass sie in einer grossen Mannigfaltigkeit von Oxyden vorhanden seien. Diejenigen, welche Ozon enthielten, wurden Ozoniden genannt, und unter dieselben die höheren Mangan-, Chrom- und Eisen-Oxyde, sowie die Oxyde der edlen Metalle gezählt. Die entgegengesetzte Classe von Oxyden, die Antozoniden, umfassten die zweifachen Oxyde der Alkalien und alkalinischen Erden, das Wasserstoff-Doppeloxyd und einige andere Substanzen. Diese scharfsinnige Hypothese war fast ganz auf den Umstand gegründet, dass, wenn eines der sogenannten Ozoniden, unter passenden Bedingungen, mit einem Antozonid gemischt sei, gewöhnlicher Sauerstoff entwickelt werde, indem das Ozon des einen sich, Hrn. Schönbein zufolge, mit dem Antozon des andern verbinde. Ohne jedoch in Abrede stellen zu wollen, dass Schönbein's Hypothese fähig ist, Thatsachen wie diese zu erklären, sind wir durch die Forschungen Sir B. C. Brodie's genöthigt zu glauben, dass sie sich ebenso befriedigend und einfacher durch eine Verweisung auf die gewöhnlichen Gesetze chemischer Veränderungen erklären lassen. Die neuerlich ausser Zweifel gesetzte Dichtigkeit des Ozons ist überdies ganz unverträglich mit der Wahrheit der Schönbein'schen Hypothese, die ich hier mit Stillschweigen hätte übergehen können, nur bemerkend, dass immer noch eine beträchtliche Anzahl Männer der Wissenschaft sich zu ihr bekennt.

Wir kommen nun zu einer viel wichtigeren und echteren Anzahl von Entdeckungen. Im Jahre 1860 veröffentlichten Andrew's und Tait in den „Philosophical Transactions" eine Abhandlung „Ueber die volumetrischen Verhältnisse des Ozons (On the Volumetric Relations of Ozone)," die als die wichtigste Denkschrift über den Gegenstand betrachtet werden muss, welche seit der ursprünglichen Entdeckung Schönbein's erschienen ist. Die Verfasser fanden, dass während der Bildung des Ozons mittelst des Durchganges der electrischen Entladung durch Sauerstoff eine Verdichtung stattfinde, und dass sonach Ozon schwerer sein müsse als Sauerstoff. Der Betrag der Verdichtung stand im directen Verhältnisse zum Betrage des Ozons, das sich gebildet. Sie war am grössten, wenn die stille electrische Entladung angewendet wurde, welche gleichfalls die grösste Menge Ozon entwickelte, in keinem Falle aber ein Zwölftel des ursprünglichen Volumens des Sauerstoffs überschritt. Bei Erhitzung des

Gases, so dass das Ozon zerstört wird, wurde das ursprüngliche Volumen genau wieder hergestellt. Dann gingen sie daran zu bestimmen, welche weitere Verdichtung durch die Entfernung des früher erzeugten Ozons mittels Quecksilbers oder irgend eines andern dasselbe absorbirenden Stoffes hervorgebracht werden könnte. Diese zweite Verdichtung werde, vermutheten sie, das Volumen des Ozons geben, das vom Quecksilber -aufgesaugt worden, und da man über seine Schwere leicht dadurch Gewissheit erhalten könne, dass man den Betrag finde, welchen das Quecksilber gewonnen hatte, so werde es auch leicht sein, die wirkliche Dichtigkeit des Ozons zu finden. Das Ergebniss ist ein schlagendes Beispiel der Art und Weise, in welcher das Experiment oftmals der Hypothese widerspricht. Die Entfernung des Ozons änderte nicht im geringsten das Volumen des Gases.

Ein imaginäres Beispiel wird dies einleuchtender machen. Wir nehmen: 100 Kubikzoll Sauerstoff. Durch Einwirkung der electrischen Entladung wird dieser vermindert auf 92 Kubikzoll ozonisirten Sauerstoffs, welcher wirklich eine Mischung von Ozon und Sauerstoff ist. Nach der Aufsaugung des Ozons durch Quecksilber bleiben noch übrig 92 Kubikzoll Sauerstoff, so dass das Ozon überhaupt kein Volumen einzunehmen und seine Dichtigkeit absolut unendlich zu sein scheint. Dieses merkwürdige Experiment wurde von den Verfassern in mehreren Formen wiederholt, das Ergebniss war aber stets das nämliche. Sie drückten selbst aufrichtig ihr Erstaunen und ihre Verlegenheit über das Phänomen aus, und waren sehr behutsam in ihren Versuchen es zu erklären. Bald indess ergoss sich neues Licht über dasselbe. Die Experimente waren zu schlagend und dabei zu sorgfältig vorgenommen worden, um lange unfruchtbar zu bleiben, und gerade die Absurdität, welche sie in sich zu schliessen scheinen, brachten den scharfsinnigen Geist Dr. Odlings auf eine einfache Lösung des Problems. Um den Werth dieser Lösung zu würdigen, darf man den theoretischen Begriff von der Natur der Gase nicht vergessen.

Jedes Gas, sei es ein elementares oder zusammengesetztes, besteht aus winzigen Theilchen, Moleküle genannt. Die Moleküle aller Gase, ob nun elementar oder zusammengesetzt, haben eine gleiche Grösse, und bei derselben Temperatur und demselben Druck enthält ein gegebenes Volumen stets die nämliche Anzahl derselben. Daher werden alle Gase durch rein physische Operationen, wie z. B. Vermehrung oder Verminderung der Temperatur oder des Drucks in gleicher Weise afficirt. Der Unterschied zwischen Gasen hängt ganz von der Natur, oder so zu sagen von der Structur der Moleküle ab. Die Moleküle sind in Wirklichkeit Anhäufungen oder Bündel von letzten untheilbaren Atomen. Die Natur, die Anzahl und die Anreihung der Atome in jedem Molekül bestimmen sein Gewicht und seine Eigenschaften. Elementare Moleküle enthalten Atome von nur einer Art, indem die Anzahl in verschiedenen Elementen verschieden ist: So enthalten die Quecksilber-Moleküle und einige andere Elemente nur ein Atom; die Moleküle vom Wasserstoff, Sauerstoff, Kali etc. zwei Atome, und die Moleküle vom Phosphor und Arsenik vier Atome. Die Moleküle zusammengesetzter Gase enthalten zwei oder mehr verschiedene Arten von Atomen, deren Gesammtzahl nur zwei sein, deren Summe aber auch sechzig oder achtzig, oder selbst mehr betragen kann. Die von den Chemikern gebrauchten Formeln sind jetzt stets so eingerichtet, dass sie ein Molekül jedes Elements oder jeder Zusammensetzung bezeichnen, indem jedes Symbol ein Atom andeutet. So repräsentiren Hg, H_2, O_2, P_4 einzelne Moleküle von Quecksilberdunst, Wasserstoffgas, Sauerstoff und Phosphordampf, und HCl, H_2O, H_3N einzelne Moleküle von Chlorwasserstoffgas, Wasserdampf und Ammoniak. Die Hypothese ist natürlicherweise nur eine passende Erklärung wohlbekannter und zuverlässiger Thatsachen, allein selbst wenn die Atomentheorie aufgegeben würde, könnten die Formeln immer noch gebraucht werden, um Thatsachen auszudrücken.

Dr. Odling's Ozon-Theorie lässt sich nun in sehr wenigen Worten geben. Das Sauerstoff-Molekül enthält zwei Atome, das Azon-Molekül enthält drei, so dass die Bildung des letzteren Körpers einfach die Verdichtung des Sauerstoffs in zwei Drittheile seines früheren Volumens bedeutet. Wie die Formel für Sauerstoff O_2 ist, so ist die von Ozon O_3, und seine oxydirende Kraft rührt von der Leichtigkeit her, womit jedes Molekül sein drittes Sauerstoff-Atom verliert. Unter diesem Gesichtspunkte werden Andrew's und Tait's Ergebnisse blos selbstverständliche Dinge, wie man an unserem früheren Beispiele leicht sehen kann.

100 Cubikzoll Sauerstoff geben 92 Cubikzoll ozonisirten Sauerstoff, weil 8 Cubikzoll sich mit 16 vereinigen um 16 Cubikzoll Ozon zu bilden.

Wenn das Gas erhitzt wird, stellt sich das ursprüngliche Volumen wieder her, weil die 16 Cubikzoll Ozon, O_3, 24 Cubikzoll Sauerstoff, O_2, liefern.

Wird das Ozon durch Quecksilber aufgesogen, so ist es wirklich nur das dritte Atom, welches sich mit dem Quecksilber verbindet, die 16 Cubikzoll Ozon werden daher 16 Cubikzoll Sauerstoff, und das Volumen bleibt unverändert.

Diese schöne Hypothese war, obgleich sie vollkommen alle bekannten Thatsachen erklärt, doch nichts desto weniger nur eine Wahrscheinlichkeit. Ein Glied fehlte in der Beweiskette, und gerade dieses Glied ist es, welches Hr. S o r e t durch ein glücklich ersonnenes Experiment ergänzt hat. Er entdeckte, dass während die meisten Substanzen blos das dritte Atom Sauerstoff vom Ozon entfernen, das Terpentinöl die Fähigkeit besitzt, d a s g a n z e M o l e k ü l aufzusaugen. Wenn man die 92 Cubikzoll ozonisirten Sauerstoffs in unserem imaginären Experiment mit Terpentinöl, anstatt mit Quecksilber behandelte, so würde eine weisse Wolke erzeugt, und man fände, dass der zurückbleibende Sauerstoff ein Volumen von nur 76 Kubikzoll einnehme. Die einzige mögliche Erklärung hier ist, dass die 92 Cubikzoll aus 16 Ozon, O_3, und 76 unverändertem Sauerstoff, O_2, bestanden, und das erstere durch das Terpentinöl ganz aufgegriffen und in fester Form entfernt wurde. Es kann kaum ein Zweifel obwalten, dass dieses bestätigende Experiment die Frage bereinigt, und dass man die Natur des Ozons, sowie die Ursache seiner eigenthümlichen Kräfte hinfort als festgestellt betrachten wird.

Ausgerüstet mit dieser Kenntniss und einer Masse werthvoller Belehrung über die Eigenschaften des Gases, können die Chemiker jetzt mit einigem Vertrauen an die sehr schwierige Frage über das Vorhandensein und die Functionen des Ozons in der Atmosphäre herantreten. Kaum wird jemand glauben — allein es ist dennoch wahr — dass man erst in den letzten wenigen Monaten bewiesen hat, dass überhaupt in der Luft Ozon vorhanden ist. S c h ö n b e i n fand im Jahre 1840, dass sein Reactionspapier blau wurde, wenn er es der Luft aussetzte und er folgerte daraus, dass Ozon in derselben vorhanden sei. Hier war ein neues und leichtes Feld für wissenschaftliche Entdeckungen! Reactionspapiere wurden allwärts der Luft ausgesetzt und zahllose Beobachtungen über den Betrag des Ozons in der Luft aufgezeichnet. Unglücklicherweise aber haben einige radicale Fehler und Zweifel diesen wohlgemeinten Anstrengungen etwas Eintrag gethan, und der grössere Theil derselben ist daher werthlos. Ozon ist keineswegs das einzige Gas, welches die Papiere afficirt. Concentrirte rauchende Salpetersäure und Salpetersäure und Chlor, von welchen die beiden ersteren bekanntlich jedenfalls in der Atmosphäre vorhanden sind, haben eine gleiche Einwirkung auf dieselben, und das Sonnenlicht allein ist im Stande die Zersetzung zu bewirken, selbst wenn das Papier in eine versiegelte Röhre eingeschlossen ist. Daher war es bei der grossen Mehrheit der Forschungen ganz unmöglich zu sagen, ob die Färbung — und wenn irgend welche, wie viel davon — wirklich von Ozon herrühre. Selbst bei denjenigen Versuchen, bei welchen man mit der grössten Umsicht und Sorgfalt allen Zweifel zu vermeiden suchte, wie bei den neuesten Forschungen Dr. Daubeney's, blieb immer noch einige Ungewissheit, so dass die vorsichtigeren Chemiker Bedenken trugen unbedingt auszusprechen: Ozon sei ein Bestandtheil der Atmosphäre. Innerhalb der letzten Monate hat indessen Dr. Andrews, dem wir bereits zu so grossem Danke verpflichtet sind, der königl. Societät die Ergebnisse einiger sorgfältigen Experimente mitgetheilt, welche zu beweisen scheinen, dass die beobachteten Wirkungen nur von Ozon herrühren können. Der entscheidendste Beweis besteht in dem Durchgang der Luft durch eine mässig erhitzte Röhre, wodurch alle Spuren seiner Kraft auf das Reactionspapier als zerstört gefunden wurden.

Was die Art und Weise der Erzeugung von Ozon in der Luft betrifft, so können uns hiebei nur Wahrscheinlichkeiten als Leitfaden dienen. Es kann kaum ein Zweifel obwalten, dass es in gewissem Maase durch Einwirkung des Blitzes gebildet wird, und dass dies möglicherweise die einzige Art seiner Erzeugung ist. Wie dem aber auch sei, gewiss ist wenigstens, dass Ozon in der Luft vorkommt, und dass es, obgleich an Quantität gering, seiner ausserordentlichen Thätigkeit halber wichtige Functionen in der Natur zu erfüllen haben muss. Allein gerade diese Gewissheit ist unglücklicherweise eine fruchtbare Quelle phantastischer Annahmen und blosser speculativer Muthmassungen gewesen, welche dem Fortschritte wahrer Kenntniss unendlichen Schaden gebracht haben. Einige haben behauptet, und durch vollkommen stichhaltige Schlussfolgerungen zu beweisen versucht, dass Ozon der Ansteckung Einhalt thue und die Keime epidemischer Krankheiten zerstöre. Es ist höchst wahrscheinlich, dass solches der Fall ist, und es ist gewiss, dass sein Vorhandensein unverträglich ist mit

dem Vorhandensein vieler schädlichen Gase. Dann aber ist es nicht
gewiss, dass Epidemien von schädlichen Gasen herrühren, und wenn
sie, wie wahrscheinlicher, durch Sporen verbreitet werden, so haben
wir doch zu beweisen, dass die winzige Spur von Ozon in der Luft
im Stande ist diese Sporen zu zerstören. Wir können es ebensowenig
annehmen, als wir annehmen konnten, dass es Vögel tödtete. Noch
unbestimmter und nicht viel wahrscheinlicher ist die mehrfach geäus-
serte Meinung: dass ein Ueberschuss von Ozon in der Luft eine Wohl-
that für uns sei. Man hört die Leute sagen: man müsse an's Meeres-
gestade hinabgehen, „um etwas mehr Ozon zu bekommen", gerade
als ob es nicht möglich wäre, dass eine etwas grössere Menge Ozon
ihnen schaden statt nützen könnte, wenn sie es bekämen. In grosser
Menge ist es sicherlich ein intensiv mächtiges und reizendes Gift, und
dass es in kleinen Quantitäten nützlich ist, ist eine blosse Vermuthung,
nichts weiter. Was die Meinung betrifft, dass es den Process der
Blutoxydation unterstütze, so ist die Wahrscheinlichkeit eine ganz entgegengesetzte, denn es würde durch seine Energie viel wahrscheinlicher die Lunge zerstören, als dass es ruhig in das Blut überginge
und die durch den sanfteren Sauerstoff verrichtete Arbeit bewerkstel-
ligte. Die einfache Thatsache ist, dass wir nahezu nichts über diesen
Zweig des Gegenstandes wissen, und wenn wir, statt auf's Gerathe-
wohl zu muthmassen, daran gingen, einige der Dunkelheiten aufzu-
hellen, von denen er umgeben ist, oder ein wenig warteten, bis andere
es für uns gethan, so würden wir eine viel vernünftigere und be-
scheidenere Rolle spielen.

Kleinere Mittheilungen.

Ueber einen akustischen Interferenz - Apparat.

Von J. Stefan.

(Wiener Sitzungsberichte. Bd. LVI. Heft III.)

Der einfache Apparat, den ich im Folgenden beschreiben will, hat die Aufgabe, die Interferenz von Schallwellen sichtbar zu machen.

Bei einem Interferenzapparate handelt es sich darum, eine Wellenbewegung von einem Orte auf zwei Wegen, welche ungleich lang gemacht werden können, zu einem zweiten Orte zu leiten. Damit der Gangunterschied mit Leichtigkeit in ausgiebiger Weise, d. h. um eine und auch mehr halbe Wellenlängen variirt werden könne, ist es am besten kurze Schallwellen, also hohe Töne zu verwenden, wie solche durch longitudinale Schwingungen elastischer Stäbe entstehen.

Bei dem zu beschreibenden Apparate dient als Schallquelle ein etwas dickeres Thermometerrohr von ungefähr ein Meter Länge. Mittelst eines Korkes ist es in eine weitere Glasröhre so festgesteckt, dass die Hälfte desselben in der Röhre, die andere Hälfte ausserhalb der Röhre sich befindet. Der herausragende Theil wird mit einem feuchten Lappen gerieben und dadurch das Thermometerrohr zum Tönen gebracht. Es kommt dadurch auch die Luft in der weiteren Glasröhre in Schwingungen. Damit dies in kräftiger Weise geschieht, ist auf das in der weiten Röhre befindliche Ende des Thermometerrohres ein Korkscheibchen aufgesteckt, das nahe den ganzen Querschnitt der Röhre ausfüllt und ohne Reibung in ihr bewegt werden kann.

Es ist von Kundt gezeigt worden, dass auf solche Weise die Luft in einer Röhre zum Mitschwingen mit einem elastischen Stabe gebracht werden kann. Kundt hat ferner auch gefunden, dass ein leichtes in die Röhre eingestreutes Pulver an den Schwingungen der

Luft theilnimmt, indem es an den Knoten der tönenden Luftsäule ruht, an den übrigen Stellen aber in Querschichten sich sammelnd auf und nieder sich bewegt.

Aus dieser Schallröhre können aber die Luftschwingungen auch weiter geleitet werden, durch andere in sie eingefügte Röhren. Diese können entweder gerade oder krumm sein, können auch Verzweigungen besitzen. In allen solchen Leitungsröhren kann man das Vorhandensein von Luftschwingungen an den Bewegungen des eingestreuten Pulvers erkennen.

Bei meinem Apparate ist nun folgende Einrichtung getroffen. Zwei T-förmige Röhren sind durch zwei über ihre Querarme zu schiebende U-förmige Röhren verbunden. Der Ausläufer der ersten T-förmigen Röhre ist in die oben erwähnte Schallröhre eingeschoben. An den Ausläufer der zweiten T-förmigen Röhre ist eine gleich weite Glasröhre durch einen über die Enden beider geschobenen Kork angesetzt. Diese Glasröhre ist an ihrem Ende entweder frei, oder durch einen verschiebbaren Kork oder Stöpsel geschlossen.

Durch das System der zwei T-förmigen und zwei U-förmigen Röhren wird die Schallbewegung aus der Schallröhre fortgeleitet, in zwei Zweige getrennt, welche Zweige, je nachdem die U-förmigen Röhren gleich oder ungleich tief in die Querarme der T-förmigen eingeschoben sind, gleich oder ungleich lang sind. Die Schallbewegung wird dann wieder vereinigt und in die zweite Glasröhre geführt, in welcher die resultirende Bewegung durch die Bewegung des eingestreuten Pulvers sichtbar wird. Ist zwischen den beiden Zweigen der Schallleitung kein Längenunterschied oder beträgt dieser eine ganze Anzahl von Wellenlängen, so erhebt sich das Pulver lebhaft in Schichten, so oft das Thermometerrohr gerieben wird, beträgt aber der Längenunterschied eine ungerade Anzahl halber Wellenlängen, so bleibt das Pulver vollständig ruhig.

Damit der das Thermometerrohr reibende Experimentator bequem die Erscheinung beobachten könne, ist die Einrichtung so getroffen, dass die zweite Glasröhre, die Interferenzröhre, gerade über der Schallröhre sich befindet. Diese beiden Röhren laufen horizontal. Die beiden U-förmigen Röhren mit den Querarmen der T-förmigen sind daher in einer verticalen Ebene, aus der die Ausläufer horizontal austreten.

Die T- und U-förmigen Röhren habe ich aus Messing machen

lassen. Macht man sie ganz oder theilweise aus Glas, so hat man
den Vortheil, auch die Bewegung in den Verzweigungen beobachten
zu können. Die Querarme der T-förmigen Röhren haben bei meinem
Apparate eine Länge von 34 Ctm., die Ausläufer 8 Ctm. Der Durchmesser beträgt 11 Millim., der Durchmesser der weiteren Schallröhre
15 Millim., der Durchmesser des Thermometerrohres 5 Millimeter.

Was das Pulver anbetrifft, glaube ich, in dem Korkpulver, wie
es durch Reiben eines Korkes mit einer Feile gewonnen wird, das
zu solchen Versuchen am besten sich eignende gefunden zu haben.

Damit die Empfindlichkeit des Apparates möglichst gross werde,
ist es nothwendig, dass das Mitschwingen in der Interferenzröhre bei
gleicher Länge der zwei Zweige der Schallleitung sehr stark sei. Dazu
ist erstens erforderlich, dass das Ende des schwingenden Stabes in
der Schallröhre von der Einmündung der unteren T-förmigen Röhre
eine bestimmte Distanz erhalte. Man merkt es an den Bewegungen
des Pulvers, wie die Stärke der Schwingungen sich ändert, wenn man
die Schallröhre mehr oder weniger weit über den Ausläufer der
T-förmigen Röhre oder auch das Thermometerrohr weiter heraus oder
hinein schiebt. Eben so nimmt auch die Länge der Interferenzröhre Einfluss auf die Stärke des Mitschwingens der in ihr befindlichen Luft.

Die Luftsäule, welche in einer Röhre zwischen dem verschlos-
senen Ende derselben und dem Ende eines longitudinal schwingenden
elastischen Stabes sich befindet, schwingt mit diesem am stärksten
mit, wenn die Länge der Luftsäule eine ganze Anzahl halber Wellenlängen, wie sie zu dem betreffenden Tone gehören, beträgt, wenn
also an das Ende des Stabes und an das Ende der Röhre, je ein
Knoten zu liegen kommt. Eben so schwingt eine an eine Stimmgabel
angeknüpfte, an ihrem anderen Ende aber fixe gespannte Saite mit
der Stimmgabel am stärksten mit, wenn ihre Länge eine ganze Anzahl halber Wellen, welche zu dem Tone der Stimmgabel gehören,
beträgt, so dass nicht nur am fixen Ende der Saite, sondern auch an
dem an die Stimmgabel geknüpften mit dieser bewegten Ende ein
Knoten entsteht, dessen vorgeschriebene Excursionen klein sind, gegen die Excursionen der übrigen Puncte der Saite, die nicht in Knoten liegen.[1])

---

[1]) Nicht nur die Erfahrung liefert dieses auf den ersten Anblick überraschende
Ergebniss, zu demselben führt auch die Betrachtung des Vorganges, nach welchem

Ist die Röhre am Ende nicht geschlossen, sondern offen, so schwingt die Luftsäule mit dem Stabe dann am stärksten mit, wenn ihre Länge eine ungerade Anzahl von Viertelswellen beträgt. Am Ende des schwingenden Stabes bildet sich ein Knoten, am freien Ende der Röhre ein Schwingungsbauch.

Noch ist zu bemerken, dass die Fortleitung einer Schallbewegung in der Weise, wie sie bei diesem Apparate vorkommt, schwieriger wird, wenn die Wellen sehr kurz sind. Ich operire gewöhnlich mit

---

eine stehende Schwingung sich bildet. Auch die zu dem in Rede stehenden Problem gehörigen Integrale der Differentialgleichung, welche für die Schwingungen einer Luftsäule oder einer gespannten Saite gilt, geben dasselbe Resultat. Ich will hier nur einen einfachen Fall in Kürze anführen. Ist u die transversale Verschiebung eines Punktes einer Saite, x seine Abscisse, t die Zeit, zu welcher u stattfindet, ferner a die Geschwindigkeit, mit der sich eine transversale Verschiebung längs der Saite fortpflanzt, so gilt die Gleichung

$$\frac{d^2u}{dt^2} = a^2 \frac{d^2u}{dx^2}.$$

Ist das eine Ende der Saite, für welches $x = o$ genommen wird, gezwungen, eine vorgeschriebene Bewegung etwa nach dem Gesetze $p \sin \alpha t$ zu machen, das andere Ende der Saite hingegen, für welches $x = l$ sein soll, unbeweglich, so genügt der Differentialgleichung und diesen Bedingungen das Integral

$$u = p \sin \alpha t \left[\cos \frac{\alpha x}{a} - \text{Cotg} \frac{\alpha l}{a} \sin \frac{\alpha x}{a} \right].$$

Dazu kommt noch eine Reihe, welche die der an beiden Enden fest gedachten Saite zugehörigen Eigenschwingungen (Grundton und Obertöne) darstellt, deren Intensitäten durch die Bedingungen, denen u und $\frac{du}{dt}$ für den Beginn der Zeit für die verschiedenen Saitenpunkte genügen müssen, bestimmt sind.

Die aufgeschriebene Formel gibt die der Saite aufgedrungene Bewegung. Sie besteht aus zwei Theilen. Der erste gibt die aufgedrungene Bewegung mit einem Schwingungsbauch, der zweite mit einem Schwingungsknoten am Anfang der Saite. Dieser letztere Theil wird um so grösser, je näher $\frac{\alpha l}{a}$ einem Vielfachen von π kommt. Es ist aber $\frac{\alpha}{a} = \frac{2\pi}{\lambda}$, unter λ die Wellenlänge der aufgedrungenen Schwingung verstanden. Der zweite Theil wird also um so grösser, je mehr l einem Vielfachen von $\frac{\lambda}{2}$ nahe kommt. Ist l genau ein Vielfaches von $\frac{\lambda}{2}$, so liefert die Formel, welche ohne Rücksicht auf die Absorption der Schwingungen durch die Bewegungshindernisse abgeleitet wurde, den zweiten Theil geradezu unendlich gross.

Aehnlich verhält es sich mit den Schwingungen einer Luftsäule. In der Wirklichkeit sind die Verhältnisse wohl viel complicirter, namentlich auch dadurch, dass die Stösse, welche die an dem Ende des schwingenden Stabes befindlichen Lufttheilchen erhalten, sehr heftige sind, wodurch Veranlassung zur Entstehung kurzer und intensiver Wellen gegeben wird, die mit den übrigen interferirend die Schichtenbildung verursachen können.

18*

Stäben, welche Luftwellen von der Länge von 12—16 Ctm. liefern.
Interferenz von Wellen letzterer Art konnte ich noch bei einem Gang-
unterschiede von über 300 Ctm., also etwa von 20 Wellenlängen mit
dem Apparate mit Leichtigkeit sichtbar machen. Ich habe zu diesem
Versuch die eine U-förmige Röhre weggenommen, an die Ausläufer
der T-förmigen Röhren mittelst übergeschobenen Kautschukröhrchen
zwei gleichlange Glasröhren angesetzt und die Enden dieser durch die
U-förmige Röhre geschlossen. Durch das Ausziehen der anderen
U-förmigen Röhre kann nun der Gangunterschied innerhalb zweier
Wellenlängen variirt werden. Gibt man auch in die angesetzten
Glasröhren Korkpulver, so kann man beobachten, dass dieses in jedem
Falle sich bewegt, mag in der Interferenzröhre die Bewegung in ihrer
stärksten Intensität oder ausgelöscht sein. Fast immer zeigten aber
die Schichten eine sehr heftige progressive Bewegung in der Richtung
der Fortpflanzung des Schalles.

Die Fortleitung des Schalles hätte sicher noch durch längere Glasröhren geschehen können, ohne dass derselbe zu sehr geschwächt
worden wäre. Nicht so verhält es sich mit elastischen Röhren. Wenn
ich in die Leitung eine Kautschukröhre von 50 Ctm. Länge ein-
schalte, so tritt keine bemerkbare Bewegung aus derselben heraus.
Die ganze Schallbewegung wird absorbirt oder an die elastische Wand
übertragen. Natürlich hängt die Länge, durch welche eine gegebene
Bewegung absorbirt werden kann, ab von der Natur der Röhre, von
der Stärke des Schalles, aber auch von der Wellenlänge. Je kürzer
diese, je weicher die Röhrenwand, desto schneller wird die Bewegung
absorbirt.

Es wird vielleicht gerade für derartige Versuche der beschriebene
Apparat brauchbar sein. Er gestattet nämlich die Intensität der Bewegung, welche aus der oberen T-förmigen Röhre austrit, je nach
der Stellung der U-förmigen Röhren zu variiren, was bei solchen Untersuchungen sehr dienlich werden kann.

Kleine Mittheilungen.
Von A. Weinhold.

(Hiezu Tafel XX Figg. 2 und 3.)

1) Zweckmässige Construction Grove'scher Elemente.
Die zum Experimentiren mit starken Strömen vorwiegend gebrauchten
Grove'schen Elemente leiden an dem Uebelstande, dass die Platinbleche und deren Befestigungsmittel leicht defect werden. Nach viel-
facher Prüfung der zahlreichen Constructionsarten ist mir die nach-
stehend beschriebene Form als die zweckmässigste erschienen, auf die
ich zunächst durch das Verfahren des bekannten Experimentators Mr.
W. Finn geführt worden bin, der seine sehr langen Platinstreifen
ohne weiteres bis zum nächsten Zinkcylinder reichen lässt und an
diesen anklemmt, wobei dann freilich ein ziemlich grosses Stück Platin
unausgenutzt bleibt und eine Bedeckung der Thonzellen nicht gut
möglich ist.

Die Zinkcylinder wende ich in der jetzt zumeist gebräuchlichen
Form an, sie werden aus starkem Walzzink warm gebogen und sind
mit einem etwa 25ᵐᵐ breiten und eben so hohen Ansatz versehen,
der zum Aufsetzen der Klemmschraube dient.

Die Platinbleche sind einfach viereckig geschnitten, so dass ihre
Breite etwa 6ᵐᵐ kleiner ist als der innere Durchmesser der Thonzelle,
während ihre Länge die innere Höhe der Thonzelle um etwa 20ᵐᵐ
übertrifft. Die Thonzelle wird bedeckt mit einem Deckel aus etwa
4ᵐᵐ starkem Hartgummi, der am Rande derart abgedreht ist, dass er
ein wenig in die Zelle eingreift. Ein Schlitz im Deckel ist lang
genug, um das Platinblech bequem durchzulassen. Neben diesem
Schlitz befindet sich eine kleine senkrechte Platte aus Hartgummi,
welche in der aus der Figur 3 Tafel XX ersichtlichen Weise in
den Deckel eingelassen und an ihrem vorragenden Theile bis auf eine
Dicke von circa 1,5ᵐᵐ abgefeilt ist. Zur Verbindung der Elemente
dienen Streifen von Kupferblech, die immer zuerst mit dem Platin
verbunden werden, indem man das Platinblech durch den Schlitz des
Deckels schiebt und dann den Kupferstreifen derart anlegt, dass das
Platin zwischen ihm und der senkrechten Hartgummiplatte gehalten
wird; eine einfache Schraubklemme dient, um das Ganze zusammen-
zuhalten und mit einer eben solchen Schraubklemme wird das andere
Ende des Kupferstreifens an das nächste Zink befestigt. Soll ein

einzelnes Element benutzt oder sollen mehrere Elemente mit einem
Pachytrop verbunden werden, so kommt an jedes Platin und an jedes
Kupfer ein kurzer Kupferstreifen mit angelöthetem Leitungsdraht.
Die Schraubklemmen werden in einfachster Weise so hergestellt, dass
ein kurzes, starkes Stück Rundmessing an einem Ende mit einem
weiten Schlitz versehen wird, in den von der Seite eine Pressschraube
mit nicht zu feinem Gewinde hereingeht. Es ist gut, dieselben
etwas massiv zu machen, um dem Platin eine hinlängliche Stabilität
zu sichern.

Der grosse Vortheil der Construction ist der, dass die Elemente nach gemachtem Gebrauche sofort ganz in ihre einzelnen
Theile zerlegt werden und weder die Platinbleche durch die feste
Verbindung mit schweren Deckeln zerrissen, noch die Verbindungen
von der in die feinsten Spalten dringenden Säure zerstört werden.
Man lässt die Platine in ein Gefäss mit Wasser fallen, in dem sie
beliebig liegen bleiben, die Leitungsstreifen werden mit Wasser abgespült und gehörig abgewischt, die Hartgummideckel und Schraubklemmen werden abgespült und zum Trocknen hingelegt, letztere am
besten in der Wärme. Es ist indess nicht völlig auf eine metallblanke
Oberfläche derselben zu halten, da sie nicht zur Leitung, sondern nur
zur Befestigung dienen. Die ausserordentlich geringe Mühe, die Platinbleche jedesmal zu befestigen, wird durch die Leichtigkeit, solche
Elemente in gutem Stande zu halten und durch die Billigkeit der
Herstellung reichlich aufgewogen.

2) Kohlenlicht zu objectiven Versuchen mit kleiner
Batterie. Die Helligkeit des Lichtes einer Batterie von 16 bis 18
kleinen Grove'schen Elementen ist zu vielen objectiven, optischen
Demonstrationen genügend, sobald man nur eine hinlängliche
Dauer des Flammenbogens erzielen kann. Unter den verschiedenen Substanzen, die man zu diesem Zwecke auf die Kohlespitzen bringen kann, scheint sich am meisten das entwässerte schwefel-
saure Natron zu empfehlen. Bei Anwendung von 18 Elementen von
je 35 Quadratcentimeter wirksamer Platinfläche und mit sehr guten
Kohlestäbchen von 3^{mm} Dicke kann man die Kohlespitzen bis auf
8^{mm} von einander entfernen, ohne dass der Lichtbogen erlischt, wenn
man auf die untere (positive) Kohle von Zeit zu Zeit ein Stückchen
schwefelsaures Natron bringt. Das erstemal müssen die Spitzen bis
zur Berührung genähert werden, um das Salz zum Schmelzen zu

bringen. Ob das Salz nur durch seine Flüchtigkeit wirkt, oder ob unter der Einwirkung des Stromes eine Reduction und Wiederverbrennung von Natrium stattfindet, vermag ich nicht anzugeben. Jedenfalls hat schwefelsaures Natron gerade die rechte Flüchtigkeit, kohlensaures Salz ist zu leicht, phosphorsaures zu schwer flüchtig. Ein zeitweiliges Aufbringen des Salzes ist nicht zu umgehen, bei mehreren Versuchen, die Kohlen vorher mit gelöstem oder schmelzendem Salze zu imprägniren, nahmen dieselben nicht genug davon auf. Als Regulator kann man einen einfachen Handregulator benutzen, der mit einer Hülle umgeben ist, die den Glaubersalzdämpfen genügenden Abzug gestattet.

Mit einer Batterie von der angegebenen Grösse lassen sich leicht die wichtigsten Spectralerscheinungen zeigen. Die Anordnung dazu ist folgende:

Das Licht der Kohlenspitzen wird parallel gemacht durch eine Linse von recht kleiner Brennweite, etwa die Beleuchtungslinse eines Mikroscopes. Durch diese fällt das Licht auf ein etwa 25^{mm} weites, mit Wasser gefülltes Probirglas, das dicht dahinter senkrecht aufgestellt ist und als Cylinderlinse wirkt. In die Brennlinse dieser Cylinderlinse kommt der Spalt eines Spectralapparates der grösseren Art zu stehen, die jetzt in den meisten Laboratorien zu finden ist (Nr. 116 des Steinheil'schen Preiscourantes). Der Spalt erhält auf diese Weise verhältnissmässig so viel Licht, dass man ihn eben so eng machen kann, wie bei subjectiven Beobachtungen mit dem Bunsen'schen Brenner. Zum Auffangen des Bildes dient ein Schirm von dünnem, ungeölten Ellenpapier, den man in passender Entfernung von dem Ocular aufstellt und der auf beiden Seiten ein deutliches Bild giebt.

Bei grossem Abstande der Spitzen, also wenn das Licht wesentlich von dem Flammenbogen ausgeht, erhält man die helle Natronlinie. Nähert man die Spitzen möglichst, so dass das Licht hauptsächlich von den glühenden Kohlen ausgeht und den schwächer glühenden Natrondampf durchsetzt, so erhält man eine tiefschwarze Natronlinie. Bei einem mittleren Abstande der Spitzen erscheint als Zwischenzustand ein ganz continuirliches, gleichmässig erhelltes Spectrum.

Um neben der Natronlinie noch die Linien anderer Elemente zu zeigen, bringt man deren Chloride auf die untere, positive Kohle; das Auftragen geschieht zweckmässig mit kleinen Holz- oder Kohlestäbchen, da Platindrähte augenblicklich schmelzen. Man hat nur darauf zu achten, die Salze recht genau auf die Spitze der Kohle zu bringen, um die betreffenden Spectra ohne Verzögerung zu erhalten. Beiläufig mag darauf hingewiesen werden, dass das Aussehen der so erhaltenen Spectra von denen des Bunsen'schen Brenners nicht unerheblich abweicht, weil wegen der höheren Temperatur die brechbareren Strahlen eine verhältnissmässig viel mehr gesteigerte Helligkeit besitzen, als die weniger brechbaren. Endlich sei noch angerathen, die Umhüllung des Lichtes geräumig und lichtdicht zu machen und die Linse, in deren Brennpunkt die Kohlespitzen stehen, so anzubringen, dass sie sich leicht wegnehmen und reinigen lässt, weil sie bei anhaltendem Experimentiren mit verflüchtigten Salzen beschlägt.

Chemnitz, im Juli 1868.

Ueber ein zweites registrirendes Metall-Thermometer und einen Windautographen.

Von F. Pfeiffer.

(Hiezu Tafel XIX Figg. 1 und 2.)

Aus der Zeitschrift der österreichischen Gesellschaft für Meteorologie 1868 pag. 109.

Herr Pfeiffer hat einen zweiten Thermographen erdacht, der sich aber von dem ersten nur in der Construction des Metallthermometers unterscheidet; es wird deshalb genügen, nur diese kurz anzugeben.

Tafel XIX Fig. 1. Mehrere gut durchlöcherte Zinkröhren m, n, o u. s. w., welche die Luft möglichst frei und leicht durchstreichen lassen, stecken so in einander, dass zwischen je zweien dieser Röhren ein mässiger Zwischenraum bleibt. Die äusserste Röhre m ist auf einer soliden Unterlage A befestigt, während die einzelnen Zinkröhren unter sich, und mit der äussersten Röhre m durch schmale Eisenlamellen verbunden sind; dergestalt, dass vom obern Rande jeder Röhre drei solcher Lamellen (f, f . . . g, g) nach dem untern Ende der nach innen zunächst folgenden Röhre ausgehen. Dadurch wird die Röhre m mit n, und n mit o etc., — also alle zusammen zu einem einzigen Röhrensysteme verbunden, wodurch in compendiöser Form eine einzelne lange Röhre ersetzt wird. h ist ein auf der Unterlage A befestigter Träger, welcher den obern Rand der innersten und zugleich höchsten Röhre (o) etwas überragt. Das Ende a dieses Trägers bildet den Drehpunkt für den Hebel ab, welcher bei b den

Schreibestift trägt, und durch den auf die innerste Röhre *o* aufgesetzten schneidigen Aufsatz *c* bewegt wird. — Unter Beachtung der beigegebenen Figur 1 ist nun leicht zu ersehen, dass sich bei zu- oder abnehmender Temperatur, der Hebel *ab* dem entsprechend nach oben oder nach unten bewegen wird, da sich das Zink bedeutend stärker als das Eisen ausdehnt.

Die Grösse der Bewegung wird von der Anzahl und der Höhe der Röhren, sowie von der Uebersetzung am Hebel *ab* abhängen.

Hiezu erlaube ich mir noch zu bemerken, dass im Jahre 1865/66 an der k. k. Marine-Sternwarte in Triest Versuche ebensowohl mit dem in Anwendung stehenden, als auch mit dem hier besprochenen Pfeiffer'schen Metallthermometer angestellt wurden, u. z. bei künstlich erzeugten sehr hohen und sehr niedern Temperaturen. Beide Systeme lieferten gute Resultate, allein man glaubte bei der ersten Ausführung für den wirklichen Gebrauch das System mit den Rhomben hauptsächlich darum vorziehen zu sollen, weil zu demselben die Luft einen freiern Zutritt hat. — Das hier besprochene System ist aber sicherlich compendiöser, stabiler und besonders desshalb sicherer, weil die gewissen Stäbchen, welche beim Systeme mit den Rhomben die verschiedenartige Reibung erzeugen sollen, entfallen. Herr Mechaniker Müller in Pola ordnet übrigens jetzt das Rhombensystem in horizontaler anstatt in verticaler Lage an. [1])

Ebenso sinnreich als die beiden Metallthermometer von Hrn. F. Pfeiffer, ist der von ihm erdachte „Windautograph", dessen Princip ich mir ebenfalls hier kurz anzudeuten erlaube:

Fig. 2. Die Windfahne *f* ist auf einer leicht drehbaren Röhre *r* fest, welche sich bei *o* trichterförmig erweitert. Auf dieser bis *g* drehbaren Röhre *r* ist weiters eine Trommel *t* und ein hohler Cylinder *a* aufgekeilt. Die Trommel *t* dient dem Papier, auf welches der durch die Uhr *u* bewegte Stift *s* die Windrichtung aufzeichnet, als Auflage, während das untere Ende des Cylinders *a* in das ring-

---

1) Während meines Aufenthaltes zu Pola hatte ich Gelegenheit die von Hrn. Müller verfertigten Bestandtheile des Metall-Thermometers zu sehen, es schien mir jedoch, dass die Rhomben wie bei dem früheren Pfeiffer'schen Thermographen vertical gestellt werden sollten und dass der Unterschied nur darin bestand, dass die Ebenen der Bleche, welche bei dem älteren Thermographen senkrecht auf die Ebene der Rhomben gestellt waren, nunmehr zur Erzielung grösserer Stabilität parallel zu dieser Ebene (d. h. die Bleche auf ihrer Schneide) gestellt werden sollten.　　　　　　　　　　　　　　　　　　　　C. J.

förmige Quecksilbergefäss b taucht. Die bei o in die Röhre r tretende
Luft gelangt durch diese Vorrichtung durch die Röhre r_1 weiter unter
die Glocke d, welche ebenfalls mit dem untern Ende in ein ring-
förmiges, zum Theile mit Quecksilber gefülltes Gefäss e eintaucht.
Der Schreibestift s_1, ist durch einen fixen Ansatz mit d verbunden
und schreibt die relative Windstärke auf das mit Papier belegte und
durch die Uhr u bewegte Täfelchen T. — Es bedarf wohl kaum
einer weitern Erklärung, um die Wirkungsweise des Apparates im
Allgemeinen einzusehen.

Die Glocke d mit dem Schreibestift s_1 wird gehoben oder gesenkt, je mehr die Windstärke zu- oder abnimmt, und die Trommel t,
auf welcher der Schreibstift s die Windrichtung aufzeichnet, wird
durch die Windfahne stets der Windrichtung gemäss gedreht.

Anwendung der Schwingungen zusammengesetzter Stäbe zur Bestimmung der Schallgeschwindigkeit.

Von Director Dr. Stefan.

(Wiener Academischer Anzeiger 1868 Nr. XII.)

Die von Chladni eingeführte Methode, aus den Longitudinal-
tönen von Stäben die Schallgeschwindigkeit für diese Stäbe zu bestimmen, ist nicht anwendbar auf jene Körper, welche nicht in Form
von langen Stäben dargestellt oder durch Reiben nicht zum Tönen
gebracht werden können. Für solche Fälle dient das neue Verfahren.

Der zu untersuchende Körper wird in die Form eines Stäbchens
gebracht und dieses an einen längeren Stab aus Holz oder Glas,
welcher für sich leicht zum Tönen gebracht werden kann, angefügt.
Der so zusammengesetzte Stab lässt sich nun wieder durch Reiben
zum Tönen bringen und kann man die Schwingungszahl des Grund-
tons oder eines Obertons bestimmen. Aus dieser lässt sich aber die
Schallgeschwindigkeit für das Stäbchen rechnen, wenn die für den
längeren Stab bekannt, nach einer allerdings nicht einfachen Formel.

Nach dieser Methode wurden unter anderen folgende Bestimmungen gemacht:

Die Geschwindigkeit des Schalles im Wachs ist $=$ 730 Meter,
also etwas mehr als zweimal so gross wie in der Luft. Diese Zahl

gilt für die Temperatur von 20⁰ C. Mit steigénder Temperatur nimmt
die Schallgeschwindigkeit ab, so dass auf 1⁰ Temperaturerhöhung eine
Abnahme von 40 Metern entfällt und bei 30⁰ C. der Schall im Wachs
und in der Luft gleich schnell sich fortpflanzt.

Die Schallgeschwindigkeit im Unschlitt ist bei 20⁰ C. nur halb
so gross als im Wachs und nimmt mit steigender Temperatur noch
etwas stärker ab als bei diesem.

Für die Schallgeschwindigkeit im Kautschuk wurden Werthe gefunden, die zwischen 30 und 60 Meter fallen. Je weicher der Kautschuk, desto langsamer pflanzt sich der Schall in ihm fort.

Diese Resultate erinnern an die von Helmholtz bestimmte Fortpflanzungsgeschwindigkeit der Nervenreize, die innerhalb derselben
Grenzen liegen, wie die Schallgeschwindigkeit im weichen Kautschuk,
und legen den Gedanken nahe, dass die Geschwindigkeit der Nervenreize mit der des Schalles zusammenfallen und die Nervenreize in
Longitudinalwellen sich fortpflanzen können.

Ueber die durch planparallele Krystallplatten hervorgerufenen Talbot'-schen Interferenzstreifen.

Von Dr. L. Ditscheiner.

(Wiener Academischer Anzeiger 1868 Nr. XII.)

Die Talbot'schen Interferenzstreifen werden bekanntlich erzeugt,
indem man vor der Objectivlinse des Beobachtungsfernrohres eines
Spectralapparates eine einfach brechende planparallele Platte von der
rothen Seite des Spectrums so einschiebt, dass die eine Hälfte dieser
Objectivlinse von der Platte bedeckt wird. Durch die Verzögerung,
welche die durch die Platte gehenden Strahlen gegenüber den neben
der Platte vorbeigehenden erlitten haben, werden einzelne Strahlen
vollkommen ausgelöscht, im Spectrum treten zur Spalte parallele
schwarze Interferenzstreifen auf. Diese Interferenzstreifen erscheinen
an allen Stellen des Spectrums mit gleicher Schwärze und folgen sich
in nahezu gleichen Intervallen. Die ganze Erscheinung ändert sich
nicht bei Anwendung von unpolarisirtem oder polarisirtem Lichte.
Die Erscheinung ändert sich aber, wenn man eine doppeltbrechende
planparallele Krystallplatte anwendet. Bei Gyps, Quarz u. s. w. zeigen

sich bei Anwendung von unpolarisirtem Lichte wohl auch solche dunkle Interferenzstreifen im Spectrum von nahezu gleicher Entfernung, aber ihre Intensität ist an den verschiedenen Stellen des Spectrums sehr verschieden. An manchen Stellen treten sie sehr schön schwarz auf, an anderen dazwischen liegenden oft sehr breiten Stellen hingegen scheinen sie gänzlich zu mangeln. Bei Anwendung von circularpolarisirtem Lichte ändert sich an dieser Erscheinung nichts. Bringt man aber vor die Spalte einen Nicol, so erscheinen die Talbot'schen Streifen bei einer bestimmten Stellung desselben ganz ebenso; bei zwei anderen, auf einander senkrecht stehenden, gegen die genannten um 45° verschobenen Stellungen des Nicols, treten sie aber an allen Stellen des Spectrums mit gleicher Schärfe auf. Aus den theoretischen Ableitungen hat sich folgendes ergeben: Die Talbot'schen Streifen treten bei Anwendung von unpolarisirtem Lichte an jenen Stellen des Spectrums besonders scharf auf, an welchen sich dunkle Interferenzstreifen zeigen, wenn dieselbe Krystallplatte im Spectralapparate zwischen gekreuzten Nicolen sich so befindet, dass die Schwingungsrichtungen der beiden durch sie hindurch gehenden Strahlen mit den Schwingungsrichtungen der Nicole Winkel von 45° bilden. Diesen Interferenzstreifen entsprechen abwechselnd Gangunterschiede von einer geraden oder ungeraden Anzahl Wellenlängen. An Stellen mit Gangunterschieden von gerader Anzahl erscheinen die Talbot'schen Streifen dort, wo solche Streifen für eine ideale, einfach brechende Platte von gleicher Dicke wie die Krystallplatte, aber von mittleren Brechungsquotienten $\frac{\mu_1 + \mu_2}{2}$ auftreten. Dabei sind μ_1 und μ_2 die Brechungsquotienten der durch die Platte gehenden senkrecht zu einander polarisirten Strahlen. An Stellen, wo der Gangunterschied eine ungerade Anzahl von Wellenlängen beträgt, erscheinen die Talbot'schen Streifen der Krystallplatte gegen jene der idealen Platte um die halbe Entfernung der Streifen verschoben. In der Mitte zwischen zwei solchen Stellen, dort wo die Interferenzstreifen nur sehr schwach auftreten, bestimmt sich die Lage der Intensitätsminima nicht mehr so einfach. An diesen Stellen findet ein Ausgleich, der durch die Verschiebung der Interferenzstreifen an Stellen mit Gangunterschieden einer ungeraden Anzahl von Wellenlängen nothwendig wird, statt.

Die Erscheinung wird dann weiter in Platten von Gyps, Quarz, Doppelspath, Topas und Glimmer verfolgt. In dem Auftreten schein-

bar streifenfreier Stellen im Spectrum liegt nämlich der Grund, weshalb manche Glimmerplättchen bei Anwendung von unpolarisirtem
Lichte keine deutlichen T a l b o t'schen Streifen geben.

Ueber eine Anwendung des Spectralapparates zur optischen Unter-
suchung der Krystalle.

Von Dr. L. Ditscheiner.

(Wiener Akademischer Anzeiger 1868 Nr. XV.)

Wenn man die Collimatorlinse eines Spectralapparates vollständig
durch eine der optischen Axe parallel geschnittene Quarzplatte so
deckt, dass ihre optische Axe parallel der Spalte ist, fällt ferner auf
diese Spalte durch einen vorgesetzten Nicol linear-polarisirtes Licht,
dessen Schwingungsrichtung mit der Spalte einen Winkel von 45°
bildet, so erscheinen im Spectrum schöne schwarze, nahezu gleich
weit von einander abstehende Interferenzstreifen, sobald man dasselbe
durch einen Nicol betrachtet, der gegen den ersten in paralleler oder
gekreuzter Stellung sich befindet. Bringt man aber bei unveränderter
Stellung der beiden Nicole und der Quarzplatte eine Krystallplatte,
etwa eine Gypsplatte, vor das Objectiv des Beobachtungsfernrohres,
so findet sich nicht nur die Lage, sondern auch die Intensität der
nun im Spectrum auftretenden Streifen gegen jene, welche die Quarzplatte allein gegeben, wesentlich verändert. Im Allgemeinen treten
die Interferenzstreifen an den verschiedenen Stellen des Spectrums
mit verschiedener Schärfe auf. An manchen derselben sind sie vollkommen schwarz, an anderen wieder nur sehr schwach. Nur bei drei
bestimmten Lagen der Krystallplatten treten sie an allen Stellen des
Spectrums mit gleicher Schärfe auf. Wenn die Schwingungsrichtung
der sich langsamer durch die Krystallplatte fortpflanzenden Strahlen
parallel ist der optischen Axe der fixen Quarzplatte, erscheinen die
Interferenzstreifen wieder nahezu gleich weit abstehend, vollkommen
schwarz, aber viel zahlreicher, als bei allein angewendeter Quarzplatte.
Wenn die Hauptschwingungsrichtungen der Krystallplatte mit jenen
der Quarzplatte einen Winkel von 45° bilden, so hat die Krystallplatte auf die Erscheinung keinen Einfluss, die Interferenzstreifen erscheinen so, als ob nur die Quarzplatte allein vorhanden wäre. Wenn

aber endlich nach abermaligem Drehen um 45° die Schwingungsrichtung des sich schneller durch die Krystallplatte bewegenden Strahles
parallel zu der optischen Axe der Quarzplatte sich gestellt hat, erscheinen wieder die Interferenzstreifen in gleichen Distanzen, aber
viel weiter von einander entfernt, wie in den beiden früheren Fällen.

Mit Hilfe dieser Thatsache ist man sehr leicht im Stande, die
Bestimmung sowohl der Lage der optischen Hauptschnitte, als auch
des optischen Charakters einer Substanz vorzunehmen. Es wird auch
zur Ausführung dieser Bestimmungen ein kleiner Apparat beschrieben,
der ähnlich dem von Kobell angegebenen Stauroskope eingerichtet
ist. Statt der dort verwendeten Calcitplatte wird aber eine zur optischen Axe parallel geschnittene Quarzplatte verwendet. Man kann
diesen Apparat vor die Spalte jedes beliebigen Spectralapparates bringen
oder auch die Beobachtung durch ein vorgesetztes kleines Prisma mit
freiem Auge, ähnlich wie beim Mousson'schen Spectralapparate,
ausführen.

Ist die drehbare Krystallplatte sehr dünn, so gelingt es beim
Drehen derselben um 90° zweimal eine den durch Krystallplatten hervorgerufenen Talbot'schen Streifen ganz ähnliche Erscheinung hervorzurufen. Es treten auch hier die Interferenzstreifen an manchen
Stellen vollkommen schwarz auf, während sie an dazwischen liegenden
ziemlich breiten Stellen gänzlich mangeln. Die Theorie hat ergeben,
dass dies eintritt, so oft eine der beiden Hauptschwingungsrichtungen
der Krystallplatte mit der optischen Axe der Quarzplatte einen Winkel von 30° bildet.

Neues Galvanisches Element.

Von Dr. Pincus.

Herr Kreisphysicus Dr. Pincus aus Insterburg hatte vor Kurzem
die Freundlichkeit, mir eine constante Batterie für ärztliche Zwecke
zu zeigen, wobei ein neues galvanisches Element verwendet war, das
allgemeine Beachtung verdient.

In einem Reagirgläschen (Probecylinder) befindet sich auf dem
Boden ein kleines fingerhutartiges Gefäss aus dünnem Silberblech, das

mit Chlorsilber gefüllt ist. Darüber wird Schwefelsäure, verdünnt im Verhältnisse 1 : 5, gegossen und in die verdünnte Säure ein Zinkkolben eingesenkt. Das Gläschen wird mit einem Korke geschlossen, durch den sowohl ein an dem Silbernäpfchen befestigter Silberdraht, als ein Kupferdraht, welcher den Zinkkolben trägt, hindurchgeht. Wird das Element nicht gebraucht, so zieht man den Zinkkolben einfach in die Höhe.

Ich beabsichtige die Constanten des Elementes zu bestimmen und werde den Lesern des Repertoriums seiner Zeit die Resultate bekannt geben. Um einen Begriff von der Constanz des Elementes zu geben, will ich einige Zahlen anführen. Das Element wurde mit einem Widerstande von 3500 Siemens'schen Einheiten in ein Spiegelgalvanometer eingeschaltet und es ergaben sich folgende Ablesungen:

Zeit:	Scalentheile:
11^h 46^m . . .	139,7
2 0 . . .	139,6
3 0 . . .	140,0
3 30 . . .	140,0
4 25 . . .	140,2

Am anderen Morgen

5 45	140,8.

Die Kette blieb in der ganzen Zwischenzeit geschlossen; der Werth eines Scalentheiles beträgt 5',8, so dass die grösste Differenz innerhalb 18 Stunden ohne Rücksicht auf die Declinationsvariationen 7' beträgt.

Herr Dr. Pincus theilte mir mit, dass mit vieren dieser kleinen Elemente von Insterburg aus auf 8 Meilen Entfernung telegraphirt wurde; ich habe mit 2 Elementen einen galvanischen Glockenzug mehrere Wochen in Gang erhalten. C.

C. Hockin. Ueber einen Vorlesungs-Apparat.

(Philosophical Magazine. April 1868.)

(Hiezu Tafel XIV Figg. 3 und 4.)

Der kleine, auf Tafel XIV Fig. 3 dargestellte Apparat, der von Dr. Matthiessen und mir angegeben worden ist, wurde kürzlich der Royal-Institution übergeben. Der Zweck des Apparates ist der, die

Identität des Leitungsvermögens der Metalle für Wärme und Electricität zu zeigen. In Figur 3 haben wir eine Anzahl von Glasgefässen mit daran befindlichen Röhren, die in eine gefärbte Lösung eintauchen und eine Reihe von electrischen Luftthermometern bilden. In jedem Gefässe ist einer der zu vergleichenden Drähte befestigt. Die Enden dieser Drähte sind an dicke Kupferdrähte angelöthet, die durch die Korke, welche die Röhren verstopfen, und dann durch ein starkes aufrecht stehendes Brett gehen, das zum Halten der Gefässe dient. Die dicken Drähte sind abwechselnd zusammengelöthet, wie dies aus der Figur ersichtlich ist; sie sind ferner mit den Polen von 1 oder 2 grossen Grove'schen Elementen verbunden.

Der Strom theilt sich dann und es geht durch jeden Draht ein Theil, der proportional dem Leitungsvermögen dieses Drahtes ist. Indem dieser Strom den Draht erwärmt, bringt er eine Ausdehnung der Luft in dem Gefässe hervor; dadurch wird die Flüssigkeit in der daran befindlichen Röhre um einen Betrag herabgedrückt, der nahezu proportional dem Leitungsvermögen des Drahtes ist. Sind die Röhren vorerst bis oben angefüllt, so wird die Flüssigkeit, wenn der Strom geschlossen ist, um einen verschiedenen Betrag in den Röhren sinken. Figur 3 zeigt die Curve, wenn die Drähte von Gold, Silber und verschiedenen Alliagen von Gold und Silber sind. Würden die Verbindungen der Art geändert, dass derselbe Strom der Reihe nach durch jeden Draht fliesst, so wird die Flüssigkeit eine Depression und einen Betrag erfahren, der nahezu proportional dem Widerstande eines jeden Drahtes ist.

In Figur 4 haben wir eine ähnliche Reihe von Gefässen; in jedes derselben geht durch einen Kork eine Metallstange von dem gleichen Materiale wie der Draht in dem entsprechenden Gefässe Figur 3.

Die Metallstangen sind an ihrem andern Ende in ein Gefäss mit kochendem Wasser eingefügt. Die durch die Stangen aus dem Wassergefässe in die Glasgefässe fortgeleitete Wärme erzeugt eine Depression der Flüssigkeit in den Röhren und es wird von den Enden der Flüssigkeitssäulen eine Curve von nahezu derselben Form gebildet wie bei den erwärmten Drähten.

In beiden Fällen ist es gut, die Glasgefässe in kleine Fächer einzuschliessen, die aus geschwärztem Zinkblech gebildet sind. Diese Fächer werden am zweckmässigsten so erhalten, dass man die verticalen Wände eines jeden Faches in eine Platte an der Rückseite einlöthet, in welche Löcher gebohrt sind, durch die die Stangen gehen. Eine Metallplatte an der oberen und eine solche an der unteren Seite schliessen die Gefässe vollständig ein; diese Platten werden durch vier doppelt unter rechten Winkeln abgebogene Drähte, die als Klammern dienen, zusammengehalten, wie dies die Figur zeigt.

Ueber Vergoldung optischer Spiegel.
Von W. Wernicke.

Herr Wernicke hat in Poggendorff's Annalen 1868 Nr. 1 folgendes Verfahren zur Vergoldung des Glases für optische Spiegel angegeben. Man bereitet zur Herstellung einer glänzenden und fest haftenden Goldschicht auf Glas drei Lösungen, welche man längere Zeit aufbewahren kann und zum Gebrauche nur in bestimmten Verhältnissen zu mischen hat.

1. Eine Lösung von Goldchlorid in Wasser, welche in 120 CC. 1 Grmm. Gold enthält. Man löst hierzu das Gold in möglichst wenig Königswasser, verdampft im Sandbade die überschüssige Säure und verdünnt dann bis auf 120 CC. Es ist hierbei nicht nothwendig, das salzsäurehaltige Goldchlorid bis zur Bildung des Chlorürs zu erhitzen, weil ein ganz geringer Gehalt an Säure für die Bildung eines guten Spiegels nicht von Belang ist. Dagegen muss diese Goldlösung absolut frei von solchen Metallen sein, welche durch die Reductionsflüssigkeit metallisch ausgeschieden werden, namentlich frei von Silber. Enthält das Goldchlorid Spuren von Chlorsilber, so wird das meiste Gold pulverförmig gefällt und der dünne missfarbige Spiegel löst sich sehr bald vom Glase ab.

2. Eine Natronlauge vom specifischen Gewicht 1,06. Diese braucht nicht rein zu sein; ich habe zu meinen Versuchen käufliche, mit gewöhnlichem Kalke kaustisch gemachte Soda, welche Chlor und Schwefelsäure enthielt, mit demselben Erfolge, wie chemisch reine Natronlauge, benutzt.

3. Die Reductionsflüssigkeit. Man mischt 50 Grmm. englischer Schwefelsäure mit 40 Grmm. Alkohol und 35 Grmm. Wasser, destillirt nach Zusatz von 50 Grmm. feinem Braunsteinpulver im Sandbade bei gelinder Wärme und leitet die Dämpfe in eine mit 50 Grmm. kalten Wassers gefüllte Flasche. Man destillirt so lange bis sich das

Volumen des vorgeschlagenen Wassers verdoppelt hat. Die erhaltene
Flüssigkeit, welche Aldehyd und etwas Essig- und Ameisenäther ent-
hält, versetzt man mit 100 CC. Alkohol und 10 Grmm. mittelst Sal-
petersäure invertirten Rohrzuckers, und ergänzt die Mischung durch
Zusatz von destillirtem Wasser auf 500 CC. Die Ueberführung des
Zuckers geschieht in der Weise, dass man 10 Grmm. gewöhnlichen
Rohrzuckers in 70 CC. Wasser löst, die Lösung mit 0,5 Grmm.
Salpetersäure vom spec. Gew. 1,34 versetzt und eine Viertelstunde
lang kocht.

Diese Reductionsflüssigkeit, in gut verkorkten Flaschen aufbewahrt,
lässt sich mehrere Monate hindurch mit gleichem Erfolge benutzen.

Um nun einen Plan- oder Hohlspiegel herzustellen, mischt man
in einem passenden Glasgefässe einen Theil der Natronlauge mit dem
vierfachen Volum der Goldlösung und fügt alsdann $\frac{1}{35}$ bis höchstens
$\frac{1}{30}$ des Ganzen von der Reductionsflüssigkeit hinzu. Die Mischung
färbt sich schnell grün von ausgeschiedenem Golde; man bringt sie
sogleich mit der zu vergoldenden Glasfläche in Berührung, und zwar
so, dass sich das Gold von unten nach oben ansetzen kann. Die
Schnelligkeit der Vergoldung ist von der Temperatur abhängig. Bei
einer mittleren Zimmerwärme von 15° R. beginnt der Spiegel sich
nach 30 Minuten zu bilden, nach $1\frac{1}{2}$ Stunden ist er mit prächtig grü-
ner Farbe durchsichtig, und nach $2\frac{1}{2}$ bis 3 Stunden hat er eine solche
Dicke erreicht, dass er nur eben mit tief dunkelgrünem Lichte durch-
scheinend ist. Bei 45° bis 50° R. geht derselbe Process schon nach 20
bis 15 Min. vor sich, bei 60° noch schneller; eine höhere Temperatur
anzuwenden ist jedoch unzweckmässig, weil das Gold alsdann weniger
fest am Glase zu haften scheint. Innerhalb der angegebenen Grenzen
ist die Güte der Spiegel in Bezug auf Glanz und Haltbarkeit dieselbe;
allein es kann zuweilen vorkommen, dass in der Wärme die in der
Flüssigkeit stets in geringer Menge enthaltene Luft in Bläschen auf-
steigt und hierdurch feine Löcher im Spiegel verursacht, welche
zwar nicht im reflectirten, wohl aber im durchgehenden Lichte sichtbar sind; aus diesem Grunde ist es, bei Anwendung von Wärme,
zweckmässig, die alkalische Goldlösung von dem Zusatz der Reductionsflüssigkeit, bevor man sie mit dem zu vergoldenden Glase in Berührung bringt, bis nahe zum Sieden zu erhitzen. Der auf die eine oder
andere Weise erhaltene Spiegel wird mit Wasser sorgfältig abgespült
und auf Fliesspapier mit der belegten Fläche nach unten schräg ge-

gen eine Wand gestellt, bei gewöhnlicher Temperatur an der Luft getrocknet; er zeigt alsdann stets eine vollkommene Politur.

Die Vorbereitung und Reinigung der zu vergoldenden Gläser kann man in gleicher Weise wie bei der Versilberung bewerkstelligen, für welche G. Quincke in seinen optischen Experimental-Untersuchungen[1]) alle geeigneten Vorsichtsmassregeln gegeben hat. In den meisten Fällen genügt schon ein einfaches Putzen mit Natronlauge und Alkohol; dahingegen muss man sich wohl hüten, eine Säure als Putzmittel anzuwenden; in diesem Falle löst sich die Goldschicht später leicht vom Glase los.

Berlin, December 1857.

Vier Aufhängungspunkte mit gleicher Schwingungsdauer am Pendel.
Von A. Weinhold.
(Poggendorff's Annalen 1868 Nr. 8.)

Bei der Besprechung des Reversionspendels ist regelmässig nur von zwei um die Länge des isochronen, einfachen Pendels von einander entfernten Aufhängungspunkten mit gleicher Schwingungsdauer die Rede, während doch vier solcher Punkte vorhanden sind, welcher Umstand wohl nicht überall als selbstverständlich übergangen, sondern hier und da wirklich übersehen worden ist, denn es findet sich geradezu der Satz, dass der Abstand zweier Aufhängungspunkte von gleicher Schwingungsdauer gleich der Länge des isochronen, mathematischen Pendels sei[2]), während doch von den sechs vorhandenen Abständen zwischen den vier Punkten nur zwei diese Grösse haben.

Es ist mir sogar ein zum Reversionspendel bestimmtes Instrument mit festen Schneiden und beweglichen Gewichten zu Handen gekommen, bei dem es durch keine Verschiebung der Gewichte möglich war, zwei wirklich um die Pendellänge von einander entfernte Aufhängungspunkte in die Schneiden zu bringen.

Aus der Formel für das physische Pendel

---

1) Pogg. Ann. Bd. 129, S. 44 bis 57. — Repertorium II. p. 278 ff.
2) So findet sich der Satz z. B. in Weisbach, theor. Mechanik, 4. Aufl., S. 631 und Müller Lehrb. d. Physik, 6. Aufl. Bd. I, S. 293, ohne dass ausdrücklich hervorgehoben ist, dass die in den beistehenden Figuren angedeutete, unsymmetrische Lage des Schwerpunkts gegen die Aufhängungspunkte unbedingtes Erforderniss für die Richtigkeit des Satzes in dieser Form ist.

$$l = z + \frac{k^2}{z}$$

in welcher

l die Länge des isochronen, einfachen Pendels,

z den Abstand des Aufhängungspunktes vom Schwerpunkt,

k den Trägheitshalbmesser, bezogen auf den Schwerpunkt als Rotationsmittelpunkt

bedeutet, ist ohne Weiters ersichtlich, dass es gleichgültig ist, nach welcher Seite vom Schwerpunkt man den Abstand *z* misst, dass also für jeden der zwei gewöhnlich betrachteten Punkte noch ein anderer, vom Schwerpunkt nach der entgegengesetzten Seite in gleichem Abstande liegender Aufhängungspunkt mit gleicher Schwingungsdauer vorhanden ist.

Man kann auch von dem zuerst angenommenen Aufhängungspunkte eines Pendels auf der Schwerlinie desselben abwärts in einer Entfernung $a < z$ oder $b > z$ einen neuen Aufhängungspunkt so bestimmen, dass für dessen Abstand vom Schwerpunkte

$$z' = z - a$$

oder

$$z'' = b - z$$

wiederum

$$z' + \frac{k^2}{z'} = z'' + \frac{k^2}{z''} = z + \frac{k^2}{z} = l$$

$$a' = 0; \qquad\qquad b' = 2z;$$

$$a'' = z - \frac{k^2}{z}; \qquad b'' = z + \frac{k^2}{z}.$$

Von den äussersten Punkten kann nun einer oder es können auch beide ausserhalb des materiellen Pendels zu liegen kommen; es können aber auch die Punkte paarweise so nahe zusammenfallen, dass eine Verwechselung derselben beim Experimentiren möglich ist, denn wie man sieht, werden die Werthe von a' und a'' und von b' und b'' einander gleich, wenn $z = k$ ist, d. h. wenn der Aufhängungspunkt um den Trägheitshalbmesser vom Schwerpunkt entfernt ist.

Will man noch darauf Rücksicht nehmen, dass es nicht nöthig ist, nur in einer Geraden die Aufhängungspunkte zu nehmen, so kann man sagen:

Wenn ein Pendel gleiche Schwingungsdauer hat bei der Aufhängung an zwei unter sich parallelen Axen, deren Abstände vom Schwerpunkt verschieden sind, so ist die Summe dieser Abstände gleich der Länge des isochronen, mathematischen Pendels.

Chemnitz, im Juli 1868.

Kritische Darstellung
des zweiten Satzes der mechanischen Wärmetheorie.

Von

Theodor Wand,

Consistorial-Assessor in Speyer.

(Dem Herausgeber mitgetheilt von Hrn. Prof. Jolly.)

I.

Der zweite Satz nach der Auffassung Carnot's.

Die mechanische Wärmetheorie beruht auf dem Satze, dass die Wärme nichts Anderes sei, als eine äusserst lebhafte Bewegung der Theilchen der Körper; aus diesem Satze folgert sie weiter, ausgehend von dem Princip der Erhaltung der Kraft, dass in allen Fällen, wo durch die Wärme Arbeit geleistet wird, ein gewisses Quantum von Wärme verschwinde, und umgekehrt, dass da wo eine gewisse Quantität Arbeit vernichtet werde, eine entsprechende Quantität lebendiger Kraft als Wärme zum Vorschein komme.

Man nennt dies den ersten Satz der mechanischen Wärmetheorie.

Neben diesem ersten Satze, dem Satze der Aequivalenz von Wärme und Arbeit, stellt die mechanische Wärmetheorie noch einen zweiten Fundamentalsatz von nicht minderer Wichtigkeit auf, den man als den Satz von der Aequivalenz der Arbeit und des Wärmeüberganges bezeichnen kann, und dessen Bedeutung wohl am klarsten aus seiner Entstehungsgeschichte erhellt.

Die ältere Anschauung über das Wesen der Wärme betrachtete bekanntlich diese als einen in der ganzen Welt verbreiteten feinen, der Schwerkraft nicht unterworfenen Stoff, der zwar von einem Körper in den andern sich bewegen kann, dessen Quantität jedoch, gleich der Quantität der übrigen wägbaren Stoffe, unverändert bleibt. Da nun die Erfahrung nachwies, dass mit Hülfe der Wärme mechanische

Wirkungen erzielt werden können und diese Erfahrung durch die Erfindung der Dampfmaschinen in so eminent folgenreicher Weise verwerthet wurde, so stellte nicht blos der philosophische Wissensdrang, sondern auch die praktische Maschinenkunde die Frage auf, was denn das eigentliche Agens in den durch die Wärme bewegten Maschinen sei, eine Frage, von deren richtigen Beantwortung nicht blos die Technik wichtige Fingerzeige über die rationellste Construction der Maschinen, sondern auch die reine Wissenschaft wichtige Aufschlüsse über die inneren, unseren Sinneswerkzeugen verborgenen Eigenschaften der Materie erwarten durfte.

Nach den mir vorliegenden Abhandlungen über die mechanische Wärmetheorie von R. Clausius (Braunschweig 1864 u. 1867), scheint der französische Mathematiker Carnot der erste gewesen zu sein, der es versuchte, diese Frage zu lösen. Seine Aufmerksamkeit richtete sich vorzugsweise auf die Erscheinung, dass überall, wo durch Wärme in einem fortwährenden Processe Arbeit geleistet wird, zu gleicher Zeit eine gewisse Quantität Wärme von einem warmen Körper zu einem kälteren Körper übergeht, und dass die bei diesem Uebergange geleistete Arbeit um so grösser wird, je grösser die Temperaturdifferenz zwischen dem wärmeren und kälteren Körper ist.

In der That finden wir dieselbe Erscheinung überall, wo durch Wärme fortwährend Arbeit geleistet wird. Wenn durch Wärme eine nach Aussen sichtbare Arbeit geleistet werden soll, so kann dies offenbar nur dadurch geschehen, dass man durch Temperaturänderung die Form eines Körpers verändert und mit Hülfe dieser Formveränderung den Widerstand der an der Oberfläche angebrachten äusseren Kräfte überwindet. Die Art und Weise, wie dies vor sich gehen kann, ist ungemein mannigfaltig. Man kann z. B. durch Erwärmung Wasser in Dampf verwandeln und hiedurch den auf dem Dampfe lastenden Kolben in die Höhe heben; aber nicht blos gasförmige, auch feste und flüssige Körper können als Mittel dienen, mit Hülfe von Wärme Arbeit zu leisten. Ebensogut wie Gas, kann man auch Wasser in einen Cylinder mittelst eines Kolbens einschliessen und diesen durch Erwärmung des Wassers heben. Aber auch durch Erkältung lässt sich Arbeit erzeugen; denkt man sich den Kolben in einem mit Gas angefüllten Cylinder abwärts gerichtet, so wird dieser durch Erkältung des Gases gehoben. Von dieser Methode Arbeit zu erzeugen, macht man sogar in der Technik Anwendung. Will man die in einer Mauer entstandenen Sprünge und Risse beseitigen, so erwärmt man eiserne Klammern und lässt diese zu beiden Seiten des Risses ein, worauf sich letzterer bei der Erkaltung des Eisens schliesst. Löthet man eine Eisenplatte und eine Zinkplatte aufeinander, so biegt sich diese Doppelplatte bei der Erwärmung nach der Seite des geringer sich ausdehnenden Metalls, des Eisens, und man kann diese Biegung benützen, um eine Last zu heben. Man sieht aus dieser kurzen Aufzählung, wie verschiedenartig mit Hülfe von Temperaturveränderungen Arbeit erzeugt werden kann.

Soll aber derselbe Körper nicht einmal, sondern fortwährend Arbeit leisten, so kann dies nur dadurch geschehen, dass man ihn abwechselnd erwärmt und abkühlt. Ist z. B. Gas in einem Cylinder eingeschlossen und erwärmt man es, so treibt es den Kolben nebst einem etwa daraufliegenden Gewicht in die Höhe; nimmt man dann, wenn der Kolben in der Höhe ist, das Gewicht weg und erkältet das Gas wieder, so kann man es auf sein ursprüngliches Volumen und seine ursprüngliche Temperatur zurückführen, alsdann wieder ein Gewicht auflegen und auf diese Weise durch periodische Veränderungen fortwährend Arbeit leisten. Hiebei geht beständig Wärme von dem erwärmenden Körper durch das Gas zum abkühlenden Körper über und die geleistete Arbeit ist offenbar um so grösser, je grösser die Temperaturdifferenz des erwärmenden und erkältenden Körpers ist.

Dasselbe ist der Fall, wenn man nicht direkt durch Erwärmung, sondern durch Erkaltung Arbeit leisten lässt. Denkt man sich an dem Kolben ein über eine Rolle gehendes Gewicht angehängt und erkältet man das Gas, so hebt der Kolben, indem sich das Gas zusammenzieht, das Gewicht in die Höhe. Nimmt man nun das Gewicht weg, wenn es in der Höhe ist, und erwärmt das Gas, so kann man es in seinen ursprünglichen Zustand zurückführen und denselben Process mit einem anderen angehängten Gewichte von Neuem beginnen. Es ist also auch in diesem Falle die Erzeugung von Arbeit durch einen beständigen Wärmeübergang von einem erwärmenden zu einem abkühlenden Körper bedingt.

Zu dieser Erscheinung bieten die durch Wasser getriebenen Maschinen ein überraschendes Analogon dar, wenn man die Temperaturdifferenz zwischen Kessel und Condensator z. B.: mit der Niveaudifferenz zwischen dem Schutzbrette und der Thalschwelle, die übergegangeue Wärme mit dem herabgestürzten Wasser und das Mühlrad mit dem Dampf vergleicht. Diese Analogie ist es offenbar, welche Carnot veranlasste, den Satz aufzustellen, dass der Erzeugung von Arbeit als Aequivalent ein blosser Uebergang von Wärme aus einem warmen in einen kalten Körper entspreche, ohne dass die Quantität der Wärme verringert werde.

Diese Analogie zwischen Mühlen und Dampfmaschinen lässt sich in mehr als einer Beziehung anfechten. Wenn man sie aber einmal zulässt, so ist es ganz consequent, zu behaupten, erstens, dass die Leistung einer gewissen Quantität Arbeit durch den Uebergang einer gewissen Quantität Wärme von einem bestimmten höheren „Temperaturniveau" zu einem bestimmten niederern bedingt sei und zweitens, dass die Natur des vermittelnden Stoffes auf das Quantum der erzeugten Arbeit keinen Einfluss habe, denn bei gegebenem Gefälle und gegebener Wassermasse kann ein eisernes Rad nicht mehr und nicht weniger Arbeit leisten, als ein hölzernes. Carnot ging offenbar von dem allgemeinen Princip aus, das Mayer in seinen Aufsätzen über die mechanische Wärmetheorie (Stuttgart 1867) so meisterhaft handhabt, dass aus Nichts Nichts werden könne, somit der Erzeugung von Arbeit ein gewisses Aequivalent entsprechen müsse, und nachdem er als dieses Aequivalent den Uebergang von Wärme ansah, musste ihm consequenter Weise der den Uebergang vermittelnde Stoff gleichgültig erscheinen, geradeso wie auch die neuere mechanische Wärmetheorie beim Entstehen eines gewissen Quantums Wärme immer eine entsprechende Quantität Arbeit verschwinden lässt und ebenso umgekehrt, ohne darüber Rechenschaft zu verlangen, von welchem Stoffe die Wärme herrührt und in welcher Art diese Verwandlung stattgefunden hat.

Aus dieser Ansicht über die Wirkungsart der Wärme in den thermodynamischen Maschinen ergibt sich als nächstliegende Aufgabe dieses Aequivalent numerisch zu bestimmen, d. h. zu bestimmen, wie viel Wärme bei einem periodischen Process wie in der Dampfmaschine von einer gewissen Temperatur t_1 zu einer andern Temperatur t_2 übergehen müsse, um ein gewisses Quantum Arbeit zu erzeugen. Nun überzeugt man sich aber leicht, dass man bei einem periodischen Process nicht immer gleich viel Wärme verbraucht, sondern dass man den Wärmeverbrauch nach Belieben verschwenderischer und sparsamer einrichten kann; denn es lässt sich ja alle Wärme durch einfache Leitung durch das Medium durchführen, ohne dass die geringste Ar-

beit geleistet wird. Es kommt also darauf an, den Vorgang so ein-
zurichten, dass ein Minimum von Wärme verwendet wird und blos
von solchen Anordnungen der periodischen Vorgänge, welche das
Minimum von Wärme erheischen, gilt nach Carnot der Satz von
der Aequivalenz der Arbeit und des Wärmeüberganges. Um nun
dieses Minimum von Wärme zu finden, ersann Carnot folgenden

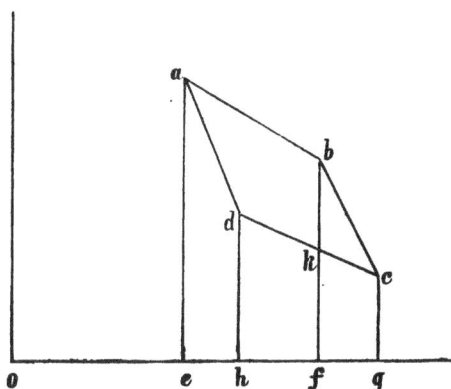

Figur 1.

auf Figur 1 graphisch dargestellten Process, wobei die Abscissen das
Volumen v, die Ordinaten den Druck p bedeuten, unter welcher Vor-
aussetzung die Arbeit $\int p\,dv$ durch die über dem Volum stehende
Fläche ausgedrückt wird.

Das Gas, mit welchem man den Process ausführt, hat anfänglich
die Temperatur t_1 und wird nun bei dieser constant zu erhaltenden
Temperatur ausgedehnt vom Volumen oe zum Volumen of; dies kann
natürlich nur unter der Voraussetzung geschehen, dass der Druck sich
vermindert und dem Gas eine gewisse Quantität Wärme zugeführt
wird. Ist nun das Gas bei of angelangt, so hört man mit der Wärmezufuhr auf, verringert jedoch fortwährend den Druck bis zu gc; hiedurch dehnt sich das Gas aus bis zu og und erniedrigt seine Temperatur von t_1 auf t_2. Die bisher geleistete Arbeit wird durch die
Fläche der beiden Figuren $eabf$ und $fbeg$ ausgedrückt. Nun führt
man das Volumen von og auf oh dadurch zurück, dass man den
Druck zunehmen lässt und die hiebei sich entwickelnde Wärme in
der Weise absorbirt, dass das Gas durch einen Körper von der Temperatur t_2 stets auf dieser Temperatur erhalten bleibt. Diesen Process

setzt man fort bis das Volumen oh geworden ist, und drückt dann das Gas, ohne ihm von nun an Wärme zuzuführen oder zu entziehen, soweit zusammen, bis es sein ursprüngliches Volumen oe und seine ursprüngliche Temperatur t_1 erreicht. Durch die Rückführung des Volumens von og und oe wird wieder von der erzeugten Arbeit ein Theil verbraucht, der gleich ist der Fläche $eadc$, so dass die durch den ganzen Process wirklich geleistete Arbeit durch die Fläche $abcd$ ausgedrückt werden kann.

Der hier beschriebene Process hat das eigenthümliche, dass er sich auch umgekehrt ausführen lässt. Man kann nämlich das Gas bei der Anfangstemperatur t_1 sich ohne Wärmezufuhr ausdehnen lassen bis zum Volumen oh und bis zur Temperatur t_2, alsdann bei constanter Temperatur t_2 erwärmen, bis das Volumen og geworden ist, alsdann ohne Wärmeentziehung zusammendrücken, bis das Volumen ob und die Temperatur t_1 geworden ist und schliesslich bei der constanten Temperatur t_1 bis zu oa in der Weise zusammendrücken, dass alle freiwerdende Wärme wieder an den Körper von der Temperatur t_1 abgegeben wird. Alsdann wird die durch die Figur $abcd$ angedeutete Arbeit wieder consumirt. Führt man beide Processe, den direkten und den umgekehrten, nacheinander aus, so wird weder Arbeit erzeugt, noch Arbeit consumirt; aber auch die Wärmeübergänge compensiren sich, indem dieselbe Wärme, welche das Gas bei der Ausdehnung von oe nach of aufgenommen hatte, bei der Zusammendrückung von of nach oa wieder abgegeben wird und ebenso dieselbe Wärme, welche das Gas bei der Zusammendrückung von og nach oh verloren hat, bei der Ausdehnung von oh nach og wieder aufgenommen wird.

Man kann auch mehrere z. B. drei Wärmequellen von constanter Temperatur t_1, t_2, t_3 annehmen. Man kann z. B. das Gas bei der constanten Temperatur t_1 durch Wärmezufuhr ausdehnen, dann die Ausdehnung noch weiter fortsetzen, bis die Temperatur t_2 geworden ist, dann bei der constanten Temperatur t_2 ausdehnen und die Ausdehnung ohne Wärmezufuhr fortsetzen, bis die Temperatur auf t_3 gesunken ist und schliesslich das Gas bei der constanten Temperatur t_3 zusammendrücken und dann die Zusammendrückung ohne Wärmeentziehung noch weiter fortsetzen, bis wieder das ursprüngliche Volumen und die ursprüngliche Temperatur t_1 vorhanden sind. Auch dieser Process ist umkehrbar.

Man sieht überhaupt leicht ein, dass man eine beliebig grosse Anzahl von Wärmequellen von constanter Temperatur anwenden kann, ohne dass der Kreisprocess aufhört, umkehrbar zu sein, wenn man nur den Vorgang so ausgeführt denkt, dass das Medium in allen seinen Theilen gleichzeitig immer gleiche Temperaturen besitzt und die Wärmequellen keine höheren und niederen Temperaturen haben, als das Medium, wenn man sie mit demselben in Berührung bringt.

Lässt man die in dem oben graphisch dargestellten Process vorkommenden Veränderungen unendlich klein werden, so ist $ef = dv$; ferner bk gleich der Abnahme des Druckes, welche eintritt, wenn man das Gas bei gleich bleibenden Volumen of von t_1 bis t_2, d. i. von t_1 auf $t_1 - dt_1$ erkältet. Diese Abnahme ist daher gleich $P dt$, wenn P eine hier nicht näher zu bestimmende Function der Temperatur t_1 und des Volumens v bedeutet; ebenso ist die während der Ausdehnung von v auf $v + dv$ in das Gas übergeführte Wärme gleich $Q dv$, wobei Q gleichfalls eine Function von t_1 und v ist. Nun ist die Arbeit gleich dem Inhalte des kleinen Vierecks gleich $P dt dv$ und

$$\frac{\text{Arbeit}}{\text{übergef. Wärme}} = \frac{P dt}{Q} = C dt.$$

Der Ausdruck C wird im Allgemeinen nicht blos vom Volumen und der Temperatur, sondern auch von der speciellen Beschaffenheit des verwendeten Stoffes abhängig sein. Nimmt man aber an, dass durch gleiche Wärmemengen bei gleicher Wärmedifferenz gleiche Arbeit geleistet werde, so kann die Function C, welche man auch die Carnot'sche Function nennt, nur eine Function der Temperatur sein.

In dieser Form wurde der zweite Satz der mechanischen Wärmetheorie zuerst von Carnot ausgesprochen. Der erste Satz von der Aequivalenz der Arbeit und der Wärme war Carnot noch unbekannt.

II.

Der zweite Satz nach der neueren Auffassung. Neuer Beweis des Satzes $\int \frac{dQ}{T} = o$ und Kritik des von Clausius gegebenen Beweises.

Nachdem man von der Richtigkeit des ersten Satzes sich allgemein überzeugt und das Aequivalent für die durch thermodynamische Maschinen erzeugte Arbeit in der hiebei wirklich consumirten (nicht blos übergegangenen) Wärme gefunden hatte, musste auch für den zweiten Satz, wenn man ihn nicht aufgeben wollte, eine neue Basis gewonnen werden und diese Basis erreicht man durch folgende Argumentation.

Wir haben oben gesehen, dass durch den direkten Carnot'schen Kreisprocess in Folge des Ueberganges einer gewissen Quantität Wärme von einem wärmeren zu einem kälteren Körper eine gewisse Arbeit geleistet wird und dass man durch den umgekehrten Kreisprocess durch Verbrauch derselben Arbeit dieselbe Quantität Wärme vom kälteren zum wärmeren Körper wieder zurückschaffen kann. „Denkt man sich nun (so argumentirt Clausius wörtlich weiter), dass es zwei Stoffe gebe, von denen der eine bei einem bestimmten Wärmeübergange mehr Arbeit, als der andere erzeugen könne, oder, was dasselbe ist, bei Hervorbringung einer bestimmten Arbeit weniger Wärme von A nach B überzuführen brauche, als der andere, so könnte man diese beiden Stoffe abwechselnd anwenden, indem man mit dem ersten durch den obigen Process Arbeit erzeugte, und dann mit dem letzteren unter Verwendung derselben Arbeit den umgekehrten Process vornähme. Dann würden am Schlusse beide Körper wieder in ihrem ursprünglichen Zustande sein; ferner würden die erzeugte und die verbrauchte Arbeit sich gerade aufgehoben haben und somit könnte auch nach dem früheren (ersten) Grundsatze die Quantität der Wärme sich weder vermehrt noch vermindert haben. Nur in Bezug auf die Vertheilung der Wärme wäre ein Unterschied eingetreten, indem mehr Wärme von B nach A, als von A nach B gebracht wäre und somit im Ganzen ein Uebergang von B nach A stattgefunden hätte. Durch Wiederholung dieser beiden abwechselnden Processe könnte man also, ohne irgend einen Kraftaufwand oder eine andere Veränderung, beliebig viel Wärme aus einem kalten Körper in einen warmen schaffen, und das widerspricht dem sonstigen Verhalten der Wärme, indem sie überall das Bestreben zeigt, vorkommende Temperaturdifferenzen auszugleichen und also aus den wärmeren Körpern in die kälteren überzugehen.“

Durch diese Argumentation ist der Carnot'sche Satz auf einen andern, weit allgemeineren Satz zurückgeführt und da dieser allgemeinere Satz es ist, welcher als Ausgangspunct zu weiteren Folgerungen dient, so lautet der zweite Satz nach dem heutigen Standpunct der mechanischen Wärmetheorie:

Es kann nie „von selbst" Wärme von einem kälteren zu einem wärmeren Körper übergehen,

d. h. präciser gesprochen: es kann nie Wärme von einem kälteren zu einem wärmeren Körper übergehen, ohne dass eine andere bleibende Veränderung, sei es in der Vertheilung der Wärme oder im Zustande der die Wärmeüberführung vermittelnden Stoffe eintritt. Oder auch in positiver Fassung: Jeder aufsteigende Wärmeübergang ist durch einen andern absteigenden Wärmeübergang oder eine sonstige bleibende Veränderung bedingt.

Dieser Satz kann leicht falsch aufgefasst werden, wesswegen es nicht überflüssig erscheinen möchte, auf die scheinbaren Einwendungen hiegegen im Voraus aufmerksam zu machen.

Wir denken uns z. B. einen Cylinder, der überall luft- und wärmedicht geschlossen ist und in dessen Innern sich ein Kolben ohne Reibung, aber ebenfalls luft- und wärmedicht hin und her bewegen kann. Steht nun der Kolben in der Mitte des Cylinders, ist ferner die Luft auf beiden Seiten ungleich erwärmt, so dass sie rechts die Temperatur t_1 und links die Temperatur t_2 hat, und ist der anfängliche Druck zu beiden Seiten des Kolbens gleich, so reicht schon die geringste Kraft hin, um den im Gleichgewicht befindlichen Kolben etwas zu bewegen. Findet diese Bewegung in der Richtung vom kalten zum warmen Theile des Cylinders statt, so wird das Gas im kalten Theile erkältet, im warmen Theil erwärmt und die hiezu erforderliche Arbeit ist dieselbe, wie gross der Temperaturunterschied der beiden Theile auch sein möge. Zur Vereinfachung der Rechnung wollen wir uns denken, dass auf beiden Seiten zwei unerschöpfliche Wärmequellen mit der Luft in Verbindung stehen, welche dieselben beständig auf den Temperaturen t_1 und t_2 erhalten. Da unter dieser Voraussetzung das Gas bei der Volumsänderung einfach das Mariotte'sche Gesetz befolgt, so haben wir für die Arbeit, welche erforderlich ist, um das im ursprünglichen Volumen v_0 unter dem Druck p befindliche Gas auf das Volumen $v_0 - \triangle v$ zu bringen:

$$\text{Arb.} = \int_{v_0 - \triangle v}^{v_0} \frac{p_0 v_0}{v} \, dv = p_0 v_0 \, log \left(\frac{v_0}{v_0 - \triangle v} \right)$$

$$= p_0 v_0 \left[\frac{\triangle v}{v_0} + \frac{1}{2} \left(\frac{\triangle v}{v_0} \right)^2 \cdots \right]$$

Dies ist auch die Quantität Wärme, welche im zusammengedrückten Gas entwickelt wird und in die Wärmequelle t_2 übergeht. Von dieser Arbeit wird jedoch der grösste Theil durch die Ausdehnung des kälteren Gases geleistet; diese Arbeit ist nämlich:

$$\text{Arb.} = \int_{v_0 + \triangle v}^{v_0} \frac{p_0 v_0}{v} \, dv = p_0 v_0 \, log \left(\frac{v_0}{v_0 + \triangle v} \right)$$

$$= p_0 v_0 \left[-\frac{\triangle v}{v_0} + \frac{1}{2} \left(\frac{\triangle v}{v_0} \right)^2 \cdots \right]$$

und diese Arbeit zeigt zugleich die Quantität Wärme an, welche der Wärmequelle t_1 mitgetheilt wird. (In Wirklichkeit ist diese Wärmemenge negativ, wird also t_1 entzogen.) Die zur Bewegung des Kolbens wirklich verwendete Arbeit ist gleich:

$$p_0 v_0 \, log \left(\frac{v_0^2}{v_1^2 - \triangle v^2} \right) = p_0 v_1 \left[\left(\frac{\triangle v}{v_0} \right)^2 + \frac{1}{2} \left(\frac{\triangle v}{v_0} \right)^4 \cdots \right]$$

Ist $\frac{\triangle v}{v_0}$ so klein, dass seine höheren Potenzen verschwinden, so ergibt sich das überraschende Resultat, dass man, ohne Arbeit zu leisten, durch eine für Wärme undurchdringliche Wand hindurch Wärme von einem kälteren zu einem wärmeren Körper schaffen kann und dass die Quantität der hinübergeschafften Wärme immer dieselbe bleibt, welche Temperaturverschiedenheit zwischen beiden Körpern auch stattfinden mag.

Dieser Widerspruch mit dem zweiten Satze ist jedoch nur scheinbar. Denn man darf nicht übersehen, dass, um dieses Resultat zu erreichen, der Luftdruck in beiden Theilen, wenn auch nur unbedeutend verändert werden musste, und dass man die Luft zu beiden Seiten nicht mehr in den anfänglichen Zustand zurückführen kann, ohne auch den aufsteigenden Wärmeübergang rückgängig zu machen.

Dieselbe Bewandtniss hat es mit einem Einwurf, der von dem französischen Mathematiker Hirn gegen den zweiten Satz gemacht wurde (Clausius Abh. VII) und der im Wesentlichen in Folgendem besteht. Es seien zwei Cylinder von gleichem Querschnitte gegeben, welche durch eine enge Röhre in Verbindung stehen und in welchen luftdicht schliessende Stempel beweglich sind. Damit bei der Bewegung der Stempel keine Volumsänderung stattfinde, somit keine Arbeit geleistet werde, müssen diese (etwa durch eine Stange) so verbunden sein, dass ihre Entfernung immer unverändert bleibt. Ferner werde die Verbindungsröhre durch eine constante Wärmequelle, etwa siedendes Wasser, erwärmt, während die Anfangstemperatur der eingeschlossenen Luft gleich 0^0 ist. Wenn nun die beiden Stempel im Anfange so stehen, dass sich alle Luft im einen Cylinder und in der Verbindungsröhre befindet, und die Stempel alsdann bewegt werden, so erwärmt sich die Luft beim Durchströmen durch die Verbindungsröhre nicht blos auf 100^0, sondern sie dehnt sich aus und bewirkt durch ihre Ausdehnung eine Compression und somit eine weitere Erwärmung des bereits durch die Röhre getriebenen Gases von 100^0, sowie des noch nicht durchgetriebenen Gases, so dass schliesslich, wenn alles Gas durch die Röhre getrieben ist, die durchschnittliche Temperatur weit über 100^0 beträgt, also schliesslich aus dem siedenden Wasser von 100^0 Wärme in Luft von über 100^0 übergegangen ist, ohne dass hiezu Arbeit erforderlich wäre.

Allein auch hier sind die Bedingungen nicht erfüllt, unter denen der zweite Satz den aufsteigenden Wärmeübergang unmöglich erklärt. Denn für's erste konnte dieser Uebergang nur dadurch stattfinden, dass die anfänglich 0^0 warme Luft auf 100^0 erwärmt wurde, sonach ein absteigender Wärmeübergang stattgefunden hat und dann lässt sich auch durch dieses Verfahren keine ungemessene Wärmemenge vom kälteren zum wärmeren Körper schaffen. Denn die Erwärmung der Luft über die Temperatur des siedenden Wassers war durch die Ausdehnung des die Röhre durchströmenden Gases bedingt; diese hört aber auf, sowie das Gas einmal 100^0 warm geworden ist. — Der zweite Satz verlangt überhaupt, dass das den Wärmeübergang vermittelnde Medium periodisch immer wieder in den Anfangszustand zurückkehrt und dass unter dieser Voraussetzung die Widerlegung des zweiten Satzes mit Hülfe eines permanenten Gases überhaupt unmöglich ist, soll weiter unten gezeigt werden.

Das nächstliegende in der Technik vorkommende Beispiel des aufsteigenden Wärmeüberganges, wie ihn der zweite Satz versteht, bieten die Eismaschinen, d. i. die Maschinen, welche durch Verdampfung flüchtiger Stoffe unter niederem Drucke Eis erzeugen. Die Eiserzeugung in diesen Maschinen geschieht unter folgenden näheren Umständen. Die flüchtigen Stoffe verdampfen unter geringem Drucke und nehmen die hiezu erforderliche Wärme aus dem Wasser auf, welches in Eis verwandelt werden soll. Hat man einen völlig luftleeren unbegrenzten Raum, so kann man eine ganz beliebige Quantität Wasser in Eis verwandeln, wenn man nur die entsprechende Quantität flüchtiger Flüssigkeit hat, ohne dass hiezu eine äussere Arbeit erforderlich wäre. Dagegen ist aber auch eine bleibende Veränderung eingetreten, indem der flüchtige Stoff in Dampf übergeführt wurde. Will man aber mit einer gegebenen Quantität Aether fortwährend Eis erzeugen, so muss man den Dampf wieder in Flüssigkeit zurückführen, was nur dadurch geschehen kann, dass man ihn mit Hülfe von Arbeit zusammendrückt, wodurch Wärme frei wird. Ist z. B. die Temperatur des Reservoirs, in welchem der Aetherdampf wieder zusammengepresst wird, gleich 38°, so muss man bei der Zusammenpressung den Druck einer Atmosphäre überwinden, wobei die aus dem Wasser von 0° übergegangene Wärme an das 38° warme Reservoir abgegeben wird. Sowie nun die Dampfmaschinen nach der Anschauung Carnot's darin den Wasserrädern gleichen, dass bei ihnen durch das Herabstürzen der Wärme von einem höheren zu einem niederen Temperaturniveau Arbeit erzeugt wird, so gleichen die Eismaschinen den Pumpen, indem sie mit Hülfe von Arbeit die Wärme von einer niederen zu einer höheren Temperatur hinaufschaffen, gleichsam die Wärme von einem niederen zu einem höheren Temperaturniveau hinaufpumpen. Der hier beschriebene Process ist umkehrbar, d. h. man könnte (abgesehen von den Arbeitsverlusten durch Reibung etc.) die vom kalten Wasser in das warme Reservoir übergegangene Wärme wieder umgekehrt in's kalte Wasser übergehen lassen und dieselbe Arbeit wieder erzeugen, welche vorher aufgewendet wurde. Hätte man nun einen andern Stoff, welcher mit einem geringeren Wärmeübergang dieselbe Arbeit wie der Aether zu erzeugen vermöchte, so könnte man ein Perpetuum mobile construiren, welches ohne Aufwand von Arbeit beständig Eis erzeugen würde.

Aus dem zweiten Satze, wie er eben ausgesprochen wurde, lassen sich nachstehende Folgerungen ziehen:

Wenn aus einem Reservoir von der Temperatur t_1 eine gewisse Quantität Wärme Q_1 in einen gewissen Körper eintritt und mit diesem einen direkten Kreisprocess durchmacht, so wird ein gewisser Theil der Wärme Q_1 in Arbeit verwandelt und der Rest Q_2 geht an den kälteren Körper t_2. Diese beiden Quantitäten Q_1 und Q_2 stehen in einem ganz bestimmten Verhältniss, welches weder von der Quantität der eintretenden Wärme Q_1, noch von der Natur des Mediums, sondern höchstens von den beiden Temperaturen t_1 und t_2 abhängen kann. Dasselbe ist der Fall, wenn man eine Wärmemenge Q_1 in den Körper eintreten und mit dieser den umgekehrten Kreisprocess durchmachen lässt. In diesem Falle muss eine gewisse Quantität Arbeit in Wärme verwandelt und nebst der ursprünglichen Quantität Q_1 von der Temperatur t_1 zu der höheren Temperatur t_2 übergeführt werden. Die zu t_2 übergegangene Wärme Q_2 (die grösser als Q_1 ist) steht alsdann gleichfalls zu der von t_1 genommenen Wärme Q_1 in einem bestimmten, höchstens von den Temperaturen t_1 und t_2 abhängigen Verhältniss. Für die Rechnung braucht man den Unterschied zwischen den beiden Kreisprocessen gar nicht zu machen, sondern kann einfach sagen:

Wenn eine gewisse Quantität Wärme Q_1 von der Temperatur t_1 in einem Körper eintritt und mit diesem einen (direkten oder umgekehrten) Kreisprocess durchmacht, so dass die Wärme Q_2 bei der Temperatur t_2 wieder zum Vorschein kommt, so steht die austretende Wärme Q_2 zu der eingetretenen Q_1 in einem bestimmten Verhältniss, welches nur von der Temperatur der eintretenden und austretenden Wärme abhängen kann, d. i. analytisch gesprochen:

$$(1) \qquad Q_2 : Q_1 = F(t_1, t_2),$$

wobei Q_1 immer die eintretende, Q_2 die austretende Wärme, t_1 die Eintrittstemperatur und t_2 die Austrittstemperatur bezeichnet.

Dass der Quotient $Q_2 : Q_1$ nicht von der Natur des Stoffes abhängen kann, ist klar; denn sonst könnte man ja, wie bereits oben auseinandergesetzt ist, durch abwechselnde Anwendung zweier Stoffe in Widerspruch mit unserem Grundsatze beständig Wärme von einem kälteren zu einem wärmeren Körper schaffen. Er kann aber auch nicht von der Quantität der eintretenden Wärme abhängen. Die geleistete Arbeit ist:

$$Q_1 - Q_2 = Q_1 \, [1 - F(t_1, t_2)] = \text{Arb.}$$

Wäre nun z. B. für die geringere Wärmequantität $q_1 = \dfrac{Q_1}{2}$ der Quotient $q_2 : q_1$ um c kleiner als $Q_2 : Q_1$, so hätte man

$$\text{Arb.} = q_1 \, [1 - F(t_1, t_2) + c].$$

Wenn man nun anstatt einmal die Quantität Q_1 anzuwenden, in zwei Kreisprocessen die halben Quantitäten anwenden würde, so könnte man eine grössere Arbeit erzeugen und mit Hülfe dieser grösseren

Arbeit könnte man alsdann durch einen umgekehrten Kreisprocess mehr Wärme von t_2 nach t_1 schaffen als vorher von t_1 zu t_2 überging.

Nach Gleichung (1) hat man:

$$Q_2 = Q_1 \, F\,(t_1, t_2)$$
$$Q_1 = Q_2 \, F\,(t_2, t_1).$$

Substituirt man die zweite Gleichung in die erste, so hat man:

$$1 = F\,(t_1, t_2) \, F\,(t_2, t_1)$$

und hieraus:

(2) $$F\,(t, t) = 1.$$

Wenn wir vermittelst eines Kreisprocesses die Wärme Q_1 von t_1 zu t_2 überführen, so kommt die Wärme $Q_2 = Q_1 \, F\,(t_1, t_2)$ zum Vorschein; führen wir diese Wärme Q_2 von t_2 zu t_3, so kommt die Wärme $Q_2 \, F\,(t_2, t_3) = Q_1 \, F\,(t_1, t_2) \, F\,(t_2, t_3)$ zum Vorschein und die verlorene oder gewonnene Wärme ist in Arbeit verwandelt oder aus Arbeit erzeugt. Führen wir aber in einem einzigen Kreisprocess die Wärme Q_1 von t_1 zu t_3, so kommt die Wärme $Q_3 = Q_1 \, F\,(t_1, t_3)$ zum Vorschein. Die durch einen einmaligen Process zwischen t_1 und t_3 gewonnene oder vernichtete Arbeit muss aber gleich der durch den doppelten Process von t_1 zu t_2 und von t_2 zu t_3 gewonnenen oder vernichteten Arbeit sein; denn wäre dies nicht der Fall, so könnten wir den Doppelprocess z. B. direkt und den einfachen umgekehrt anwenden und so gegen unseren Grundsatz Wärme vom kälteren zum wärmeren Körper ohne Arbeitsleistung überführen. Wir haben daher:

$$F\,(t_1, t_3) = F\,(t_1, t_2) \, F\,(t_2, t_3)$$

oder überhaupt allgemein:

$$F\,(t_1, t_n) = F\,(t_1, t_2) \, F\,(t_2, t_3) \ldots F\,(t_{n-1}, t_n)$$

Sind die Differenzen zwischen den Gliedern der Temperaturreife verschwindend klein, so hat man:

$$F(t_1, t_2) = F(t_1, t_1 + dt) \, F(t_1 + dt, t_1 + 2\,dt) .. F(t_1, t + dt) .. F(t_2 - dt, t_2)$$

Das unendliche Produkt auf der rechten Seite wird zu einem bestimmten Integral, wenn man den Logarithmus davon nimmt; man hat nämlich:

$$log\,F(t_1, t_2) = log\,F(t_1, t_1 + dt) + log\,F(t_1 + dt, t_1 + 2\,dt) \ldots$$
$$+ log\,F(t, t + dt) \ldots + log\,F(t_2 - dt, t_2)$$

oder:

$$log\,F\,(t_1, t_2) = \int_{t_1}^{t_2} log\,F\,(t, t + dt)$$

Nun ist $F(t, t + dt) = F(t, t) + \dfrac{d}{dt_2} F(t, t_1)\, dt$

Ferner ist nach (1) $F(t, t) = 1$ und da $\dfrac{d}{dt_2} T(t_1\, t)$ eine Function von t

allein ist, die man kurz durch $Q(t)$ bezeichnen kann, so hat man:

$$log\ F(t, t + dt) = Q(t)\, dt$$

und endlich

$$log\ F(t_1, t_2) = \int_{t_1}^{t_2} Q(t)\, dt$$

Bezeichnet man das unbestimmte Integral von $Q(t)$ durch $Q^{I}(t)$ so
hat man:

$$log\ F(t_1, t_2) = Q^{I}(t_2) - Q^{I}(t_1)$$

und hieraus:

$$F(t_1, t_2) = e^{Q^{I}(t_2)} : e^{Q^{I}(t_1)}$$

und wenn man schliesslich $e^{Q^{I}(t)}$ einfach mit T bezeichnet, so ergibt sich:

(3) $$F(t_1, t_2) = T_2 : T_1.$$

Dies mit Gleichung (1) combinirt, gibt:

$$\frac{Q_2}{T_2} = \frac{Q_1}{T_1}.$$

Nun kann man auch den Unterschied von eintretender und austretender Wärme für die Rechnung ignoriren, wenn man die eintretenden Wärmequantitäten positiv und die austretenden negativ nimmt; man hat alsdann:

$$\frac{Q_1}{T_1} + \frac{Q_2}{T_2} = 0.$$

Hat man drei Wärmequellen t_1, t_2, t_3. von denen die beiden ersten z. B. Wärme zuführen und die letzte Wärme entzieht, denkt man sich ferner mit diesen Wärmequellen zwei Kreisprocesse von t_1 zu t_3 und von t_2 zu t_3 ausgeführt, so hat man für den ersten Process $Q_3 = \dfrac{Q_1\, T_3}{T_1}$ und für den zweiten $Q_3 = \dfrac{Q_2\, T_3}{T_2}$. Die gesammte Wärme, welche bei der Temperatur t_3 durch beide Processe zusammen ausgeschieden wird, ist daher gleich $-\dfrac{Q_1\, T_3}{T_1} - \dfrac{Q_2\, T_3}{T_2}$. Dieselbe Quantität muss man aber erhalten, wenn man mit Hülfe der drei Wärmequellen t_1, t_2, t_3 einen einzigen Kreisprocess ausführt.

Man hat daher für diesen einzigen Kreisprocess:

$$Q_3 + \frac{Q_1 T_3}{T_1} + \frac{Q_2 T_3}{T_2} = 0 \text{ oder}$$

$$\frac{Q_1}{T_1} + \frac{Q_2}{T_2} + \frac{Q_3}{T_3} = 0.$$

Man sieht überhaupt leicht ein, dass man bei einer beliebigen Anzahl von Wärmequellen hat:

$$(4) \qquad \Sigma \frac{Q_n}{T_n} = 0 \text{ oder } \int \frac{dQ}{T} = 0.$$

Dies ist die analytische Form, welche Clausius dem zweiten Satze der mechanischen Wärmetheorie gegeben hat; nur die Beweisführung ist hier eine andere.

Der Gedankengang von Clausius (Abh. IV) ist im Wesentlichen folgender:

Wenn ein gewisses Quantum Wärme durch einen umgekehrten Kreisprocess von der Temperatur t_2 auf die Temperatur t_1 hinaufgeschafft werden soll, so muss ein gewisses Quantum Arbeit vernichtet und der Wärmequelle t_1 zugeführt werden, ebenso wie ein gewisses Quantum von lebendiger Kraft vernichtet werden muss, wenn man eine gewisse Masse vom Niveau 1 auf das Niveau 2 heben will, die Aequivalenz von Arbeit und lebendiger Kraft hat also eine Parallele in der Aequivalenz des Wärmeüberganges von niederer zu höherer Temperatur und der bei diesem Vorgange vernichteten Arbeit. Führt man nun den umgekehrten Process blos mit zwei Wärmequellen aus, so kommt bei der Wärmequelle t_1 mehr Wärme zum Vorschein, als aus der Wärmequelle t_2 aufgenommen wurde. Will man nun wissen, welche Arbeit erforderlich ist, um die Wärme Q_1 unverändert von t_2 nach t_1 zu schaffen, so muss man den Kreisprocess mit drei Wärmequellen t, t_1, t_2 in der Weise ausführen, dass von der Quelle t_2 die Wärme Q_1 genommen, an die Quelle t_1 dieselbe Wärme Q_1 abgegeben und die zu diesem Process erforderliche und in Wärme verwandelte Arbeit an die Quelle t abgegeben wird. Zu diesem Zwecke dehnt man das Gas von der Anfangstemperatur t und dem Anfangsvolumen v_0 soweit ohne Wärmezufuhr aus, bis die Temperatur t_2 gesunken und das Volumen zu v_1 geworden ist und lässt alsdann das Gas weiter sich ausdehnen bis v_2 während es auf der constanten Temperatur t_2 bleibt und die Wärme Q_1 aufnimmt. Hierauf drückt man ohne Wärmeentziehung zusammen bis v_3, wodurch die Temperatur auf t_1 steigt, drückt noch weiter bei der constanten Temperatur t_1 bis zu v_4 zusammen, und zwar solange, bis die Wärme Q_1 an t_1 abgegeben ist; ferner drückt man weiter ohne Wärmeentziehung zusammen, bis die Temperatur auf t gestiegen ist und bringt endlich bei der constanten Temperatur t das Volumen wieder auf das Anfangsvolumen v_0. Hiebei wird die Wärme Q an t abgegeben. Dass der Process sich auch direkt ausführen lässt, bedarf kaum der Erwähnung. Bei diesem Processe wird also die Wärme Q_1 von t_2 zu t_1 gehoben und eine gewisse Menge Arbeit in die Wärmemenge Q bei der Temperatur t verwandelt.

Anstatt zu sagen, die Wärme Q_1 ist von t_2 zu t_1 übergeführt worden, kann man auch sagen, um eine gleichmässige Terminologie herzustellen, die Wärme Q_1 von der Temperatur t_2 ist in der Wärme Q_1 von der Temperatur t_1 verwandelt worden, so dass in diesem Kreisprocess zwei Verwandlungen vorkommen, die sich gegenseitig bedingen. Beim direkten Kreisprocess ist die Verwandlung der Wärme Q von der Temperatur t in Arbeit durch die Verwandlung der Wärme Q_1 von der Temperatur t_1 zur Wärme Q_1 von der Temperatur t_2 bedingt und beim umgekehrten Kreisprocess die Verwandlung der Wärme Q_1 von der Temperatur t_2 in der Wärme Q_1 von der Temperatur t_1 durch die Verwandlung einer gewissen Menge Arbeit in die Wärme Q von der Temperatur t.

„Man sieht also (so fährt Clausius fort), dass diese beiden Verwandlungsarten als Vorgänge von gleicher Natur zu betrachten sind und wir wollen zwei Verwandlungen, die sich in der erwähnten Weise gegenseitig ersetzen können, äquivalent nennen. Es kommt nun darauf an, das Gesetz zu finden, nach welchem man die Verwandlungen als mathematische Grössen darstellen muss, damit sich die Aequivalenz zweier Verwandlungen aus der Gleichheit ihrer Werthe ergibt. Der so bestimmte mathematische Werth einer Verwandlung möge ihr Aequivalenzwerth heissen u. s. w."

„In Bezug auf die Grösse der Aequivalenzwerthe ist zunächst klar, dass der Werth einer Verwandlung aus Arbeit in Wärme der Menge der entstandenen Wärme proportional sein muss, und ausserdem nur noch von ihrer Temperatur abhängen kann. Man kann also den Aequivalenzwerth der Entstehung der Wärmemenge Q von der Temperatur t aus Arbeit ganz allgemein durch den Ausdruck $Q f(t)$ darstellen, worin $f(t)$ eine für alle Fälle gleiche Temperaturfunktion

ist. Wenn in dieser Formel Q negativ wird, so wird dadurch ausgedrückt, dass die Wärmemenge Q nicht aus Arbeit in Wärme, sondern aus Wärme in Arbeit verwandelt ist. Ebenso muss der Werth
des Ueberganges der Wärmemenge Q von der Temperatur t_1 zur Temperatur t_2 der übergehenden Wärmemenge proportional sein und kann
ausserdem nur noch von den beiden Temperaturen abhängen. Wir
können ihn also allgemein durch den Ausdruck $Q F(t_1, t_2)$ darstellen,
worin $F(t_1, t_2)$ ebenfalls eine für alle Fälle gleiche Funktion der
beiden Temperaturen ist, welche wir zwar nicht näher kennen, von
der aber soviel im Voraus klar ist, dass sie durch Verwechslung der
beiden Temperaturen ihr Vorzeichen umkehren muss, ohne ihren
numerischen Werth zu ändern, so dass man setzen kann:

$$F(t_2, t_1) = -F(t_1, t_2).\text{“}$$

„Um diese beiden Ausdrücke mit einander in Beziehung zu bringen,
haben wir die Bedingung, dass in jedem umkehrbaren Kreisprocesse
der oben angegebenen Art die beiden darin vorkommenden Verwandlungen gleich gross, aber von entgegengesetztem Vorzeichen sein
müssen, so dass ihre algebraische Summe Null ist. Wählen wir also
zunächst den Process, welcher beispielsweise für Gas oben beschrieben
ist, so wurde dabei die Wärmemenge Q von der Temperatur t in
Arbeit verwandelt, was als Aequivalenzwerth $- Qf(t)$ gibt, und die
Wärmemenge Q_1 von der Temperatur t_1 zu t_2 übergeführt, was als
Aequivalenzwerth $Q_1 F(t_1, t_2)$ gibt, und es muss also die Gleichung

$$- Q f(t) + Q_1 F(t_1, t_2) = 0$$

gelten.“

Diese Argumentation, welche das Fundament der weiteren Entwicklung bei Clausius bildet, ist mir nicht ganz verständlich, namentlich die Auffassung des Begriffes der Aequivalenz scheint mir etwas
unklar. Da nun dieser Begriff in den verschiedenen Zweigen der
Wissenschaft mit so verschiedenen Bedeutungen gebraucht wird, hier
aber nur im streng mathematischen Sinn zu verstehen ist, so muss
man vor allen Dingen eine richtige Anschauung von dem mathematischen Begriffe „Aequivalenzwerth“ zu gewinnen suchen.

Der erste Satz z. B. zeigt uns, dass die Erzeugung einer gewissen Quantität Arbeit durch die Verrichtung einer gewissen Quantität Wärme bedingt ist. Diesen Ansatzzusammenhang zwischen Arbeit
und Wärme nennen wir Aequivalenz, die Wärmeeinheit und die entsprechenden 424 Arbeitseinheiten äquivalent und die Zahl, welche

anzeigt, wie viele Arbeitseinheiten durch Vernichtung einer Wärmeeinheit erzeugt werden, den Aequivalenzwerth oder die Aequivalenz-
zahl, die somit gleich 424 ist. Mathematisch gesprochen heisst dies:

$$\frac{\text{Arbeit}}{\text{Wärme}} = 424 = \text{Wärmeäquivalenzwerth.}$$

Ein analoges Verhältniss findet bei dem oben beschriebenen Kreisprocess statt. Die Verwandlung der Wärme Q_1 von t_2 zu t_1 ist durch
die Verwandlung einer gewissen Quantität Arbeit in der Wärme Q
von der Temperatur t bedingt. Man kann daher auch diese beiden
Verwandlungen äquivalent nennen und ihr Aequivalenzwerth ist: $Q : Q_1$.
Dieser Aequivalenzwerth oder das Verhältniss von $Q : Q_1$ wird im Allgemeinen von der Natur des Stoffes, den Quantitäten Q und Q_1 und
den drei Temperaturen t, t_1, t_2 abhängen. Legt man nun der weiteren
Argumentation den zweiten Satz zu Grunde, so findet man allerdings
aus den bereits oben entwickelten Gründen, dass dieser Aequivalenzwerth nur von den drei Temperaturen t, t_1, t_2 abhängen kann, dass
man also hat

$$\frac{Q}{Q_1} = F(t, t_1, t_2) \text{ oder}$$

$$- Q + Q_1 \, F(t, t_1, t_2) = 0,$$

dass aber die Function $F(t, t_1, t_2)$ die specielle Form $F(t_1, t_2) : f(t)$
hat, somit die von Clausius aufgestellte Gleichung:

$$- Q f(t) + Q_1 \, F(t_1, t_2) = 0$$

besteht, wird selbst dem scharfsinnigsten Mathematiker ohne Zwischen-
glieder kaum einleuchten.

„Denken wir uns nun (lautet die fernere Beweisführung von
Clausius) einen eben solchen Process umgekehrt ausgeführt und
zwar in der Weise, dass für die Temperatur t eine andere Temperatur
t' und für die Wärmemenge Q eine andere Q' gesetzt wird, so
haben wir:

$$Q' f(t') + Q_1 \, F(t_2, t_1) = 0$$

und durch Addition

$$- Q f(t) + Q' f(t') = 0.$$

Sieht man diese beiden Kreisprocesse als einen Kreisprocess an, so
heben sich die beiden Wärmeübergänge von t_1 zu t_2 und von t_2 zu t_1;
wir haben somit nur noch die beiden Quantitäten Q und Q', welche
bei den Temperaturen t und t' ein- und austreten. Setzt man noch
$f(t) = 1 : T$, so wird die letztere Gleichung mit der oben entwickelten:

21 *

$$\frac{Q_1}{T_1} = \frac{Q_2}{T_2}$$

identisch."

Wir haben jetzt noch die unbestimmte Temperaturfunction T aufzusuchen und die Gleichungen (3) und (4) zu prüfen.

Von der atmosphärischen Luft wissen wir, dass ihre specifische Wärme unabhängig ist vom Volumen, d. h. dass man, um ein Kilogramm Luft bei constant bleibendem Volumen um einen Grad wärmer zu machen, die gleiche Wärme braucht, welches Volumen diese Luft auch einnehmen möge. Daraus folgt, dass die Ausdehnung allein keine Wärme consumirt, sondern bei der Ausdehnung ohne Temperaturveränderung alle zugeführte Wärme durch Ueberwindung des äusseren Druckes absorbirt wird. Hienach ist es leicht, den Quotienten $Q_1 : Q_2$ zu berechnen. Für die Luft hat man bekanntlich

$$p = \frac{p_0 v_0 (a + t)}{v (a + t_0)}$$

wenn p den Druck beim Volumen v und der Temperatur t, p_0 und v_0 Druck und Volumen bei der Temperatur t_0 und a den reciproken Ausdehnungscoëfficienten $= 273$ bedeutet. Dehnt sich nun die Luft bei constant bleibender Temperatur t_1 aus vom Volumen v_1 bis v_2, so ist die Arbeit gleich

$$\frac{p_0 v_0 (a + t_1)}{a + t_0} \int_{v_1}^{v_2} \frac{dv}{v} = \frac{p_0 v_0 (a + t_1)}{a + t_0} \, log \, \frac{v_2}{v_1}$$

und wenn man als Wärmeeinheit die entsprechende Arbeitseinheit nimmt, so stellt dieser Ausdruck zugleich die verbrauchte Wärme dar. Lässt man nun das Gas sich ohne Wärmezufuhr weiter bis v_3 ausdehnen, so dass die Temperatur auf t_2 sinkt und drückt man bei constanter Temperatur zusammen bis v_4, so ist die verbrauchte Arbeit und die abgegebene Wärme gleich:

$$\frac{p_0 v_0 (a + t_2)}{a + t_0} \, log \, \frac{v_3}{v_4}$$

Nun hat man für die Luft, wenn sie sich ohne Wärmeaufnahme von v_0 nach v_1 ausdehnt, die Gleichung

$$\frac{a + t_1}{a + t_0} = \left(\frac{v_0}{v_1}\right)^{\frac{c' - c}{c}}$$

wenn c' und c die beiden Wärmecapacitäten bedeuten. Für die Ausdehnung von v_2 zu v_3 hat man daher:

$$\frac{a+t_2}{a+t_1} = \left(\frac{v_2}{v_3}\right)^{\frac{c'-c}{c}}$$

und für die Zusammendrückung von v_4 nach dem ursprünglichen
Volumen v_1

$$\frac{a+t_2}{a+t_1} = \left(\frac{v_1}{v_4}\right)^{\frac{c'-c}{c}}$$

Die beiden letzten Gleichungen geben also:

$$\frac{v_2}{v_1} = \frac{v_3}{v_4}$$

Die in den Kreisprocess eintretende Wärme verhält sich also zur austretenden, wie $a + t_1$ zu $a + t_2$, woraus man hat:

(5) $$T = a + t$$

d. i. gleich der absoluten Temperatur.

Für atmosphärische Luft oder überhaupt für permanente Gase
lässt sich nur der Satz (4) leicht nachweisen.

Jeder Kreisprocess lässt sich durch eine geschlossene Curve
(Figur 2) darstellen, in welcher die Abscissen das Volumen und die
Ordinaten den Druck vorstellen, so dass also der Druck p und sein

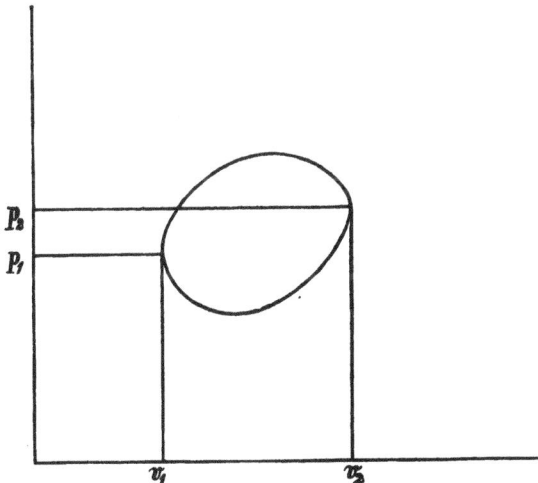

Figur 2.

erster Differenzialquotient p' gegebene Functionen von v sind. Unter
dieser Voraussetzung ist auch die Temperatur eine bestimmte Func-

tion des Volumens und man hat, um die Gleichung (4) zu prüfen nur
die Ausdrücke dQ und T durch das Volumen v auszudrücken. Aus
der Gleichung

$$p\,v = \frac{p_0\,v_0}{a+t_0}\,(a+t) = R\,T$$

erhalten wir:

$$p = \frac{R\,T}{v} \qquad\qquad T = \frac{p\,v}{R}$$

$$dp = \frac{R}{v}\,dT - \frac{R\,T\,dv}{v^2}$$

Ist nun p eine gegebene Function von v, so ist $dp = p'\,dv$ und
man hat:

$$p'\,dv = \frac{R}{v}\,dT - \frac{R\,T\,dv}{v^2}$$

woraus sich die Zunahme der Temperatur bestimmen lässt, wenn die
Zunahme des Volumens gegeben ist; man hat nämlich:

$$dT = dv\left(\frac{p'\,v}{R} + \frac{T}{v}\right)$$

Nun ist nach den oben erwähnten experimentellen Sätzen die Wärme,
welche erforderlich ist, um die Temperatur des Gases um dT zu erhöhen, gleich $c\,T$. Kommt hiezu noch die Volumsänderung dv unter
dem Druck p, so ist die verbrauchte Wärme

$$dQ = c\,dT + p\,dv$$

oder, wenn man den vorigen Werth von dT substituirt und zugleich
berücksichtigt, dass $\dfrac{v}{R} = \dfrac{T}{p}$ ist:

$$\frac{dQ}{T} = dv\left(\frac{c\,p'}{p} + \frac{c+R}{v}\right)$$

$$\int \frac{dQ}{T} = c\,log\,p + (c+R)\,log\,v.$$

Haben wir einen Kreisprocess und ist somit die Curve des Druckes
geschlossen, so müssen wir zuerst von v_1 nach v_2 und dann von v_2
nach v_1 zurück integriren. Man hat für p (und auch für T) ganz
verschiedene Functionen, je nachdem man von v_1 zu v_2 oben herum
oder von v_2 zu v_1 unten herum sich bewegt. Diese beiden Functionen
haben jedoch die Werthe bei v_2 und v_1 gemeinschaftlich; man hat
daher, wenn man die Integration über die geschlossene Figur ausdehnt:

$$\int \frac{dQ}{T} = c \, log \, \frac{p_2}{p_1} + (c + R) \, log \, \frac{v_2}{v_1}$$

$$+ \, c \, log \, \frac{p_1}{p_2} + (c + R) \, log \, \frac{v_1}{v_2}$$

$$\int \frac{dQ}{T} = 0.$$

III.
Die Consequenzen des zweiten Satzes in Bezug auf die physikalischen Constanten.

Wenn man die Form eines Körpers verändert, so verändern sich auch die an seiner Oberfläche wirkenden Kräfte. Führt man nun die Beschränkung ein, dass die äussere Kraft überall gleich ist und senkrecht auf die Oberfläche wirkt, so kann man diese Kraft, die als Druck positiv und als Zug negativ genommen werden soll, als eine Function des Volumens ansehen. Lässt man das Volumen unverändert und verändert die Temperatur, so verändert sich ebenfalls die äussere Kraft p; diese ist also eine Function von Volumen v und Temperatur t oder analytisch:

(1) $$p = f(v, t).$$

Wenn wir einen Körper von der absoluten Kälte bis zur Temperatur t erwärmen, so wird eine gewisse Quantität von Kraft verbraucht, welche theils zur Erwärmung, theils zur Ueberwindung des äusseren Druckes erforderlich ist. Wenn wir nun blos diejenige Kraft in's Auge fassen, welche zur Erwärmung erforderlich ist, so sehen wir leicht ein, dass dies im Allgemeinen nicht blos von der Temperatur, sondern auch vom Volumen des Körpers abhängen wird, sei es nun, dass bei der Veränderung des Volumens auch die specifische Wärme der Moleküle sich ändert, oder durch die Volumsänderung selbst Kraft absorbirt wird, òder beides zugleich stattfindet. Die Quantität der in einem bestimmten Körper bei dem Volumen v und der Temperatur t enthaltenen Kraft, welche man in der mechanischen Wärmetheorie Energie eines Körpers nennt, will ich mit u bezeichnen, so dass wir haben:

(2) $$u = Q(v, t)$$

Die Differential-Coëfficienten dieser Functionen haben einfache physikalische Bedeutungen. Lässt man den äusseren Druck constant und verändert die Temperatur um dt, so ändert sich das Volumen um dv. Wenn sich nun die Volumeneinheit durch Zufuhr einer Wärmeeinheit um α ausdehnt, so dehnt sich das Volumen v um αv aus; wir haben also $\dfrac{dv}{dt} = \alpha v$. Aus Gleichung (1) haben wir aber bei constantem Druck

$$dp = 0 = \frac{dp}{dv} dv + \frac{dp}{dt} dt$$

und hieraus

$$\frac{dv}{dt} = -\frac{dv}{dt} : \frac{dp}{dv} \text{ oder}$$

$$\alpha v = -\frac{dp}{dt} : \frac{dp}{dv}$$

Lässt man bei constanter Temperatur den Druck zunehmen, so verändert sich das Volumen um dv. Wenn nun die Volumeneinheit durch Vermehrung des Druckes um eine Einheit sich um ε vermindert, so vermindert sich das Volumen um εv; wir haben also $\dfrac{dv}{dp} = -\varepsilon v$ und

$$(3) \qquad \frac{dp}{dv} = -\frac{1}{\varepsilon v}$$

sowie nach der vorigen Gleichung

$$(4) \qquad \frac{dp}{dt} = \frac{\alpha}{\varepsilon}$$

Erwärmt man den Körper bei constantem Volumen, so erhöht sich die gesammte in demselben enthaltene Kraftmenge. Ist das mechanische Aequivalent der Wärme, die man einer Gewichtseinheit Wasser zuführen muss, um dieses um eine Temperatureinheit wärmer zu machen, in Arbeit ausgedrückt gleich A, ist ferner das specifische Gewicht des Körpers bei constantem Volumen gleich c und das Gewicht des ganzen Körpers gleich g, so hat man

$$(5) \qquad \frac{du}{dt} = g A c$$

Verändert sich Volumen und Temperatur, so hat man aus (2)

$$du = \frac{du}{dv} dv + \frac{du}{dt} dt$$

Lässt man zugleich den Druck unverändert, so ist hiedurch dv bestimmt, wenn dt gegeben ist; man hat nämlich, wie bereits oben erörtert wurde: $dv = \alpha v dt$. Nun wird aber, wenn der Körper sich bei constantem Druck ausdehnt, auch Arbeit geleistet und hiedurch Wärme consumirt; diese ist gleich $pdv = avpdt$. Wenn man daher den Körper bei constantem Druck um dt erwärmt, so braucht man die Kraft:

$$\left(\frac{du}{dv} + p\right) avdt + \frac{du}{dt} dt$$

Nennt man die specifische Wärme bei constantem Druck c', so braucht man, um den Körper um dt zu erwärmen, die Kraft $gAc'dt$; es ist also:

$$gAc' = \left(\frac{du}{dv} + p\right) av + gAc \text{ und}$$

(6) $$\frac{du}{dv} + p = \frac{gA(c' - c)}{av}$$

Bezeichnet man das spec. Gewicht $\frac{g}{v}$ mit λ, so hat man:

$$\frac{du}{dv} + p = \frac{\lambda A(c' - c)}{a}$$

und wenn man die nach der Volumeneinheit gerechneten specifischen Wärmen mit γ' und γ bezeichnet, so hat man noch eleganter:

$$\frac{du}{dv} + p = \frac{A(\gamma' - \gamma)}{a}$$

Alle hier vorkommenden Ausdrücke, mit Ausnahme des constanten A und des beliebigen g sind von der Natur des Körpers, sowie von Temperatur und Volumen abhängig.

Die Wärmemenge, welche bei einer beliebigen Veränderung eines Körpers verbraucht wird, ist gleich:

$$Q(v_2, t_2) - Q(v_1, t_1) + \text{Arbeit,}$$

wobei v_2, t_2 und v_1, t_1 Volumen und Temperatur am Ende und am Anfang des Processes bedeuten. Die Zunahme der Arbeit ist pdv. Nun ist $p = f(v, t)$; man kann also die Arbeit, welche geleistet wird, wenn sich der Körper von v_1 auf v_2 ausdehnt, erst dann berechnen, wenn man weiss, in welcher Weise derselbe während der Ausdehnung erwärmt wird; denn es ist klar, dass der Körper um so mehr Arbeit während des Ueberganges von v_1 nach v_2 leistet, je mehr man ihm Wärme zuführt. Analytisch gesprochen heisst dies, dass wir das Integral

$$\text{Arbeit} = \int_{v_1}^{v_2} f(v, t) \, dv$$

erst dann berechnen können, wenn t eine bestimmte Function von v ist. Behält der Körper z. B. während der Ausdehnung die constante Temperatur t_1, so haben wir einfach:

$$\text{Arbeit} = \int_{v_1}^{v_2} f(v_1 t_1)\, dv$$

Findet, um eine andere Annahme zu machen, die Volumsänderung ohne Zufuhr oder Entziehung von Wärme statt, so verliert der Körper, indem er sich von v auf $v + dv$ ausdehnt, die Kraft $p\, dv$; wir haben also:

$$du = -p\, dv = \frac{du}{dv}\, dv + \frac{du}{dt} \cdot dt \quad \text{oder}$$

$$\left(p + \frac{du}{dv}\right) dv + \frac{du}{dt} \cdot dt = 0$$

Durch diese Gleichung ist die Abhängigkeit zwischen t und v bestimmt, welche stattfinden muss, wenn sich der Körper ohne Wärmezufuhr ausdehnt. Man kann diese Gleichung entweder nach v oder nach t auflösen und die Arbeit berechnen. Man hat nämlich aus (5) und (6)

$$\frac{c'-c}{\alpha v}\, dv + c\, dt = 0$$

Für permanente Gase z. B. ist α, wie man leicht berechnet, gleich $\frac{1}{T}$, man hat also:

$$\frac{(c'-c)\, dv}{v} + \frac{c\, dT}{T} = 0$$

und hieraus durch Integration:

$$(7) \qquad T v^{\frac{c'-c}{c}} = T_0 v_0^{\frac{c'-c}{c}}$$

Will man z. B. die Temperaturveränderung wissen, welche erzielt wird, wenn man auf die Oberfläche gewisse Kräfte wirken lässt, so gestaltet sich die Rechnung folgendermaassen: Wirkt auf die Oberfläche die Kraft p und wird das Volumen mit Hülfe derselben von v_1 auf v_2 zusammengedrückt, so ist die geleistete Arbeit und somit die Vermehrung der Energie des Körpers:

$$\triangle u = \int_{v_2}^{v_1} p\, dv$$

Sind die Volumen- und Temperaturveränderung so unbedeutend, dass
man deren höhere Potenzen verschwinden lassen, mit andern Worten,
dass man die Function u als Function von zwei Veränderlichen geometrisch dargestellt, soweit sie über dem kleinen Viereck v, $v + \triangle v$;
t, $t + \triangle t$ steht, als eine Ebene betrachten kann, so hat man, da $\triangle v$
negativ zu nehmen ist:

$$\triangle u = - \frac{du}{dv} \triangle v + \frac{du}{dt} \triangle t$$

Wir haben jetzt noch die Arbeit annähernd zu berechnen. Findet
die Druckzunahme proportional der Volumenabnahme statt (was z. B.
bei Flüssigkeiten vorausgesetzt werden kann), so stellt die Arbeit ein
Trapez dar, dessen Grundlinie gleich $\triangle v$ und dessen parallele Seiten
gleich p_1 und p_2 sind. Die Arbeit ist daher gleich $\frac{p_1 + p_2}{2} . \triangle v$ und

man hat $\qquad \frac{p_1 + p_2}{2} . \triangle v = - \frac{du}{dv} \triangle v + \frac{du}{dt} \triangle t$

und hieraus: $\qquad \triangle t = \left(\frac{p_1 + p_2}{2} + \frac{du}{dv} \right) \triangle v : \frac{du}{dt}$

Nun ist nach (6) $\qquad \frac{du}{dv} = \frac{\lambda A (c' - c)}{\alpha} - p_1$

wenn man unter λ, c, c' und α die entsprechenden Werthe für $p\,p_1$
versteht. Man hat also schliesslich, wenn man noch (5) berücksichtigt,

wonach $\frac{du}{dt} = g A c = \lambda v_1 A c$ ist:

$$(8) \qquad \triangle t = \left[\frac{c' - c}{\alpha c} + \frac{\triangle p}{2 A \lambda c} \right] \frac{\triangle v}{v_1}$$

Als anderes Beispiel wollen wir die Wärme h berechnen, welche erforderlich ist, um die Gewichtseinheit gesättigten Dampfes gesättigt
zu erhalten, wenn man das Volumen vermindert und hiedurch die
Temperatur um eine Einheit erhöht. Ist die Wärme, welche erforderlich ist, um die Gewichtseinheit Flüssigkeit von 0^0 auf t zu erwärmen
und alsdann unter dem entsprechenden Druck zu verdampfen gleich
λ, so ist der Zuwachs an Energie gleich:

$$(a) \qquad u - u_0 = \lambda - p (s - \sigma)$$

wenn s das Volum der Gewichtseinheit gesättigten Dampfes und σ
das Volum der Gewichtseinheitflüssigkeit von 0^0 bedeutet. Nach der
Bedeutung der Constante h ist ferner:

$$(b) \qquad \frac{du}{dt} = h - p \frac{ds}{dt}$$

Aus (a) und (b) erhält man endlich

(9)
$$h = \frac{d\lambda}{dt} - \frac{dp}{dt}(s - \sigma)$$

Beim Gebrauch dieser Formel muss man natürlich für λ und p gleiche Einheiten, entweder Arbeitseinheiten oder Wärmeeinheiten, nehmen.

Diese Beispiele mögen genügen, um zu zeigen, wie sich die Rechnung mit den Functionen (1) und (2) unter Anwendung des ersten Satzes gestaltet. Es bleibt nun noch übrig, die Consequenzen zu ziehen, welche für die genannten Functionen aus dem zweiten Satze folgen. Wir hatten oben II (4)

(a)
$$\int \frac{dQ}{T} = 0$$

für jeden umkehrbaren Kreisprocess. dQ ist die Wärme, welche man dem Körper zuführen muss, wenn unter dem Druck p sein Volumen um dv und seine Temperatur um dt wächst; es ist also:

$$\frac{dQ}{T} = \frac{1}{T}\left(p + \frac{du}{dv}\right)dv + \frac{1}{T}\frac{du}{dt} . dt \quad \text{oder kürzer:}$$

(b)
$$\frac{dQ}{T} = Mdv + Ndt$$

wobei M und N Functionen von v und t sind. Das Integral $\int (Mdv + Ndt)$ ist im Allgemeinen erst dann ein bestimmtes Integral, wenn man weiss, in welcher Weise sich v ändert, wenn sich t ändert. Man überzeugt sich hievon leicht, wenn man sich an den am Ende des Abschn. II erörterten Kreisprocess erinnert. Nimmt man (Figur 3)

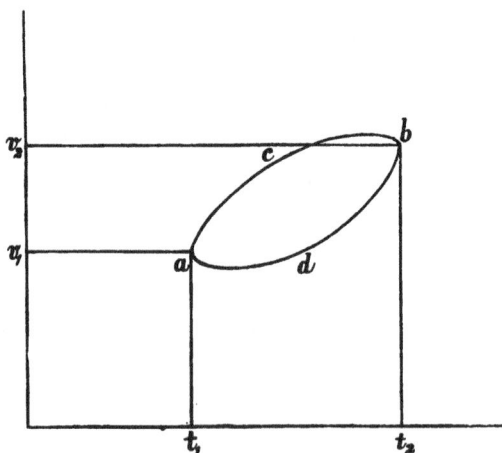

Figur 3.

die t als Ascissen und die v als Ordinaten, so ist das Integral erst dann bestimmt, wenn man den Anfangs- und Endpunkt v_1, t_1 und v_2, t_2, sowie den Weg kennt, den v als Function von t zwischen diesen Puncten beschreibt. Ist nun v als Function von t gegeben, so ist $dv = v'\,dt$ und unser Integral lässt sich berechnen in der Form

$$\int_{t_1}^{t_2} (Mv' + N)\,dt$$

Ist nun das unbestimmte Integral von M, nach v genommen, gleich R, so ist $M = \dfrac{dR}{dv}$ und $R'\,dt = \left(Mv' + \dfrac{dR}{dt}\right)dt$; also

$$\int (Mv' + N)\,dt = R + \int \left(N - \frac{dR}{dt}\right)dt$$

Führt man die Grenzen t_1 und t_2 ein, so hat man:

$$\int_{t_1}^{t_2}(Mv' + N)\,dt = R\,(t_2, v_2) - R\,(t_1, v_1) + \int_{t_1}^{t_2}\left(N - \frac{dR}{dt}\right)dt$$

Soll nun die Gleichung (a) stattfinden, so muss das letzte Integral auf der rechten Seite, welches man auch einfacher schreiben kann:

$$\text{(c)} \qquad \int_{t_1}^{t_2} T\,(v, t)\,dt$$

unabhängig sein von der Function v, d. i. von der Art, wie man von t_1, v_1 zu t_2, v_2 übergeht. Wäre dies nicht der Fall und wäre letzteres Integral z. B. auf dem Wege acb grösser, als auf dem Wege adb, so würde auch das Integral (a) nicht gleich Null werden, wenn man den Weg $acbda$ beschreibt.

Wenn man in den Puncten a und b zwei Senkrechte auf der Ebene tv errichtet, durch diese beiden Senkrechten eine beliebige Fläche legt, durch diese Fläche in den verschiedenen Höhen z_1, z_0 ... Schnitte macht parallel mit der Ebene tv und endlich diese Schnitte auf die Ebene tv projicirt, so erhält man verschiedene Linien, die alle durch a und b gehen und mit wachsendem z sich beständig ändern. Man kann daher v als eine Function von t und z ansehen, welche für $z = 0$ in die Linie acb übergeht. Unter z kann man z. B. die Zeit verstehen, so dass $\dfrac{dv}{dz}$ die Geschwindigkeit der in Bewegung befindlichen Curve acb bedeutet. Soll nun das Integral (c) unabhängig sein von dem Wege, den man von a zu b beschreibt, so muss sein

$$(d) \qquad \frac{d}{dz} \int_{t_1}^{t_2} F(v,t)\, dt = \int_{1}^{t_2} \frac{d}{dv} F(v,t) \frac{dv}{dz} \cdot dt = 0$$

Da nun die Geschwindigkeit $\frac{dv}{dz}$ zwar für die beiden Endpuncte gleich Null, für alle übrigen dazwischenliegenden Werthe von t aber ganz beliebig ist, so kann die Bedingung (d) nur erfüllt werden, wenn ganz allgemein:

$$\frac{d}{dv} F(v,t) = 0$$

ist.   Hieraus ergibt sich, dass

$$F(v,t) = N - \frac{dR}{dt} = V(t)$$

sein muss.   Setzt man $V(t) = \frac{dW}{dt}$, so hat man, wenn man $R + W = S$

setzt und da $\frac{dW}{dv} = 0$ ist

$$(e) \qquad \begin{cases} M = \dfrac{dS}{dv} \\[2mm] N = \dfrac{dS}{dt} \end{cases}$$

Die Gleichungen (e) folgen also aus (a).   Umgekehrt folgt auch (a) aus (e).   Denn man hat nach (e)

$$S'\, dt = (Mv' + N)\, dt; \text{ also:}$$

$$\int_{t_1}^{t_2} (Mv' + N)\, dt = S(t_2, v_2) - S(t_1, v_1)$$

Kehrt man von t_2, v_2 auf einem beliebigen Wege wieder zu t_1, v_1 zurück, so wird das Integral gleich Null.   Zugleich sehen wir, dass das Integral

$$\int \frac{dQ}{T}$$

unbestimmt genommen eine Function von v und t ist, ebenso wie die Energie, was Clausius veranlasste, dieser Function den besonderen Namen „Entropie" d. h. Verwandlungswerth beizulegen.

Aus (e) folgt:

(f)
$$\frac{dM}{dt} = \frac{dN}{dv}$$

Umgekehrt folgt auch (e) aus (f). Denn wenn man das unbestimmte
Integral von M nach v genommen mit R bezeichnet, so ist nach (f)

$$\frac{d^2 R}{dv\, dt} - \frac{dN}{dv} = 0 \quad \text{woraus folgt:}$$

$$N - \frac{dR}{dt} = V(t)$$

wie oben und hieraus folgt wieder (e). Da nun (a) aus (e) folgt und
(e) aus (f), so folgt auch (a) aus (f).

Man kann daher folgenden Satz aussprechen:
Wenn das Integral:

$$\int M\, dv + N\, dt$$

für jede geschlossene Curve gleich Null wird, so ist

$$\frac{dM}{dt} = \frac{dN}{dv}$$

und umgekehrt: Wenn letztere Bedingung stattfindet, so
ist das Integral

$$\int M\, dv + N\, dt$$

für jede geschlossene Curve gleich Null.

Dieser Satz lässt sich auch einfacher beweisen. Ich habe aber
absichtlich die hier vorgetragene Beweisart gewählt, weil sie mir besonders instructiv erscheint und eine einfache Methode andeutet, die
Maxima und Minima von bestimmten Integralen zu finden, wofür man
sonst einen besondern Calcul, die Variationsrechnung, anwendet.

Aus (f) folgt, wenn wir für M und N die Werthe aus (b) sub-
stituiren

(10)
$$p + \frac{du}{dv} = T\frac{dp}{dt}$$

Substituirt man in diese Formel die Ausdrücke (4) und (6), so hat man

(11)
$$T = \frac{A\lambda(c'-c)\,\varepsilon}{\alpha^2}$$

als allgemeine Consequenz des zweiten Satzes.

Für verdampfende und fest werdende Flüssigkeiten muss man
andere physikalische Constanten in die Rechnung einführen. Wenn

die Flüssigkeitsmenge dm verdampft und es bedeutet r die latente Wärme des Dampfes, so ist die Wärme $Ar dm$ erforderlich.

Bedeutet ferner s das Volumen der Gewichtseinheit des gesättigten Dampfes, σ das Volumen der Gewichtseinheit Flüssigkeit, so ist $dv = dm (s-\sigma)$ oder $dm = \dfrac{dv}{s-\sigma}$ also die Wärme, welche erforderlich ist, um bei constanter Temperatur das Volumen um dv zu vergrössern, gleich $\dfrac{Ar\,dv}{s-\sigma}$; es ist also:

$$p + \frac{du}{dv} = \frac{Ar}{s-\sigma}$$

und nach (10) hat man:

$$(12) \qquad T = \frac{Ar}{s-\sigma} \frac{dt}{dp}$$

für verdampfende Flüssigkeiten.

Für schmelzende Körper gilt fast wörtlich dasselbe. Ist die Wärme, welche die Gewichtseinheit schmilzt, gleich r und bedeutet s das Volumen der Gewichtseinheit des flüssigen und σ das Volumen der Gewichtseinheit des festen Stoffes, so gilt die Formel (12) auch für schmelzende Stoffe.

IV.

Kritik des zweiten Satzes vom logischen und mechanischen Standpunct aus. Anwendung des zweiten Satzes auf die innere Arbeit durch Clausius.

Bis jetzt habe ich mich darauf beschränkt, die hauptsächlichsten Consequenzen zu zeigen, welche aus dem zweiten Satze gezogen werden können, ohne das Fundament dieses Satzes zu berühren. Ich wende mich nun zur Discussion der Frage, ob dieses Fundament auch solid genug ist, um ein weitläufiges wissenschaftliches Gebäude auf demselben zu errichten.

Viele Physiker nehmen den Satz, dass Wärme nicht von selbst aus einem kälteren in einen wärmeren Körper übergehen könne, als ein Axiom von solcher Evidenz an, dass sie es für unnöthig halten, noch einen weiteren Beweis zu verlangen. So z. B. Zeuner, welcher in seinen Grundzügen der mechanischen Wärmetheorie die entgegengesetzte Annahme als eine „Ungereimtheit" erklärt. In der That scheint die Behauptung, dass es — nicht praktisch, sondern principiell

— möglich sei, eine Eismaschine zu construiren, welche ohne Kraftaufwand in einem warmen Raume beständig arbeitet, auf den ersten Anblick ebenso ungereimt, als die Behauptung, dass man ohne Aufwand von Kraft beständig Wasser aus einem niederen in ein höheres Becken pumpen könne. Und doch ist meiner Ansicht nach diese Ungereimtheit nur scheinbar. Der Satz, dass sich keine Wärme von einem kälteren zu einem wärmeren Körper fortpflanzen könne, ist nur aus dem Grunde auf den ersten Blick so bestechend, weil er unserer alltäglichen Erfahrung entspricht. Nun sind wir aber leicht geneigt, Sätze der täglichen Erfahrung für logisch nothwendige Sätze zu halten; ja es gibt viele Menschen, die nicht einmal im Stande sind, zu unterscheiden, welche Sätze sie aus der Erfahrung und welche Sätze sie aus den allgemeinen Denkgesetzen schöpfen. Erschien uns allen ja doch die Achsendrehung der Erde in unseren Kinderjahren aus dem Grunde unmöglich, weil wir meinten, die Gegenstände auf der Erdoberfläche müssten während der Nacht unfehlbar in den leeren Raum hinabfallen! — Das oberste Gesetz der mechanischen Wärmetheorie verlangt ebenso wie das theoretische Princip von der Erhaltung der Kraft allerdings für das Verschwinden von Wärme ein bestimmtes Aequivalent von Arbeit und umgekehrt; der blosse Uebergang von Kraft aus einem Raume in einen andern findet aber ohne ein Aequivalent statt, ebenso wie auch der Umsatz einer langsameren Bewegung in eine schnellere bei unveränderter lebendiger Kraft durch einen blossen Mechanismus ohne weiteren Aufwand geschehen kann.

Es ist daher auch gar nicht einzusehen, welcher logische Zusammenhang nach allgemeinen mechanischen Principien zwischen der Quantität der übergeführten Wärme und der geleisteten Arbeit existiren soll. Andere als mechanische Principien können aber für den zweiten Satz nicht geltend gemacht werden, da ja unser Verstand alle Naturerscheinungen nur als mechanische Vorgänge auffasst und auffassen kann. Man ist nach meiner Ansicht viel eher berechtigt, die Schlussfolgerung von Clausius umzukehren und die Möglichkeit der Ueberführung von Wärme aus einem kälteren in einen wärmeren Körper daraus zu folgern, dass die Carnot'sche Function sehr wahrscheinlich für verschiedene Stoffe verschieden wird. Denn wenn man von dem ersten Satze ausgeht, wornach die Arbeit in den thermodynamischen Maschinen durch den Verlust von Wärme erzeugt wird, so erscheint uns der Dampf in einer Dampfmaschine nicht als ein Wasserrad, welches durch die Verschiedenheit der Temperaturniveaux getrieben wird, sondern als ein Arbeitsthier, welches Stoff aufnimmt, hievon einen Theil in Arbeit verwandelt und den nicht in Arbeit verwendeten Theil wieder ausscheidet. Wer wird aber selbstverständlich finden, dass alle Arbeitsthiere mit gleichen Quantitäten Stoff gefüttert, gleiche Arbeit leisten!

Dass, wie Clausius sich ausdrückt (Bd. I. S. 134), nicht „von selbst" Wärme aus einem kälteren zu einem wärmeren Körper übergehen könne, präciser ausgedrückt, dass der Uebergang von Wärme von einem kälteren zu einem wärmeren Körper eine bestimmte Ursache haben müsse, damit bin ich vollkommen einverstanden. Nun ist aber gewiss doch ein grosser Unterschied, ob überhaupt gar Nichts geschieht, oder ob ich durch den Körper A Arbeit erzeuge und dann durch den Körper B mit Hilfe dieser Arbeit Wärme vom kälteren zum wärmeren Körper führe. Die Ursache des Uebergangs von Wärme aus einem kälteren zu einem wärmeren Körper, insoferne derselbe mit Hilfe des zusammengesetzten Kreisprocesses möglich ist, besteht eben in dem zusammengesetzten Kreisprocess, und die Behauptung, dass der aufsteigende Wärmeübergang die Vernichtung einer gewissen Arbeit zur Ursache haben müsse, ist eine petitio principii, da es ja viele Veränderungen in der Natur gibt, die weder eine Vernichtung, noch eine Erzeugung von Arbeit bedingen.

Wenn man behauptet, dass bei der Ueberführung einer gewissen Wärmequantität von einer niederern zu einer höheren Temperatur eine gewisse Quantität Arbeit nothwendigerweise vernichtet werden muss, so muss man consequenter Weise auch behaupten, dass beim Herabsinken desselben Wärmequantums von einer höheren zu einer niederern Temperatur wieder dieselbe Arbeit zum Vorschein kömmt, sei es nun, dass dieses Herabfallen durch blosse Leitung oder durch einen umkehrbaren Kreisprocess geschieht. Das ist aber nicht der Fall, indem das Herabfallen von Wärme durch Leitung ohne irgend eine andere Veränderung vor sich geht. Der zweite Satz kann somit für die Temperaturausgleichungen durch blosse Leitung kein Aequivalent verlangen und dies ist in Beziehung auf Logik eine der schwächsten Seiten des zweiten Satzes, die zu nachstehender Inconvenienz führt:

Wir hatten oben $C = T$. Nehme ich nun den Kreisprocess bei einer Temperatur von 0° vor und ist das zur Erzeugung der Arbeit übergeführte Wärmequantum gleich 1, so ist die Quantität der erzeugten Arbeit gleich $\frac{dt}{273}$. Ist der Kreisprocess beendigt, so erwärme ich den ganzen Apparat sammt dem erwärmenden und erkältenden Körper um 100°; alsdann bleibt die Temperaturdifferenz dt zwischen dem erwärmenden und erkältenden Körper unverändert. Wenn man nun die gewonnene Arbeit auf dem Wege des umgekehrten Kreisprocesses vernichten will, so muss man, um dies zu erreichen, dem kälteren Körper die Wärme $\frac{373}{273}$ entziehen. Der kältere Körper verliert also die Wärme $\frac{100}{273}$ und gibt sie an den wärmeren Körper ab, und wenn nun nach dem umgekehrten Kreisprocesse wieder alles auf die Anfangstemperatur 0° erkaltet wird, so haben wir wieder den Anfangszustand; es wurde weder Arbeit geleistet, noch verzehrt, und doch hat ein Uebergang von Wärme aus dem während des ganzen zusammengesetzten Processes kälter gebliebenen zweiten Körper in den wärmer gebliebenen ersten Körper stattgefunden.

Hiemit ist allerdings der zweite Satz nicht widerlegt. Denn um dieses Resultat zu erzielen, müssten die Apparate beständig abwechselnd erhitzt und erkältet werden, d. h. es müsste Wärme von wärmeren zu kälteren Körpern übergehen; allein dieser Uebergang geschah durch Leitung, und da hiefür kein Aequivalent verlangt werden kann, so folgt aus dem hier beschriebenen Vorgang, dass es für die Vertheilung der Wärme keineswegs gleichgültig ist, ob man Nichts thut, oder einen zusammengesetzten Kreisprocess, wie der hier beschriebene ausführt.

Nach meiner Ueberzeugung hat man nur dann Grund, den zweiten Satz a priori aufzustellen und hieraus weitere Folgerungen zu ziehen, wenn man zeigen kann, dass er eine Consequenz aus allgemeinen mechanischen Principien ist. Dies wird jedoch kaum gelingen.

Wie wir oben III (9) und (10) gesehen haben, folgt aus dem zweiten Satze:

$$T = \left(\frac{du}{dv} + p\right) : \frac{dp}{dt}$$

und dies folgt auch aus der speciellen mechanischen Vorstellung, welche man sich von der Constitution der Gase macht. Man denkt sich nämlich, dass die Gase aus einzelnen Molekülen bestehen, welche durch die Wärme in beständiger Bewegung erhalten werden; ferner denkt man sich, dass die einzelnen Moleküle sich gegenseitig abstossen, dass jedoch die abstossende Wirkung nur auf sehr kleine Entfernungen hin wirkt. Man erhält eine vollständig klare Anschauung von dieser Hypothese, wenn man sich ein Billard denkt, auf welchem eine grosse Anzahl kleiner Billardkugeln in beständiger Bewegung ist. Es ist das nicht blos ein zur Verdeutlichung dienendes Bild, sondern die wirkliche in die Sprache alltäglicher Anschauung übersetzte Hypothese über den Gaszustand, wenn wir uns ausserdem noch den Vorgang im Raume, statt in der Ebene vorstellen. Denn denkt man sich einen Punct, welcher eine abstossende Wirkung äussert, die erst bei einer gewissen Entfernung beginnt und von da sehr rasch in's Unendliche wächst, dessen Potentialfunction also für eine gewisse Entfernung gleich Null ist, von da aber sehr rasch wächst, so hat man in den mechanischen Schulbegriffen die Definition einer vollkommen elastischen Kugel. Ein anderer Körper, der sich dieser Kugel nähert, wird constante Geschwindigkeit behalten, bis er die Wirkungssphäre des Punctes erreicht. Kommt dieser Körper in der Richtung der Verbindungslinie, so verliert er alle Geschwindigkeit und wird mit seiner vorigen Geschwindigkeit rasch zurückgeworfen. Kommt er in schiefer Richtung, so beschreibt er eine hyperbolische Curve, die man wegen der Raschheit ihrer Umbiegung als eine gebrochene gerade Linie ansehen kann.

Diese Billardkugeln nun werden beständig an die Bande des Billards geworfen und es ist klar, dass letztere nur dann unverrückt in ihrer Stellung bleiben können, wenn sie durch einen Druck darin erhalten werden, und dieser Druck ist um so grösser, je dichter die Kugeln beisammen stehen und je grösser ihre Geschwindigkeit ist. Die Grösse des Druckes lässt sich nun leicht berechnen. Denkt man sich, ein elastisches Gewicht 1 sei sehr wenig über einer elastischen Fläche erhoben und falle gegen diese während des Zeitmomentes $\triangle t$, so ist die Geschwindigkeit, mit welcher dieses Gewicht auf der Fläche ankommt, gleich $g \triangle t$; nach der Zeit $2 \triangle t$ kommt es wieder zurück, um ebenso von der festen Fläche wieder zurückzuprallen. Dividirt man nun die Stossgeschwindigkeit durch die Periode der einzelnen Stösse, so erhält man die Zahl $\frac{g}{2}$, welche also den Druck der Gewichtseinheit darstellt. Denkt man sich anstatt eines stossenden Körpers viele stossende Körper, von denen jeder nur einmal wirkt, so stossen in der Zeiteinheit $\frac{1}{2 \triangle t}$ Kugeln auf die Fläche. Man kann also auch sagen: der Druck in Gewichtseinheiten ausgedrückt ist gleich der Summe der Körper, welche in einer Zeiteinheit auf die Fläche stossen, multiplicirt mit ihrer Geschwindigkeit und mit $\frac{2}{g}$. Wenn die Körper nicht senkrecht, sondern schief aufstossen, so darf man unter ihrer Geschwindigkeit nicht die wirkliche Geschwindigkeit, sondern nur die auf die Normale der Fläche projicirte Geschwindigkeit verstehen.

Denkt man sich nun zwei Systeme von Billardkugeln, die sich ganz identisch bewegen, nur mit dem Unterschied, dass die Geschwindigkeiten der Kugeln in einem Systeme doppelt so gross sind als im anderen, so ist auch der Druck im einen Systeme viermal so gross als im anderen. Denn die Flächeneinheit erleidet im ersten Systeme in der halben Zeiteinheit dieselben Stösse, aber mit doppelter Geschwindigkeit, welche sie im zweiten Systeme in der Zeiteinheit mit der einfachen Geschwindigkeit erhält. Der Druck ist also proportional dem Quadrate der Geschwindigkeit der Kugeln oder proportional der Temperatur.

Denkt man sich ferner zwei Kugelsysteme, von denen das zweite nur eine Copie des ersten im verkleinerten Maassstab 1:2 ist und sich ganz gleichzeitig mit dem ersten bewegt, so wird dieselbe Anzahl Kugeln, welche im ersten System auf die Flächeneinheit trifft, im zweiten System auf das Viertel der Flächeneinheit treffen, aber nur mit der halben Geschwindigkeit. Im zweiten System ist also der Druck gleich dem doppelten Druck des ersten Systems. Gibt man nun den Kugeln in beiden Systemen gleiche Geschwindigkeiten, so ist nach dem vorigen Satz der Druck im zweiten System achtmal so gross als im ersten, und man sieht überhaupt leicht ein, dass bei gleichen Temperaturen sich die Druckgrössen umgekehrt verhalten, wie die Volumina, so dass man hat:

$$pv = RT$$

Da nun die blosse Veränderung des mittleren Abstandes der Kugeln keine Kraft erfordert, so ist $\frac{du}{dv} = 0$; man hat also, ganz wie es die Theorie verlangt:

$$T = \left(\frac{du}{dv} + p\right) : \frac{dp}{dt}$$

Die hier vorgetragene von Clausius und Krönig aufgestellte Hypothese führt also in der That zum zweiten Satze. Es genügt aber

nicht zu beweisen, dass eine einzelne Hypothese dazu führt, man muss
vielmehr beweisen, dass alle möglichen mechanischen Hypothesen über
das Wesen der Wärme dazu führen, und wenn auch nur eine einzige
Hypothese dem obigen Satze widerspricht, so hat auch der zweite
Satz allen wissenschaftlichen Halt verloren.

Ich habe bereits in einer andern Abhandlung, die sich gegenwärtig unter der Presse befindet, durch eine analytische Hypothese
die hauptsächlichsten Erscheinungen der Wärme nachzuahmen versucht. Diese Hypothese ist jedoch etwas zu verwickelt und da es für
unseren Zweck nur darauf ankommt, die Erscheinungen der Ausdehnung und der Vermehrung des Druckes durch die Wärme nachzuahmen, so will ich in Folgendem ein System aufstellen, welches diesen
Zweck wohl am einfachsten erfüllt.

Ich denke mir zwei elastische Kugeln durch eine elastische Feder
verbunden, deren Gewicht wohl in Betracht kommt. Drücke ich
diese Feder zusammen und lasse sie rasch wieder los, so werden die
beiden Kugeln nach dem Sinusgesetz sehr rasch vibriren. Ist die
Schwingungsperiode gleich q, die Amplitude gleich r, die Zeit gleich
t und die jedesmalige Entfernung der Kugel vom Gleichgewichtspunct
gleich ϱ, so ist:

$$\varrho = r \sin \frac{2\pi t}{q}$$

und die Geschwindigkeit gleich

$$v = r \frac{2\pi}{q} \cos \frac{2\pi t}{q}$$

Stellt nun eine solche Vorrichtung ein Molekül vor, so ist die Temperatur T desselben, oder das Maximum der lebendigen Kraft:

$$T = r^2 \left(\frac{2\pi}{q}\right)^2 = Cr^2$$

Sind mehrere solcher Moleküle neben einander in gerader Linie und
von beiden Seiten einem ganz leisen Drucke ausgesetzt, so werden
diese Moleküle (von denen vorausgesetzt wird, dass sie stets in gleichen
Schwingungsphasen sich befinden) bei der weitesten Elongation r sich
mit leiser Fühlung berühren. War die ursprüngliche Entfernung
zweier ruhenden Kugeln gleich $2R$, so ist nun ihre Entfernung gleich
$2(R + r)$. Das Volumen $2R$ ist also in Folge der Wärme zu
$2(R + r)$, oder da $r = \sqrt{\dfrac{T}{C}}$ ist, zu

$$2 \left(R + \sqrt{\frac{T}{C}} \right)$$

geworden. Sind an beiden Enden feste elastische Wände, welche den Kugeln nicht erlauben, ihre ganze Schwingungsweite auszuschwingen, so erleiden diese Wände periodische Stösse, welche von ihnen vollständig zurückgeworfen werden und der Druck, welcher diesen Stössen entspricht, lässt sich leicht berechnen. Bei der Oscillationsbewegung nach dem Sinusgesetz bilden die Ordinaten der Geschwindigkeit, wenn man sie von ϱ an als Abscissen aufträgt, eine Ellipse, d. h. es ist, wie man sich auch aus der obigen Bewegungsgleichung leicht überzeugt:

$$\left(\frac{2\pi}{q} \right)^2 \varrho^2 + v^2 = \left(\frac{2\pi}{q} \right)^2 r^2$$

Können nun alle Kugeln nach der äusseren Seite nicht ganz ausschwingen bis zu $\varrho = r$, sondern nur bis zu $\varrho = r_1$, so stossen sie an die Wand mit der Geschwindigkeit

$$v = \frac{2\pi}{q} \sqrt{r^2 - r_1^2}$$

Die Periode der einzelnen Stösse ist auch nicht mehr gleich q, sondern etwas kleiner, und zwar um so kleiner, je kleiner r_1 wird. Nimmt man zur Vereinfachung die Periode der einzelnen Stösse nahezu gleich q, so ist der Druck

$$p = C_1 \sqrt{r^2 - r_1^2}$$

wobei C_1 eine hier nicht näher zu bestimmende Constante bedeutet. Da wir oben hatten $T = Cr^2$, so ist auch

$$p = c \sqrt{T - c_1 r_1^2} \text{ und}$$

$$\frac{dp}{dT} = \frac{c^2}{2p}$$

Da zwischen den einzelnen Molekülen keine anziehende oder abstossende Kraft wirkt, so ist auch $\frac{du}{dv} = 0$; es ist also:

$$\left(\frac{du}{dv} + p \right) : \frac{dp}{dt} = \frac{2p^2}{c^2} = C \left(T - c_1 r_1^2 \right)$$

während nach dem zweiten Satze sein müsste

$$\left(\frac{du}{dv} + p \right) : \frac{dp}{dt} = T$$

Der zweite Satz lässt sich also aus den Principien der Mechanik allgemein nicht ableiten.

Wenn man consequent sein will, so muss man den Satz der Aequivalenz der Verwandlungen nicht .blos für die äussere, sondern auch für die innere Arbeit behaupten, da ja zwischen beiden Arten von Arbeit ein logischer Unterschied nicht besteht. Diese Consequenz wird auch in der That von Clausius (Abh. VI) gezogen und der Ideengang, den er verfolgt, ist im Wesentlichen folgender:

Alle Körper setzen dem Auseinanderreissen ihrer Theilchen einen gewissen (positiven oder negativen) Widerstand entgegen, d. i. mechanisch gesprochen: zwischen den einzelnen Theilchen der Körper wirken Kräfte, welche sich der Ausdehnung oder Zusammendrückung widersetzen und zu deren Ueberwindung eine gewisse Kraft erforderlich ist. Wird nun ein Körper erwärmt, so müssen nicht blos die Oscillationen der Moleküle lebhafter werden, sondern es müssen auch die einzelnen Theilchen sich von einander entfernen. Die hiezu erforderliche Arbeit ist die innere Arbeit. Bezeichnen wir nun die Gesammtmenge der zur Erwärmung aufgewendeten Wärme mit Q, die lebendige Kraft der Molekularvibrationen mit H und die gesammte innere und äussere Arbeit mit L, sowie das mechanische Wärmeäquivalent mit A, so haben wir:

$$dQ = dH + A dL$$

Ersetzt man nun die Function L durch eine andere Function Z, welche Clausius die „Disgregation" nennt und durch die Gleichung:

$$dZ = \frac{A dL}{T}$$

definirt, so hat man:

$$Z = Z_0 + A \int \frac{dL}{T}$$

und die obige Gleichung wird.

$$\frac{dQ}{T} = \frac{dH}{T} + dZ$$

oder zwischen gewissen Grenzen integrirt:

$$\int \frac{dQ}{T} = \int \frac{dH}{T} + \int dZ$$

Wenn nun die aufeinanderfolgenden Zustandsänderungen einen Kreisprocess bilden (fährt Clausius weiter fort), so ist die Disgregation zu Ende des Vorgangs dieselbe wie am Anfange, so dass sein muss

$$\int dZ = 0$$

woraus folgt:

$$\int \frac{dQ}{T} = \int \frac{dH}{T} = 0$$

und hieraus zieht Clausius den weiteren Schluss, dass H, die lebendige Kraft der schwingenden Moleküle und somit auch die wahre Wärmecapacität, nur von der Temperatur und nicht etwa auch vom Volumen oder Aggregatzustand abhängig sei. Die Schlussfolgerung wäre ganz richtig, wenn $\int dZ = 0$ wäre. Dass dies aber im Allgemeinen nicht der Fall sein kann, davon überzeugt man sich leicht, wenn man den allgemeinen oben in Abschnitt II am Ende und in Abschnitt III erörterten Kreisprocess in's Auge fasst. Setzt man, um ein einfaches Beispiel zu wählen, die innere Arbeit als eine Function von v allein voraus und nennt diese J, so ist:

$$\int \frac{dL}{T} = \int \frac{1}{T} \left(\frac{dJ}{dv} + p \right) dv$$

Nach der Bezeichnungsweise von III (a) bis (f) ist also für dieses Integral

$$M = \frac{1}{T} \left(\frac{dJ}{dv} + p \right); \quad N = 0$$

Soll nun das Integral $\int \frac{dL}{T}$ für jeden beliebigen Kreisprocess gleich Null werden, so muss nach III (f) $\frac{dM}{dt} = 0$ sein. In unserem Falle muss also:

$$T \frac{dp}{dt} = p + \frac{dJ}{dv}$$

sein. Das ist aber im Allgemeinen nicht der Fall, sondern nach III (10) ist

$$T \frac{dp}{dt} = p + \frac{du}{dv}$$

Das Integral $\int \frac{dL}{T}$ ist daher für einen beliebigen Kreisprocess nur dann gleich Null, wenn $\frac{dJ}{dv} = \frac{du}{dv}$ ist. Da nun nach der Definition der hier eingeführten Functionen $\frac{du}{dv} = \frac{dJ}{dv} + \frac{dH}{dv}$ ist, so kann das Integral $\int \frac{dL}{T}$ nur dann gleich Null werden, wenn H blos von t abhängt.

Die Einführung der Function $\int \frac{dL}{T}$ rechtfertigt Clausius durch folgenden Satz, den er als Axiom ohne weiteren Beweis hinstellt.

„Die mechanische Arbeit, welche die Wärme bei irgend einer Anordnungsänderung eines Körpers thun kann, ist proportional der absoluten Temperatur, bei welcher die Aenderung geschieht."

Ich muss gestehen, dass mir dieser Satz völlig unverständlich geblieben ist, soviel Mühe ich mir auch gegeben habe, den Sinn desselben zu erfassen. Ist die Wärme überhaupt nicht anderes als eine Vibration der Moleküle, so ist auch die Arbeit, welche sie „thun kann" nichts Anderes als die Arbeit, welche durch Vernichtung der lebendigen Kraft dieser Vibrationen zum Vorschein kommt. Das ist wenigstens der Sinn, der aus den von Clausius gebrauchten Worten und den gangbaren mechanischen Begriffen gezogen werden muss, und doch scheint Clausius einen andern Sinn mit diesem Satze zu verbinden.

(Fortsetzung folgt im nächsten Hefte.)

Ueber die Reduction feiner Gewichtssätze und die Bestimmung der bei absoluter und relativer Gewichtsermittelung ohne Reduction auftretenden Fehler.

Von

Dr. K. L. Bauer.

Mein Nachfolger am Karlsruher Polytechnikum, Herr Dr. Rühlmann, hat in diesem Repertorium S. 177 etc. über die Untersuchung eines feinen Staudinger'schen Gewichtssatzes berichtet, der bereits früher auf die sich am natürlichsten darbietende Art von mir reducirt worden war. Erst in letzter Zeit kam ich dazu, jene Arbeit einer genaueren Durchsicht zu unterwerfen; sie enthält die Beschreibung einer von der gewöhnlichen abweichenden Methode und eine auf Grund derselben ermittelte Reductionstafel. Auf deren Zahlen sich stützend, glaubt R. ohne Weiteres S. 182 die Ansicht aussprechen zu dürfen, dass der geprüfte Satz ein recht guter gewesen; von meinen auf eine andere Einheit bezogenen Zahlen ausgehend, hielt ich mich in der brieflichen Mittheilung Bd. III S. 280 im Gegentheil zu der Meinung berechtigt, dass der Gebrauch des nemlichen Satzes ohne Reduction zu erheblich fehlerhaften Resultaten führen könne. R. geht S. 177 sogar so weit, die von mir gefundenen Abweichungen für scheinbar gross zu erklären, obschon sie eben nicht scheinbar, sondern bei der gewählten Einheit wirklich vorhanden sind; auch differiren unserer beider Angaben nach der Zurückführung auf dieselbe Einheit gar nicht so sehr. Hiernach wird man begreifen, dass ich Veranlassung genug hatte, gelegentlich einmal eingehender über das wichtige Thema der Gewichtsreduction nachzudenken. Jetzt hoffe ich so weit zu sein, um durch nachfolgende Mittheilungen manchem einen guten Dienst zu erweisen. Ich werde mit der Auseinandersetzung des experimentellen Theils meiner Arbeit beginnen, hieran die Vorführung

der von R. benutzten Methode knüpfen und gleichzeitig einige Bemerkungen und Correcturen zu dessen Abhandlung machen, sodann
Rühlmann's und meine Resultate einem Vergleich unterziehen, zur
Berechnung der Reductions-Tabellen übergehen und schliesslich die
wahren Kriterien der Güte eines Gewichtssatzes entwickeln.

§. 1.
Die vom Verfasser befolgte experimentelle Methode.

Als einleitende Versuche dienten mir unter andern die folgenden. Das 500-Grammstück wurde auf die linke, die Stücke von 200
bis 1 Gramm, welche zusammen gleichfalls 500 Gr. betragen sollten,
auf die rechte Schale der Wage gesetzt; dann musste, um die Ruhelage des Zeigers auf Null zu fixiren, rechts noch 0,0013 Gr. beigefügt werden; bei Vertauschung der Gewichte wurde derselbe Zweck
erreicht, wenn die Belastung links um 0,0148 Gr. vermehrt wurde.
In ähnlicher Weise stellte ich das 200-Grammstück auf die linke,
beide 100-Grammstücke auf die rechte Schale und kehrte sodann die
Anordnung um; im ersten Falle musste rechts 0,0008 Gr., im zweiten links 0,005 Gr. zugefügt werden, um den Zeiger auf Null zu
führen. Hieraus ergab sich zweierlei: zunächst, dass die Wage in
ihrem dermaligen Zustande, obschon äusserst empfindlich, zu directen,
einfachen Wägungen untauglich sei, und zweitens, dass das 500- und
das 200-Grammstück das Gesammtgewicht der entsprechenden kleineren
Stücke übertreffe.

Die eigentliche Untersuchung begann damit, dass ich das 500-
Grammstück auf die rechte Schale, und ein solches aus Schrot und
Draht bestehendes Gegengewicht auf die linke Schale brachte, dass
die Ruhelage des Zeigers auf Null selbst, oder sehr wenig rechts davon zu liegen kam; in letzterem Falle wurde durch die rechts befindliche Schiebervorrichtung der Reiter so aufgesetzt, dass der Zeiger
genau auf Null zurückging. Hierauf wurde das 500-Grammstück mit
den Gewichtsstücken von 200 Gr. abwärts bis 1 Gr. vertauscht und
der Reiter an einem längeren Hebelarm wirken lassen, so dass die
Ruhelage des Zeigers abermals genau auf Null fiel. Dann wurden
noch öfters wiederholte Vertauschungen der Gewichte und der Reiter-
stellungen vorgenommen, bis sich mehrmals nacheinander unveränderte
Resultate ergaben, — ein Ziel, das bei äusserst sorgfältigem Auslösen
und Arretieren sicher erreicht wurde; die sonstigen, behufs genauer

Messungen unerlässlichen Vorsichtsmassregeln bezüglich der Aufstellung und Behandlung der Wage, waren natürlich ebenfalls nicht ausser Acht gelassen. Die Differenz der durch den Reiter in der zweiten und ersten Stellung repräsentirten Gewichte gab sogleich die Grösse, um welche die Gewichtsumme der kleineren Stücke zu vermehren war, um das Gewicht des einzelnen grossen Stückes zu erhalten. Das angeführte Beispiel lieferte die Gleichung $500 = 200 + 100' + 100 + \ldots + 1 + 0{,}007$, worin die Zahlen, mit Ausnahme der letzten rechts, nur als angebliche aufzufassen sind; das Gewicht des Reiters wurde genau $= 0{,}01$ Gr. gesetzt, weil man es, nach gewählter Einheit, nicht merklich von dieser Grösse verschieden fand, und überdies immer nur Bruchtheile desselben in Rechnung kommen. Der angeführten Gleichung entsprechend wurden zwischen den bereits genannten Gewichtsstücken, auf welche allein ich mich hier beschränke, noch elf weitere Beziehungen ermittelt, die ich sammt der ersten hier übersichtlich aufstelle:

$$
\begin{aligned}
500 &= 200 + 100' + 100 + 50 + 20 + 10' + 10 + 5 + 2 + 1'' + 1' + 1 + 0{,}0070 \\
200 &= 100' + 100 + + 0{,}0030 \\
100' &= 100 + + 0{,}0006 \\
100 &= 50 + 20 + 10' + 10 + 5 + 2 + 1'' + 1' + 1 + 0{,}0045 \\
50 &= 20 + 10' + 10 + 5 + 2 + 1'' + 1' + 1 + 0{,}0016 \\
20 &= 10' + 10 + + 0{,}0005 \\
10' &= 10 + + 0{,}0000 \\
10 &= 5 + 2 + 1'' + 1' + 1 + 0{,}0011 \\
5 &= 2 + 1'' + 1' + 1 + 0{,}0006 \\
2 &= 1'' + 1' + + 0{,}0001 \\
1'' &= 1' + + 0{,}0001 \\
1' &= 1 + 0{,}0000
\end{aligned}
$$

Bevor ich diese Gleichungen zur Berechnung einer Reductionstabelle benutze, sei es mir gestattet, das Princip von Rühlmann's Methode kurz zu reproduciren und auf einige störende Druckfehler und Versehen in dessen Arbeit aufmerksam zu machen!

§ 2.
Die von Rühlmann befolgte experimentelle Methode.

Um die Beziehung zwischen dem 20-Grammstück und beiden 10-Grammstücken zu ermitteln, brachte R. das 20-Grammstück auf die rechte Schale, eine nahezu äquilibrirende Tara auf die linke Schale, und beobachtete dann bei den Schwingungen des Wagbalkens vier successive äusserste Stellungen der Zeigerspitze: 1,1; 12,4; 2,4;

11,2 (in R. Arbeit S. 178 Mitte steht fälschlich 2,7 statt 2,4). Sodann wurde das 20-Grammstück durch beide 10-Grammstücke ersetzt,
zur näheren Ausgleichung noch 0,08 des Reitergewichtes beigefügt
(S. 179 steht 0,084 statt 0,08), und eine der vorhergegangenen analoge Schwingungsbeobachtung angestellt, deren Resultat war: 1,0;
2,0; 11,9; 10,8. Um aus diesen Daten die jedesmalige Ruhelage des
Zeigers zu bestimmen, ging R. von der Ansicht aus, dass die in einem
bestimmten Zeitintervall durch die Widerstände der Luft und Reibung
verursachte Abnahme der Schwingungsweite der Anzahl der in diesem
Zeitraum erfolgten Schwingungen genau proportional sei, dass man
mithin vier aufeinander folgende äusserste Zeigerangaben, wenn die
Ruhelage bei x, bezeichnen könne durch:

$$I = x + A$$
$$II = x - A + k$$
$$III = x + A - 2k$$
$$IV = x - A + 3k$$

Hieraus berechnete R. die Ruhelage nach einer folgendem Schema
entsprechenden Vorschrift:

$$x = \left\{ \frac{\dfrac{I + III}{2} + II}{2} + \frac{\dfrac{II + IV}{2} + III}{2} \right\} : 2;$$

die Divisionen mit 2 der über den grossen Bruchstrichen in der
Klammer befindlichen Summen sind auf S. 179 von R. aus Versehen
zwar nicht verlangt, aber, was die Hauptsache ist, später doch ausgeführt worden. Dieses Schema begreift fünf Additionen und fünf
Divisionen, im Ganzen zehn Rechnungsoperationen in sich; man
würde es daher zweckmässiger ersetzen durch:

$$x = \left\{ \frac{I + 2.\,II + III}{4} + \frac{II + 2.\,III + IV}{4} \right\} : 2,$$

womit bloss acht Einzelrechnungen angedeutet sind. Am besten rechnet man jedoch zunächst x in nur vier Operationen nach der Vorschrift:

$$x = \left\{ I + 3.\,II + 3.\,III + IV \right\} : 8,$$

und dann lediglich zur Controle in drei weitern Operationen Einen
der Ausdrücke:

$$\left\{ I + 2.\,II + III \right\} : 4, \text{ oder } \left\{ II + 2.\,III + IV \right\} : 4.$$

Im angeführten Beispiel ergeben sich die Ruhelagen x zu 7,09 und
6,69; die Differenz beider ist also 0,4. Um hieraus die Grösse des

dieselbe verursachenden Gewichtes zu ermitteln, macht R. ferner die Annahme, dass letzteres jener Differenz genau proportional, also

$$10' + 10 + 0{,}08 \text{ Reitergew.} - 20 = \mu. \, 0{,}4$$

sei. Das als constant betrachtete Verhältniss μ fand sich aus der Wahrnehmung, dass die Hälfte des Reitergewichtes eine Verschiebung der Zeigerspitze um 13,46 Scalentheile bewirke, $= 0.5$ R. : 13,46, und demnach $0{,}4\,\mu = 0{,}015$ R., worauf schliesslich die Beziehung aufgestellt werden konnte: $20 = 10' + 10 + 0{,}065$ R., während nach unsern Angaben $20 = 10' + 10 + 0{,}05$ R.

Auf S. 180 stellt R. eine Reihe solcher Beispiele in einer mit mehreren Druckfehlern, oder Versehen, behafteten Tabelle zusammen; so sollten in der mit „Beobachtet" überschriebenen Vertikalkolumne oben links die zwei ersten Ausschläge III (2,0 und 2,4), ebenso unten rechts die zwei letzten Ausschläge II (12,3 und 12,0) gegen einander vertauscht werden, und in der dritten Horizontalspalte von oben haben die Gewichtsstücke mit den Ausschlägen die Plätze gewechselt. Nach Abstellung dieser Versehen gibt nicht blos die Differenz der beiden aus den jedesmaligen vier Ausschlägen für den Nullpunct berechneten Werthe, sondern auch die innerhalb der Grenze der Beobachtungsfehler erfüllt sein sollende Gleichung

$$I - III = IV - II = 2\,k$$

einen theilweisen Maassstab für die Brauchbarkeit der benutzten Methode ab. Genau erfüllt ist jene Gleichung rücksichtlich der tabellarischen Angaben nur Einmal, nahezu mehrmals und einigemal weniger befriedigend; die dritt- und fünftletzten vier Ausschläge geben $1{,}3 = 1{,}1 = 2\,k$, beziehungsweise $0{,}8 = 1{,}0 = 2\,k$, und die dazwischenfallenden viertletzten sogar $0{,}9 = 0{,}4 = 2\,k$. Ich werde jetzt zwischen den nach beiden Methoden erhaltenen Resultaten einen Vergleich anstellen.

§. 3.
Vergleich der nach beiden Methoden erzielten Resultate.

In der nachfolgenden Uebersicht enthält die mit R. überschriebene Vertikalkolumne die S. 181 von Rühlmann publicirten Endresultate, die mit B. bezeichnete meine eigenen auf die nämliche Einheit = dem hundertsten Theil des leichteren der 100-Grammstücke reducirten; in der Kolumne R.—B. habe ich die Differenzen der einander entsprechenden Angaben zusammengestellt; über die Berechnung der Reductionstabellen wird § 4 handeln.

	R.	B.	R. — B.
500	500,00774	500,0067	+ 0,00104
200	200,00301	200,0036	— 0,00059
100'	100,00037	100,0006	— 0,00023
100	100,00000	100,0000	+ 0,00000
50	49,99857	49,99855	+ 0,00002
20	19,99927	19,99952	— 0,00025
10'	9,99950	9,99951	— 0,00001
10	9,99952	9,99951	+ 0,00001
5	4,99961	4,999505	+ 0,000105
2	1,99970	1,999642	+ 0,000058
1″	0,99973	0,999821	— 0,000091
1'	0,99974	0,999721	+ 0,000019
1	0,99965	0,999721	— 0,000071

Betrachtet man die Zahlen der letzten Vertikalspalte etwas genauer, so ergibt sich als Hauptresultat der Vergleichung: Die Differenz der von zwei verschiedenen Arbeitern nàch zwei verschiedenen Methoden erhaltenen Zahlen übersteigt in gegenwärtigem Falle den Betrag eines zehntel Milligrammes bei fünf Stücken und bleibt unter diesem Betrage zurück bei sieben Stücken. Das als Ausgangspunct genommene Stück 100, dessen hundertster Theil hier als Gramm definirt ist, muss natürlich von jener Zählung ausgeschlossen bleiben. Die grösste aller Differenzen übertrifft kaum ein ganzes, die nächst kleinere ein halbes Milligramm; hieran schliessen sich zwei weitere von etwa einem viertel und zwei andere von nahe einem zehntel Milligramm. Sehr gut, nämlich bis auf ein fünfzigstel, beziehungsweise ein hundertstel Milligramm, harmoniren die Bestimmungen des 50-Grammstückes und bei der 10-Grammstücke, während die Uebereinstimmung des dazwischen liegenden 20-Grammstückes nur bis zu dem Betrage von einem viertel Milligramm sich erstreckt. Interessant erscheint noch, dass Σ (R.—B.) = 0,001252 — 0,001242 = 0,00001, dass mithin die algebraische Summe sämmtlicher Differenzen der korrespondirenden Werthangaben für zwölf grössere Gewichtsstücke nur ein hundertstel Milligramm beträgt.

Wenn nun unter solchen Umständen die Harmonie der erzielten Resultate auch keine schlechte zu nennen ist, so drängt sich mir

gleichwohl der Gedanke auf, dass bei der vortrefflichen Beschaffenheit
der Wage noch mehr hätte erreicht werden können. So sehr ich
daher von der Zuverlässigkeit meiner Wägungen, dem Gegenstand
mehrwöchentlicher Arbeit, durchdrungen bin, und so sehr dies zweifels-
ohne Herr Dr. Rühlmann von den seinigen ist, würde ich es doch
einem Unparteiischen nicht verargen, wenn er aus vorliegenden Thatsachen den Schluss zöge, dass entweder Einer von uns, oder wir alle
beide noch' sorgfältiger hätten arbeiten können. Auch erlaube ich
mir das Geständniss: meines Nachfolgers Ausspruch (S. 177), „bei
eigenen Untersuchungen könne man sich nur auf eigene Arbeiten
stützen," in dieser Allgemeinheit zwar für sehr gewagt zu halten,
jener Maxime aber unbedingt in dem Sinne beizupflichten, dass nur
eigene und keinerlei fremde, weitere Untersuchungen des vielgeprüften
Gewichtssatzes mich an der Güte meiner Arbeit irre zu machen ver-
möchten.

Wenden wir uns jetzt zu der Aufgabe, aus dem oben mitgetheilten Gleichungensystem eine Reductionstafel abzuleiten!

§. 4.

Ableitung der Reductionstabellen und einfacher Beziehungen zwischen den Abweichungen.

Genannte Aufgabe kommt damit überein, für die dreizehn Gewichtsstücke 500, 200, . . ., 1 solche Zahlen zu finden, welche den
zwölf Gleichungen gleichzeitig genügen. Die Beschaffenheit des
Gleichungensystems ist derart, dass man sich behufs möglichst bequemer Auflösung veranlasst sieht, zunächst das letzte der 1-Gramm-
stücke als Einheit zu wählen, auf die man dann die andern Stücke
zu beziehen hat. Verleiht man nämlich diesem Gewichte einen bestimmten, z. B. den exakten Werth 1, so ergeben sich, indem man
von der untersten bis zur obersten Gleichung fortschreitet, der Reihe
nach die Zahlen für die Stücke 1', 1'', 2, . . ., 500 lediglich durch
einfache Addition. Die Resultate sind in folgender Tabelle zusammengestellt; sie harmonieren nicht völlig mit meinen früheren Angaben wegen eines damaligen kleinen Rechnungsversehens:

Bezogen auf die Einheit $g =$ dem Gewichte des letzten der 1-Grammstücke:

a	$a + \alpha$	$\dfrac{a + \alpha}{a} = 1 + \dfrac{\alpha}{a}$
500	500,1462	1,0002924
200	200,0594	1,000297
100'	100,0285	1,000285
100	100,0279	1,000279
50	50,0125	1,000250
20	20,0051	1,000255
10'	10,0023	1,00023
10	10,0023	1,00023
5	5,0009	1,00018
2	2,0002	1,0001
1''	1,0001	1,0001
1'	1,0000	1,0000
1	1,0000	1,0000

Ehe wir an die eigentliche Benutzung und Besprechung dieser Tabelle gehen, wollen wir uns vorstellen, es sei noch eine weitere, nicht auf die Einheit g, sondern auf die beliebige andere Einheit g' bezogene herzustellen. Wäre g' z. B. der fünfzigste Theil des 50-Grammstückes, setzte man letzteres also genau $= 50$, so würde die Auflösung des Gleichungensystems auch unter dieser Voraussetzung ohne jede Schwierigkeit, aber doch nicht mehr ganz so bequem wie vorher auszuführen sein. Es drängt sich daher die Frage auf, ob es nicht besser sei, von den Gleichungen ganz abzusehen und eine Umwandlung der schon bekannten, auf g bezogenen Zahlen in solche mit der Einheit g' zu versuchen. Der Weg zu diesem Verfahren bietet sich sehr leicht durch die Thatsache, dass ein vom Mechaniker mit a bezeichnetes Stück in der auf g reducirten Tabelle ein Gewicht $a + \alpha$, und in der auf g' reducirten ein solches $= a + \alpha'$ hat, dergestalt, dass $(a + \alpha)g = (a + \alpha')g'$, oder dass die Zahlen $a + \alpha$ und $a + \alpha'$ sich umgekehrt wie die entsprechenden Einheiten g und g' verhalten, und dass

$$a + \alpha' = \frac{g}{g'}(a + \alpha).$$

Bei gegebenem Verhältnisse $g : g'$ wäre es nun sehr leicht, mit Benutzung logarithmischer Tafeln zu jeder in der schon berechneten Tabelle enthaltenen Zahl $a + \alpha$ die entsprechende $a + \alpha'$ für die neue

Tabelle zu finden. Es wäre jedoch sehr verkehrt, dies wirklich auszuführen; besser schon würde man sich auf die Bestimmung des
letzten der 1-Grammstücke für die aufzustellende Tafel beschränken,
also $a + \alpha = 1$ setzen und blos $g : g'$ berechnen, dann aber das Gleichungensystem, von unten nach oben fortschreitend, auflösen wie früher.
Zur zweckmässigsten Vorschrift übrigens gelangt man, indem man setzt:

$$g : g' = 1 : (1 + \varepsilon) = 1 - \varepsilon + \ldots$$

und bedenkt, dass die Glieder mit zweiten und höhern Potenzen von
$\varepsilon, \alpha, \alpha'$ hier nicht zu berücksichtigen sind. Dann wird nämlich

$$a + \alpha' = (1 - \varepsilon)\, a + \alpha, \text{ wobei } \varepsilon = \frac{g'}{g} - 1.$$

Die hierdurch angedeutete Arbeit gestaltet sich wegen der eigenthümlichen Beschaffenheit der Zahlen a ausserordentlich einfach. Die
Multiplicationen mit 500, 50 und 5 kommen auf eine Division mit 2
und Verrückung des Kommas hinaus, die Multiplicationen mit 200,
20 und 2 auf eine Multiplication mit 2 und Verrückung des Kommas
in beiden ersten Fällen, die Vervielfachungen mit 100, 10 und 1 auf
blosse Verschiebung des Kommas in beiden ersten Fällen.

Um eine Anwendung hiervon zu machen, wollen wir die bis jetzt
willkürlichen Einheiten g und g' genauer definiren; unter g soll, wie
schon früher, das Gewicht des letzten der 1-Grammstücke, unter $a + \alpha$,
$b + \beta, \ldots$ sollen die bekannten, hierauf reducirten Zahlen verstanden
sein; g' aber möge so gewählt werden, dass die algebraische
Summe aller unter Zugrundelegung dieser Einheit auftretenden Abweichungen identisch Null wird, der Gewichtssatz also gewissermassen in möglichst günstigem Lichte erscheint.
Sind $a + \alpha'$, $b + \beta', \ldots$ die zu g' gehörigen Zahlen, so ist die Gewichtsumme sämmtlicher Stücke gegeben durch $\{(a + \alpha) + (b + \beta) + \ldots\}\, g$
$= \{(a + \alpha') + (b + \beta') + \ldots\}\, g'$. Weil nun nach der Voraussetzung $\alpha' + \beta' + \ldots = 0$, so folgt sogleich:

$$g : g' = \{a + b + \ldots\} : \{(a + \alpha) + (b + \beta) + \ldots\} = 1000 : 1000{,}2854.$$

In gegenwärtigem Falle ist demnach $1 - \varepsilon = 1 - 0{,}0002854 =$
$0{,}9997146$ und

$$a + \alpha' = 0{,}9997146\, a + \alpha.$$

Rechnet man nun auf Grund dieser Vorschrift nach der vorhin angedeuteten Weise, so bekommt man folgende Zahlen:

Bezogen auf die Einheit $g' = 1{,}0002854\ g$, wobei die algebr. Summe aller Abweichungen identisch Null ist.

a	$a + \alpha'$	$\dfrac{a+\alpha'}{a} = 1 + \dfrac{\alpha'}{a}$
500	500,00350	1,0000070
200	200,00232	1,0000116
100'	99,99996	0,9999996
100	99,99936	0,9999936
50	49,99823	0,9999646
20	19,999392	0,9999696
10'	9,999446	0,9999446
10	9,999446	0,9999446
5	4,999473	0,9998946
2	1,9996292	0,9998146
1''	0,9998146	0,9998146
1'	0,9997146	0,9997146
1	0,9997146	0,9997146

Bevor wir weiter gehen, wollen wir noch einige einfache Beziehungen zwischen den Abweichungen $\alpha, \beta, \ldots$ einer auf g basirten Tabelle und den entsprechenden Grössen $\alpha', \beta', \ldots$ einer Tabelle mit der Einheit g' entwickeln. Dividiren wir zu dem Ende die Gleichung $a + \alpha' = (1 - \varepsilon)\, a + \alpha$ beiderseitig mit a, so kommt

$$\frac{\alpha}{a} - \frac{\alpha'}{a} = \frac{\alpha - \alpha'}{a} = \varepsilon = \frac{g'}{g} - 1$$

und daher auch

$$\left(1 + \frac{\alpha}{a}\right) - \left(1 + \frac{\alpha'}{a}\right) = \frac{a + \alpha}{a} - \frac{a + \alpha'}{a} = \frac{(a + \alpha) - (a + \alpha')}{a} =$$

$$\varepsilon = \frac{g'}{g} - 1.$$

Verstehen wir beispielsweise unter a successive das 500- und das 50-Grammstück, so geben die Tabellen für $\dfrac{\alpha}{a}$ die Zahlen 0,0002924 und 0,00025, für $\dfrac{\alpha'}{a}$ aber 0,000007 und — 0,0000354; nun ist in der That:

$$0{,}0002924 - 0{,}000007 = 0{,}00025 + 0{,}0000354 = 0{,}0002854 = \frac{g'}{g} - 1.$$

Bedeuten $a, b, \ldots$ verschiedene Stücke des Gewichtssatzes, ferner $\alpha, \beta, \ldots$, sowie $\alpha', \beta', \ldots$ die betreffenden Abweichungen für die Einheiten g und g', so folgt aus der Beziehung

$$\varepsilon = \frac{\alpha - \alpha'}{a} = \frac{\beta - \beta'}{b} = \ldots \text{ ohne weiteres:}$$

$$\frac{\alpha}{a} - \frac{\beta}{b} = \frac{\alpha'}{a} - \frac{\beta'}{b} \text{ und}$$

$$(\alpha - \alpha') : (\beta - \beta') : \ldots = a : b : \ldots$$

Zu den vorhin gewählten zwei Stücken geben z. B. die Tafeln $\alpha =$ 0,1462, $\beta = 0,0125$; $\alpha' = 0,0035$, $\beta' = -0,00177$, und nun erhält man wirklich:

(0,1462 — 0,0035) : (0,0125 + 0,00177) = 0,1427 : 0,01427 = 500 : 50.

Jetzt sind wir hinreichend vorbereitet, um die Beantwortung der Frage zu versuchen, was mit der Herstellung einer Reductionstabelle eigentlich gewonnen sei.

§. 5.
Nutzen der Reductionstabellen bei Gewichtsermittelungen.

Zunächst ist klar, dass man mit Hilfe einer für irgend eine Einheit g berechneten Reductionstafel bei relativen Gewichtsermittelungen richtige Resultate erzielen wird, soweit dies nämlich die Empfindlichkeit der Wage gestattet. Denn gesetzt, wir hätten uns bei zwei Wägungen einmal der Stücke $a, b, \ldots$ und das zweitemal der Stücke $m, n, \ldots$ bedient, so wären die genauen Gewichte in beiden Fällen:

$$P = \{(a + \alpha) + (b + \beta) + \ldots\} g; \quad Q = \{(m + \mu) + (n + \nu) + \ldots\} g$$

und das Verhältniss beider:

$$P : Q = \{(a + \alpha) + (b + \beta) + \ldots\} : \{(m + \mu) + (n + \nu) + \ldots\},$$

wo nun rechts die Zahlen ohne Ausnahme der Reductionstafel zu entnehmen sind.

Handelt es sich aber um die Auffindung des richtigen absoluten Gewichtes P oder Q, so reicht eine solche Tabelle nicht aus, da sie den Werth der Einheit g in wirklichen Grammen nicht enthält. Bringen wir jedoch irgendwie in Erfahrung, dass das Stück l des Satzes genau $= l'$ Normalgrammen ist, so hat man die Gleichung $(l + \lambda) g = l'$ Gr., woraus $g = \dfrac{l'}{l + \lambda}$ Gr., und mithin das Gewicht von P in Normalgrammen:

$$P = \{(a + \alpha) + (b + \beta) + \ldots\} \frac{l'}{l + \lambda}$$

wo nun rechts nichts Unbekanntes mehr vorkommt. In dem besondern Fall $l' = l + \lambda$, d. h. wenn die gewählte Einheit g genau ein richtiges Gramm ist, geben die Zahlen $a + \alpha$, $b + \beta$, ... der Reductionstabelle unmittelbar die Gewichte der Stücke a, b, ... in wirklichem Grammwerthe an.

Das Ideal eines Gewichtssatzes wäre ein solcher, dessen einzelne Stücke genau die angeblichen Werthe besässen. Je geringere Correctionen an einem Satze anzubringen sind, je entbehrlicher ihm also die Reduction ist, für desto vollkommener wird er gelten müssen. Es reiht sich daher hier noch die Frage an, ob und inwiefern die Angaben einer Reductionstabelle die Mittel an die Hand geben, über die mehr oder minder grosse Brauchbarkeit eines unreducirten Gewichtssatzes ein sicheres Urtheil zu erlangen.

§. 6.
Die bei Wägungen mit unreducirten Gewichtssätzen möglichen Fehler; Anwendung auf den geprüften Gewichtssatz.

1) Fehler bei den Wägungen zum Zwecke absoluter Gewichtsermittelung.

Benutzt man einen unreducirten Gewichtssatz zu einer absoluten Gewichtsbestimmung, so ist das Resultat aus dem Grunde mit einem Fehler behaftet, weil der Mechaniker uns eine ganze Reihe von Grössen: $\frac{a + \alpha}{a} g$, $\frac{b + \beta}{b} g$, ... oder, was dasselbe ist: $\frac{a+\alpha'}{a} g'$, $\frac{b+\beta'}{b} g'$, ... für lauter einander gleiche und richtige Gramme bietet, die aber im Allgemeinen weder das eine, noch das andere sind. In dem geprüften Satze z. B. variiren diese Werthe, wie die Tabellen zeigen, von $1{,}000000\,g$ bis $1{,}000297\,g$, oder von $0{,}9997146\,g'$ bis $1{,}0000116\,g'$. Der grösste dieser Werthe ist gleich dem zweihundertsten Theil des 200-Grammstückes, der kleinste gleich einem der zwei letzten 1-Grammstücke; $g' = 1{,}0002854\,g$ ist wenig grösser als der hundertste Theil $1{,}000285\,g$ des schwerern von beiden 100-Grammstücken. Wäre uns nun die Beziehung eines der Gewichtsstücke zum Normalgramm gegeben, so würden wir eine auf letzteres bezogene Reductionstabelle fertigen, die dann die Abweichungen in genauem Grammwerthe enthielte. Zu leicht finden könnte man jetzt einen Körper schlimmsten Falles um die Summe aller positiven, und zu schwer um die Summe aller negativen Abweichungen. Weil ferner nach einem leicht zu erweisenden Lehrsatze der Werth

des Quotienten $(\alpha + \beta + \gamma + \ldots) : (a + b + c + \ldots) = \varSigma\alpha : \varSigma a$, falls
$a, b, c, \ldots$ ausnahmslos positiv, zwischen den grössten und klein-
sten der Quotienten $\alpha : a, \beta : b, \gamma : c, \ldots$ fällt, so entsteht der grösst-
mögliche **procentische Fehler** $100 \, \varSigma\alpha : \varSigma a$ durch den Gebrauch jenes einzigen Stückes, für welches, ohne Rück-
sicht auf's Vorzeichen das Verhältniss $\zeta : z$, oder $(z + \zeta) : z =$
$1 + \zeta : z$ ein Maximum ist.

Ist nichts über die Beziehung eines der Gewichtsstücke zum Normalgramm bekannt, so lässt sich gleichwohl mit grosser Wahrscheinlichkeit eine sichere Fehlergrenze ermitteln, wenn man die kleinste
oder grösste der vom Mechaniker als Gramm ausgegebenen Grössen
als genaues Gramm annimmt und sämmtliche Stücke des Satzes hierauf
als Einheit bezieht. Die Abweichungen fallen dann in besonders
ungünstiger Weise alle nach Einer Seite und sind noch dazu im ersten
Falle grösser als bei jeder andern der sich innerhalb des Gewichtssatzes darbietenden Einheiten. Die auf die Minimaleinheit g bezogene
Reductionstabelle kann uns hierfür ein Beispiel abgeben. Der grösste
überhaupt zu begehende Fehler würde beim Gebrauch aller Stücke
eintreten, wovon hier auch die beiden letzten fortbleiben könnten und
betrüge $0,1462 + 0,0594 + \ldots = 0,2854$ Gr.; höchstens um diesen Betrag
könnte man aller Wahrscheinlichkeit nach einen Körper von beiläufig
1000 Gr. zu leicht finden, und um nicht einmal so viel vermuthlich
zu schwer. Der grösste procentische Fehler aber überstiege voraussichtlich nicht das 100-fache des Verhältnisses $\beta : b = 0,000297$,
also $0,0297$, oder nahe drei hundertstel Procent.

Eine niedrigere, aber auch minder sichere Fehlergrenze ergibt sich, wenn man von der Ansicht ausgeht, dass die innerhalb des
Gewichtssatzes auftretenden Grammwerthe gleichmässig nach beiden
Seiten von dem wirklichen Gramm abweichen, dass letzteres mithin
nicht, wie oben möglichst ungünstig angenommen, mit dem grössten
oder kleinsten der angeblichen Grammwerthe übereinstimme, sondern
zwischen dieselben falle und gleich dem arithmetischen Mittel aller
sei. Berücksichtigt man nur die zehn von einander verschiedenen
$(a + \alpha) : a$, so ergibt sich als deren Mittel $1,00021684 \, g$, welcher Werth
dem zehnten Theil eines der 10-Grammstücke am nächsten kommt.
Auf diese Einheit hätte man jetzt eine Tabelle zu gründen und hieraus die betreffenden Schlüsse zu ziehen.

Wäre die Einheit $g' = 1,0002854 \, g$ ein exaktes Gramm, so schlössen wir aus der auf g' bezogenen Tabelle, dass der Fehler beim Gebrauch aller Stücke verschwindend klein ausfiele, dass ferner ein Körper höchstens um 0,00582 Gr. zu schwer oder zu leicht gefunden werden könnte, und dass der grösste positive procentische Fehler sich auf 0,00116, also wenig mehr als ein tausendstel Procent beliefe, der grösste negative Procentfehler aber auf 0,02854 Procent.

2) Fehler bei der relativen Gewichtsbestimmung.

Bei relativen Gewichtsermittelungen mit nicht reducirten Sätzen entsteht ein Fehler deshalb, weil man das Verhältniss $(a + b + \ldots) : (m + n + \ldots)$ statt $\{(a + \alpha) + (b + \beta) + \ldots\} : \{(m + \mu) + (n + \nu) + \ldots\}$ notirt, oder kürzer geschrieben $\Sigma a : \Sigma m$ statt $\Sigma (a + \alpha) : \Sigma (m + \mu) = \{\Sigma a + \Sigma \alpha\} : \{\Sigma m + \Sigma \mu\}$. Auf die Zahl $\Sigma a : \Sigma m$ ergibt sich also ein Fehler $= \{\Sigma a + \Sigma \alpha\} : \{\Sigma m + \Sigma \mu\} - \Sigma a : \Sigma m$, was für die Einheit den $\Sigma a : \Sigma m^{\text{ten}}$ Theil ausmacht, =

$$\left\{\frac{\Sigma a + \Sigma \alpha}{\Sigma m + \Sigma \mu} - \frac{\Sigma a}{\Sigma m}\right\} \frac{\Sigma m}{\Sigma a}.$$

Das hundertfache dieses Betrages gibt den procentischen Fehler, der weit mehr als die Grösse des überhaupt zu begehenden Fehlers einen Maassstab für die Güte des Gewichtssatzes abgibt, und dessen Maximum wir daher zunächst bestimmen wollen. Für die in der Klammer enthaltene Differenz kann man schreiben:

$$\frac{\Sigma a}{\Sigma m}\left\{\frac{1 + \Sigma \alpha : \Sigma a}{1 + \Sigma \mu : \Sigma m} - 1\right\} = \frac{\Sigma a}{\Sigma m}\left\{\left(1 + \frac{\Sigma \alpha}{\Sigma a}\right)\left(1 - \frac{\Sigma \mu}{\Sigma m} + \ldots\right) - 1\right\}.$$

Wenn man die nicht zu berücksichtigenden Glieder mit den zweiten und höheren Potenzen der Abweichungen fortlässt, so vereinfacht sich dieser Ausdruck in:

$$\frac{\Sigma a}{\Sigma m}\left\{\frac{\Sigma \alpha}{\Sigma a} - \frac{\Sigma \mu}{\Sigma m}\right\} = \frac{\Sigma a}{\Sigma m} - \frac{\Sigma a}{\Sigma m} \cdot \frac{\Sigma \mu}{\Sigma m}.$$

Mit $100 \, \Sigma m : \Sigma a$ multiplicirt, gibt dies den procentischen Fehler:

$$100\left\{\frac{\Sigma \alpha}{\Sigma a} - \frac{\Sigma \mu}{\Sigma m}\right\}.$$

Wir haben somit den Satz gefunden: Der durch den Gebrauch der Gewichtsstücke a, b,.. und m, n,... bei relativer Gewichtsermittelung auftretende procentische Fehler ist gleich der Differenz der in beiden Einzelwägungen begangenen procentischen Fehler. Die Gewichtseinheit ist hierbei ganz willkürlich; wir können auch in der That leicht zeigen, dass

$$\frac{\Sigma\alpha}{\Sigma a} - \frac{\Sigma\mu}{\Sigma m} = \frac{\Sigma\alpha'}{\Sigma a} - \frac{\Sigma\mu'}{\Sigma m},$$

oder, was auf dasselbe hinauskommt, dass

$$\frac{\Sigma(\alpha-\alpha')}{\Sigma a} = \frac{\Sigma(\mu-\mu')}{\Sigma m}.$$

Man bemerkt nemlich sofort, dass diese Gleichung wegen der früher abgeleiteten Beziehungen: $\alpha-\alpha' = a\varepsilon$; $\beta-\beta' = b\varepsilon$; ...; $\mu-\mu' = m\varepsilon$; $\nu-\nu' = n\varepsilon$; ... sich auf $\varepsilon\Sigma a : \Sigma a = \varepsilon\Sigma m : \Sigma m$, d. i. auf die Identität $\varepsilon = \varepsilon$ reducirt.

Der in Frage stehende procentische Fehler verschwindet jedesmal, wenn $\Sigma\alpha : \Sigma a = \Sigma\mu : \Sigma m$. Weil diese beiden Grössen durchaus unabhängig von einander sind, so bietet auch die Ermittelung des Fehlermaximums nicht die geringste Schwierigkeit; die Bedingungen, welche den Minuenden möglichst gross und den Subtrahenden möglichst klein machen, können einander nicht widerstreiten. Für den Fall, wo die Abweichungen $\alpha, \beta, ..., \mu, \nu, ...$ verschiedene Zeichen besitzen, ist klar, dass das positive Fehlermaximum eintritt, wenn der Minuend $\Sigma\alpha : \Sigma a$ positiv und möglichst gross, und wenn gleichzeitig der Subtrahend $\Sigma\mu : \Sigma m$ negativ und im übrigen möglichst gross ist; das negative, dem positiven an Grösse gleichkommende, Maximum aber, wenn der Minuend negativ, der Subtrahend positiv und beide, absolut genommen, möglichst gross sind. Haben die Abweichungen hingegen sämmtlich das positive Zeichen, so fällt der procentische Fehler am grössten positiv oder negativ aus, wenn Minuend oder Subtrahend ein Maximum und gleichzeitig Subtrahend oder Minuend ein Minimum ist; ähnlich verhält es sich, wenn alle Abweichungen das negative Vorzeichen besitzen. Das Maximum und Minimum ·von $\Sigma\alpha : \Sigma a$, oder $\Sigma\mu : \Sigma m$ ist, wie wir bereits wissen, durch den grössten und kleinsten der Quotienten $\alpha:a$, $\beta:b$, ..., $\mu:m$, $\nu:n$, ... gegeben. Je nachdem wir nun die Einheit g oder g' zu Grund legen, liefern die Zahlen der betreffenden Tabelle für das Maximum des procentischen Fehlers den Werth:

$$100\,(0{,}000297 - 0) = 0{,}0297 \text{ Procent, oder}$$
$$100\,(0{,}0000116 + 0{,}0002854) = 0{,}0297 \text{ Proc., wie vorher.}$$

Diese Fehlergrenze ist dieselbe, welche nach dem Vorausgegangenen bei absoluter Gewichtsermittelung wahrscheinlich nicht einmal erreicht, geschweige denn überschritten werden würde. Allgemein gilt der Satz: Die relative Gewichtsbestimmung mit einem unreducirten Satze fällt in procentischer Beziehung möglichst ungünstig aus bei der Bildung der Relation des verhältnissmässig schwersten Stückes (hier des 200-Grammstückes) zum verhältnissmässig leichtesten (hier zu einem der zwei letzten 1-Grammstücke), oder umgekehrt.

Ueber das Maximum des bei relativer Gewichtsermittelung überhaupt auftretenden Fehlers

$$\frac{\Sigma a}{\Sigma m} - \frac{\Sigma a}{\Sigma m} \cdot \frac{\Sigma \mu}{\Sigma m},$$

welcher das $\frac{1}{100} \Sigma a : \Sigma m$-fache des gleichzeitig vorhandenen procentischen Fehlers ausmacht und folglich mit diesem verschwindet, kann deshalb nicht, wie über den letztern, sogleich etwas endgiltiges ausgesagt werden, weil Minuend und Subtrahend jetzt nicht mehr unabhängig von einander sind. Nur für einige Fälle lassen sich Sätze aufstellen; im Allgemeinen jedoch wird es für jeden Gewichtssatz zur Erkennung jenes Fehlermaximums einer besonderen Untersuchung bedürfen. Denken wir uns z. B. die Reductionstabelle auf die kleinste Einheit des Gewichtssatzes reducirt, so dass die Abweichung des betreffenden Stückes $= 0$, und sämmtliche andere Abweichungen ebenfalls $= 0$ oder positiv sind, so werden Minuend und Subtrahend beide stets positiv sein. Letzterer wird ein Minimum, er verschwindet, wenn $\Sigma \mu = 0$; gleichzeitig wird der Minuend und damit die Differenz ein Maximum werden, wenn Σm ein Minimum und Σa ein Maximum ist. Dies gibt den Satz: Der bei relativer Gewichtsermittelung mit unreducirtem Satze überhaupt zu begehende Fehler erreicht für den besonderen Fall, wo das verhältnissmässig leichteste Stück zugleich das absolut leichteste ist, dann sein positives Maximum, wenn die Summe aller Stücke mit dem erstgenannten Stück verglichen wird. Für den geprüften Satz erhält man daher das positive Maximum durch die Annahme $\Sigma a = 1000$; $\Sigma m = 1$; und, je nachdem man zur Tabelle mit g oder g' greift, weiter:

$$\Sigma a = 0{,}2854; \quad \Sigma \mu = 0, \text{ oder}$$
$$\Sigma a = 0; \quad \Sigma \mu = -0{,}0002854.$$

Das gesuchte Fehlermaximum ist hiernach $=$

$$0{,}2854 - 0 = 0{,}2854, \text{ oder}$$

$0 + 0{,}2854 = 0{,}2854$, wie vorher.

Diese Fehlergrenze würde bei absoluter Gewichtsermittelung, wie wir wissen, vermuthlich nicht einmal erreicht werden.

Denken wir uns jetzt die Reductionstabelle auf die grösste Einheit des Gewichtssatzes reducirt, so dass die Abweichung des betreffenden Stückes $= 0$, und alle andern Abweichungen $= 0$ oder negativ sind, so werden Minuend und Subtrahend beide stets negativ sein und der Fehler mithin sein negatives Maximum haben, wenn gleichzeitig $\Sigma\mu = 0$, Σm ein Minimum und $\Sigma\alpha$, absolut genommen, ein Maximum ist. Das heisst: Der bei relativer Gewichtsbestimmung mit unreducirtem Satze überhaupt zu begehende Fehler erreicht in dem besonderen Fall, wo das verhältnissmässig schwerste Stück zugleich das absolut leichteste ist, dann sein negatives Maximum, wenn die Summe aller Stücke mit dem erstgenannten Stück verglichen wird.

Nach dieser Untersuchung wollen wir zum Schlusse noch einen Rückblick auf die vorausgegangenen Publicationen über den behandelten Gegenstand werfen!

§. 7.

Bedeutung der früher von mir und R. über den Staudinger'schen Gewichtssatz gefällten Urtheile; Urtheil auf Grund der vorliegenden Untersuchung.

Wenn die auf die Einheit g reducirte Tabelle mich zu der Aeusserung veranlasste, der Gebrauch des unreducirten Gewichtssatzes könne mit erheblichen Fehlern begleitet sein, so hat dies für absolute Gewichtsermittelung zunächst in so fern seine Berechtigung, als es nicht unmöglich ist, dass gerade die kleinste der vom Mechaniker für ein Gramm ausgegebenen Grössen dem wirklichen Gramm am nächsten kommt; und als man, um sicher zu gehen, unter den sich darbietenden Fällen den ungünstigsten wählen muss. Was ferner die relative Gewichtsermittelung betrifft, so lehrt ein Blick auf die Zahlen $a + \alpha$, dass der Fehler z. B. bei der Vergleichung aller Stücke mit einem der zwei letzten 1-Grammstücke durchaus nicht unbeträchtlich ausfallen würde. Um jedoch den grössten procentischen Fehler, sowohl bei absoluter als relativer Gewichtsbestimmung zu erkennen, hätten die Verhältnisse $(a + \alpha) : a$ gebildet sein müssen, was unterblieben war.

R. legte seiner Tabelle den hundertsten Theil des leichteren der 100-Grammstücke zu Grunde und äusserte sich dann auf S. 181 und 182: „Man ersieht hieraus, dass bei den Gewichtsstücken, welche leichter als 100 Gramm sind, nur Einmal, bei dem 50-Grammstück, eine Abweichung vorkommt, welche 1 Milligramm übersteigt, dass sonst die Fehler aber meist nur wenige Zehntel Milligramme betragen. Berücksichtigt man, dass unser Gewichtssatz schon sehr lange im Gebrauch ist und man eine Abweichung jedes Stückes bis zu zwei Zehntel Milligramm dem Mechaniker als unvermeidlichen Fehler wohl nachsehen muss, so ist damit die Ansicht wohl gerechtfertigt, dass der geprüfte Gewichtssatz ein recht guter gewesen." Diese Schlüsse erlaube ich mir für unbegründet zu erklären. Was zunächst die absolute Gewichtsermittelung betrifft, so ist keineswegs Grund zu der Ansicht vorhanden, der hundertste Theil des leichtern der 100-Grammstücke komme dem Normalgramm am nächsten, man hat höchstens a priori alle vom Mechaniker als Gramm ausgegebene Grössen für gleichberechtigt, und also deren arithmetisches Mittel für die dem wirklichen Gramm nächststehende Grösse zu halten. Bildet man aber aus den Rühlmann'schen Zahlen die 13 Grammwerthe $\frac{a+\alpha}{a}$, so ergibt sich als deren Mittel 0,99990486, ein Werth, der dem fünften Theil 0,999922 des 5-Grammstückes am nächsten kommt. Hierauf demnach, aber nicht auf die von R. gewählte Einheit, eine Tabelle zu basiren, hätte eine vorzugsweise Berechtigung gehabt, zumal die Rühlmann'sche Einheit auch nicht der besondern Art ist, die Summe aller Abweichungen verschwinden zu machen; immerhin aber ist es zur Erforschung einer sicheren Fehlergrenze, wie gesagt, am besten, die von mir genommene kleinste Einheit g zu Grund zu legen. Was ferner die relative Gewichtsermittelung betrifft, so zeigt die Rühlmann'sche Tabelle so gut, wie eine auf irgend eine andere Einheit basirte, dass beträchtliche Fehler überhaupt allerdings möglich sind. Zur Erkennung der procentischen Fehler jedoch wurde, wie auch früher von mir, die Bildung der Verhältnisse $(a+\alpha):a$ versäumt.

Jedenfalls ist klar, dass der mir von R. S. 177 gemachte Vorwurf einer ungeeigneten Wahl der Einheit eher ihn als mich trifft; gleichwohl gestehe ich gern, für diesen, wie für den nicht minder unüberlegten und ungerechtfertigten Tadel bezüglich der scheinbar gross sein sollenden Abweichungen bei der Einheit g, meinem Nachfolger am Karlsruher Polytechnicum recht dankbar zu sein, da genannte Ausstellungen ein Anstoss zur Förderung meiner Erkenntniss waren.

Weit exakter als durch die früheren Publicationen ist die Güte des geprüften Gewichtssatzes mit der Bemerkung charakterisirt, dass durch Vernachlässigung der Reduction bei relativer Gewichtsbestimmung höchstens um 0,0297 Procent und höchstens um $+$ 0,2854 überhaupt gefehlt werden kann; und dass bei absoluter Gewichtsbestimmung die entsprechenden Fehlergrenzen aller Wahrscheinlichkeit nach nicht einmal diese Höhe erreichen.

Wiesbaden, Allerheiligen 1868.

Beschreibung der bisher in Anwendung gebrachten Commutatoren.

Zusammengestellt von

Ph. Carl.

(Hiezu Tafel XXII, XXIII, XXIV.)

Unter einem Commutator oder Gyrotropen versteht man eine Vorrichtung, welche den Zweck hat, die Richtung des galvanischen Stromes in die gerade entgegengesetzte zu verwandeln. Solche Commutatoren sind entweder fest mit einem anderen Apparate verbunden, so dass sie blos einen Theil derselben bilden, oder sie können als selbstständige Apparate construirt sein. In der folgenden Monographie wollen wir die Commutatoren der letzteren Classe zusammenstellen.

Dujardin's Commutator. Einer der einfachsten Commutatoren ist der von Dujardin angegebene [1]), welchen Figur 1 Tafel XXII darstellt. Auf einem Brette A ist ein bogenförmiges (β) und ein kreisförmiges (g) Stück aus vergoldetem Kupfer oder Platin befestigt. Von diesen Stücken aus gehen Zuleitungsdrähte, welche aber nicht in leitender Verbindung mit einander stehen dürfen, zu den Klemmen h, i. Zwei durch ein Elfenbeinstück einander parallel gehaltene Metallstreifen d, e liegen mit ihren vergoldeten Enden auf den Stücken β, g auf; an ihren anderen Enden sind sie um die beiden Klemmschrauben b, c drehbar. In diese Klemmschrauben werden die Poldrähte der Batterie, in die Klemme h, i die Enden des Schliessungskreises eingeschaltet. Durch Hin- und Herschieben der Streifen d, e auf den Stücken β, g wird nun die Commutation der Stromesrichtung ausgeführt. Schiebt man die Streifen d, e in die Lage der Figur, so dass d auf f, e auf g aufliegt, so geht der Strom von b durch e nach g, von da nach i durch den Schliessungskreis r, r nach

---

1) Annales de Chimie et de Physique. 3. Ser. T. IX, pag. 110. Poggendorff's Annalen. LX, pag. 407.

h, weiter nach f und nun durch d und c nach der Batterie zurück. Verschiebt man die Streifen d, e, so dass e auf l, d auf g aufliegt, so ist die Stromesrichtung umgekehrt; der Strom geht nämlich jetzt von b durch e nach l, von hier nach h, weiter durch r,r nach i,g und durch d und c zur Batterie zurück.

Clarke's Commutator.[1]) Der Commutator von Clarke besteht aus einem hölzernen Cylinder, welcher um seine Axe drehbar ist (Figur 2 Tafel XXII). In denselben sind vier Silberstiften a, a', b, b' eingelegt, wovon a mit a', b mit b' durch den Cylinder hindurch leitend verbunden sind. Ausserdem gehen die beiden Silberstreifen c und d schief um den Cylinder herum, an welchen sich vier Metallfedern, zwei f und g auf der Vorderseite, zwei andere f' und g' auf der Rückseite anlegen. Diese Federn gehen von Quecksilbernäpfchen aus, die auf dem Bodenbrette des Apparates angebracht sind. Steht der Cylinder in der Stellung, wie sie die Figur zeigt, so ist f mit g', f' mit g leitend verbunden; dreht man den Cylinder um 90°, so wird f mit f' durch die Silberstiften $a\,a'$, und g mit g' durch die Silberstiften $b\,b'$ verbunden und die Stromesrichtung ist also durch diese Drehung die entgegengesetzte geworden.

Ruhmkorff's Commutator. Ruhmkorff hat mit seinen Funkeninductoren einen Commutator verbunden, welcher vielfach als selbstständiger Apparat gebaut wird und den Figur 3 Tafel XXII darstellt. Er besteht aus einem Cylinder c von Elfenbein, Ebenholz oder Hartgummi, der mit zwei metallenen Wülsten d und e versehen ist. Die metallene Axe ab geht nicht ganz durch den Cylinder hindurch, sondern ist in der Mitte unterbrochen; ihr vorderes Ende steht mit der Wulst d, ihr hinteres Ende mit der Wulst e in leitender Verbindung, wie dies Figur 3a deutlich zeigt, welche den Durchschnitt des Apparates darstellt. Auf beiden Seiten des Cylinders c stehen zwei starke Kupferfedern k, l, die mit den Klemmen h, i leitend verbunden sind, in welche die Enden des Schliessungskreises eingeschaltet werden. Der vordere Theil der Axe a steht durch seinen metallenen Lagerständer mit der Klemme f, der hintere Theil b ebenso mit der Klemme g in leitender Verbindung. In die Klemmen f, g werden die Poldrähte der Batterie eingeschaltet. Die beiden Kupferfedern k, l

----

1) Silliman Journal XXXIII, pag. 224. Annals of Electricity I, pag. 500. Doves Repertorium VIII, pag. 32.

stehen nur dann mit der Axe ab in Verbindung, wenn diese so gedreht wird, dass die Wulste d, e an den Federn anliegen; ist dies
nicht der Fall, so kommen die Federn mit der Axe gar nicht in
leitende Verbindung. Steht der Cylinder c in der Lage der Figur,
so dass die Feder k an der Wulst d, die Feder l ·an der Wulst e
anliegt, so geht der Strom, wenn bei g der positive Pol eingeschaltet
ist, von hier durch b nach der Wulst e, durch Feder l zur Klemme i,
von hier durch den Schliessungskreis nach der Klemme h, durch die
Feder k zur Wulst d, dann zur Axenhälfte a, um weiter durch die
Klemme f zur Batterie zurückzukehren. Dreht man nun die Axe um
180°, so dass die Wulst e an die Feder k, die Wulst d an die Feder
l sich anlegt, so ist die Commutation der Stromesrichtung vollzogen;
der Strom geht nämlich von g durch b über die Wulst e und die
Feder k zur Klemme h, sodann in entgegengesetzter Richtung wie
vorhin durch den Schliessungskreis zur Klemme i und weiter durch
l, e, a, f zur Batterie zurück.

Reusch's Commutator.[1]) Ein hölzerner Cylinderausschnitt J
(Figur 4) ist um eine Axe A mittelst des Hebels b drehbar, so dass
er einmal auf die Leiste m, dann auf die Leiste l aufgelegt werden
kann. Auf der Cylinderfläche sind die Metallstreifen $c\,c\,c_1$ und $d\,d\,d_1$
angebracht, welche nicht mit einander in leitender Verbindung stehen.
Auf zwei seitlichen Holzständern sind vier Klemmen e, f, g, h angebracht, von welchen vier Federn auslaufen, die schleifend auf der
Cylinderfläche aufliegen. Schaltet man in die Klemmen e, f die Poldrähte der Batterie, in die Klemmen g, h die Enden des Schliessungskreises ein und legt man wie in der Figur den Cylinderausschnitt auf
die Leiste l, so geht der Strom von e nach c, zur Klemme g, durch
den Schliessungskreis nach h, weiter nach d und durch die Klemme f
zur Batterie zurück. Will man commutiren, so dreht man den Cylinderausschnitt auf die Leiste m; es geht dann der Strom von e nach
c_1, tritt durch die Klemme h (also in entgegengesetzter Richtung wie
vorhin) in den Schliessungskreis, kommt zur Klemme g, nach d, und
geht durch die Klemme f zur Batterie zurück.

Müller's Commutator.[2]) Auf einem um seine Axe drehbaren

---

1) Poggendorff's Annalen XCII, pag. 651. Wiedemann's Galvanismus
I, pag. 280.

2) Müller Povillet's Physik. 6. Aufl. II, pag. 387. Wiedemann's Galvanismus I, pag. 281.

Holzcylinder sind zwei Messingringe g, h (Figur 5) befestigt und darauf
vier Messingwulste angebracht, wovon zwei, i und d, die Breite der
Ringe haben, während die beiden auderen f und k sich bis über die
Mitte des Cylinders hinaus erstrecken. Auf den Wülsten schleifen
vier Federn, welche zu den Klemmen a, n, b, m führen. In die Klemmen a, b wollen wir die Polenden der Batterie und zwar bei a den
positiven Pol, in die Klemmen m, n die Enden des Schliessungskreises
einschalten und den Cylinder in die durch die Figur dargestellte Lage
drehen. Der Strom geht dann von a nach i, von k nach m, durch
den Schliessungskreis nach n, weiter durch f nach b und zur Batterie
zurück. Drehen wir die Cylinder um 180^0, so geht der Strom von a
nach k, von hier nach n, durch den Schliessungskreis nach m, durch
f nach d und b und also zur Batterie zurück. Die Stromesrichtung
war also im Schliessungskreise in beiden Fällen die entgegengesetzte.

Französischer Commutator. In den Lehrbüchern der Physik
von Jamin und Daguin findet sich der in Figur 6 dargestellte Commutator beschrieben. Auf einem hölzernen Brette ist ein Cylinder
aus Holz, Elfenbein oder Gummi mittelst des Knopfes O um seine
Axe drehbar eingerichtet. Auf diesem Cylinder ist ein Metallring
befestigt, der an zwei einander diametral gegenüberliegenden Stellen
nicht leitende Unterbrechungen besitzt. Auf dem Brette sind ausserdem die vier Klemmen A, B, C, D angebracht, von welchen vier Federn ausgehen, die an dem Cylinder schleifen. In die Klemmen A
und C wollen wir die Poldrähte der Batterie, in die Klemmen B und
D die Enden des Schliessungskreises einschalten. Drehen wir nun
den Cylinder in die Lage von Figur 6a in der Art, dass die Unterbrechungen am Cylinder in die Linie $M' N'$ zu liegen kommen, so
geht der Strom von C nach M durch den Schliessungskreis nach B,
von hier nach A und zur Batterie zurück. Drehen wir den Cylinder
der Art, dass die Unterbrechungen in die Linie $M N$ zu liegen kommen, so ist die Stromesrichtung commutirt. Es geht nämlich dann
der Strom von C nach B, von hier durch den Schliessungskreis nach
D, dann weiter nach A und zur Batterie zurück.

Grüel's Commutator. Dem vorigen ähnlich ist der Gyrotrop
von Grüel, dessen Beschreibung wir hier übergehen können, da sie
bereits im ersten Bande des Repertoriums, pag. 254, gegeben wurde.

Siemens-Halske's Federcommutator. Das Princip dieses
Apparates kommt gleichfalls mit dem des französischen Commutators

überein, nur sind dabei Spiralfedern angewendet. Schellen beschreibt
ihn in seinem „Electromagnetischen Telegraphen pag. 47 folgendermassen: Auf dem Brette aa (Figur 7) sind die vier Contactstücke
1 bis 4 angebracht, von denen allemal je zwei mittelst Federn f, f
gegen zwei metallische Bogen c, c' schleifen. Die beiden Metallbogen
sitzen auf einer aus Hartgummi oder einer anderen isolirenden Substanz bestehenden Scheibe b, welche zugleich mit dem Metallbogen
durch den darauf befestigten Handgriff dd bewegt wird. Angenommen
der Leitungsdraht L, in welchem der Strom commutirt werden soll,
sei zwischen den Klemmen 2,3 eingeschaltet (Fig. 7 a), die Poldrähte
dagegen seien an die Klemmen 1,4 angelegt, so wird bei der Stellung des Griffes, wie in der Figur 7 und 7 a, der Metallbogen c die
Klemmen 1 und 3, und c^1 die Klemmen 2 und 4 verbinden, der
Strom der Batterie B also den Weg $+ 1, c, 3, L, 2, c', 4 -$ durch die
Leitung L nehmen. Bei einer Drehung des Handgriffes dd aber um
90^0 wird der Metallbogen c, wie Figur 7 b zeigt, die Klemmen 3 und
4, und c' die Klemmen 1 und 2 verbinden. Der Strom wird daher
nur die Leitung L in der entgegengesetzten Richtung $+ 1 c', 2, L, 3, c, 4 -$
durchlaufen.

Aehnlich ist der Federn-Commutator, den Fig. 8 Taf. XXIII darstellt; er unterscheidet sich von dem vorigen wesentlich dadurch, dass
die Commutationsvorrichtung unter dem Brette a liegt. Sie besteht, wie
bei dem vorigen Apparate, aus den 4 Contactstücken 1 bis 4 mit ihren
Federn f, f, den metallischen Bogen c und c_1, der Hartgummiplatte
b und der diese Platte nebst dem daraufsitzenden Bogen $c c_1$ tragen-
den Kurbel dd. Letztere liegt oberhalb des Grundbrettes a, die
übrigen Theile liegen unterhalb desselben. Auf der Kurbel dd liegt
eine Stahlfeder b_1; ee sind zwei Anschläge zur Begränzung der Kurbel-
bewegung; sie sind bezeichnet mit 1 und 2. Wenn die Kurbel gegen
diese Anschläge kommt, so schnappt der Stift h in das Loch g und
legt dadurch die Kurbel fest. Will man später behufs der Commutir-
ung des Stromes die Kurbel drehen, so hebt man zuvor die Feder b,
und damit zugleich den Stift h aus dem Loche g. Im Uebrigen entsprechen die Figuren 7 a und 7 b den Stellungen der Kurbel bezüglich auf 1 und 2.

Bertin's Commutator.[1]) Der Commutator von Bertin ist

---

1) Bertin. Nouveaux Opuscules de Physique. Strassburg 1865, pag. 46.

durch Figur 9 dargestellt. Er besteht aus einer Scheibe von hartem
Holze, auf welche zwei Kupferstreifen aufgeschraubt sind; der eine
mittlere liegt in der Richtung des Radius der Scheibe, der andere ist
in Form eines Hufeisens umgebogen und umgibt den ersteren. Diese
beiden Streifen stehen über die Peripherie der Scheibe vor und bilden
an ihren Enden drei metallene Wülste, welche bei der Drehung des
Commutators gegen die beiden Federn R und R' angedrückt werden.
Diese beiden Federn stehen durch Kupferstreifen mit den Klemmen
A und B in Verbindung, in welche die Enden des Schliessungskreises
eingeklemmt werden. Die Poldrähte der Batterie werden in zwei
andere Klemmen befestigt; die eine, mit $+$ bezeichnete, nimmt den
positiven Draht auf und steht mit der Axe und also auch mit dem
mittleren Kupferstreifen in Verbindung, auf welchem ein Pfeil die
Richtung des Stromes anzeigt; die andere Klemme, die das Zeichen
— trägt, nimmt den negativen Poldraht der Batterie auf und ist mit
dem hufeisenförmigen Streifen verbunden. Die Scheibe ist um ihren
Mittelpunct drehbar und kann mittelst eines Handgriffes gedreht
werden, dessen Bewegung durch die beiden Knöpfe C und C' begrenzt
ist. Wird der Handgriff an einem dieser Knöpfe angelegt, so ist der
Strom im Schliessungskreise geschlossen und die positive Feder wird
jedesmal durch den Pfeil angezeigt.

Commutator nach Daguin. Im dritten Bande von Daguin's
Traité Élémentaire de Physique pag. 629 findet sich der durch
Figur 10 dargestellte Commutator beschrieben. Zwei Paare von
Messinglamellen $l l'$, $l'' l'''$ werden von den Säulen o, o' getragen, welche
zugleich die Klemmen für die Poldrähte der Batterie bilden. Diese
Streifen liegen mit ihrem freien Ende auf vier Metallstiften auf,
welche mittelst schiefer Drähte, wovon zwei sich kreuzen, ohne sich
zu berühren, mit den Klemmen $a a'$ für die Enden des Schliessungskreises T in Verbindung stehen. Ein Holzcylinder $c c'$, der um seine
Axe beweglich ist, trägt Wülste, welche die Lamellen l' l'' oder die
Lamellen $l l'''$ heben, je nachdem die Handhabe n wie in der Figur
oder auf der entgegengesetzten Seite gelegen ist. Sind blos die Lamellen l und l''' gehoben, so verfolgt der Strom die Richtung der
Pfeile. Werden sie gesenkt und dagegen die Lamellen l und l'' gehoben, so geht der Strom in der entgegengesetzten Richtung durch
den Schliessungskreis T.

Kuhn's Commutationsvorrichtungen. Kuhn beschreibt

24*

in seiner Angewandten Electricitätslehre pag. 397 die von ihm gebrauchten Commutatoren folgendermassen: Der eine dieser Commutatoren ist in Figur 11 im Grundrisse dargestellt. Auf einem Brettchen sind zwei Kupferstreifen AB und CD isolirt von einander befestiget, bei A und C sind die Schraubensäulchen a und b (metallisch mit jenen Streifen verbunden) zur Aufnahme von Drähten angebracht. Senkrecht gegen jene sind die beiden Kupferstreifen Eg und $E_1 g_1$ unter einander sowohl, als auch, dadurch dass sie bei F und F_1 aufgebogen sind, von AB und CD isolirt auf dem Brettchen festgeschraubt. Der Raum zwischen AB und CD ist theilweise mit Elfenbein ausgefüllt. Bei J ist die Drehungsaxe eines Hebels HJK (aus Holz) angebracht, von welch' letzterem jeder Arm an seiner unteren Fläche eine Messingfeder angeklemmt enthält. Die eine dieser Federn ist bei geöffneter Kette mit dem einen Ende H auf dem Elfenbeineinsatz, und die andere mit dem Ende K ebenfalls auf die isolirende Fläche versetzt, während die anderen zwei Enden der Federn stets in metallischer Berührung mit den Streifen Eg, $E_1 g_1$ beziehungsweise stehen. Bei E und E_1 sind die Schraubenklemmen c und d angebracht, die zur Aufnahme der von den Enden des Rheometers ausgehenden Drähte, während die Klemmen a und b zur Befestigung der Poldrähte der Kette bestimmt sein sollen. So lange nun der Hebel HK die hier angezeigte Lage hat, ist die Kette offen; wird derselbe so gedreht, dass er die Richtung $H_1 K_1$ annimmt, so ist die Kette geschlossen, und zwar geht sodann der Strom durch den Streifen AB nach der Contactfeder bei K_1, von hier aus auf den Streifen $E_1 F_1 g_1$, durch das Rheometer nach EFg, kommt hier zur zweiten Contactfeder und durch den Streifen CD in die Kette zurück. Dreht man hingegen den Contacthebel in die durch $H_2 K_2$ angezeigte Lage, so ist jetzt die Richtung des Stromes die folgende: von A zur Contactfeder H_2 nach dem Streifen gFE, durch das Rheometer nach $E_1 F_1 g_1$, von da auf die Contactfeder, deren zweites Ende bei K_2 ist, übergehend und durch $K_2 C$ in die Kette zurück. In dieser zweiten Stellung des Contacthebels hat also der Strom die entgegengesetzte Richtung wie in der Lage $H_1 K_1$.

Ein anderer einfacher Commutator ist in Figur 12 abgebildet, wie er von oben angesehen (bei orthogonaler Projection) erscheint. Auf einem Brettchen sind die Metallklötzchen $efgh$ und $e_1 f_1 g_1 h_1$ in der angegebenen Weise befestigt, und unterhalb eines jeden derselben ist ein federnder Streifen aus Messing (oder Kupfer) angelöthet, von welchen die Enden bei N und N_1 sichtbar sind. Unterhalb dieser Federn sind vertieft in das Brettchen die beiden Streifen MM und M_1M_1 aus Messing (oder Kupfer) eingelassen und mit diesem in der angegebenen Weise verbunden. Mit diesen Streifen können die Federn N, N_1 in metallischen Contact gebracht werden, sobald man die Schrauben a, b, c und d (Figur 12 und 12a) anzieht; beim Lüften dieser Schrauben gehen die Federn NN_1 wieder in ihre erste Lage zurück (wie dies bei b und d, Figur 12a sichtbar ist), und die metallische Verbindung der Klötzchen mit den Streifen MN und M_1N_1 ist dann wieder aufgehoben. Mit dem Messingklötzchen $efgh$ ist der Draht A, mit dem Klötzchen $e_1f_1g_1h_1$ der Draht B, mit dem Streifen MM der Draht C und mit dem Streifen M_1M_1 der Draht D metallisch verbunden. Nehmen wir nun an, die Drähte A und B stehen mit den Polen der Volta'schen Kette in Verbindung, hingegen seien C und A die Verbindungsstellen des Apparates mit dem Rheometer. So lange nun die Schrauben a, b, c und d gelüftet sind, ist die Kette offen; werden die Schrauben a und b angezogen, so wird die Kette geschlossen, ohne dass der Strom durch das Rheometer gehen kann, und dasselbe wird eintreten, wenn d und c angezogen werden. Diese Stellungen der Federn N, N_1 werden also nicht zur Benützung kommen. Wenn man hingegen je zwei der in einer Diagonale (des Rechteckes NN_1) liegenden Schrauben anzieht, während die beiden anderen gelüftet bleiben, so wird die Kette durch das Rheometer geschlossen und die Stromrichtung kann dann nach Willkür umgekehrt werden. Wenn wir z. B. die Schrauben a und c anziehen, während b und d gelüftet bleiben, so tritt die Feder M bei a in metallischen Contact mit C (Figur 12a, 1), die Feder N_1 bei c in metallischen Contact mit D (Figur 12a, 2), während N_1 bei d und N bei b mit dem Streifen M_1M_1 und MM nicht in Verbindung stehen. Bei der nun getroffenen Anordnung, wie sie in 1 Figur 12a, von OP aus gesehen, in 2 Figur 12a, von QR aus gesehen, erscheint, wird sohin die Stromesrichtung die folgende sein: von A aus nach der Richtung der Pfeile zu ef nach M und C gegen D nach M_1M_1 und N_1 bei h_1g_1 nach B in die Kette zurück. Werden die Schrauben a und c gelüftet, hiegegen b und d angezogen, so geht der Strom von A gegen D hin etc. und hat also dann im Rheometer die entgegengesetzte der vorigen Bewegung. Da man die Schrauben a, b, c und d so stark anziehen kann, dass unter allen Umständen ein sicherer metallischer Contact zwischen den Klötzchen und den Streifen $M_1 M_1$ herzustellen im Stande ist, so wird die genannte Verbindungsweise stets eine gesicherte und ausreichende sein. Beim Gebrauche sind alle Metalltheile in den vertieften Raum von $OPQR$ versenkt, und der Apparat wird durch einen mittelst der Schrauben s,s an demselben befestigten Holzdeckel so verschlossen, dass nur die Köpfe der Schrauben a, b, c und d hervorragen; bei E und F kann man den Commutator auf den Apparatentisch befestigen. Nach dem diesem Apparate zu Grunde liegenden Princip hat L a m o n t die Unterbrechung und Umkehrung des Stromes bei Anwendung seines Spiegelgalvanometers zu Stromesuntersuchungen bewerkstelliget, und jenes Princip benützend, habe ich (K u h n) den in Figur 12 und 12 a abgebildeten Apparat construirt.

Hörmann's Commutator. Hörmann hat in P o g g e n d o r f f's Annalen Bd. 127 pag. 638 einen namentlich für Vorlesungszwecke construirten Commutator beschrieben. Auf dem rechteckigen Brettchen A (Figg. 13, 13 a, 13 b, 13 c Taf. XXIV) sind vier Klemmschrauben a, b, c und d befestigt, von denen zwei z. B. a und b zur Aufnahme der Poldrähte des Electromotors dienen, während die beiden anderen c und d zur Aufnahme des Schliessungsbogens bestimmt sind, den der Strom bald in der einen bald in der anderen Richtung durchlaufen soll. Durch die Klemmschrauben werden zugleich auf dem Brettchen die vier federnden Metallstreifen e, f, g und h festgehalten. Zwischen Letzteren liegt, durch ein Paar kleine Messingständer i und k getragen, eine Walze von hartem Holz (besser noch von Hartgummi oder Elfenbein), welche die Form eines sechsseitigen Prismas mit drei schmalen und drei breiten Flächen hat (Figg. 13 und 13 c). Auf jede der drei schmalen Flächen sind zwei Messingknöpfchen eingeschraubt (Figur 13 c), gegen die sich bei entsprechender Stellung derselben die Federn e, f, g und h mit einigem Druck legen. Zur Verbindung der Knöpfchen befinden sich auf zwei der breiten Prismenflächen Metallstreifen (Figur 13 c) und zwar auf der einen zwei parallele, auf der anderen zwei gekreuzte, die sich an der Kreuzungsstelle natürlich nicht berühren dürfen. Auf der dritten breiten Fläche ist keinerlei Verbindung zwischen den Knöpfchen vorhanden. Die parallelen und gekreuzten Metallstreifen mit den darüber hervorstehenden Knöpfchen haben nun, wie leicht zu ersehen, den Zweck, zwei verschiedene Verbindungen zwischen den Federn e, f, g und h zu bilden.

Liegen die beiden parallelen Streifen oben, wie in Figur 13 b, so geht der positive Strom von der Klemme *a* durch *f* nach *g*, und von *c* ab durch den Schliessungsbogen nach *d* hin, dann aber durch *h*, *f* und *b* zurück nach dem Electromotor. Wird die Walze hingegen so gedreht, dass die gekreuzten Streifen oben liegen, so bilden diese eine andere Verbindung zwischen den Federn und derselbe Strom nimmt jetzt, wie ein Blick auf Figur 13 a lehrt, in dem Schliessungsbogen den entgegengesetzten Weg von der Klemme *d* nach *c*.

Um die Walze rasch und sicher in die beiden bezeichneten Stellungen bringen zu können, befindet sich an der Hülse des Handgriffes *m* eine Scheibe *t*, die auf einem Drittheil ihres Umfanges weggefeilt ist (Figur 13). In den so entstandenen Einschnitt legt sich der in den Ständer *i* eingeschraubte Stift *s*. Die Drehung der Walze kann so nicht mehr als 120° betragen, wie es für die beiden äussersten Stellungen verlangt wird.

Soll der Strom ganz unterbrochen werden, so hat man nur nöthig die Walze in die mittlere Stellung zu drehen, so dass die beiden Knöpfchen 1 und 2 nach oben gerichtet sind. Dann kommen die Federn ausser aller Berührung mit den Knöpfchen, also auch unter sich ausser aller Verbindung. Damit aber auch in dieser Stellung die Walze vor zufälliger Drehung gesichert ist, muss etwas Friction vorhanden sein, die leicht dadurch hervorgebracht werden kann, dass die beiden Ständer *i* und *k* sich mit einigem Druck gegen die Walze legen.

Der Stöpsel-Commutator.[1]) Bei den Telegraphen-Apparaten kommt der Stöpsel-Commutator sehr häufig in Anwendung. Derselbe besteht, wie Figur 14 zeigt, aus vier auf einer gut isolirenden Unterlage von Marmor, Holz oder Guttapercha von einander getrennten Metallschienen *a b c d*, zwischen denen die Löcher 1 bis 4 liegen. Durch Einsetzen eines Metallkegels (Figur 14 a) in eines der Löcher werden diejenigen zwei Schienen, durch welche das Loch gebildet wird, metallisch und leitend mit einander verbunden. Der Leitungsdraht, in welchem der Strom umgekehrt werden soll, wird mit seinen Enden auf zwei entgegengesetzt stehende Schienen *a b* befestigt; der Strom wird bei *d* ein-, bei *c* wieder ausgeführt. Stehen nur zwei Stöpsel in den Löchern 1 und 2, so geht der Strom

---

1) Schellen. Der electromagnetische Telegraph, pag. 45.

von d über 1 zu a, durch den Draht in der Richtung des Pfeiles
von a nach b, und über 2 zu c und weiter; werden aber die Stöpsel
1 und 2 entfernt und in die Löcher 3 und 4 eingesetzt, so geht der
Strom von d über 3 nach b, durch den Draht bea in der entgegengesetzten Richtung von b nach a, und über 4 nach c und weiter.

v. Feilitzsch's Commutator.[1]) v. Feilitzsch hat das Princip
des Vierweghahnes auf den Commutator angewendet, in der Art, wie
es die Figur 15 veranschaulichen mag. Es sind a und c zwei
Schraubenklemmen, in welche die Enden des Schliessungsdrahtes, und
b und d zwei andere, in welche die Enden der vom Rheomotor kommenden Poldrähte eingeschraubt werden. Diese Schraubenklemmen
stehen auf vier nach der Mitte hin convergirenden Platten von starkem
Kupfer, und sind durch dieselben hindurch in das Fussbrett MN eingeschraubt. Diese vier Platten berühren sich nicht in der Mitte,
sondern stehen alle um einen beträchtlichen Raum symmetrisch von
einander ab. Der Mittelpunct ist durch eine kurze verticale Axe g
bezeichnet, auf welcher ein horizontales Holzklötzchen, um dieselbe
drehbar, mittelst einer Schraube gehalten wird. Dieses Klötzchen
trägt auf der unteren Seite zwei Quadranten von starkem Kupfer e
und f, welche, damit sie sich nicht metallisch berühren, nach dem
Mittelpunct ausgeschnitten sind. Die kupfernen Quadranten sind auf
den vier Kupferplatten vor der Drehbank abgeschliffen. Von dem
Klötzchen gehen zwei Metallstangen nach oben, und diese sind am
oberen Ende durchbohrt, um einen horizontalen Holzstab hk zu
tragen. Der Holzstab dient dazu, das Klötzchen und mit ihm die
kupfernen Quadranten um den Mittelpunct g zu drehen. In der Lage,
welche die Figur darstellt, ist nun dem Strom ein Weg zwischen a
und d, sowie zwischen b und e dargeboten. Wird aber h nach vorn
und c nach hinten um 45^0 gedreht, so liegen die beiden Quadranten
blos auf den Platten d und b, und der Strom ist unterbrochen. Wird
der bewegliche Theil um weitere 45^0 in demselben Sinne gedreht,
dann wird dem Strom eine Brücke zwischen a und b, sowie zwischen
c und d dargeboten und dieser muss somit die entgegengesetzte Richtung im Schliessungsdrahte annehmen, als in der ersten durch die
Figur dargestellten Lage.

---

1) v. Feilitzsch. Die Lehre von den Fernewirkungen des galvanischen
Stromes, pag. 16.

Oersted's Commutator.[1]) In Oersted's physikalischem Ca-
binete findet sich der im Princip durch Figur 16 dargestellte Commutator. Auf einem Fussbrette stehen zwei metallene Ständer e und
f, in welcher sich zwei metallene Axen h und k bewegen lassen.
Jede dieser Axen trägt drei metallene Arme, je einen kürzeren, der
nach d und c herabreicht, und je zwei längere, welche nach den
Quecksilbernäpfchen a und b reichen. Zwischen den Ständern ist ein
horizontales Klötzchen cd um seinen Mittelpunct, wo es durch die
Schraube g gehalten wird, auf der Bodenplatte um einen kleinen
Winkel drehbar. Bei c und bei d ist auf demselben eine Nuth eingeschnitten, in welche sich die kürzeren, von den beiden Axen absteigenden Arme kc und hd einstemmen. Die anderen Arme sind
so gebogen, dass nur immer einer von jeder Axe in die Behälter a
und b tauchen kann. In der Lage der Figur ist demgemäss die Axe
h mit a und die Axe k mit b in Verbindung. Wird nun das Klötzchen um einen kleinen Winkel so verschoben, dass c nach hinten
und d nach vorn geht, so nimmt es die kurzen Arme mit, dreht dadurch die beiden Axen im entgegengesetzten Sinne, und bewirkt so
ein Austauchen der Arme ha und kb und dagegen ein Eintauchen
der Arme ka und hb. Dadurch wird aber der Strom im Schliessungskreise geändert, wenn seine beiden Enden in das Quecksilber
der Behälter a und b eintauchen, während die Verbindungsdrähte mit
dem Rheomotor in den Löchern bei e und f eingeschraubt werden.
Sind bei c und d ebenfalls Quecksilbernäpfchen angebracht, so können
auch in diese die beiden Poldrähte eingetaucht werden.

Etter's Commutator.[2]) Der von Mechanikus Etter in Bonn
construirte Commutator ist dem vorigen sehr ähnlich. Er weicht dadurch von demselben ab, dass beide Axen über einander liegen, und
nicht wie hier in dieselbe Richtung fallen. Die untere Axe ist zum
Theil von Holz und geht mit diesem Theile durch den gegenüber
stehenden Ständer. Da, wo beide Axen münden, sind gezahnte Räder
(m und n neben Figur 16) aufgesetzt. An der oberen Axe ist ein
Knopf angebracht, um diese und infolge der Zahnräder auch die
andere in entgegengesetzter Richtung zu drehen. Das Klötzchen cd
und die zu ihm führenden kurzen Arme ch und dk werden somit

---

1) v. Feilitzsch, l. c, pag. 15.
2) v. Feilitzsch. Ibidem.

überflüssig. Die der unteren Axe angehörenden Arme müssen natürlich etwas kürzer sein, als die von der oberen ausgehenden; alle Arme sind aber so gegen einander abgeglichen, dass das Spiel der Bewegung ganz wie in Oersted's Commutator erfolgt.

Carl's Commutator. Der vom Herausgeber construirte Commutator ist bereits im ersten Bande des Repertoriums pag. 297 beschrieben worden, so dass wir unsere Leser darauf verweisen können.

Der Gyrotrop von Pohl.[1]) Dieser Commutator besteht aus einem Brette A (Figur 17), in welchem sechs Quecksilbernäpfe $b\,c\,d\,e\,f\,g$ befestigt sind. Die Näpfchen g und d und c und f sind durch die Drähte h und i verbunden, welche einander nicht berühren dürfen. In die Näpfchen b und e sind die mittleren Arme zweier dreiarmiger Metallkugeln $k\,l\,m$ und $n\,o\,p$ eingesetzt. Beide Bügel sind an dem nicht leitenden Glasstabe q befestigt. Sie bilden so eine Wippe, die abwechselnd mit den Enden m und p der Bügel in die Löcher c und d, oder mit den Enden n und k in die Löcher f und g eingelegt werden kann. Die Enden der Leitungsdrähte der Säule werden in die Quecksilbernäpfe b und e, die Enden des Schliessungskreises in die Näpfe f und g eingelegt. Liegt die Wippe wie in der Zeichnung, so fliesst der z. B. in b eintretende positive Strom durch die Arme l und k und Napf g direct durch die Leitung r zum Napf f und von da durch die Arme n und o zum Napf e.

Wird aber der Bügel umgelegt, dass die Arme k und n aus den Näpfen g und f herausgehoben sind und dafür die Arme m und p in die Näpfe c und d eintauchen, so geht der positive Strom durch l und m nach Napf c, von da durch Draht i nach f, und in der dem Pfeile entgegengesetzten Richtung durch die Leitung r nach Napf g, von da durch Draht h nach Napf d und durch die Arme p und o nach e.

---

1) **Kastner's** Archiv, Bd. XIII, pag. 49. **Wiedemann's** Galvanismus, I, pag. 279.

Kleinere Mittheilungen.

Ueber die Definition der Masse.
Von E. Mach.

Der Umstand, dass die Grundsätze der Mechanik weder ganz a priori, noch ganz durch die Erfahrung gefunden werden können (denn hinlänglich zahlreiche und genaue Experimente lassen sich nicht anstellen) bringt eine eigenthümlich ungenaue und unwissenschaftliche Behandlung dieser Grundsätze und Grundbegriffe mit sich. Es wird selten genügend klar gestellt und getrennt, was a priori einzusehen, was Erfahrung, was Hypothese sei.

Ich kann mir nun eine wissenschaftliche Darstellung der Grundsätze der Mechanik nur so denken, dass man diese Sätze als Hypothesen ansieht, zu welchen die Erfahrung hindrängt und dass man nachträglich zeigt, wie so die Ablehnung dieser Hypothesen zu Widersprüchen mit den bestconstatirten Thatsachen führen würde.

Als a priori einleuchtend, lässt sich bei wissenschaftlichen Untersuchungen blos das Causalgesetz betrachten oder der Satz vom zureichenden Grunde, der lediglich eine andere Form des Causalgesetzes ist. Dass unter gleichen Umständen stets Gleiches erfolgt oder dass die Wirkung durch die Ursache vollkommen bestimmt sei, bezweifelt kein Naturforscher. Es kann dahingestellt bleiben, ob das Causalgesetz auf einer mächtigen Induction ruht, oder in der psychischen Organisation seinen Grund hat, weil ja auch im psychischen Leben gleiche Umstände gleiche Folgen nach sich ziehen.

Wie wichtig der Satz vom zureichenden Grunde in der Hand eines Forschers sei, beweisen die Arbeiten von Clausius über mechanische Wärmetheorie und die Untersuchung von Kirchhof über den Zusammenhang des Absorptions- und Emissionsvermögens. Der wohlgeschulte Forscher gewöhnt sich mit Hilfe dieses Satzes in seinem

Denken an dieselbe Bestimmtheit, welche die Natur in ihren Wirkungen hat, und an sich unscheinbare Erfahrungen genügen dann, um
durch Ausschluss alles Widersprechenden, sehr wichtige, mit den genannten Erfahrungen zusammenhängende Erfahrungen aufzufinden.

Gewöhnlich ist man nun nicht sehr sparsam mit der Behauptung,
dass ein Satz unmittelbar einleuchtend sei. Das Gesetz der Trägheit
wird z. B. häufig so hingestellt, als ob es keiner Stütze durch die
Erfahrung bedürfte, während es doch nur aus dieser stammen kann.
Würden sich die gegenüberstehenden Massen nicht Beschleunigungen,
sondern etwa von der Entfernung abhängige Geschwindigkeiten ertheilen, so gäbe es kein Gesetz der Trägheit. Ob aber das eine oder
das andere stattfindet, lehrt nur die Erfahrung. Hätten wir blos
Wärmeempfindungen, so gäbe es blos Ausgleichungsgeschwindigkeiten,
welche mit den Temperaturdifferenzen selbst = 0 werden.

„Die Wirkung jeder Ursache verharrt", kann man von den Mas-
senbewegungen ebenso richtig sagen wie das Gegentheil „cessante
causa cessat effectus." Es hängt dies lediglich am Ausdruck. Nennt
man die erlangte Geschwindigkeit die „Wirkung", so ist der
erste Satz wahr, nennt man die Beschleunigung so, dann ist es
der zweite.

Auch den Satz des Kräftenparallelogrammes versucht man a priori
abzuleiten, muss aber immer die Voraussetzung einschmuggeln, dass
die Kräfte von einander unabhängig seien.

Hiemit wird· jedoch die ganze Ableitung überflüssig.

Ich will nun das Gesagte vorläufig durch ein Beispiel erläutern
und zeigen, wie ich mir eine vollkommen wissenschaftliche Entwickelung des Begriffes der Masse denke.

Die ziemlich allgemein gefühlte Schwierigkeit dieses Begriffes
liegt, wie mir scheint, in zwei Umständen:

1) in der unpassenden Anordnung der ersten Begriffe und Sätze
   der Mechanik;

2) in dem Verschweigen von wichtigen der Deduction zu Grunde
   liegenden Voraussetzungen.

Man definirt gewöhnlich $m = \dfrac{p}{g}$ und wiederum $p = mg$.

Dies ist entweder ein sehr widerlicher Zirkel, oder man ist genöthigt die Kraft als „Druck" aufzufassen. — Das letztere ist unver-

meidlich, wenn man, wie es üblich ist, die Statik der Dynamik voran-
stellt. Die Schwierigkeit, Grösse und Richtung der Kraft zu definiren,
ist bekannt.

In dem Newton'schen Principe, welches gewöhnlich an die Spitze
der Mechanik gestellt wird, „actioni contrariam semper et
aequalem esse reactionem: sive corporum duorum actiones
in se mutuo semper esse aequales et in partes contrarias
dirigi", ist die actio wieder ein Druck, oder das Princip ist ganz
unverständlich, wenn wir Begriffe der Kraft und der Masse nicht
schon haben. — Der „Druck" nimmt sich aber an der Spitze der
heutigen ganz phoronomischen Mechanik sehr sonderbar aus.

Dies lässt sich jedoch vermeiden.

Wenn es blos einerlei Materie gäbe, so würde der Satz des zureichenden Grundes genügen, um einzusehen, dass zwei vollkommen
gleiche sich gegenüber stehende Körper, sich nur gleiche entgegengesetzte Beschleunigungen ertheilen können. Dies ist die einzige
Wirkung, welche durch die Ursache vollkommen bestimmt ist.

Nehmen wir nun die Unabhängigkeit der Beschleunigungen von
einander an, so ergibt sich leicht folgendes. Ein Körper A, bestehend
aus m Körpern a steht einem Körper B, der aus m' Körpern a sich
zusammensetzt, gegenüber. Die Beschleunigung von A sei φ, jene
von B φ'. Dann ist $\varphi : \varphi' = m' : m$.

Sagen wir ein Körper A habe die Masse m, wenn er m-mal den
Körper a enthält, so heisst dies: die Beschleunigungen verhalten sich
verkehrt wie die Massen.

Um das Massenverhältniss zweier Körper zu erfahren, lassen wir
dieselben auf einander wirken und erhalten, indem wir noch auf
das Zeichen der Beschleunigung Rücksicht nehmen: $\dfrac{m}{m'} = - \left(\dfrac{\varphi'}{\varphi} \right)$.

Ist der eine Körper als Masseneinheit angenommen, so gibt die
Rechnung die Masse des andern Körpers. Es hindert uns nun nichts,
diese Definition auch in Fällen anzuwenden, in welchen zwei Körper
von verschiedener Materie auf einander wirken. Wir können nur
nicht a priori wissen, ob wir nicht immer andere Massenwerthe erhalten, wenn wir andere Vergleichskörper und andere Kräfte zu Rathe
ziehen. Als man fand, dass A und B sich in dem Gewichtsverhält-
nisse $a : b$, A und C in dem Gewichtsverhältniss $a : c$ chemisch verbinden, konnte man in der That nicht voraus wissen, dass auch B und

C sich nach demselben Verhältniss $b:c$ verbinden werden. Dass zwei Körper, die sich zu einem Dritten als gleiche Massen verhalten, sich auch untereinander als gleiche Massen verhalten werden, kann nur die Erfahrung lehren.

Wenn ein Stück Gold einem Stücke Blei gegenübersteht, verlässt uns der Satz des zureichenden Grundes vollkommen. Wir sind nicht einmal berechtigt Gegenbewegung zu erwarten. Beide Körper könnten sich in derselben Richtung beschleunigen. Die Rechnung würde dann zu negativen Massen führen.

Dass aber zwei Körper, die sich zu einem dritten als gleiche Massen verhalten, in Bezug auf beliebige Kräfte dasselbe untereinander thun, ist deshalb sehr wahrscheinlich, weil das Gegentheil mit dem Gesetz der Erhaltung der Kraft unvereinbar wäre, das wir bisher noch immer bestätigt gefunden haben.

Denken wir uns drei Körper, A, B, C auf einem absolut glatten und absolut festen Ring beweglich.

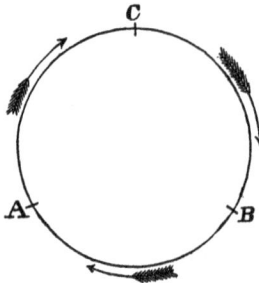

Die Körper sollen durch irgend welche Kräfte auf einander wirken. Ferner sollen A und B, dann A und C sich als gleiche Massen verhalten. Dann muss dasselbe zwischen B und C stattfinden.

Würde sich beispielsweise C als grössere Masse zu B verhalten und wir ertheilen B eine Geschwindigkeit v in der Richtung des Pfeiles, so gibt es diese durch Stoss ganz an A ab, dieses ganz an C. Dagegen ertheilt nun C dem B eine grössere Geschwindigkeit als v und behält noch einen Rest zurück. — Bei jedem Umgang in der Richtung des Pfeiles wächst die lebendige Kraft im Ringe. Das Umgekehrte findet statt, falls die Anfangsbewegung der Richtung des Pfeiles entgegen eingeleitet wird. Das wäre nun eine Erscheinung, welche mit den bisher bekannten Thatsachen im grellen Widerspruche stünde.

Hat man die Masse so definirt, so hindert nichts, die alte Definition für die Kraft als Produkt der Masse und Beschleunigung beizubehalten. Der Newton'sche erwähnte Satz versteht sich dann von selbst.

Da von der Erde alle Körper eine gleiche Beschleunigung zum Mittelpuncte erhalten, so haben wir in ihrer Kraft (ihrem Gewicht) ein bequemes Maass ihrer Masse, jedoch wieder nur unter den beiden Voraussetzungen, dass Körper, die sich zur Erde als gleiche Massen verhalten, es zu jedem Körper und in Bezug auf jede Kraft thun.

Hiernach würde mir folgende Anordnung von Sätzen der Mechanik als die wissenschaftlichste erscheinen:

Erfahrungssatz: Gegenüberstehende Körper ertheilen sich entgegengesetzte Beschleunigungen nach der Richtung ihrer Verbindungslinie. (Der Satz der Trägheit ist hier schon eingeschlossen.)

Definition. Körper, die sich gleiche entgegengesetzte Beschleunigungen ertheilen, heissen Körper von gleicher Masse. — Den Massenwerth erhalte ich, wenn ich die Beschleunigung, die es dem als Einheit angenommenen Vergleichskörper ertheilt, durch die Beschleunigung dividire, welche er selbst erhält.

Erfahrungssatz: Die Massenwerthe bleiben unverändert, wenn ich sie in Bezug auf andere Kräfte und auf einen andern Vergleichskörper bestimme, der sich zu dem ersten als gleiche Masse verhält.

Erfahrungssatz: Die Beschleunigungen, welche sich mehrere Massen ertheilen, sind von einander unabhängig. (Der Satz des Kräftenparallelogramms ist hier eingeschlossen.)

Definition: Kraft ist das Product aus dem Massenwerth eines Körpers in die demselben ertheilte Beschleunigung.

Prag, 15. November 1867.

Ueber die Versinnlichung einiger Sätze der Mechanik.
Von E. Mach.

Einige Sätze der Mechanik lassen sich so leicht versinnlichen, dass dies wohl beim Unterricht nie versäumt werden sollte. Zu diesen gehören der Satz der Erhaltung des Schwerpunctes und das Princip der Erhaltung der Flächen.

Wenn man den Electromotor von Page (mit einer horizontalen Spule) auf Glasröhren legt, so rückt der Körper des Motors stets dem Eisenkern entgegen hin und her. Man kann nun leicht auf das Schwungrad ein Gegengewicht aufsetzen, welches dieses Rücken vermehrt, vermindert oder aufhebt.

Man kann durch verschiedene Axen, an welchen man den Körper des Motors beweglich macht, alle Kräfte und Kräftepaare sichtbar machen, die während der Thätigkeit des Motors auftreten.

Um das Princip der Erhaltung der Flächen zu demonstriren, verwende ich den Motor von Grüel (mit oscillirendem Anker). Der Körper wird an einer Axe beweglich gemacht, welche der Axe des Schwungrades parallel ist. Der Strom tritt durch die (verticale) Axe ein und aus. Sobald die Thätigkeit des Motors beginnt, dreht sich der Körper dem Schwungrade entgegen. (Hiezu die Fig. 2 Taf. XXV.)

Es zeigen sich hiebei viele hübsche Erscheinungen, deren Beobachtung und Erklärung aber so nahe liegt, dass ich sie nicht besonders beschreibe.

Das Princip der Erhaltung des Schwerpunctes und das Princip der Erhaltung der Flächen lässt sich noch mit einem ganz einfachen Apparate nachweisen.

Eine Holzscheibe, die auf Wasser schwimmt, trägt zwei verticale Drähte, um welche zwei kleinere Scheiben beweglich sind. Die kleineren Scheiben tragen Federn, welche durch einen Faden verbunden sind, der durch eine Bohrung der erwähnten Drähte geht. Die kleineren Scheiben können nun um die Drähte so gedreht werden, dass sich die Fäden aufwinden und die Federn sich spannen. Ist dies geschehen, so bindet man die kleineren Scheiben mit einem neuen Faden fest, welchen man, nachdem das ganze System zu Ruhe gekommen ist, wieder abbrennt. (Hiezu die Fig. 3 Taf. XXV.)

Dabei kann man nun folgendes bemerken:

1) Wenn die beiden kleineren Scheiben a, b zum Mittelpuncte der grossen Scheibe A symmetrisch liegen und sich in demselben Sinne abwinden, so dreht sich die grosse Scheibe A um eine Axe, welche durch ihren Mittelpunct (den Schwerpunct des Systems) geht, in entgegengesetztem Sinne.

2) Drehen sich die kleinen Scheiben gleich rasch in entgegengesetztem Sinne, so ruht die grosse Scheibe.

3) Entfernt man die eine Scheibe, etwa b, so geht bei Drehung der Scheibe a die Rotation von A auch in entgegengesetztem Sinne vor sich. Die Drehungsaxe geht aber jetzt nicht durch den Mittelpunct der Scheibe A, sondern wieder durch den Schwerpunct des Systems. Sie liegt also jetzt näher am Mittelpuncte von a.

Ueber die Versinnlichung der Poinsot'schen Drehungstheorie.

Von E. Mach.

Nach den schönen Entwicklungen von Poinsot hat man sich die Bewegung eines beliebigen freien Körpers, der von einem Momentankräftepaar angegriffen wird, folgendermassen vorzustellen:

Man denke sich eine der Ebene des Kräftepaares parallele Ebene, welche das Centralellipsoïd des Körpers berührt; der Mittelpunct des Ellipsoïds werde im Raume festgehalten und das Ellipsoïd rolle ohne zu gleiten auf der ebenfalls festgehaltenen Berührungsebene ab. Die Folge der Berührungspuncte bildet die Polhodie auf dem Ellipsoïd und die Herpolhodie auf der Ebene.

Diese Bewegung lässt sich nun sehr schön versinnlichen. (Hiezu die Fig. 1 Taf. XXV). Man lässt sich, wenn das Centralellipsoïd die Axen $a > b > c$ hat, drei Halbellipsoïde modelliren, bei welchen die Schnittebenen durch ab, bc und ac gehen. Jede Schnittfläche ist um den Mittelpunct ein wenig ausgehöhlt und trägt ein Stiftchen mit einem Kügelchen, das genau in den Mittelpunct des Ellipsoïd's fällt. Dieses Kügelchen wird nun in eine Gabel an einem Träger geklemmt. Den Fuss des Trägers bildet eine mit berusstem Papier bekleidete Metallplatte, auf welcher das Halbellipsoïd ruht. Lässt man das festgeklemmte Ellipsoïd auf der Platte abrollen, so erhält man die Polhodie schwarz auf dem weissen Ellipsoïd, die Herpolhodie weiss auf dem Russpapier. — Die Curven sind sehr schön und instructiv. — Die drei Halbellipsoïde dienen zur Darstellung der drei von Poinsot beschriebenen Fälle.

Neues Flintglas.

Im bayer. Kunst- und Gewerbeblatt 1863 Seite 53 machte ich Mittheilung über ein Flintglas von sehr hoher Zerstreuungskraft. Wie es scheint, fand dieselbe nicht die Beachtung, welche die Sache an und für sich schon und um so mehr, als sich dieses Glas ganz besonders tauglich für Spectral-Apparate erweist, verdient hätte.

Der damalige Glassatz, kieselsaures Bleiglas, enthielt circa 70 Procent Bleioxyd (die schlüssliche chem. Analyse constatirte 67.51 Pb) und das geschmolzene Glas ergab für die mittlere Refraction einen Werth von $n = 1.747714$, die Dispersion einen solchen von $0.067671 = Hn - Bn$. Das Glas war somit circa 50 Proc. höher in seiner Zerstreuungskraft als gewöhnliches Fraunhofer-Flintglas von $n = 1.63$.

Es ist mir bis heute kein Glas gleich hoher Zerstreuung bekannt geworden, jüngst aber selbst noch ein etwas mehr zerstreuendes Glas gelungen, dessen mittlere Refraction einen Index von 1.756855 und entsprechend höhere Dispersion hat. Man erhält durch ein Prisma von 60° brechenden Winkels des besagten Glases ein Spectrum gleich jenem von Kirchhoff, somit durch ein einziges Element ein Resultat wie von einem Apparate aus 4 Elementen. Die Doppellinie D trennt sich auf circa 34 Bogensecunden Distanz und erscheint in einem Beobachtungs-Fernrohre 24 facher Vergrösserung in der Breite einer Pariser-Linie.

Weitere Aufschlüsse über die Natur dieses Glases mögen den Beobachtungsresultaten von Professor van der Willigen (Archives du Musée Teyler vol. I fasc. III. Harlem 1868) entnommen werden, welche auf Table I „Prisme de Merz Nr. II" die Refractions-Indices für 72 Spectrallinien enthalten.

Prismen der Art liefert das unter meiner Leitung stehende Fraunhofer'sche Institut für 12 Rthlr. $=$ 21 fl. bei 18‴ Oeffnung.

Sigmund Merz.

Ditscheiner. Ueber eine neue Methode zur Untersuchung des reflectirten Lichtes.

(Wiener Academischer Anzeiger 1868, Nro. XXI.)

Die dunklen Interferenzstreifen, welche im Spectrum auftreten, wenn man eine zur optischen Axe parallel geschnittene Quarzplatte zwischen gekreuzten, am Collimator und Fernrohr angebrachten Nicolen so aufstellt, dass ihre optische Axe parallel der Spalte und unter 45° gegen die Hauptschnitte der Nicole geneigt ist, erscheinen verschoben, wenn das aus der Quarzplatte austretende Licht durch einen der Spalte parallelen Spiegel reflectirt wird. Diese Verschiebung entspricht dem Gangunterschiede, welchen die zur horizontalen, auf der Spalte senkrechtstehenden Einfallsebene parallel und senkrecht polarisirten Componenten des auffallenden Strahles bei der Reflexion erleiden und ist um so grösser, je grösser dieser Gangunterschied ist. Da in der Quarzplatte die parallel zur Einfallsebene polarisirten ausserordentlichen Strahlen eine Verzögerung gegen die senkrecht zu ihr polarisirten ordentlichen erlitten haben, so wird eine Verschiebung gegen Roth eine Verzögerung der parallel zur Einfallsebene polarisirten Strahlen, eine solche gegen Violett eine Verzögerung der senkrecht zu derselben polarisirten Strahlen andeuten. Die zur Herstellung vollkommen schwarzer Interferenzstreifen nöthige Drehung des Ocularnicols gibt das Verhältniss der Intensitäten der reflectirten senkrecht zu einander polarisirten Strahlen.

Bei allen streifenden Incidenzen, wie immer die Reflexion auch stattfinden mochte, waren die Interferenzstreifen an ebendenselben Stellen aufgetreten, wie bei nicht reflectirtem Lichte. Es ergibt sich daraus, dass bei streifender Incidenz des auffallenden Lichtes gar kein Gangunterschied, oder doch nur ein solcher von einer ganzen Anzahl von Wellenlängen eintritt.

Bei der metallischen Reflexion an Silberspiegeln war beim Uebergang von der streifenden zur senkrechten Incidenz ein continuirliches Wandern der Streifen gegen Roth zu beobachten. Bei der senkrechten Incidenz war diese Verschiebung einer halben Streifendistanz gleich, entsprechend einem Gangunterschiede von einer halben Wellenlänge.

Bei der gewöhnlichen Reflexion traten dieselben Erscheinungen ein. In der Nähe des Polarisationswinkels verschwinden jedoch die Interferenzstreifen fast vollkommen.

Wurde das Licht total reflectirt, so zeigte sich beim Uebergange von der streifenden zur senkrechten Incidenz zuerst eine Verschiebung gegen Roth, welche jedoch bei weiterer Verkleinerung des Einfallswinkels nach dem Eintreten eines Maximums in eine solche gegen Violett überging, so zwar, dass beim Grenzwinkel der totalen Reflexion die Streifen wieder dieselbe Lage hatten, wie bei streifender Incidenz.

Bei allen diesen Versuchen waren also die parallel zur Einfallsebene polarisirten Strahlen gegen jene senkrecht zu ihr polarisirten
verzögert.

Bei negativer Reflexion tritt eine Verschiebung gegen Violett ein,
da nun die senkrecht zur Einfallsebene polarisirten Strahlen verzögert
erscheinen.

Auch das von dünnen Silberschichten durchgelassene Licht wurde
untersucht. Bei senkrechter Incidenz erschienen die Streifen an denselben Stellen, wie bei Anwendung des directen, ungehindert auf das
Prisma fallenden Lichtes. Bei dieser Incidenz tritt also kein Gangunterschied auf. Vergrösserte man den Einfallswinkel, so verschoben
sich die Streifen gegen Violett, es war also die senkrecht zur Einfallsebene polarisirte Componente verzögert gegen die parallel zu ihr
polarisirte.

Diese Thatsachen werden von den von Cauchy für die gewöhnliche und metallische und von Fresnel für die totale Reflexion gegebenen Formeln vollkommen wiedergegeben.

Notiz über verschiedene Arbeiten über Wellenlängen.
Von Mascart.
(Annales de Chimie et de Physique Février 1868.)

Die bedeutende Entdeckung von Bunsen und Kirchhoff hat
die Aufmerksamkeit der Physiker lebhaft auf alle Fragen gerichtet,
die auf das Studium der Spectren Bezug haben und besonders auf
die Bestimmung der Wellenlängen der verschiedenen Strahlen.

Die Messungen von Fraunhofer über diesen Gegenstand sind
unvollständig und besitzen nicht den Grad von Genauigkeit, welchen
man gegenwärtig erreichen kann; es wäre also nöthig, diese Zahlen-
werthe einer neuen Prüfung zu unterwerfen, wenn man sie für eine
genaue Controle der verschiedenen Theorieen der physischen Optik
benützen wollte.

Seit einigen Jahren sind über diese Frage bedeutende Arbeiten
veröffentlicht worden; da sie jedoch in verschiedenen wissenschaftlichen
Journalen zerstreut sind, so habe ich geglaubt, es möchte von Interesse sein, die hauptsächlichsten Resultate zusammenzustellen und

unter einander zu vergleichen. Dieses Resumé wird jedem Experimentator den ihm zukommenden Platz anweisen und überdies die Meinung der Physiker über den definitiven Werth der Hauptwellenlängen fixiren, die wirklich zur Zeit als Ausgangspuncte dienen.

Lassen wir die Fraunhofer'schen Experimente weg, da sie allgemein bekannt sind und es unnöthig ist, auf sie zurückzugehen, so haben wir nur die Arbeiten von F. Bernard[1]), Stefan[2]), Angström[3]), Ditscheiner[4]), van der Willigen[5]) und die von mir selbst publicirten[6]) zu citiren.

Die meisten dieser Bestimmungen sind nach der von Fraunhofer eingeführten Methode der Gitter erhalten, manchmal jedoch mit Modificationen im Detail beim Beobachtungsverfahren. Bernard hat das Interferenzphänomen bei grossem Gangunterschied zweier durch die doppelte Refraction getrennter und dann auf die gleiche Polarisationsebene zurückgeführter Strahlen angewendet; Stefan benützte die Dispersion der Polarisationsebenen durch eine zur Axe senkrechte Quarzplatte.

Anstatt die Zahlen so zu vergleichen, wie sie von den verschiedenen Beobachtern gegeben wurden, wird es, wie ich glaube, besser sein, die Frage von zwei Gesichtspuncten aus zu betrachten; vorerst muss man die Verhältnisse der verschiedenen Wellenlängen bestimmen, was für die meisten Fragen der Optik ausreichen wird, dann wird man den absoluten Werth von einer derselben aufsuchen, woraus man alle die anderen herleiten kann. Die Bestimmung der absoluten Werthe schliesst ganz specielle experimentale Schwierigkeiten in sich und ihr wissenschaftlicher Nutzen ist in Frage gestellt. Ich werde also die Zahlen einer jeden Reihe mit einem Coëfficienten multipliciren, der für den Strahl D, und zwar den brechbarsten der Gruppe, den von Fraunhofer gegebenen Werth 0,5888 darstellt (die Einheit ist der tausendste Theil des Millimeters).

Angström und van der Willigen haben eine grosse Anzahl von dunklen Linien im Sonnenspectrum gemessen, nämlich die von

---

1) Comptes rendus des séances de l'Académie des Sciences (20 juin 1864).
2) Poggendorff's Annalen t. CXXII p. 631 (1864).
3) Poggendorff's Annalen t. CXXIII p. 489 (1864).
4) Fortschritte der Physik p. 224 (1865).
5) Archives du musée Teyler, vol. I (Harlem).
6) Annales scientifiques de l'Ecole normale, t. I (1864); t. IV (1867).

Fraunhofer mit besonderen Buchstaben bezeichneten und viele
andere wohl definirte Linien, namentlich aber diejenigen, welche mit
den hellen Linien gewisser Metalle übereinstimmen. Ich werde blos
die Werthe für die Fraunhofer'schen Hauptlinien vergleichen, da
sie immer als Ausgangspuncte dienen und verweise für die anderen
Linien, die ohne Zuhilfenahme einer Zeichnung nicht leicht gut be-
stimmbar sind, auf die Originalabhandlungen. Ich werde auch die
dunklen Linien im ultravioletten Sonnenspectrum und die hellen Linien
der Metalle, die sowohl im hellen als im ultravioletten Spectrum gelegen sind, mit Stillschweigen übergehen.

Die folgende Tabelle enthält alle auf die angegebene Weise reducirten Resultate:

Linie.	F. Bernard.	Stefan.	Angström.	Ditscheiner.	Van der Willigen.	Mascart.
A.	0,7606	0,7590	0,76037	—	0,76033	—
B.	0,6869	0,6865	0,68675	0,68705	0,68658	0,68666
C.	0,6561	0,6551	0,65608	0,65589	0,65605	0,65607
—	—	—	0,58940	0,58944	0,58940	0,58943
D.	0,5888	0,5888	0,5888	0,5888	0,5888	0,5888
—	—	—	0,52687	—	0,52683	—
E.	0,5268	0,5248	—	0,52685	—	0,52679
—	—	—	0,52676	—	0,52663	—
—	—	—	0,51823	—	0,51823	0,51820
b.	—	0,5182	0,51712	0,51713	0,51711	0,51706
—	—	—	0,51660	—	0,51656	0,51655
F.	0,4859	0,4838	0,48599	0,48597	0,48601	0,48598
G.	0,4306	0,4298	0,43058	0,43090	0,43078	0,43076
H.	0,3968	—	0,39674	0,39669	0,39682	0,39672

Die Linie E wurde in zwei Fällen doppelt beobachtet. Die
Gruppe b besteht aus vier Linien; die Zahlen in der Tabelle beziehen
sich auf die beiden ersten und die vierte, wenn man bei dem am
wenigsten brechbaren beginnt.

Man sieht beim Anblicke dieser Tabelle, dass die durch die Methode der Gitter erhaltenen Resultate untereinander eine merkwürdige
Uebereinstimmung zeigen. Die Zahlen der vier letzten Columnen
stehen einander sehr nahe, blos beim Strahl G zeigten sich etwas
grössere Divergenzen. Die anderen Methoden gaben weniger übereinstimmende Resultate.

Die absoluten Wellenlängen für die Linien D sind nun folgende:

Angström	0,58944
Ditscheiner	0,58989
Van der Willigen	0,58926
Mascart	$\begin{cases} 0{,}58988 \\ 0{,}58882 \end{cases}$

Da die Resultate von Angström in Bruchtheilen des Zolles ausgedrückt sind, so wurden sie mit der Zahl 20,070 multiplicirt, welche das Verhältniss des Zolles zum Millimeter bezeichnet. Von den beiden Resultaten, die ich gegeben habe, entspricht das erstere einem unregelmässigen Gitter, das zweite ist das Mittel von vier übereinstimmenden Zahlen, die mit vier verschiedenen Gittern erhalten wurden. Man sieht, dass hier die Uebereinstimmung weniger befriedigend ist; es ist gestattet aus dieser Vergleichung zu schliessen, dass der von Fraunhofer gegebene Werth 0,5888 der Wahrheit sehr nahe liegt, etwa bis auf ein Tausendstel; man ist jedoch, wie ich glaube, noch nicht berechtigt, diese Zahl zu modificiren.

Berichtigungen.

Bd. III. S. 443 Z. 10 von unten ist zu streichen „mit der Feile."
„ „ „ 443 „ 9 „   „   lies „Neigen" statt „Steigen."
„ „ „ 444 „ 19 „ oben „ „füllt" statt „hält."
„ „ „ 446 „ 9 „   „   „ „Lager" statt „Lage."

In dem auf Seite 15 vorausgegangenen Aufsatze „Ueber einige auf die parabolischen Wurflinien bezügliche geometrische Oerter etc." sind folgende Druckfehler
stehen geblieben, die der Verfasser zu berichtigen bittet:

S. 17 Z. 9 v. o. mit irgend st. irgend mit.
S. 17 Z. 2 v. u. genauere st. geradere.
S. 19 Z. 8 v. o. lebendigeres st. lebendiges.
S. 20 Z. 7 v. u. schnell, st. schnell;
S. 20 Z. 3 v. u. α' st. α^1.
S. 21 Z. 4 u. 3 v. u. Geraden st. Gerade.
S. 22 Z. 2 v. o. gehörige st. gehörigem
und dem st. den.
S. 24 Z. 1 v. o. y st. $(y$.
S. 24 Mitte K_0 st. K^0.
S. 26 Z. 3 v. o. a st. α.
S. 27 Z. 3 v. u. Q st. O.

S. 28 Z. 12 u. 7 v. u. a st. α.
S. 29 Z. 5 v. o. den möglichst st. die möglichst
S. 29 Z. 8 v. o. R' st. R^1.
S. 29 Anmerk. Der Beweis st. Beweis.
S. 30 Z. 7 v. u. kleineren st. kleinen.
S. 31 Z. 3 v. o. nun st. nur.
S. 31 Z. 11 v. o. erst st. nicht.
S. 31 Mitte u. Z. 12 v. u. Schnittpunct
st. Scheitelpunct.
S. 32 Z. 2 v. u. $tg\,\alpha$ st. $tg\,a$.
In Fig. 5 links Q' st. Q; rechts fehlt
das dem P' entsprechende P.

In dem S. 216 etc. vorausgegangenen Aufsatze „Ueber den Einfluss von
Dalton's Theorie etc." bittet man folgende Druckfehler zu berichtigen:

S. 217 Z. 13 v. o. s_0 st. s und Z. 3 v. u. e st. l.
S. 220 Z. 7 und 8 v. o. sind hinter mm die, zu ergänzen.
S. 221 Z. 6 v. o. 1.2 st. 1:2.
S. 224 Z. 11 v. o. 0,996399 st. 0,966399.
S. 224 Z. 12 v. u. $\leftrightharpoons$ st. — und — st. des zweiten $\leftrightharpoons$.

Kritische Darstellung
des zweiten Satzes der mechanischen Wärmetheorie.

Von

Th. Wand.

(Fortsetzung von Seite 322.)

V.

Prüfung des zweiten Satzes durch Versuche. Gase und
Dämpfe. Zusammenpressung von Wasser. Latente Wärme
und Druck der Dämpfe. Die Ausdehnung des Wassers beim
Gefrieren. Absorption der Gase und Auflösung der Salze.
Thermoëlectrische Erscheinungen.

Nach den bisherigen Entwicklungen darf ich wohl behaupten,
dass es eine Willkürlichkeit ist, den zweiten Satz als einen Grundsatz,
der keines weiteren Beweises bedarf, an die Spitze der mechanischen
Wärmetheorie zu stellen; es bleibt also noch zu untersuchen, ob und
wieferne dieser Satz auf experimentellem Wege sich bewahrheitet.

Zunächst bespreche ich die Gase und Dämpfe und wende auf sie
die Gleichung III (11) an, welche lautet:

$$T = \frac{A\lambda(c'-c)\,\varepsilon}{a^2}$$

Aus III (3) wissen wir, dass $-\varepsilon = \dfrac{dv}{v\,dp}$ ist und es kommt also
darauf an, diesen Ausdruck für Gase genau zu bestimmen. Lässt man
die Temperatur constant, so ist das Volumen eine Function vom
Druck, so dass man setzen kann: $v = f(p)$ und $pv = pf(p)$ oder:

$$pv = F(p)$$

Für Gase ist $F(p)$ nahezu constant, indem dieser Werth bei wachsendem Druck nur unbedeutend abnimmt. Durch Differenziation
erhält man:

$$p\,dv + v\,dp = F'\,dp \quad \text{und hieraus:}$$

$$(1) \qquad \varepsilon = \frac{1}{p} 1 - \left(\frac{p\,F'}{F}\right)$$

Zur Bestimmung des Werthes $\frac{p\,F'}{F}$ können die nachstehenden Versuche von Regnault dienen:

Volumen.	Druck		
	Luft.	Kohlensäure.	Wasserstoff.
	m.	m.	m.
1	1,0000	1,0000	1,0000
$\frac{1}{5}$	4,9794	4,8288	5,0116
$\frac{1}{10}$	9,9162	9,2262	10,0560
$\frac{1}{15}$	14,8248	13,1869	15,1395
$\frac{1}{20}$	19,7198	16,7054	20,2687

Pouillet gibt folgende Resultate:

V	$v : V$			
	Kohlensäure.	Stickoxydul.	Sumpfgas.	Oelbild. Gas.
1,00	1,000	1,000	1,000	1,000
0,20	0,989	0,983	0,992	0,986
0,10	0,965	0,956	0,981	0,972
0,05	0,919	0,896	0,956	0,955
0,025	0,739	0,732	0,940	0,919
0,012	—	—	—	0,850

Diese Tabelle gibt den Werth des Quotienten $v : V$, d. h. den Quotienten, welchen man erhält, wenn man das Volumen v, auf welches das Gas zusammengedrückt wurde, dividirt durch das Volumen V, welches unter gleichem Drucke die atmosphärische Luft einnimmt. Die Werthe von V in der ersten Reihe geben an, auf den wievielsten Theil des ursprünglichen Volumens die Luft comprimirt wurde.

Nach der ersten Tabelle hat man für Kohlensäure:

$$p = 1 \qquad\qquad\qquad p\,v = 1$$
$$p = 4,8288 \qquad\qquad p\,v = 0,9658$$

und nach der zweiten in Verbindung mit der ersten:

$$p = 1 \qquad\qquad\qquad p\,v = 1$$
$$p = 4,9749 \qquad\qquad p\,v = 0,9849$$

Die Uebereinstimmung zwischen beiden Tabellen ist also nicht sehr nahe. Nimmt man die Resultate Regnault's, welche die stärkste Abweichung vom M-Gesetze geben, als richtig an, so hat man für Kohlensäure etwa:

$$\frac{p\,F'}{F} = 0{,}008$$

also nicht einmal ganz $^1/_{100}$. Man sieht also, dass man keinen grossen Fehler begeht, wenn man

$$\frac{1}{\varepsilon} = p$$

setzt. Die Bedeutung von α ist einfach. Es bedeutet nämlich nach IIIα die Zunahme der Volumeinheit, wenn sie bei constantem Druck um eine Temperatureinheit wärmer gemacht wird; für vollkommene Gase ist daher $\alpha = \dfrac{1}{T}$

Aus (1) erhält man:

$$(2) \qquad\qquad c = c' - \frac{T\alpha^2 p}{\lambda A}$$

oder bei gleicher Temperatur und gleichem Druck:

$$c = c' - \text{Const.}\ \frac{\alpha^2}{\lambda}$$

Beim Gebrauche dieser, sowie überhaupt aller physikalischer Formeln, muss man darauf aufmerksam sein, stets die richtigen Einheiten zu wählen. Wählt man als Gewichtseinheit das Kilogramm, so muss man als Längeneinheit den Decimeter, als Flächeneinheit den Quadratdecimeter und als Raumeinheit den Liter nehmen; alsdann ist der Atmosphärendruck gleich 103,34; $A = 4240$ und $\dfrac{1}{A}$ in Atmosphären ausgedrückt gleich

$$0{,}02437.$$

Zur Prüfung der Formel (1) können die Schallgeschwindigkeiten dienen und zu diesem Zwecke soll zunächst eine exakte Formel für die Fortpflanzung des Schalles entwickelt werden.

Denken wir uns, dass die Fortpflanzung in einer cylindrischen Röhre stattfindet, deren Achse die X-Achse sei, so hat man, wenn man den Weg der Flüssigkeit mit s bezeichnet:

$$\frac{d^2 s}{d t^2} = -\frac{g}{\lambda}\frac{d p}{d x}$$

wobei g die Beschleunigung durch die Schwere bedeutet. Zunächst haben wir nur zu berechnen, wie sich der Druck ändert, wenn das Volumen um dv zunimmt, ohne dass eine Zufuhr von Wärme statt-findet. Nach III (1) ist

$$dp = \frac{dp}{dv} \cdot dv + \frac{dp}{dt} \cdot dt$$

Das bis jetzt noch unbekannte Verhältniss $dv : dt$ wird nun durch die Bedingung bestimmt, dass bei der Ausdehnung keine Kraft zugeführt wird. Dies gibt

$$du = -p\,dv = \frac{du}{dv} \cdot dv + \frac{du}{dt} \cdot dt \text{ oder}$$

$$0 = \left(p + \frac{du}{dv}\right) dv + \frac{du}{dt} \cdot dt$$

und wenn man die Werthe aus III (5) und (6) substituirt:

$$0 = \frac{c' - c}{a\,v}\,dv + c\,dt$$

Substituirt man den hieraus folgenden Werth von dt in die erste Gleichung für dp und setzt man für $\frac{dp}{dv}$ und $\frac{dp}{dt}$ die aus III (3) und (4) folgenden Werthe, so hat man:

$$dp = -\frac{c'}{c\,\varepsilon\,v}\,dv$$

Nun ist bei der Schallbewegung, wenn das v im Zustande der Ruhe gleich dx ist, das v im Zustande der Bewegung gleich $dx\left(1 + \frac{ds}{dx}\right)$; also $\frac{dv}{v} = \frac{ds}{dx}$; man hat daher für den Druck, welcher eintritt, wenn dx zu $dx\left(1 + \frac{ds}{dx}\right)$ geworden ist:

$$p = p_0 - \frac{c'}{c\,\varepsilon}\,\frac{ds}{dx}$$

$$\frac{d^2 s}{d^2 t} = \frac{g\,c'}{\varepsilon\,\lambda\,c}\,\frac{d^2 s}{dx^2}$$

und hieraus ergibt sich, wenn man das Quadrat der Schallgeschwin-digkeit mit v^2 bezeichnet:

$$v^2 = \frac{g\,c'}{\varepsilon\,\lambda\,c}$$

Setzt man $\frac{c'}{c} = \varkappa$, so hat man für zwei verschiedene Stoffe:

(3) $$v_1{}^2 : v_2{}^2 = \frac{\varkappa_1}{\varepsilon_1 \lambda_1} : \frac{\varkappa_2}{\varepsilon_2 \lambda_2}$$

Setzt man nach $\frac{1}{\varepsilon} = p$, so hat man bei gleichem Druck

$$v_1{}^2 : v_2{}^2 = \frac{\varkappa_1}{\lambda_1} : \frac{\varkappa_2}{\lambda_2}$$

Setzt man für die atmosphärische Luft Geschwindigkeit und spec. Gewicht gleich 1, so hat man:

$$\varkappa = 1{,}41 \, \lambda v^2$$

Nun hat man nach Dulong

	v		v
Sauerstoff	0,952	Kohlensäure	0,786
Stickoxydul	0,787	Kohlenoxyd	1,013
Wasserstoff	3,812	Oelbild. Gas	0,943

Ich entnehme diese Zahlen aus Eisenlohr's Physik, 6. Aufl. S. 203, bemerke jedoch, dass Eisenlohr statt Stickoxydul Stickoxyd setzt, was mir ein Druckfehler scheint.

Ferner haben wir nach Regnault:

	λ	c'		λ	c'
Sauerstoff	1,1056	0,2175	Kohlensäure	1,5201	0,2169
Stickoxydul	1,5241	0,2262	Kohlenoxyd	0,9673	0,2450
Wasserstoff	0,0692	3,409	Oelbild. Gas	0,9672	0,4040
	Luft $\lambda = 1$	$c' = 0{,}2375$			

Die spec. Wärme c' ist im Vergleich mit Wasser zu verstehen. Hieraus erhält man:

	$\varkappa$	$\frac{c'-c}{c'}$		$\varkappa$	$\frac{c'-c}{c'}$
Sauerstoff	1,413	0,2922	Kohlensäure	1,324	0,2448
Stickoxydul	1,331	0,2487	Kohlenoxyd	1,400	0,2855
Wasserstoff	1,418	0,2947	Oelbild. Gas	1,213	0,1753

Hiebei ist jedoch die Abweichung vom M-Gesetze nicht berücksichtigt. Zieht man auch diese in Betracht, so werden die Zahlen bei den leicht condensirbaren Gasen etwas grösser, so dass man bei Kohlensäure etwa $\varkappa = 1{,}334$ zu setzen hat.

Ferner hat man nach Tyndall folgende Ausdehnungscoëfficienten:

Wasserstoff	0,00366	Luft	0,00367
Sauerstoff	0,00367	Kohlensäure	0,00371

Nun soll nach dem zweiten Satz, wie sich aus (2) ergibt, bei gleichem Druck und gleicher Temperatur

$$\left(\frac{c'-c}{c'}\right)\frac{c'\lambda}{\alpha^2} = \text{Const.}$$

sein. Berechnet man mit Hilfe der gegenwärtigen Angaben diese Constante, so erhält man folgende Verhältnisszahlen:

| Luft | 1 | Sauerstoff | 1,017 |
| Wasserstoff | 1,012 | Kohlensäure | 1,143 |

Um nun einigermassen einen Anhaltspunct zu gewinnen, welche Genauigkeit wir den aus den Versuchen hergeleiteten Zahlen zuschreiben dürfen, benützen wir die Gleichung III (6) welche gibt:

$$\frac{du}{dv} + p = \frac{c'\lambda}{\alpha}\cdot\frac{c'-c}{c'}\;\text{Const.}$$

und wenn wir hieraus den Werth $\frac{du}{dv} + p$ berechnen, so bekommen wir folgende Verhältnisszahlen:

| Luft | 1 | Sauerstoff | 1,017 |
| Wasserstoff | 1,009 | Kohlensäure | 1,156 |

Nach der Theorie müsste der Wasserstoff, als das perfekteste Gas, die wenigste innere Arbeit geben; da aber die Verhältnisszahl für Wasserstoff nur um $1/100$ von der Verhältnisszahl für Luft abweicht, so darf man wohl annehmen, dass nach den gegebenen Betrachtungen der Werth für

$$\frac{c'\lambda}{\alpha}\cdot\frac{c'-c}{c'}$$

mindestens auf $1/50$ genau bestimmt wird und dass wir mit Zuverlässigkeit setzen können

| Luft | 1,00 | Sauerstoff | 1,01 |
| Wasserstoff | 1,00 | Kohlensäure | 1,15 |

und für die ersten Zahlen, welche nach dem zweiten Satz constant sein müssten:

| Luft | 1,00 | Sauerstoff | 1,01 |
| Wasserstoff | 1,00 | Kohlensäure | 1,14 |

Zwischen Kohlensäure und den übrigen Gasen haben wir also eine Differenz, die weit ausserhalb der Grenzen der Beobachtungsfehler liegt. Soll die Zahl für Kohlensäure der Zahl für Sauerstoff gleich sein, so muss der Ausdehnungscoëfficient für erstere mindestens gleich 0,00393 gesetzt werden.

Ich gehe nunmehr zu den festen und flüssigen Stoffen über.

Für die durch Zusammenpressung entstehende Temperaturerhöhung hatten wir oben III (7)

$$\triangle t = \left[\frac{\lambda (c' - c)}{\alpha c} + \frac{\triangle p}{2 A c}\right] \frac{\triangle v}{v_1}$$

Nun ist nach dem zweiten Satze III (11)

$$\frac{\lambda (c' - c)}{\alpha} = \frac{T \alpha}{A \varepsilon}$$

oder weil nach III (3) $\frac{1}{\varepsilon} = \frac{v_1 \triangle p}{\triangle v}$ und $\frac{\triangle v}{v_1} = \varepsilon \triangle p$ ist:

$$\frac{\lambda (c' - c)}{\alpha} = \frac{T \alpha \triangle p}{A} \cdot \frac{v_1}{\triangle v}$$

man hat daher schliesslich nach dem zweiten Satze:

(4) $$\triangle t = \frac{1}{A c} \left[T \alpha \triangle p + \frac{\varepsilon}{2} \triangle p^2\right]$$

Die in Zeuner's Grundzügen der mechanischen Wärmetheorie S. 181 angeführte Formel (welche nur andere Buchstaben hat) stimmt mit Ausnahme des zweiten Gliedes mit dieser Formel überein. Dass Zeuner das zweite Glied nicht hat, rührt daher, dass Thompson, den Zeuner hier als Gewährsmann anführt, übersehen zu haben scheint, die durch die Arbeit erzeugte Wärmevermehrung, die durch unser zweites Glied ausgedrückt wird, in Anschlag zu bringen.

Nun haben wir für Wasser:

$$v = v_0 (1 - a t + b t^2 - e t^3)$$

wobei a, b, c folgende Constanten sind:

$t = 0$ bis $t = 25^0$	$t = 25^0$ bis $t = 50^0$
$a = 0{,}000\,061\,045$	$a = 0{,}000\,065\,415$
$b = 0{,}000\,007\,183$	$b = 0{,}000\,007\,758$
$c = 0{,}000\,000\,037\,34$	$c = 0{,}000\,000\,035\,408$

Nun ist $\alpha = \dfrac{dv}{v\,dt}$; also

$$\alpha = -a + 2 b t - 3 c t^2$$

Nehmen wir als Druckeinheit die Atmosphäre, so hat man, da $\varepsilon = 0{,}00005$ ist:

$$\triangle t = 0{,}02437 \ (T \alpha \triangle p + 0{,}000025 \triangle p^2)$$

Die theoretische Berechnung gibt nun im Vergleich zu den Versuchen von Joule, wie ich aus Zeuner entnehme, folgende Resultate:

Anfangs-temperatur.	$\triangle p$ in Atmo-sphären.	$\triangle t$	
0		berechnet.	beobachtet.
1,2	24,34	— 0,0069	— 0,0083
5	24,34	+ 0,0025	+ 0,0044
11,69	24,34	0,0193	0,0205
18,38	24,34	0,0363	0,0314
30	24,34	0,0547	0,0544
31,37	14,64	0,0344	0,0394
40,4	14,64	0,0434	0,0450

Die Zahlen in der dritten Colonne sind etwas zu klein, da bei ihnen die Erwärmung, soweit sie durch die Arbeit bedingt wird, nicht berücksichtigt ist; allein die hiedurch veranlasste Temperaturerhöhung beträgt bei den 5 ersten Angaben nur 0,0003, sie ist also so unbedeutend, dass sie gar nicht in Anschlag gebracht zu werden braucht, da es wohl nicht leicht möglich ist, die Temperaturen genauer als auf $^1/_{100}$ Grad zu bestimmen, so herrscht zwischen den Resultaten der Beobachtung und Berechnung völlige Uebereinstimmung.

Ich wende mich nun zu der Formel III (12), welche aus dem zweiten Satze für verdampfende Flüssigkeiten folgt, und welche heisst:

$$\frac{T}{A} = \frac{r}{s-\sigma}\frac{dt}{dp}$$

Setzt man das spec. Gewicht des Dampfes gleich ϱ und berücksichtigt man, dass man σ gegen s vernachlässigen kann, so hat man:

$$A = \frac{dp}{dt}\frac{T}{r\varrho}$$

Für Wasser z. B. hat man, wie weiter unten näher nachgewiesen werden soll:

$$\frac{dp}{dt} = 27,1$$

in Quecksilbermillimetern ausgedrückt. Da 760^{mm} Quecksilberdruck einem Druck von 103,34 Kilogramm auf den Quadratdecimeter entspricht, so ist auch für unsere Rechnung

$$\frac{dp}{dt} = \frac{27,1 \cdot 103,34}{760} = 3,684$$

Ferner ist $T = 373$; $r = 537$ das spec. Gewicht des Dampfes im Vergleich zu Luft von gleicher Temperatur gleich 0,623 und da das spec. Gewicht der Luft bei 0° gleich 0,001293 ist, so haben wir:

$$\varrho = \frac{0,623 \cdot 0,001293 \cdot 273}{373} = 0,0005896$$

Aus diesen Angaben erhalten wir

$$A = 4340 \text{ Kgrmdecim.}$$

was mit der gewöhnlichen Annahme

$$A = 4240 \text{ Kgrmdecim.}$$

in Anbetracht der Unsicherheit des wahren Werthes von A als übereinstimmend angesehen werden kann. Bei der Vergleichung verschiedener Stoffe kann man A als eine unbestimmte Constante ansehen und setzen:

$$\text{Const.} = \frac{dp}{dt} \frac{T}{r\varrho}$$

Die Wahl der Einheiten ist alsdann gleichgültig. Gewöhnlich sind aber in den Versuchsresultaten nicht die wirklichen spec. Gewichte der gesättigten Dämpfe beim Druck einer Atmosphäre angegeben, sondern die spec. Gewichte im Verhältniss zur atmosphärischen Luft unter gleichem Druck und gleicher Temperatur. So zeigt z. B. das spec. Gew. des gesättigten Wasserdampfes beim Druck einer Atmosphäre nicht an, wie sich die Gewichte der Volumeinheit gesättigten Wasserdampfes und atmosphärischer Luft von 0^0 verhalten, sondern wie sich die Gewichte der Volumeinheit gesättigten Wasserdampfes und atmosphärischer Luft bei 100^0 verhalten. Bedeutet also ϱ' das auf diese Weise angegebene spec. Gewicht irgend eines gesättigten Dampfes beim Druck einer Atmosphäre, so ist das wirkliche Gewicht der Volumeinheit Dampf im Verhältniss zur Volumeinheit Luft von 0^0 gleich $\frac{273\varrho'}{T}$ wenn T die absolute Temperatur des gesättigten Dampfes bedeutet. Die obige Formel wird also zu

$$\text{Const.} = \frac{dp}{dt} \frac{T^2}{r\varrho'}$$

Zur Prüfung dieser Formel mögen folgende Angaben dienen:

Stoffe.	r	ϱ'	T	$\frac{dp}{dt}$
Aether	95	2,557	308	27,6
Alkohol	210	1,589	350,5	29,7
Wasser	540	0,622	373	27,1
Terpentinöl . .	75	4,697	432,3	18,7

Die Werthe in der ersten Colonne sind Mittelwerthe aus den Versuchen von Brix und Despretz (Müller's Physik, Bd. II, S. 689). Die Zahlen der zweiten Colonne sind von Regnault beobachtet; ebenso sind die Zahlen der dritten und vierten Colonne berechnet aus den Versuchen von Regnault. Die absolute Nulltemperatur ist hiebei gleich — 273⁰ angenommen. Die Werthe in der letzten Colonne habe ich nach den im Anhange besprochenen Interpolationsformeln in folgender Weise gefunden.

Für Aether geben die Versuche Regnault's folgende Druckzahlen und Differenzen

20⁰	30⁰	40⁰	50⁰
434,8	637,0	913,6	1268,0
	202,2		276,6		354,4	
		74,4		77,8	

Hieraus lassen sich zwei Interpolationsformeln ableiten, nämlich:

Für Werthe zwischen 20⁰ und 40⁰

$$p = 434,8 + \frac{202,2}{10}\, \triangle t + \frac{74,4 \,\triangle t\,(\triangle t - 10)}{10 \cdot 20}$$

Für Werthe zwischen 30⁰ und 50⁰

$$p = 637,0 + \frac{276,6}{10}\, \triangle t + \frac{77,8 \,\triangle t\,(\triangle t - 10)}{10 \cdot 20}$$

Hieraus hat man die zwei Formeln:

$$\frac{dp}{dt} = 16,50 + 0,744\, \triangle t$$

$$\frac{dp}{dt} = 23,79 + 0,788\, \triangle t$$

Setzt man nun in der ersten von $t = 20⁰$ an gerechneten Formel $\triangle t = 15$ und in der zweiten von $t = 30⁰$ an gerechneten Formel $\triangle t = 5$, so hat man für den Siedepunct

$$\frac{dp}{dt} = 27,60 \qquad \frac{dp}{dt} = 27,68$$

welche beide Angaben völlig übereinstimmen, da ja die Versuche, aus welchen $\frac{dp}{dt}$ abgeleitet ist, nur eine Decimalstelle geben.

In gleicher Weise erhält man für Alcohol:

$$\frac{dp}{dt} = 29,47 \qquad \frac{dp}{dt} = 29,96$$

Da diese Werthe nicht völlig übereinstimmen, berechnen wir $\frac{dp}{dt}$ aus den vier Druckangaben für 60⁰, 70⁰, 80⁰, 90⁰ und erhalten:

$$\frac{dp}{dt} = 29{,}69$$

Für Wasser werden wir weiter unten finden:

$$\frac{dp}{dt} = 27{,}1$$

Für Terpentinöl haben wir aus den Werthen bei 140⁰, 150⁰; 160⁰

$$\frac{dp}{dt} = 18{,}73$$

Regnault's Tabelle gibt den Werth p bei 170⁰ nicht, sondern erst bei 180⁰. Wir müssen daher, wenn wir einen weiteren Werth von $\frac{dp}{dt}$ aus den Angaben für 150⁰, 160⁰, 180⁰ berechnen wollen, zu der Formel (3) unsere Zuflucht nehmen und erhalten hieraus:

$$\frac{dp}{dt} = 18{,}83$$

Da man die Temperaturen mit dem Luftthermometer wohl auf 0,01⁰ genau angeben kann, so beträgt die Unsicherheit der Angaben von Regnault für den Druck etwa 0,2 Millimeter, so dass man die An-gaben für $\frac{dp}{dt}$ etwa auf ¹/₁₀₀ genau ansehen kann.

Wenn man nun die Constante aus obiger Formel berechnet, so erhält man nachstehende Verhältnisszahlen:

Aether	1,087	Wasser	1,131
Alcohol	1,102	Terpentinöl	1,000

Nehme ich für Terpentinöl

$$\text{Maximum von } T = 434^0$$

$$\text{,, \quad ,, } \frac{dp}{dt} = 19$$

$$\text{Minimum von } r = 72$$

$$\text{,, \quad ,, } \varrho' = 4{,}6$$

und für Wasser

$$\text{Minimum von } T = 372^0$$

$$\text{,, \quad ,, } \frac{dp}{dt} = 26{,}8$$

$$\text{Maximum von } r = 540$$

$$\text{,, \quad ,, } \varrho' = 0{,}624$$

so verhalten sich die beiden Constanten für Wasser und Terpentinöl immer noch, wie 1,019 : 1.

Wenn man also diese Angaben als die Maxima und Minima betrachten kann, so liegen auch die Differenzen nicht innerhalb der Grenzen der Beobachtungsfehler. Aber immerhin besteht zwischen den Resultaten für die genannten Stoffe eine nahe und merkwürdige Uebereinstimmung.

Mit Hülfe der Formel III (12) lässt sich auch das Volumen des gesättigten Wasserdampfes berechnen. Clausius (Zusatz C zu Abhandlung I) hat diese Berechnung ausgeführt und dabei die Angaben Regnault's zu Grunde gelegt. Nach Regnault ist:

$$r = 606,5 - 0,695\,t$$

Die übrigen Glieder, welche noch t^2 und t^3 enthalten, lasse ich weg, da sie zu unbedeutend sind, um auf die Rechnung einen Einfluss ausüben zu können.

Ferner gibt Regnault:

$t =$	$p =$	$t =$	$p =$
50	91,98	100	760
60	148,79	110	1037,7
70	233,09	120	1489,0
80	354,64	130	2029,0
90	525,45	140	2713,0

Hieraus berechnet Clausius folgende Tabelle:

t	Volumen		t	Volumen	
	theoretisch	beobachtet		theoretisch	beobachtet
58,21°	8,23	8,27	118,46°	0,911	0,891
68,52	5,29	5,33	124,17	0,769	0,758
70,76	4,83	4,91	128,41	0,681	0,648
77,18	3,74	3,72	130,67	0,639	0,634
77,49	3,69	3,71	131,78	0,619	0,604
79,40	3,43	3,43	134,87	0,569	0,583
83,50	2,94	3,05	137,46	0,530	0,514
86,83	2,60	2,62	139,21	0,505	0,496
92,66	2,11	2,15	141,81	0,472	0,457
117,17	0,947	0,941	142,36	0,465	0,448
118,23	0,917	0,906	144,74	0,437	0,432

Die Zahlen in der letzten Colonne sind nach Beobachtungen von Fairbairn und Tate.

Ich will nun auch diese Angaben einer möglichst genauen Prüfung unterziehen und stelle zu diesem Zwecke die Werthe von $\frac{dp}{dt}$ aus vier aufeinanderfolgenden Beobachtungen dar. Ich erhalte so:

$$\text{von } 50^0-80^0 \quad \frac{dp}{dt} = 4{,}632 + 0{,}1773 \triangle t + 0{,}00485 \triangle t^2$$

$$\text{„ } 70^0-100^0 \text{ „ } = 10{,}176 + 0{,}3473 \triangle t + 0{,}00726 \triangle t^2$$

$$\text{„ } 90^0-120^0 \text{ „ } = 20{,}255 + 0{,}566 \triangle t + 0{,}01125 \triangle t^2$$

$$\text{„ } 110^0-140^0 \text{ „ } = 35{,}938 + 1{,}054 \triangle t + 0{,}00965 \triangle t^2$$

Zur Prüfung der Genauigkeit berechne ich nun $\frac{dp}{dt}$ aus je zwei aufeinanderfolgenden Formeln und erhalte so:

$$t = 70^0 \quad \frac{dp}{dt} = \begin{cases} 10{,}12 \text{ (erste Formel)} \\ 10{,}17 \text{ (zweite Formel)} \end{cases}$$

$$t = 90^0 \quad \frac{dp}{dt} = \begin{cases} 20{,}02 \text{ (zweite Formel)} \\ 20{,}25 \text{ (dritte Formel)} \end{cases}$$

$$t = 100^0 \quad \frac{dp}{dt} = \begin{cases} 27{,}13 \text{ (zweite Formel)} \\ 27{,}03 \text{ (dritte Formel)} \end{cases}$$

$$t = 110^0 \quad \frac{dp}{dt} = \begin{cases} 36{,}07 \text{ (dritte Formel)} \\ 35{,}94 \text{ (vierte Formel)}. \end{cases}$$

Man sieht aus diesen Resultaten, dass man die aus den Versuchen von Regnault folgenden und durch unsere Methode berechneten Werthe von $T \frac{dp}{dt}$ bis auf $^1/_{100}$ genau ansehen darf. Nun folgt aus III (12) wenn man das Volumen des Wassers gegen das des Dampfes vernachlässigt:

$$\text{Const.} = \frac{Ts}{r}\frac{dp}{dt}$$

und um diese Formel zu prüfen, greife ich zwei Zahlen heraus, welche mir besonders von den theoretischen Resultaten abzuweichen scheinen, nämlich

$$t = 70{,}76 \quad s = 4{,}91$$
$$t = 128{,}41 \quad s = 0{,}648$$

Für diese zwei Temperaturen bekommen wir:

T	s	$\frac{dp}{dt}$	r
343,7	4,91	10,4	557
401,4	0,648	58,6	517

Wenn man nun aus diesen Angaben die Constante berechnet, so erhält man die Verhältnisszahlen:

Für 70,7⁰   1,069   Für 128,4⁰   1,000

Setzt man:

T	s	$\dfrac{dp}{dt}$	r
343	4,85	10,3	562
402	0,654	59	512

so erhält man folgende Verhältnisszahlen:

Für 70,7⁰   1,006   Für 128,4⁰   1,000

Bezeichnen also die letzten Angaben die äussersten Grenzen, so liegen die Differenzen noch ausserhalb der Beobachtungsfehler; aber doch besteht zwischen Theorie und Beobachtung eine sehr genaue Ueber-einstimmung.

Die letzte Anwendung der Formel III (12) ist endlich die auf fest werdende Substanzen. Für Wasser hat man $s = 1$; $\sigma = 1,087$; $r = 79$; also aus III (12) und da $\dfrac{1}{A}$ in Atmosphärendecimetern aus-gedrückt, gleich 0,02437 ist.

$$\frac{dt}{dp} = \frac{273 . - 0,087 . 0,02437}{79} = - \frac{1}{137} = 0,0073$$

d. h. wenn man den Druck um eine Atmosphäre steigen lässt, fällt der Schmelzpunct um $^1/_{137}$ Grad. Der theoretische Werth

$$\frac{dt}{dp} = - 0,0073$$

stimmt mit dem von W. Thompson experimentell gefundenen Werthe — 0,0075 völlig überein.

Der zweite Satz lässt auch eine interessante Anwendung auf die Absorption der Gase und die Auflösung der Salze zu.

Bezüglich der Gase gilt nach den Untersuchungen von Bunsen das Gesetz, dass die Quantität des von einer gewissen Menge Flüssigkeit absorbirten Gases proportional dem Druck ist und ausserdem noch von der Temperatur abhängt. Bezeichnet man die Quantität des absorbirten Gases mit C, so hat man daher:

$$C = \frac{p\,\alpha}{p_0}$$

wobei α den Absorptionscoëfficienten bedeutet, der eine Function von der Temperatur ist. Die Anwendung des Satzes III (1a) hat nun

keine Schwierigkeit. Ist die Quantität Wärme, welche beim Freiwerden einer Gewichtseinheit Gas gebunden wird, gleich Q, so ist die
Wärme, welche beim Freiwerden der Gasmenge dm verschluckt wird,
gleich $Q\,dm$; hiebei vergrössert sich das Volumen um $\dfrac{dm}{\varrho}$; es ist also
$dm = \varrho\,dv$ und

$$p + \frac{du}{dv} = Q\,\varrho$$

Wir haben jetzt noch $\dfrac{dp}{dt}$ zu bestimmen. Lässt man das Volumen
unverändert, so bleibt C in der obigen Gleichung constant. Differenziirt
man nun bei unverändertem C, so hat man:

$$\frac{dp}{dt} = -\frac{d\alpha}{\alpha\,dt}$$

Man hat daher für absorbirte Gase

$$Q + \frac{T}{A\,\alpha\,\varrho} \cdot \frac{d\alpha}{dt} = 0$$

Nun ist nach **Bunsen** für Ammoniak:
$$\alpha = 1049{,}63 - 29{,}496\,t + 0{,}67687\,t^2 - 0{,}0095621\,t^3$$
ferner ist bei 0^0 und einer Atmosphäre:
$$\varrho = 0{,}5804 \cdot 0{,}001293$$
Hieraus hat man für 0^0
$$Q = 245$$
was mit dem von **Favre** und **Silbermann** beobachteten Werthe
$$Q = 514{,}3$$
sehr schlecht übereinstimmt.

Für schweflige Säure ist nach **Bunsen**
$$\alpha = 79{,}789 - 2{,}6077\,t + 0{,}2935\,t^2$$
Ferner ist bei 0^0 und einer Atmosphäre:
$$\varrho = 2{,}2113 \cdot 0{,}001293$$
Hieraus hat man:
$$Q = 76$$
was mit der von den genannten Physikern gemachten Beobachtung
$$Q = 120{,}4$$
zwar etwas besser, aber immer noch schlecht genug stimmt.

Bei der Ausdehnung dieser Resultate darf man nicht übersehen,
dass der Atmosphärendruck als Druckeinheit genommen wurde, somit
$\dfrac{1}{A} = 0{,}02437$ zu setzen ist.

Bezüglich der Auflösung von Salzen und der Verdampfung von Flüssigkeiten, in denen Salze gelöst sind, gestaltet sich die Rechnung folgendermassen:

Zunächst darf man nicht übersehen, dass der aus einer Lösung aufsteigende Dampf nicht die Temperatur der Flüssigkeit hat, aus der er sich entwickelt, sondern diejenige Temperatur, welche dem gesättigten Dampfe unter demselben Drucke entspricht und dass die Formel III (10) eine gleiche Temperatur der ganzen Masse voraussetzt.

Ist nun die Wärme, welche nothwendig ist, um die Dampfquantität dm aus der gesättigten Lösung bei einer gewissen Temperatur zu entwickeln, gleich r' und bedeutet γ die spec. Wärme des gesättigten Dampfes bei constantem Druck, ferner α den von der Temperatur T an gerechneten Ausdehnungscoëfficienten des Dampfes und $\triangle t$ die Temperaturdifferenz zwischen Flüssigkeit und Dampf, so ist:

$$p + \frac{du}{dv} = A\varrho \, \frac{r' + \gamma \triangle t}{1 + \alpha \triangle t}$$

weil der entwickelte Dampf noch um $\triangle t$ wärmer gemacht und entsprechend ausgedehnt werden muss; man hat daher

$$(6) \qquad A\varrho \cdot \frac{r' + \gamma \triangle t}{1 + \alpha \triangle t} = T' \frac{dp}{dt'}$$

wobei noch T' die Temperatur der gesättigten Lösung bedeutet.

Wenn zur Entwicklung des Dampfquantums 1 von der Temperatur $T = T' - \triangle t$ die Wärme r' erforderlich ist, und die Salzmenge q hiebei krystallisirt, so kommt auch die Wärme r' wieder zum Vorschein, wenn umgekehrt der Dampf 1 von der Temperatur T durch Salz von der Temperatur T' absorbirt und letzteres aufgelöst wird. Man kann aber auch den Dampf, ehe er sich mit dem Salze verbindet, in Flüssigkeit von derselben Temperatur T verwandeln, die Temperatur der Flüssigkeit auf T' erhöhen und dann das Salz von der Temperatur T' in der Flüssigkeit von derselben Temperatur auflösen. Ist nun die Wärme, welche die Flüssigkeitsmenge 1 bindet, wenn sie sich bei der Temperatur T' mit Salz sättigt, gleich Q, so ist also, wenn c die spec. Wärme der Flüssigkeit und r die latente Wärme des Dampfes bei T bedeutet:

$$(7) \qquad r' = r - c \triangle t - Q$$

Nun ist, wie wir bereits oben gesehen haben:

$$A\varrho = \frac{T}{r} \cdot \frac{dp}{dt}$$

Die Gleichung (6) wird also:

$$(8) \qquad \frac{T}{r}\frac{dp}{dt}(r' + \gamma \triangle t) = T'\frac{dp}{dt'}(1 + \alpha \triangle t)$$

Substituirt man (7) in (8) so kann man Q finden. Zuverlässige Beobachtungen, welche zur Berechnung von Q dienen könnten, sind mir jedoch nicht bekannt.

Kirchhoff hat in Pogg. Annalen Bd. 118 auf diese Consequenzen des zweiten Satzes aufmerksam gemacht. Doch ist seine analytische Behandlung von der hier vorgetragenen wesentlich verschieden, namentlich insoferne sie die Auflösung der Salze betrifft.

Nun noch einige Worte über die thermoëlectrischen Erscheinungen, die bekanntlich im Wesentlichen in Folgendem bestehen:

Man biege zwei Stäbchen von Wismuth und Antimon, bis sie zwei halbkreisförmige Bogen bilden und löthe diese beiden Bogen zu einem Ringe zusammen. Wenn man nun eine der Löthstellen erwärmt, so geht ein electrischer Strom an der erwärmten Stelle vom Wismuth zum Antimon, und umgekehrt, wenn man durch einen solchen Ring einen electrischen Strom durchpassiren lässt, so erkältet sich die Löthstelle, an welcher der Strom vom Wismuth zum Antimon geht, während die andere sich erwärmt. Ist nun ein solcher Antimon-Wismuthring von einem absoluten Nichtleiter für Wärme eingeschlossen und man erwärmt die eine Löthstelle, so geht der Strom vom Wismuth zum Antimon. Dieser Strom erwärmt aber zugleich die andere Löthstelle und erkältet die erste, so dass auch ohne Wärmeleitung innerhalb des Ringes bald Gleichgewicht eintreten würde. Will man dies verhüten, so muss man die eine Löthstelle mit einer Wärmequelle, die andere mit einer Kältequelle in Verbindung setzen, wodurch offenbar wird, dass die thermoëlectrische Säule, wenn sie ununterbrochen wirken soll, einen beständigen Wärmeübergang von der warmen zur kalten Löthstelle erfordert. Nun kann aber durch den Strom auch Arbeit geliefert werden. Wir haben also hier eine ganz analoge Erscheinung, wie bei den Dampfmaschinen, indem ein steter Wärmeübergang von der wärmeren zur kälteren Stelle stattfindet und ein Theil der übergehenden Wärme in Arbeit verwandelt wird. Man hat daher auch auf diesen Vorgang den zweiten Satz der mechanischen Wärmetheorie angewendet und namentlich Clausius hat hieraus den Schluss gezogen, dass die electromotorische Kraft und

mithin auch die Stärke des Stromes der Temperaturdifferenz der beiden
Löthstellen proportional sei.

Der zweite Satz setzt zu seiner Anwendbarkeit vor allen Dingen
voraus, dass wir es mit einem umkehrbaren Kreisprocesse zu thun
haben und es fragt sich daher zunächst: Ist der Kreisprocess in der
thermoëlectrischen Kette umkehrbar und in welcher Weise? Wenn
wir diese Frage beantworten wollen, müssen wir uns vorerst eine
mechanische Vorstellung von den fraglichen Vorgängen bilden. Demgemäss betrachte ich die Wismuth-Antimonkette als eine überall gleich
weite mit Luft gefüllte Röhre, in welcher an den beiden Löthstellen
zwei luftdicht schliessende Ventilatoren angebracht sind und weiter
denke ich mir von diesen Ventilatoren, dass sie durch Gewichte bewegt werden können, die an ihren Achsen mit Schnüren befestigt
sind. Endlich denke ich mir die Achsen nicht cylindrisch, sondern
kegelförmig und zwar so, dass bei zunehmender Temperatur das Gewicht sich gegen die Basis und bei abnehmender Temperatur gegen
die Spitze des Kegels verschiebt, somit bei zunehmender Temperatur
das statische Moment des Gewichts stärker, bei abnehmender schwächer
wird. Die Ventilatoren sind so gestellt, dass sie die Luft beständig
vom Wismuth zum Antimon zu treiben suchen. Die statischen Momente der an beiden Ventilatoren angehängten Gewichte stellen also
die electromotorischen Kräfte dar, welche bei einem und demselben
Apparat nur Functionen der Temperatur sein können. Sind nun die
an beiden Ventilatoren hängenden Gewichte gleichweit von der Spitze
der kegelförmigen Achse entfernt, also ihre Momente gleich, so kann
keine Bewegung der Luft stattfinden, wohl aber wird diese beginnen,
wenn man das eine Gewicht etwas gegen die Basis verschiebt, also
eine Löthstelle erwärmt. Alsdann fangen die beiden Ventilatoren an
sich zu bewegen, wobei das an der einen Stelle befindliche Gewicht
sich abwickelt, das andere sich aufwickelt. Durch die Abwicklung
wird Arbeit (d. i. Wärme) consumirt und durch die Aufwicklung Arbeit
(d. i. Wärme) erzeugt. Die in gleichen Zeiten absorbirten oder erzeugten Wärmemengen verhalten sich also wie die electromotorischen
Kräfte. Soll nun die Bewegung der beiden Ventilatoren nicht beständig schneller werden, so muss der Luftstrom ein Hinderniss zu
überwältigen haben. Man kann z. B. in dem Luftstrom eine Windmühle anbringen und mit dieser Arbeit leisten; man kann sich aber
auch in dem Luftstrom z. B. eine Menge von Pendeln aufgehängt

denken, welche derselbe in Oscillationen versetzt. Das heisst, der electrische Strom kann entweder Arbeit leisten oder Wärme erzeugen. Für unseren Zweck müssen wir uns nun denken, dass gar kein Leitungswiderstand vorhanden sei und alle Kraft des Luftstromes durch die Windmühle in Arbeit umgesetzt werde. Alsdann lässt sich der Process auch umkehren. Man kann nämlich die durch die Windmühle gesammelte Arbeit wieder in einen electrischen Strom umsetzen. Denkt man sich nämlich, die Windmühle habe ein Gewicht aufgewickelt, denkt man sich ferner dieses Gewicht nur um eine Kleinigkeit vergrössert, so wird die Luft sich in umgekehrter Richtung bewegen und die Gewichte an den Ventilatoren in umgekehrter Richtung drehen. In Folge davon wird dieselbe Wärmemenge, welche an der ersten Löthstelle absorbirt wurde, wieder ausgeschieden und dieselbe Wärmemenge, welche an der zweiten Löthstelle ausgeschieden wurde, wird nun wieder absorbirt.

In diesem Sinne halte ich den thermoëlectrischen Kreisprocess wirklich für umkehrbar.

Will man nun auf diesen Vorgang den zweiten Satz anwenden und die übergegangene Wärme mit der erzeugten Arbeit vergleichen, so muss man unter der erzeugten Arbeit diejenige Arbeit verstehen, welche der thermoëlectrische Strom erzeugen könnte, wenn er keinen Leitungswiderstand zu überwinden hätte. Diese Arbeit lässt sich aber leicht berechnen. Man darf nur die Wärmemenge messen, welche die thermoëlectrische Säule an der einen Löthstelle aufnimmt und an der andern ausscheidet und hiebei auf die Wärme, welche durch blosse Leitung übergegangen ist, keine Rücksicht nehmen. Wenn nun der zweite Satz für thermoëlectrische Erscheinungen Gültigkeit hat, so muss die Quantität der an der warmen Stelle aufgenommenen Wärme zur Quantität der an der kalten Stelle abgegebenen Wärme sich verhalten, wie die absolute Temperatur der ersten zur absoluten Temperatur der zweiten Löthstelle.

Lässt man umgekehrt einen electrischen Strom durch eine thermoëlectrische Säule gehen, so müssen sich die an den beiden Löthstellen absorbirten und entwickelten Wärmemengen verhalten, wie die absoluten Temperaturen. In dieser Form lässt sich der zweite Satz auch experimentell prüfen.

Ferner sieht man, dass nach der hier vorgetragenen Anschauungs-

27*

weise die an den Löthstellen entwickelten und absorbirten Wärmemengen proportional sein müssen den Intensitäten der angewendeten Ströme, weil ja die doppelte durch denselben Ventilator strömende Luftmenge diesen doppelt so oft dreht und das Gewicht doppelt so hoch aufwickelt.

Anders ist dies mit der Wärme, welche sich innerhalb eines homogenen Leiters entwickelt. Wenn in einem Widerstand leistenden Mittel die Luft sich bewegen soll, so muss der Druck stetig abnehmen. Ist nun von einem Querschnitt zu einem unmittelbar daneben liegenden die Abnahme des Druckes gleich dp und die Geschwindigkeit des Luftstromes gleich J, so geht in der Zeiteinheit von einem Querschnitt zum andern die Masse J. Soll nun die Geschwindigkeit des Luftstromes nicht zunehmen, sondern constant bleiben, so muss der Luftstrom an das Widerstand leistende Mittel die lebendige Kraft $J\,dp$ in der Zeiteinheit verlieren. Ist nun der Widerstand von dem einen Querschnitt zum andern gleich dl und besteht das einfache Ohm'sche Gesetz $J = \dfrac{dp}{dl}$, so ist die in dem Leitungswiderstand dl erzeugte Wärme gleich $\left(\dfrac{dp}{dl}\right)^2 dl = J^2\,dl$. Innerhalb des homogenen Leiters ist also die entwickelte Wärme dem Quadrate der Stromintensität proportional.

Nach dieser kurzen Abschweifung kehre ich wieder zur thermoëlectrischen Kette zurück. Da, wie oben auseinandergesetzt wurde, die electromotorischen Kräfte bei einer und derselben Kette nur Functionen der Temperatur sein können und die electromotorischen Kräfte den abgegebenen und absorbirten Wärmemengen proportional sind, so folgt aus dem zweiten Satze, dass die electromotorische Kraft proportional sein muss der absoluten Temperatur der betreffenden Löthstelle. Hiemit stehen aber die Erfahrungsresultate nicht im Einklange; denn diese zeigen, dass im Allgemeinen die electromotorische Kraft der thermoëlectrischen Kette ausgedrückt wird durch eine Function von der Form:

$$a\,(t_1 - t_2) + b\,(t_1^2 - t_2^2)$$

(Poggendorff's Annalen Bd. 119 S. 406 u. ff.) wenn t_1 und t_2 die Temperaturen der beiden Löthstellen bedeuten. Die Eisenkupferkette z. B. gibt bei steigender Erwärmung der einen Löthstelle immer schwächere Ströme, bis diese endlich nicht blos aufhören, sondern bei der Rothglühhitze sich sogar umkehren.

Diesen flagranten Widerspruch mit den Folgerungen aus dem zweiten Satze kann man nur dadurch aufheben, dass man annimmt, es entstehen in Folge der verschiedenen Erwärmung Ströme, welche so stark sind, dass sie den Hauptstrom nicht blos beeinträchtigen, sondern sogar zur Umkehr zwingen können. Mit andern Worten, man muss, um diesen Widerspruch zu entkräften, annehmen, dass zwei sich berührende Kupferstücke von ungleicher Temperatur und zwei sich berührende Eisenstücke von ungleicher Temperatur eine electrische Spannung hervorrufen und somit, wenn sie in einer electrischen Kette vorkommen, Ströme erzeugen.[1]) Bei einem homogenen Leiter können diese electrischen Differenzen nur Functionen der Temperatur sein. Denkt man sich einen Eisendraht z. B. an einer Stelle auf t erwärmt und mit einer unmittelbar daneben liegenden Stelle von der Temperatur $t + dt$ in Berührung, so wird hier eine electrische Spannung $E\,dt$ auftreten und E eine Function von t sein. Nun ist die electromotorische Kraft einer Kette gleich der Summe der electromotorischen Kräfte, welche zwischen den einzelnen Gliedern der Kette wirken. Man überzeugt sich hievon sehr leicht, wenn man sich das oben gezeichnete Bild einer electrischen Kette vergegenwärtigt; denn man sieht, dass die Luft in einer Röhre in Ruhe bleiben muss, wenn die statischen Momente der Gewichte an den verschiedenen Ventilatoren sich das Gleichgewicht halten und dass, wenn dies nicht der Fall ist, Bewegung eintreten muss.

Nach dem zweiten Satz ist nun die electromotorische Kraft an den beiden Löthstellen gleich $C\,T_1$ und $-\,C\,T_2$; die ganze electromotorische Kraft der Kette, wenn man auch innerhalb derselben Leiter electrische Differenzen annimmt, ist daher gleich

$$C\,(T_1 - T_2) + \int_{T_1}^{T_2} E_1\,dt + \int_{T_2}^{T_1} E_2\,dt$$

wenn wir mit $E_1\,dt$ und $E_2\,dt$ die electrischen Differenzen innerhalb der beiden Leiter bezeichnen.

---

1) Für ungleich harte Stücke desselben Metalles hat dies schon **Magnus** nachgewiesen. C.

Innerhalb desselben Leiters kann durch ungleiche Erwärmung kein Strom entstehen, weil

$$\int_{T_1}^{T_1} E\, dt = 0$$

ist. Daher ist auch die Existenz solcher electrischer Spannungen kaum zu controliren. Denn um sie am Eisendraht z. B. nachzuweisen, müsste man einen andern Leiter einschalten. Schalten wir aber einen andern Leiter, z. B. Kupfer, ein, so sind wir wieder da angelangt, woher wir ausgingen und befinden uns somit in einem Cirkel, aus dem es keinen Ausweg gibt. Uebrigens sehen wir aus dem hier Gesagten Folgendes: Soll der oben entwickelte Ausdruck für die electromotorische Kraft gleich Null werden, so müssen die durch die Temperaturunterschiede innerhalb des Eisens und Kupfers hervorgerufenen electrischen Differenzen nicht blos eine namhafte Stärke besitzen, sondern auch verschiedene Vorzeichen haben, d. h. wenn der positive Strom im Eisen z. B. von der wärmeren zur kälteren Stelle geht, muss er im Kupfer von der kälteren zur wärmeren Stelle gehen. Nimmt man aber an, dass in beiden Metallen die Ströme von der wärmeren zur kälteren Stelle gehen, so heben sie sich in ihren Wirkungen theilweise auf und müssen einzeln noch viel grösser angenommen werden, um den electromotorischen Kräften der Löthstellen die Wage halten zu können. Die von Clausius und Thomson aufgestellte Hypothese zur Erklärung der bei der Eisenkupferkette auftretenden Anomalie hat daher wenig Wahrscheinlichkeit für sich.

VI.

Verdunstung und Regen. Der Kreisprocess der Pflanzenbildung. Schwierigkeit denselben mit dem zweiten Satze in Einklang zu bringen.

Da die Sonne die unerschöpfliche Quelle ist, welche mit wenigen und unbedeutenden Ausnahmen alle Kraft und alle Wärme spendet, wodurch die reiche Mannichfaltigkeit des organischen Lebens, sowie überhaupt aller Erscheinungen auf der Oberfläche unseres Planeten bedingt ist, so drängt sich uns die Frage auf: In welcher Weise geschieht in den einzelnen Fällen die Verwandlung der Sonnenwärme in Arbeit und irdische Wärme, und wie verhält sich der zweite Satz zu diesen Verwandlungen?

So nahe diese Frage liegt, so wenig Beachtung wurde ihr bisher geschenkt.

Das nächste Beispiel der Umwandlung von Sonnenwärme in Arbeit bieten die Mühlen, welche durch das fliessende Wasser in Bewegung gesetzt werden. Diese Umwandlung geschieht durch einen Kreisprocess, ähnlich demjenigen bei den Dampfmaschinen, indem die Sonnenwärme das Wasser in den Meeren verdampft, der kalte Himmelsraum das in der Höhe schwebende dampfförmige Wasser abkühlt und in flüssiges Wasser verwandelt, welches herabfällt und durch seine hiebei erlangte lebendige Kraft die Mühlwerke bewegt. Die Sonne spielt hiebei die Rolle des Feuers unter dem Dampfkessel, der kalte Himmelsraum die des Condensators.

Um diesen Vorgang der Rechnung zu unterwerfen, mache ich mehrere vereinfachende Annahmen, nämlich: dass die Erde blos von Wasser umgeben sei, dass sich in Folge hievon blos eine Dampfatmosphäre um die Erde bilde und dass innerhalb der einzelnen Schichten dieser Atmosphäre keine Leitung stattfinde. Ferner denke ich mir, dass das Wasser von unten herauf erwärmt werde und in einer gewissen Höhe eine Schicht sei, welche durch irgend einen Condensator auf einer constanten Temperatur erhalten werde. Um eine bestimmte Vorstellung zu bekommen, denke ich mir in einer gewissen Höhe eine Hohlkugel um die Erde gespannt, welche den Druck des Wasserdampfes bei 0^0 ausübe und durch aufgelegtes Eis beständig auf 0^0 erhalten werde.

Verdampft man nun ein gewisses Quantum Wasser an der Erdoberfläche, so verdichtet sich die ganze Dampfatmosphäre und in Folge hievon wird an der oberen Schale gerade soviel Wasser niedergeschlagen, als unten verdampft. Dieses Wasser kann man herabfallen, somit Arbeit leisten lassen, wieder verdampfen und so beständig fortfahren, wobei das Wasser folgenden Kreislauf macht. Nach der Verdampfung unmittelbar über der Oberfläche nimmt es ein Volumen ein, welches dem Druck an der Oberfläche entspricht, steigt dann in die Höhe, wobei es sich beständig ausdehnt und kälter wird, wird dann verdichtet, fällt herab und erwärmt sich wieder bis zur Verdampfungswärme, worauf derselbe Kreislauf von Neuem beginnt. Dieser Kreisprocess lässt sich auch in umgekehrter Weise ausführen. Man kann nämlich unten Wasser schöpfen, mit Hülfe einer gewissen Arbeit bis zur Decke heben und dort mit Hülfe der Wärme des Conden-

sators unter dem dort herrschenden geringen Drucke verdampfen.
Während dieser Verdampfung muss sich alsdann unten eben soviel
Wasser niederschlagen, als oben verdampft wurde und seine latente
Wärme an die Erdoberfläche abgeben.

Ist das Watt'sche Gesetz richtig, wonach der Dampf, wenn er
ohne Wärmezufuhr oder Wärmeverlust sein Volumen ändert, stets im
Maximum der Dichte bleibt, ohne sich theilweise niederzuschlagen,
so kommt der Dampf oben in gesättigtem Zustande an und ebenso
unten beim umgekehrten Kreisprocess. Wird aber der Dampf bei
der Ausdehnung überhitzt, so muss er oben zuerst erkältet werden,
ehe er sich niederschlagen kann; es findet also ein Wärmeübergang
statt, der nicht umgekehrt werden kann. Wird der Dampf bei der
Zusammendrückung überhitzt, wie z. B. der Wasserdampf, so tritt
ein solcher Wärmeübergang beim umgekehrten Kreisprocess am Boden
ein. Der hier beschriebene Kreisprocess ist also im strengen Sinne
des Wortes nicht umkehrbar; er wird es aber, wenn man eine Kette
von Wärmequellen zwischen dem Boden und der Decke einschaltet,
welche beim directen Kreisprocess das Niederschlagen von Wasser
verhindern und zugleich das von oben herabfallende Wasser erhitzen,
sowie beim umgekehrten Kreisprocess die durch die successive Compression frei gewordene Wärme aufnehmen und das aufsteigende
Wasser erkälten. Man kann sich z. B. denken, dass Dampf und
Wasser beim Auf- und Absteigen durch Siebe passiren, welche auf
constanten Temperaturen erhalten werden. Wir wollen nun untersuchen, welche Arbeit durch diesen Kreisprocess im Vergleich zu dem
Kreisprocess in der Dampfmaschine geleistet wird.

Die Temperatur, bei welcher das Wasser unten verdampfte, sei
gleich t_1 und die latente Wärme des Dampfes bei dieser Temperatur
gleich r_1; alsdann wird zur Verdampfung des Kilogramms Wasser die
Wärme r_1 verbraucht. Steigt nun der Dampf weiter in die Höhe,
so kühlt er sich ab und muss, wenn er kein Wasser niederschlagen
soll, noch weiter Wärme aufnehmen. Steigt der Dampf z. B. um
die kleine Strecke dz, so kömmt er unter den geringeren Druck
$p-dp$, welchem eine geringere Temperatur des gesättigten Wasserdampfes $t-dt$ entspricht. Die Wärme, welche zugeführt werden muss,
um den Dampf unter dem Druck $p-dp$ und die Temperatur $t-dt$
noch dampfförmig zu erhalten, sei $h\,dt$, wobei h nur von der Temperatur abhängt. Wenn nun ein Kilogramm Dampf in die Höhe

steigt, muss als Ersatz ein Kilogramm Wasser herabsteigen und um dt wärmer werden, wozu die Wärme $c\,dt$ erforderlich ist. Die gesammte Wärme, welche also dem Wasser unterwegs mitgetheilt werden muss, wenn ein Kilogramm Dampf um dz steigt und ein Kilogramm Wasser um dieselbe Höhe herabsinkt, ist gleich $(h+c)\,dt$. Ist ferner die Temperatur, bei welcher das Wasser sich oben niederschlägt, gleich t_2, so ist die Gesammtwärme, welche dem Wasser mitgetheilt werden muss, wenn ein Kilogramm um die ganze Höhe herabfallen soll, gleich

$$r_1 + \int_{t_2}^{t_1} (h+c)\,dt$$

Die Wärme, welche oben abgegeben wird, ist r_2, also die verbrauchte Wärme oder die Arbeit gleich:

$$(a) \qquad r_1 - r_2 + \int_{t_2}^{t_1} (h+c)\,dt$$

Wir wollen nunmehr die Arbeit auch direkt berechnen. Ist die Anziehungskraft in der Höhe z gleich k, wobei k eine Function von z bedeutet, so ist die Arbeit nicht gleich $k\,dz$, wenn ein Kilogramm Wasser um dz steigt, sondern gleich $k\,\dfrac{(s-\sigma)}{s}\,dz$, wenn man das Volumen des Dampfes mit s und das des Wassers mit σ bezeichnet. Denn da das Wasser im Dampf herabfallen muss, verliert es nach bekannten mechanischen Gesetzen einen entsprechenden Theil seiner Schwerkraft. Nun ist ferner, wie man sich leicht überzeugt, die Abnahme des Druckes, wenn man um dz steigt, gleich $\dfrac{k\,dz}{s} = -\,dp$.

Die Arbeit, welche geleistet wird, wenn das Wasser aus einer Schicht vom Druck p in eine Schicht unter dem Druck $p-dp$ steigt, ist also gleich $dp\,(s-\sigma)$ und die ganze Arbeit gleich:

$$\int_{p_2}^{p_1} dp\,(s-\sigma)$$

oder wenn man p, s und σ als Functionen von t behandelt:

(b)
$$\int_{t_2}^{t_1} \frac{dp}{dt}(s-\sigma)\,dt$$

Sieht man die obere Integrationsgrenze t_1 als veränderlich an und differenzirt man die beiden Ausdrücke (a) und (b), welche einander gleich sind, so erhält man:

$$(h+c) + \frac{dr}{dt} = \frac{dp}{dt}(s-\sigma)$$

Diese Formel stimmt mit III (9) vollkommen überein, da $\lambda = \int_0^t c\,dt + r$ ist und h hier negativ genommen wurde.

Wir wollen nun hiemit die Arbeit vergleichen, welche geleistet wird, wenn man die hier beschriebenen Vorgänge in dem engen Raum einer Dampfmaschine zusammenfasst und denken uns den Process folgendermassen. Es werde in einem Gefässe ein Kilogramm Wasser unter dem Druck p_1 bei der Temperatur t_1 verdampft; der so gebildete Dampf werde alsdann weiter ausgedehnt, jedoch so, dass er im Maximum der Dichte bleibe und kein Wasser niederschlage und diese Ausdehnung werde so lange fortgesetzt, bis Temperatur und Druck auf t_2 und p_2 gesunken sind. Alsdann drücke man bei constantem p_2 und t_2 in der Weise zusammen, dass das sich bildende Wasser durch dieselben Wärmequellen, welche das Niederschlagen des Wassers während der Ausdehnung verhinderten, sich auf t_1 erwärmt; man hat alsdann einen Kreisprocess, bei welchem genau dieselbe Wärme und bei denselben Temperaturen verbraucht und abgegeben wurde. Es muss also auch dieselbe Arbeit geleistet worden sein; und dass dies der Fall ist, ergibt sich aus folgender Rechnung.

Wenn man das Wasser unter dem Druck p_1 verdampft, wird die Arbeit $(p_1 s_1 - \sigma_1)$ geleistet. Die weitere Ausdehnung von s_1 zu s_2 erzeugt die Arbeit

$$\int_{s_1}^{s_2} p\,ds$$

die man auch, da s eine Function von p ist, mit

$$\int\limits_{p_1}^{p_2} p\,\frac{ds}{dp}\cdot dp$$

bezeichnen kann. Drückt man nun zusammen unter dem constanten Druck und der constanten Temperatur p_2 und t_2, so wird alles Wasser flüssig und nimmt schliesslich den Raum σ_2 ein. Die hiezu verwendete Arbeit ist

$$p_2\,(s_2 - \sigma_2)$$

Erwärmt man nun das Wasser durch successive Anwendung der Wärmequellen auf t_1, ohne es in Dampf zu verwandeln, so muss man den Druck nach und nach von p_2 auf p_1 erhöhen und die Arbeit ist:

$$\int\limits_{p_2}^{p_1} p\,\frac{d\sigma}{dp}\,dp = -\int\limits_{p_1}^{p_2} p\,\frac{d\sigma}{dp}\cdot dp$$

Die gesammte Arbeit ist also:

$$p_1\,(s_1 - \sigma_1) - p_2\,(s_2 - \sigma_2) + \int\limits_{p_1}^{p_2} p\,d\,\frac{(s-\sigma)}{dp}\cdot dp$$

Für die durch den atmosphärischen Kreisprocess geleistete Arbeit hatten wir oben:

$$\int\limits_{p_2}^{p_1} (s-\sigma)\,dp = -\int\limits_{p_1}^{p_2} (s-\sigma)\,dp$$

Durch partielle Integration dieses Ausdrucks erhält man den vorigen.

Aus Gleichung (a) hat man auch durch Anwendung des zweiten Satzes:

$$\frac{r_1}{T} - \frac{r_2}{T_2} + \int\limits_{t_2}^{t_1} \frac{h+c}{T}\,dt = 0$$

und hieraus durch Differenziation wenn man t_1 als veränderlich ansieht:

$$h + c = \frac{r}{T} - \frac{dr}{dt}$$

In Wirklichkeit gestaltet sich jedoch der atmosphärische Kreisprocess etwas anders, weil die Verdampfung des Wassers in der Atmosphäre stattfindet, somit die Gesetze der Verdunstung in Betracht gezogen werden müssen.

Ueber die Verdunstung gilt bekanntlich das Gesetz, dass ein vollständig trockener mit Luft angefüllter Raum noch gerade soviel Dampf aufnehmen kann, als er aufnehmen würde, wenn er luftleer wäre und dass das entstehende Gemisch einen Druck ausübt, welcher gleich ist der Summe der beiden Drucke, welche Luft und Dampf einzeln im gleichen Volumen ausüben würden. Derselbe Raum, welcher bei 760^{mm} Druck und 100^0 ein Kilogramm trockener Luft enthält, kann noch 622 Gramm Wasserdampf aufnehmen, wobei der Druck auf 2 Atmosphären steigt. Man kann dieses Gesetz auch so ausdrücken: Gas und Dampf im selben Raum ignoriren sich vollständig gegenseitig. Mit diesem einfachen Gesetze lässt sich der durch die Verdunstung des Wassers entstehende Kreisprocess leicht übersehen. Ist nämlich die Luft mit Wasserdampf vollkommen gesättigt, so kann man, weil Gas und Luft sich vollständig ignoriren, den Vorgang in der Rechnung so ansehen, als ob in demselben Raum zu gleicher Zeit zwei Kreisprocesse vor sich gingen.

Ich wende mich schliesslich zu derjenigen Verwandlungsart der Sonnenwärme, welche wir beständig vor Augen haben und die nach meiner Ansicht dem zweiten Satze geradezu in's Gesicht schlägt; ich meine die Wärmeerzeugung durch die Oxydation von organischen Stoffen in unseren Oefen, sowie in unserem Organismus.

Die Pflanzen entstehen bekanntlich unter dem Einflusse von Licht und Wärme aus den einzelnen chemischen Bestandtheilen, die sie theils aus der Luft, theils aus dem Boden entnehmen. Hiebei wird besonders Kohlensäure und Wasser in die Bestandtheile Sauerstoff, Kohlenstoff und Wasserstoff in der Weise zerlegt, dass Sauerstoff frei wird und Kohlenstoff und Wasserstoff mit dem Reste von Sauerstoff gewisse Verbindungen eingehen. Wenn wir nun die so gebildeten Substanzen verbrennen oder in einen thierischen Organismus als Nahrung einführen, so bildet sich wieder Wasser, Kohlensäure und Asche (oder Unrath), aus welchen die Pflanzen entstanden sind, und aus welchen sie unter dem Einflusse der Sonnenwärme sich wieder aufbauen, um neuerdings wieder durch unsere Oefen und die thierischen Organismen vernichtet zu werden. Wir haben also hier einen vollständigen Kreisprocess, wobei die Bestandtheile der Pflanzen die Medien sind, welche beständig aus der Atmosphäre Wärme schöpfen und in unser Blut und in unsere Oefen, somit in weit höhere Temperaturen übertragen, ohne die geringste Arbeit zu beanspruchen.

Denn wie die Beobachtungen lehren, geht die Reduction von
Kohlensäure und Wasser durch die Sonnenwärme ganz einfach in
der Weise vor sich, dass die in den warmen Sonnenstrahlen enthaltene Kraft unmittelbar die Stoffe trennt, oder, mechanisch gesprochen,
sich in Arbeit umsetzt. Man könnte vielleicht einwenden, das beständige Wachsthum der Pflanzen sei dadurch bedingt, dass sie an
ihrer Oberfläche Wasser verdunsten lassen. Wenn aber Wasser verdunstet und wieder niedergeschlagen werden soll, ist ein absteigender
Wärmeübergang nothwendig und man könnte daher behaupten, dass
dieser absteigende Wärmeübergang es sei, welcher den aufsteigenden
Wärmeübergang in unsern Oefen bedinge. Nun kann man aber den
durch die Verdunstung erforderten absteigenden Wärmeübergang umkehrbar einrichten und wieder rückgängig machen und gerade um
dies anschaulich zu beweisen, habe ich für nöthig gehalten, den Process der Verdunstung und des Wasserniederschlags in der Atmosphäre
einer näheren Betrachtung zu unterstellen.

Der Process der chemischen Reduction durch das Licht ist
mechanisch in folgender Weise aufzufassen. Die Stoffe, welche der
Pflanze als Nahrung dienen (zunächst Kohlensäure und Wasser), bestehen aus zwei chemischen Elementen, deren Atome durch chemische
Anziehungskräfte an einander gefesselt sind. Sollen diese Atome getrennt werden, mit andern Worten, Kohlensäure und Wasser zersetzt
werden, so ist der Aufwand einer gewissen Kraft nothwendig und
diese wird aus der Wärme der Atmosphäre geschöpft. Hiebei ist es
aber nicht gleichgültig, welche Art von Wärme man anwendet, sondern wie die Naturbeobachtung uns zeigt, ist es unbedingt nothwendig, dass die Wärme mit Licht verbunden ist, d. i. dass die
Aethertheilchen mit einer gewissen Raschheit schwingen. Der Pflanzenorganismus ist hiebei nur ein Mechanismus, eine Maschine, welche
die lebendige Kraft der Wärme- und Lichtvibrationen in chemische
Arbeit verwandelt. Dass hier schnellere Vibrationen eine Wirkung
hervorbringen können, welche langsamere nicht zu leisten vermögen,
darf uns nicht überraschen. Denn denken wir uns z. B. zwei gleiche
Räder, welche mit verschiedener Geschwindigkeit im Wasser rotiren,
so kann man mit dem schneller rotirenden nach und nach alles
Wasser tropfenweise an's Ufer spritzen, während das langsamer ro

tirende die Tropfen nicht hoch genug hebt, so dass diese immer
wieder in das Wasserbecken zurückfallen müssen. Welche Rolle die
schnelleren Vibrationen hiebei spielen, ist noch nicht ermittelt worden.
Man kann sich nämlich denken, entweder dass es nur die schnelleren
Vibrationen sind, welche sich in chemische Arbeit umsetzen, oder
dass die schnelleren Vibrationen die langsameren veranlassen, sich
gleichfalls in chemische Arbeit zu verwandeln, mit anderen Worten,
dass das Licht nur als Ferment wirkt. Ich bin geneigt, das letztere
für wahr zu halten. Denn wir sehen, dass auch an solchen Orten,
welche nie das directe Sonnenlicht erhalten, die Pflanzen fast ebenso
rasch wachsen, als da, wo sie dem vollen Sonnenlichte ausgesetzt
sind, ungeachtet die Differenz der Lichtmengen, über welche beide
Orte zu gebieten haben, eine sehr bedeutende ist. Ja man würde
vielleicht keinen namhaften Unterschied finden, wenn man durch
künstliche Wärme die schattigen Stellen stets in gleicher Temperatur
mit den hellen Stellen erhalten würde. Für unsere Betrachtung ist
es übrigens völlig gleichgültig, welche Rolle man den schnelleren
Vibrationen zutheilt, weil ja die Schnelligkeit der Vibrationen mit
der Temperatur gar nichts zu schaffen hat; auch mit der Energie
der Körper steht dieselbe in keinem Zusammenhang, denn die Tem-
peraturgleichheit ist weiter nichts, als die Thatsache, dass von einem
Körper in einen andern durch blosse Leitung keine Wärme übergeht.

Ein wesentlicher Einwand, den man gegen meine Argumentation
geltend machen kann, besteht in folgender Betrachtung. Zur Erzeugung der Pflanzen ist eine beständig fliessende Lichtquelle erforderlich.
Nun kann aber das Licht nicht beliebig, sondern erst bei höheren
Temperaturen erzeugt werden, was sich mechanisch folgendermassen
veranschaulichen lässt. Wir denken uns auf einem ebenen Brette
z. B. eine Menge senkrecht stehender elastischer Stäbe befestigt,
welche verschiedene Oscillationsdauer haben. Wenn man nun einen
Luftstrom durch diese Stäbe durchpassiren lässt, so werden zuerst
nur die schwankendsten Stäbe, welche wegen der Langsamkeit ihrer
Vibrationen keine Töne geben, in Bewegung gesetzt. Nimmt die
Stärke des Luftstromes zu, so nehmen auch die Oscillationen zu und
ergreifen nach und nach immer steifere Stäbe, bis endlich musika-
lische Töne für unser Ohr vernehmbar werden.

Zur Erzeugung der Pflanzen ist daher mindestens eine Temperatur von der beginnenden Weissglühhitze erforderlich. Nun kann man

zwar durch Verbrennung der organischen Stoffe eine weit höhere Hitze erzeugen; allein dieser aufsteigende Wärmeübergang ist durch einen massenhaften absteigenden Wärmeübergang von der Temperatur der beginnenden Weissglühhitze zur Temperatur der Atmosphäre bedingt. Denn wenn man auch annimmt, dass die Lichtstrahlen nur als Ferment wirken, so weiss man doch nicht, ob in dem Licht- und Wärmegemenge, welches von einem glühenden Körper ausstrahlt, die Quantität des Lichts im Verhältniss zur Wärme hinreichend ist, um die Verwandlung der ganzen übergeströmten Wärme in chemische Arbeit zu bewirken.

Dieser Einwand lässt sich leicht beseitigen. Wir denken uns nämlich den glühenden Körper in einer für Wärme undurchdringlichen Hülle z. B. in einer Kugel, deren innere Oberfläche alle Strahlen vollständig reflectirt, ohne das geringste zu absorbiren, und lassen aus dieser Hülle heraus durch einen Spalt ein Bündel von Licht- und Wärmestrahlen auf ein Prisma fallen, welches alle Strahlen völlig durchlässt, ohne das geringste zu absorbiren. Das dahinter sich bildende Spectrum fangen wir mit einem undurchdringlichen spiegelnden Schirme auf und zwar so, dass alle Strahlen senkrecht auffallen und denselben Weg, den sie durch's Prisma zum spiegelnden Schirme gemacht haben, wieder durch das Prisma zum glühenden Körper zurücknehmen. Schneiden wir nun in diesen Schirm einen Spalt, welcher blos die Strahlen mit schnelleren Vibrationen durchlässt, so können auch nur solche Strahlen herausgelangen, da alle übrigen wieder zum glühenden Körper zurückkehren müssen.

Es wäre überhaupt noch zu untersuchen, ob nicht auch ohne Licht in dem hier geschilderten Kreisprocesse sich Pflanzenorganismen bilden können und verweise z. B. auf eine beliebte Delikatesse, die Trüffeln, welche bekanntlich vollständig im Dunkeln wachsen.

Besteht die Möglichkeit, dass sich eine Trüffel aus ihrer Asche wieder aufbaut, was man nach der Pflanzenchemie wohl annehmen darf, so ist auch der zweite Satz unzweifelhaft widerlegt, denn man kann durch einen umkehrbaren Kreisprocess die Trüffeln trocknen, mit den getrockneten Trüffeln einen Ofen heizen und die Asche wieder in den Boden bringen.

Als Schlussresultat der Betrachtungen gegenwärtiger Abhandlung glaube ich folgende Sätze aussprechen zu dürfen:

1) **Der zweite Satz der mechanischen Wärmetheorie, d. i. der Satz, dass kein aufsteigender Wärmeübergang ohne Verrichtung von Arbeit oder ohne einen entsprechenden absteigenden Wärmeübergang möglich sei, ist falsch.**

2) **Die aus diesem Satze gezogenen Folgerungen sind nur angenäherte empirische Wahrheiten, welche nur soweit Geltung beanspruchen können, als sie durch Versuche bestätigt werden.**

3) **Für Berechnungen zu technischen Zwecken kann man den zweiten Satz als richtig ansehen, da die Versuche für die zur Arbeits- und Kälteerzeugung benützten Stoffe eine sehr nahe Uebereinstimmung mit diesem Satze nachweisen.**

Anhang.

Ueber Interpolationsformeln.

Die Physik verlangt sehr oft die Lösung der Aufgabe, für den Verlauf einer Function aus einzelnen durch Versuche bestimmten Angaben eine annähernde analytische Formel aufzustellen. Man kann sich hiebei von zweierlei Rücksichten leiten lassen. In manchen Fällen und namentlich für den practischen Gebrauch des Technikers kommt es weniger darauf an, dass die gesuchte Formel möglichst genau, sondern, dass sie möglichst bequem sei und man ist alsdann lediglich auf Versuche angewiesen, um eine Formel zu finden, welche dieser Anforderung am besten entspricht.

Für die streng wissenschaftliche Forschung dagegen müssen solche Formeln verworfen werden, denn da es der reinen Wissenschaft weniger darum zu thun ist, bequem zu rechnen, als richtig zu rechnen, so darf sie auch nur solche Formeln anwenden, welche sich möglichst genau an die Experimente anschliessen und für die Analysis entsteht hieraus die Aufgabe, aus verschiedenen durch Versuche constatirten einzelnen Zahlenwerthen eine Function zu construiren, welche der gesuchten in der Natur gegebenen Function möglichst nahe kommt. Es ist dies das Problem der Interpolation.

Hat man eine Reihe von Zahlen b, b_1, b_2 . . und bildet man successive eine Reihe der Differenzen, sowie eine Reihe der Differenzen dieser Differenzen u. s. f., so erhält man folgendes Resultat:

$$b \qquad\qquad b_1 \qquad\qquad b_2 \qquad\qquad b_3$$

$$(b_1-b) \qquad (b_2-b_1) \qquad (b_3-b_2)$$

$$(b_2-2b_1+b) \qquad (b_3-2b_2+b_1)$$

$$(b_3-3b_2+3b_1-b)$$

Bezeichnet man diese Reihe und ihre Differenzen, wie folgt:

$$b \qquad\qquad b_1 \qquad\qquad b_2 \qquad\qquad b_3$$

$$\triangle^1 \qquad\qquad \triangle_1^1 \qquad\qquad \triangle_2^1$$

$$\triangle^2 \qquad\qquad \triangle_1^2$$

$$\triangle^3$$

so hat man, da die Coëfficienten der Glieder offenbar mit den Binomialcoëfficienten identisch sind:

$$\triangle^n = b_n - n\,b_{n-1} + \frac{n(n-1)}{1 \cdot 2}\, b_{n-2} \ldots$$

Kehrt man das vorige Dreieck um und bildet man die Glieder der Reihe b, b_1, b_2 . . . aus den Differenzen, so erhält man:

$$\triangle^3$$

$$\triangle^2 \qquad\qquad (\triangle^2 + \triangle^3)$$

$$\triangle^1 \qquad (\triangle^1 + \triangle^2) \qquad (\triangle^1 + 2\triangle^2 + \triangle^3)$$

$$b \quad (b+\triangle^1) \quad (b+2\triangle^1+\triangle^2) \qquad (b+3\triangle^1+3\triangle^2+\triangle^3)$$

und hieraus hat man allgemein

$$b_n = b + n\,\triangle^1 + \frac{n(n-1)}{1 \cdot 2}\,\triangle^2 \ldots$$

Dies ist die bekannte Formel für das allgemeine Glied einer Zahlenreihe.

Sieht man die Zahlen b, b_1, b_2 . . als die Ordinaten an, welche eine Function gibt, wenn die entsprechenden Abscissen a, a_1, a_2 . . sind, so lässt sich diese Formel, wenn die Abstände zwischen a, a_1, a_2. . überall gleich sind, als Interpolationsformel benützen. Sind diese Abstände überall gleich $\triangle a$, so ist $n = \dfrac{a_n - a}{\triangle a}$ und man hat:

$$b_n = b + (a_n - a)\,\frac{\triangle^1}{\triangle a} + \frac{(a_n-a)(a_n-a-\triangle a)}{1 \cdot 2}\,\frac{\triangle^2}{\triangle a^2} \ldots$$

oder wenn man die Ordinaten mit y und die Abscissen mit x bezeichnet:

$$(1) \quad y = b + x\,\frac{\triangle y}{\triangle x} + \frac{x(x-\triangle x)}{1 \cdot 2}\,\frac{\triangle^2 y}{\triangle x^2} + \frac{x(x-\triangle x)(x-2\triangle x)}{1 \cdot 2 \cdot 3}\,\frac{\triangle^3 y}{\triangle x^3} \ldots$$

$$\cdot\quad\cdot\quad\cdot\quad\cdot$$

Diese Gleichung definirt eine Function von x, welche für $x = 0$, $\triangle x$, $2\triangle x$. . in gegebene Werthe b, b_1, b_2. . übergeht. Sind zwei Werthe von b

gegeben, so ist y vom ersten Grade, sind überhaupt n Werthe von b gegeben, so ist y vom $(n-1)^{ten}$ Grade, d. i. die Reihe y hat n Glieder, in welchen x in steigenden Potenzen bis zur $(n-1)^{te}$ einschliesslich vorkommt. Die Gleichung (1) löst somit in möglichst einfacher Weise das Problem durch n gegebene Puncte, deren Abscissenabstände gleich sind, eine Curve vom $(n-1)^{ten}$ Grade zu legen und ist daher als Interpolationsformel vorzugsweise geeignet. Vermittelst dieser Formel lässt sich auch jede stetige und einwerthige Function zwischen zwei beliebigen Grenzpuncten mit beliebiger Genauigkeit durch eine endliche Potenzenreihe ausdrücken. Lässt man $\triangle y$ und $\triangle x$ gleich Null werden, so geht unsere Reihe in die Taylor'sche Reihe über, ohne jedoch mit derselben identisch zu sein. Sie ist es nur dann, wenn die folgenden Glieder immer kleiner werden und eine convergente Reihe bilden.

Ueber die Genauigkeit, welche die Formel (1) als Interpolationsformel bietet, lässt sich natürlich nur dann ein Urtheil abgeben, wenn die in Frage stehende Function selbst bekannt ist. Nur soviel lässt sich mit Sicherheit behaupten, dass sie bei einer gleichen Anzahl von Gliedern und zwischen denselben Grenzen genauere Resultate geben muss, als der Taylor'sche Satz, denn der Taylor'sche Satz mit 4 Gliedern z. B. gibt ebenfalls wie unsere Formel mit 4 Gliedern eine an die gegebene Function sich annähernde Function vom dritten Grad. Unsere Reihe gibt aber zwischen den gegebenen Grenzen von allen Curven des dritten Grades diejenige, welche sich am genauesten an die gegebene Function anschliesst. Ein Beispiel soll die Anwendung der Formel (1) erläutern:

Log. 2 =	Log. 3 =	Log. 4	Log. 5 =
0,3010	0,4771	0,6020	0,6989
0,1761	0,1249	0,0969	
— 0,0512	— 0,0280		
+ 0,0232			

Zur Interpolation der Logarithmen zwischen 2 und 5 haben wir demnach die Formel:

$$\text{Log. } (2+x) = 0{,}3010 + 0{,}1761\, x - 0{,}0512\, \frac{x\,(x-1)}{1 \cdot 2} + 0{,}0232$$

$$\frac{x\,(x-1)\,(x-2)}{1 \cdot 2 \cdot 3}$$

Für $x = 1,5$ hat man Log. $3,5 = 0,5446$, welcher mit dem wirklichen Log. $0,5440$ nahe übereinstimmt.

Weniger einfach wird das Interpolationsproblem, wenn die Abstände der Abscissenpuncte nicht gleich sind. Hat man z. B. drei Ordinaten a_1, a_2, a_3 und drei dazugehörige Abscissen b_1, b_2, b_3 und man soll durch die entsprechenden drei Puncte eine Curve des zweiten Grades legen, deren Form ist:

$$y = C_0 + C_1 \, x + C_2 \, x^2$$

so hat man zu diesem Zwecke die nachstehenden drei Gleichungen aufzulösen:

$$\begin{cases} a_1 = C_0 + b_1 \, C_1 + b_1^2 \, C_2 \\ a_2 = C_0 + b_2 \, C_1 + b_2^2 \, C_2 \\ a_3 = C_0 + b_3 \, C_1 + b_3^2 \, C_2 \end{cases}$$

Man erhält hieraus zunächst die zwei Gleichungen:

$$\begin{cases} a_2 - a_1 = (b_2 - b_1) \, C_1 + (b_2^2 - b_1^2) \, C_2 \\ a_3 - a_1 = (b_3 - b_1) \, C_1 + (b_3^2 - b_1^2) \, C_2 \end{cases}$$

und hieraus

$$\begin{cases} \dfrac{a_2 - a_1}{b_2 - b_1} = C_1 + (b_2 + b_1) \, C_2 \\[2ex] \dfrac{a_3 - a_1}{b_3 - b_1} = C_1 + (b_3 + b_1) \, C_2 \end{cases}$$

Zur Vereinfachung der weiteren Rechnung diene die Bemerkung, dass die Coëfficienten C nach vollständiger Auflösung von der Form $c_1 \, a_1 + c_2 \, a_2 + c_3 \, a_3$ werden und dass man nur den Coëfficienten eines Gliedes a_3 z. B. zu bestimmen hat, um die übrigen zu wissen, da die ursprünglichen drei Gleichungen der Form nach ganz gleich sind und man demnach nur die Indices zu wechseln hat. Bestimmt man das Glied mit a_3, so erhält man:

$$C_2 = \cdot \cdot \frac{a_3}{(b_3 - b_1) \, b_3 - b_2)} \cdot \cdot$$

und sieht sogleich, dass C_2 vollständig heissen muss

$$C_2 = \frac{a_1}{(b_1 - b_2)(b_1 - b_3)} + \frac{a_2}{(b_2 - b_1)(b_2 - b_3)} + \frac{a_3}{(b_3 - b_1)(b_3 - b_2)}$$

Ferner erhält man:

$$C_1 = -\frac{a_1 (b_2 + b_3)}{(b_1 - b_2)(b_1 - b_3)} - \frac{a_2 (b_1 + b_3)}{(b_2 - b_1)(b_2 - b_3)} - \frac{a_3 (b_1 + b_2)}{(b_3 - b_1)(b_3 - b_2)}$$

$$C_0 = \frac{a_1\,b_2\,b_3}{(b_1 - b_2)\,(b_1 - b_3)} + \frac{a_2\,b_1\,b_3}{(b_2 - b_1)\,(b_2 - b_3)} + \frac{a_3\,b_1\,b_2}{(b_3 - b_1)\,(b_3 - b_2)}$$

Betrachtet man z. B. die Coëfficienten von a_1 in den drei Ausdrücken C_0, C_1, C_2, so sieht man, dass die Nenner überall gleich und nach einem leicht übersichtlichem Gesetze sich bilden und dass die Zähler gleich den Coëfficienten sind, welche man erhält, wenn man die Nenner in eine nach den Potenzen von b_1 fortschreitenden Reihe entwickelt.

Dass die obigen Ausdrücke richtig sind, sieht man leicht, wenn man sie in die ursprünglichen drei Gleichungen substituirt. Die zweite Gleichung z. B. gibt:

$$a_2\,(b_2 - b_1)\,(b_2 - b_3) = a_1\,[b_2\,b_3 - (b_2 + b_3)\,b_2 - b_2^2]$$
$$+ a_2\,[b_1\,b_3 - (b_1 + b_3)\,b_2 + b_2^2]$$
$$+ a_3\,[b_1\,b_2 - (b_1 + b_2)\,b_2 + b_2^2]$$

Nun ist der Coëfficient von a_2 auf der rechten Seite gleich $(b_2 - b_1)$ $(b_2 - b_3)$ gleich dem Coëfficienten auf der linken Seite. Der Coëfficient von a_1 ist gleich $(b_2 - b_2)\,(b_2 - b_3) = 0$ und ebenso der Coëfficient von a_3 gleich $(b_2 - b_2)\,(b_2 - b_1) = 0$. Man sieht überhaupt, dass das eben angegebene Gesetz der Bildung der Coëfficienten von a_n allgemein für eine beliebige Anzahl von Gleichungen gültig ist und dass man z. B. bei vier Gleichungen hat:

$$(2)\quad
\begin{cases}
C_0 = \dfrac{a_1\,b_2\,b_3\,b_4}{(b_2 - b_1)\,(b_3 - b_1)\,(b_4 - b_1)} + \cdots \\[2ex]
C_1 = -\dfrac{a_1\,(b_2\,b_3 + b_2\,b_4 + b_2\,b_4)}{(b_2 - b_1)\,(b_3 - b_1)\,(b_4 - b_1)} - \cdots \\[2ex]
C_2 = \dfrac{a_1\,(b_2 + b_3 + b_4)}{(b_2 - b_1)\,(b_3 - b_1)\,(b_4 - b_1)} + \cdots \\[2ex]
C_3 = -\dfrac{a_1}{(b_2 - b_1)\,(b_3 - b_1)\,(b_4 - b_1)} - \cdots
\end{cases}$$

Zum Gebrauche für eine Interpolationsformel ist es zweckmässiger, diese in folgender Form aufzustellen:

$$y = a_1 + C_1\,x + C_2\,x^2$$

Man hat alsdann zur Bestimmung der Coëfficienten C_1, C_2 die Gleichungen:

$$\begin{cases}
a_2 = a_1 + (b_2 - b_1)\,C_1 + (b_2 - b_1)^2\,C_2 \\
a_3 = a_1 + (b_3 - b_1)\,C_1 + (b_3 - b_1)^2\,C_2
\end{cases}$$

oder

$$\begin{cases} \dfrac{a_2 - a_1}{b_2 - b_1} = C_1 + (b_2 - b_1)\, C_2 \\[3mm] \dfrac{a_3 - a_1}{b_3 - b_1} = C_1 + (b_3 - b_1)\, C_2 \end{cases}$$

In letzterer Form sind diese Gleichungen identisch mit den oben aufgestellten Gleichungen, wenn man $\dfrac{a_2 - a_1}{b_2 - b_1}$ für a_1 und $b_2 - b_1$ für b_1 setzt u. s. w. Man erhält alsdann:

(3)
$$\begin{cases} C_1 = -\dfrac{(a_2 - a_1)\,(b_3 - b_1)}{(b_2 - b_1)\,(b_2 - b_3)} - \dfrac{(a_3 - a_1)\,(b_2 - b_1)}{(b_3 - b_1)\,(b_3 - b_2)} \\[4mm] C_2 = \dfrac{(a_2 - a_1)}{(b_2 - b_1)\,(b_2 - b_3)} + \dfrac{(a_3 - a_1)}{(b_3 - b_1)\,(b_3^2 - b_2)} \end{cases}$$

Elektrisches Vibrations-Chronoskop.

Von

W. Beetz.

(Aus Poggendorff's Annalen 1868, Nro. 9.)

(Hiezu Tafel XXVII Figur 3—6.)

Die zur Messung kleiner Zeittheile bestimmten Apparate bedienen sich fast alle irgend welcher Hebelvorrichtung, durch welche ein Griffel gegen eine Unterlage gedrückt wird und eine Marke auf derselben zurücklässt. Abweichend von dieser Einrichtung ist die des Chronoskops, welches Hr. Werner Siemens zur Messung von Schussgeschwindigkeiten vorgeschlagen hat.[1]) Durch das Metall des Geschosses wird in dem zu notirenden Zeitmomente die von den beiden Belegen einer geladenen Leydener Flasche ausgehende Drahtleitung so weit geschlossen, dass sie nur an einer einzigen Stelle unterbrochen bleibt. An dieser Stelle steht eine Spitze der polirten Mantelfläche eines Stahlcylinders nahe gegenüber. Es springt daher, wenn das Geschoss die sonst noch vorhandene Unterbrechung schliesst, ein Funke von der Spitze zur Fläche über, und hinterlässt auf derselben eine Spur. Wird der Cylinder mit grosser und bekannter Geschwindigkeit gedreht, und dieselbe Operation durch das Geschoss an einer anderen Stelle seiner Bahn wiederholt, so dass eine zweite Funkenspur entsteht, so kann man aus dem Bogenabstande dieser Spuren die Zeit finden, welche das Geschoss gebraucht hat, um von der einen Station zur anderen zu gelangen. Der Apparat verlangt natürlich ein exact gehendes Chronometerwerk, und wird deshalb sehr kostspielig. Dass aber die Fehlerquellen in demselben sehr gering sind, ist ersichtlich.

---

1) Die Fortschritte der Physik im Jahre 1845, dargestellt von der physikalischen Gesellschaft zu Berlin, S. 65.

Eine sehr hübsche, aber nur für einen bestimmten Zweck anwendbare Abänderung des Apparates hat Hr. Hauptmann (jetzt General) Neumann vorgeschlagen und Versuche mit demselben auf dem Artillerieschiessplatze bei Berlin ausgeführt. Ein Geschützrohr war nahe an seinem Boden senkrecht zur Seelenaxe seitlich angebohrt; ein Stahlcylinder wurde so in die Bohrung geschoben, dass diese durch ihn wieder geschlossen war. Wurde nun das Geschütz geladen und abgefeuert, so verliess gleichzeitig der Stahlbolzen seinen Platz, und wurde in ein ballistisches Pendel geschossen, durch dessen Abweichung seine Anfangsgeschwindigkeit mit grosser Genauigkeit bestimmt wurde. Dieser Stahlbolzen vertrat nun die Stelle des rotirenden Cylinders im Siemens'schen Chronoskop, nur wurde es zweckmässig gefunden, den Bolzen mit einer Papierhülle zu versehen, und die Funken der Leydener Flasche durch diese Hülse schlagen zu lassen, wodurch leicht erkennbare Löcher entstanden. Wurde jetzt z. B. eine Leydener Flasche unmittelbar durch den Körper des Geschützrohres und durch eine der Papierhülse dicht genäherte feststehende Spitze entladen, wurde dann dieselbe Leydener Flasche noch einmal geladen, und die Entladung der Flasche dadurch bewirkt, dass die Kugel, wenn sie das Rohr verlässt, eine in der Leitung der Flasche gelassene Unterbrechung schliesst, so entstand das eine Loch in der Papierhülse in solcher Entfernung vom anderen, dass der Abstand beider der Weg des Bolzens in derselben Zeit ist, welche die Kugel gebraucht hat, um von der Ruhelage bis an die Mündung zu gelangen. Vier solcher Hülsen, deren Besitz ich der Gefälligkeit des Hrn. General Neumann verdanke, zeigen von vier verschiedenen Versuchen derart Lochabstände von 57, 58, 59 und 59 Millimetern.

In neuerer Zeit hat man der schreibenden Stimmgabel für manche Zwecke den Dienst des Chronometers mit Glück übernehmen lassen. Die Vibrographen von Weber, Savart, Duhamel, König, Weber[1]) haben zwar zunächst nur die Bestimmung, die Schwingungszahlen irgend welcher schwingender Körper direct zu messen; aber selbstverständlich kann eine jede in kurzer Zeit ausgeführte Bewegung dazu benutzt werden, um durch irgend eine Uebertragungsvorrichtung den Moment ihres Anfangs und ihres Endes auf demselben berussten Cylinder zu notiren, auf welchem die Stimmgabel ihre Schwingungen einzeichnet. So hat Laborde mit seinem Vibrographen die Gesetze

---

1) Pisco, die neueren Apparate der Akustik, Wien 1865, S. 56 ff.

des freien Falles experimentirt[1]), indem er die Schreibplatte vom fallenden Gewicht selbst mitnehmen liess, und V a l e r i u s[2]) hat Pointirungen auf dem Cylinder eines Vibrographen ausgeführt, indem er einen Schraubstift durch eine Galvanometernadel dadurch gegen den Cylinder schlagen liess, dass ein das Galvanometergewinde durchlaufender Strom unterbrochen wurde. Der grosse Vortheil aller Stimmgabelchronoskope besteht darin, dass man nicht mehr ein kostbares Chronometerwerk braucht, welches den Cylinder dreht, sondern dass jede, selbst ganz unregelmässige Drehung genügt, da die Zahl der Wellen, welche die Gabel in der Zeiteinheit zeichnet, immer dieselbe bleibt, die Länge der gezeichneten Wellen aber ganz gleichgültig ist.

Ich habe nun die schreibende Stimmgabel mit dem elektrischen Markengeber in folgender einfachen Weise verbunden. Wie in dem von Hrn. R u d o l p h   K ö n i g construirten Apparate[3]) zur Combination zweier Schwingungsbewegungen nach der graphischen Methode läuft ein Schlitten (Figur 3 Tafel XXVII) a auf seiner Bahn. In diesen Schlitten ist ein vierseitiges Holzprisma eingeklemmt, in welches eine Stimmgabel eingeschraubt ist. Diese Gabel ist bei b mit einem leichten Griffel versehen, um in Russ schreiben zu können. Die Länge meiner Schlittenbahn beträgt 60 Centimeter. Sie ist fest verbunden mit einem, oben mit Tuch bekleideten Tischchen, auf welches bei c d eine niedrige Leiste aufgesetzt ist. Auf das Tischchen wird eine Glasplatte gelegt, welche durch eine, den Rändern parallele Längslinie in zwei Hälften getheilt ist. Die eine Hälfte ist erst mit Staniol beklebt, welches um den Rand bei f g umgeschlagen ist, dann noch mit einem recht glatten Schreibpapier. Die andere Hälfte ist berusst. Eine am Tischchen befestigte Messingfeder g drückt die Platte fest gegen c d. Die Tischfläche, so wie die Glasplatte, sind an meinem Apparate 40 Centimeter lang und 15 breit. Das in den Schlitten geklemmte Holzprisma trägt ausserdem eine Holzleiste n i, welche bei n mit Schrauben festgestellt werden kann, und sich in die Leiste i w, aus Hartgummi verfertigt, fortsetzt. Bei w ist in diese ein Messingstück eingezetzt, das in Figur 4 Tafel XXVII besonders abgebildet ist. Es besteht aus einer Klemmschraube, welche sich nach unten in ein

---

1) M o i g n o, Cosmos Bd. XVII, S. 156. Die Fortschritte der Physik im Jahre 1860, S. 161.
2) Les Mondes T. VIII, p. 115.
3) P i s c o S. 64; K ö n i g's Catalog No. 208.

Messingrohr fortsetzt. In diesem gleitet ein dicker, unten in einer nicht zu scharfen Spitze endender Draht auf und ab, der durch den Knopf, den er oben trägt, am Herausfallen aus dem Rohre gehindert ist. Das Holzprisma trägt an seinem hinteren Ende z (Fig. 3 Taf. XXVII) ein Gewicht, um das Ueberfallen der schweren Stimmgabel zu verhüten.

Um den Gebrauch des Apparates zu versinnlichen, beschreibe ich eine Versuchsreihe, die ich mit ihm angestellt habe. An dem Gestelle einer Fallmaschine werden zwei hölzerne Schlitten m (Figur 5 Tafel XXVII) festgeschraubt, deren jede zwei Stäbe von Hartgummi tt' trägt. Auf jedem dieser Stäbe ist eine Klemmschraube pp' befestigt, an welche ein sehr dünner elastischer Messingbügel qq' angelöthet ist. Die beiden Bügel stehen einander gerade gegenüber und liegen in der gleichen Horizontalebene mit dem oberen Rand des Schlittens, so dass man sie leicht auf irgend einen Theilstrich der Fallmaschine einstellen kann. Ein dritter Schlitten wird am oberen Theil der Fallmaschine befestigt. Er trägt eine Falle y (Figur 6 Tafel XXVII) bestehend in einem Blech, das sich um eine seinem einen Ende nahe liegende Axe drehen kann. Es ist in seiner horizontalen Lage durch den Sperrhaken h festgehalten. Bei o ist ein Loch in die Platte gebohrt, und auf dessen Rand die Messingkugel K gelegt. Sobald der Faden l, der h in seiner Lage hält, losgelassen wird, fällt h herab, die Falle ist ausgelöst, und wird durch eine starke Feder v schnell aus dem Wege geschlagen. Die Kugel K fällt frei, und geht zwischen den beiden Bügelpaaren hindurch, so dass ein jedes von ihnen durch die Masse der Kugel metallisch geschlossen wird. Um die Entfernung der Bügel vom Anfangspuncte des Falles ganz richtig zu beurtheilen, muss man die Falle nicht genau auf den Nullpunct der Theilung stellen, sondern um so viel tiefer, dass derjenige Parallelkreis der Kugel in den Nullpunct fällt, in dessen Peripherie dieselbe die beiden Bügelpaare zuerst berührt. Meine Kugel hat einen Durchmesser von 22 Millim., der Abstand der Bügel von einander ist 18 Millim. Demnach liegt jener Parallelkreis 4,7 Millim. über dem unteren Scheitel der Kugel, und um diese Grösse ist also der Schlitten zu verstellen. Die Drähte halten die Kugel, wie aus den Versuchen hervorgeht, um keine wahrnehmbare Grösse in ihrer Bewegung auf.

Die Apparate werden nun in folgender Weise zusammengestellt. Der Schreibstift der Stimmgabel ruht auf der berussten Hälfte der Platte, der Stift w auf dem Papier. Auf einem gemeinsamen Stanniolblatt stehen die beiden Leydener Flaschen (Fig. 3 Taf. XXVII). Das Stanniolblatt wird leitend mit der Messingfeder g und dadurch mit der Stanniolbekleidung der Glasplatte verbunden. Die Knöpfe der Flaschen werden mit je einer Klemmschraube der Fallmaschine verbunden, der von F mit p; der von F_1 mit p_1; die anderen Klemmschrauben p' und p'_1 sind untereinander in Verbindung und ausserdem durch eine leichte Messingsprungfeder mit der Klemmschraube w. Der Faden l endigt in einem kleinen Ringe, welcher auf einen bei c am Tischchen angebrachten Stift gehängt wird. Nachdem den beiden Schichten an der Fallmaschine ihre jedesmalige Stellung angewiesen worden ist, werden beide Flaschen geladen, die Stimmgabel wird durch Aneinanderdrücken ihrer Zinken zum Tönen gebracht, und nun wird der Schlitten a auf seiner Bahn fortgezogen. Ein an ihm befestigter Haken schlägt den kleinen Ring vom Stift c ab, die Falle ist also ausgelöst, die Kugel fällt und entladet bei ihrem Durchgange zwischen dem einen Bügelpaare die eine, bei dem zwischen dem zweiten die andere Flasche. Die von der Spitze w zum Stanniol überspringenden Funken hinterlassen dann zwei leicht aufzufindende Löcher im Papier. Unterdess hat die Stimmgabel ihre Schwingungen in den Russ eingezeichnet. Wenn man bestimmt wüsste, dass der Schreibstift und die Spitze w in derselben auf der Fortbewegungsrichtung des Schlittens senkrechten Geraden lägen, so hätte man nur von den beiden Funkenspuren aus Senkrechte auf diese Richtung zu fällen, und die zwischen diesem liegende Wellenanzahl zu zählen. In der Regel wird das aber nicht der Fall sein, und da die Bewegung gar keine gleichförmige zu sein braucht, so könnte man durch obiges Verfahren eine falsche Wellenzahl bekommen. Man muss deshalb ehe der Schlitten in Bewegung gesetzt wird, folgende Correction machen. Man ladet eine der Flaschen, entladet sie durch eins der Bügelpaáre, welches man durch einen Leiter schliesst, und lässt die Gabel tönen. Man braucht nun nur den in der Richtung der nachherigen Schliessungsbewegung gemessenen Abstand der Funkenspur von dem Striche, den der Schreibstift gemacht hat, in den Zirkel zu nehmen, und von den beiden, die Zeit messenden Funkenspuren aus auf die, beide verbindende Gerade nach der einen oder anderen Seite hin aufzutragen, je nachdem die Spitze dem Schreibstift voraus war, oder umgekehrt. In den so erhaltenen Puncten werden dann Senkrechte auf jener Verbindungslinie errichtet, und das zwischen ihnen liegende Stück der Wellenlinie misst die Zeit, welche die Kugel zu ihrem Fall zwischen den beiden Stationen erreicht hat. Am sichersten errichtet man die Senkrechten, indem man die Platte unter eine Theilmaschine legt, den Griffel derselben auf jeden der Puncte einstellt, und dann Striche durch die Wellenlinie zieht. Es genügt aber auch ein Anschlagslineal an die glatte Seitenkante der Glasplatte zu legen, und die Linien mit einem spitzen Stahlstifte zu ziehen. Da man die Schwingungen ziemlich gestreckt zeichnen kann (8 bis 10 auf ein Decimeter), so ist es sehr leicht, sich die halbe Schwingung in fünf Theile getheilt zu denken, und also Zehntelschwingungen mit Sicherheit abzulesen.

Ich habe dem Apparate eine noch einfachere und elegantere Einrichtung gegeben, der ich aber nicht unbedingt den Vorzug einräume. Die Gabel wurde nämlich in einen Cylinder von Hartgummi geschraubt, und diese in eine axiale Bohrung des Holzprismas im Schlitten a eingeleimt. Der Gabelstiel trug dann die Klemme, in welche die von den Klemmen p' und p'_1 herkommende Sprungfeder befestigt war, die Leiste $i w$ fiel ganz fort, und der Schreibstift war zugleich der Stift, welcher die Funkenspuren macht. Diese liegen also in der Wellenlinie, man bedarf keiner Correction und keiner Construction, so dass also die Fehlerquellen auf ein Minimum reducirt sind. Die Glasplatte wird dann auf ihrer ganzen Fläche mit Stanniol und Papier überzogen, und das Papier berusst, so dass man auf der Platte jetzt noch einmal so viel Versuche nebeneinander ausführen kann, wie zuvor. Aber der Entladungsschlag zerstäubt den Russ, so dass an der betreffenden Stelle die Wellenzeichnung etwas leidet und dadurch das Ablesen erschwert wird. Freilich kann man diesen Uebelstand sehr mindern, wenn man mit recht schwachen Ladungen experimentirt. Dies ist auch noch aus dem Grunde nöthig, weil man sonst an den Stellen, wo sich die Kugel den Bügeln nähert, zu grosse Schlagweiten bekommt. Wenn sich die Kugel gleichförmig bewegt und beide Flaschen gleich stark geladen sind, so wird dadurch kein Fehler hervorgebracht, wohl aber wenn die Kugel, wie beim Fall, sich ungleichmässig bewegt. Wenn die Schlagweiten klein sind, so wird dieser Fehler unmerklich.

Ich habe immer mit einer König'schen $u t_1$ Gabel (gestimmt auf $u t_2 = 512$ einfache Schwingungen) gearbeitet. Bei den drei ersten Versuchen waren die Läufer, mit denen sie beschwert ist, etwas verschoben; durch Interpolation wurde gefunden, dass die Gabel dadurch im Verhältniss 1 : 1,03 zu hoch stand. Während sie also, wie es auch in allen folgenden Versuchen der Fall war, 64 ganze Schwingungen machen sollte, machte sie deren 66 in der Secunde. Die Versuche 1 bis 7 sind mit Benutzung eines besonderen Stiftes w ausgeführt, bei den Versuchen 8 bis 12 sind die Funkenspuren durch den Schreibstift selbst gemacht.

Versuch.	Gabel.	Schwingungen.	Fallraum.	Fallzeit		Differenz.
				gefunden.	berechnet.	
1	66	9,4	0ᵐ,4—0ᵐ,9	0″,143	0″,1428	+ 0″,0002
2		5,1	0 ,6—0 ,9	0 ,078	0 ,0787	— 0 ,0007
3		5,5	0 ,5—0 ,8	0 ,083	0 ,0846	— 0 ,0016
4	· 64	9,8	0 ,5—0 ,1	0 ,155	0 ,1543	+ 0 ,0007
5		8,5	0 ,5—1 ,0	0 ,131	0 ,1322	— 0 ,0012
6		7,6	0 ,4—0 ,8	0 ,119	0 ,1183	+ 0 ,0007
7		9,1	0 ,4—0 ,9	0 ,142	0 ,1428	— 0 ,0008
8		5,9	0 ,4—0 ,7	0 ,092	0 ,0922	— 0 ,0002
9		10,0	0 ,3—0 ,8	0 ,156	0 ,1566	— 0 ,0006
10		9,5	0 ,2—0 ,6	0 ,148	0 ,1478	+ 0 ,0002
11		7,4	0 ,2—0 ,5	0 ,116	0 ,1174	— 0 ,0014
12		13,0	0 ,2—0 ,8	0 ,203	0 ,2020	— 0 ,0010

Da die Messungen nur auf zehntel Wellen gemacht waren, so würde eine Berechnung der vierten Decimale in den gefundenen Werthen werthlos sein. Man sieht aber aus dem wechselnden Vorzeichen der Differenzen, deren grösste = 0″,0016 ist, dass die Gesetze des freien Falles noch merklich befolgt sind. Eine Abweichung von 0,1 ganzen Schwingungen würde einem Zeitunterschiede von 0″,0015 entsprechen. Dies ist auch ungefähr die grösste Abweichung zwischen Beobachtung und Rechnung, welche vorgekommen ist. Es ist leicht, so grosse Abweichungen unmöglich zu machen. Zunächst dadurch, dass man sich eine feinere Theilung verschafft, d. h. eine höher gestimmte Gabel verwendet. Dann indem man die Gabel schneller führt, um längere Wellen zu bekommen. Dadurch wird man nun freilich bald an das Ende der Platte gerathen, und deshalb nur sehr kurze Zeiten messen können. Um auch für längere Zeiten die Messung möglich zu machen, muss man dem Apparate eine andere Form geben, in der ich ihn soeben ausführen lasse, und die ich hier nur oberflächlich andeuten will:

Die Stimmgabel wird durch einen galvanischen Strom, wie zum Zweck der Helmholtz'schen Vocalsynthese, in stetem Gange gehalten. Neben ihr steht ein mit Papier beklebter und berusster Metallcylinder, auf dessen Mantelfläche die Gabel mittelst eines Griffels schreiben kann. Durch die Cylinderaxe geht eine Schraubenmutter, welche auf eine feststehende männliche Schraube aufgedreht werden kann. Neben dem Schreibstift steht wieder, von einem isolirenden Arme getragen, die Klemmschraube, deren Spitze auf der Mantelfläche ruht. Statt nun den Schlitten zu bewegen, dreht man den Cylinder mittelst einer Kurbel um seine Axe, die Gabel zeichnet dann ihre Wellenlinien in Spiralen auf die Mantelfläche, die Funken markiren ihre Spuren wie früher, und man zählt die ihrem Abstande entsprechenden Schwingungen, welche auf mehre Umgänge erstreckt sein können. Durch Beschleunigung der Drehung kann man die Empfindlichkeit des Apparates nach Belieben steigern.

Wollte man diesem Apparate die Einrichtung geben, dass die Funken durch den Schreibstift selbst in das Papier schlagen sollen, so müsste man sich zweier Stimmgabeln bedienen, deren eine den Gang der zweiten (isolirten) auf elektromagnetischem Wege regelt.

Ich glaube, dass das elektrische Vibrationschronoskop auch in der zuerst beschriebenen einfachsten Gestalt, gerade seiner Einfachheit und Sicherheit wegen, sich zur Lösung mancher physiologischen Frage eignen wird. Es ist z. B. sehr leicht, einen Apparat herzustellen, an welchem die eine der Unterbrechungen durch denselben Vorgang geschlossen wird, durch welchen ein Reiz auf einen Nerven ausgeübt wird, während die darauf folgende Reaction des Muskels die andere Unterbrechung schliesst.

Erlangen, im Juli 1868.

Ueber die Ströme in Nebenschliessungen zusammengesetzter Ketten.

Von

Anton Waszmuth,

Assistenten für Physik an der Technik in Prag.

(Wiener Sitzungsberichte LVII, Heft I.)

Wenn man an einer nach dem Schema der Volta'schen Säule zusammengesetzten Kette ein oder das andere Element mit einer Nebenschliessung versieht, so findet man, wie schon Daniell (On voltaic combinations) gezeigt hat, dass die Richtung des darin verlaufenden Stromes nicht selten der Richtung des Hauptstromes entgegengesetzt ist und sich sogar bei einem und demselben Elemente mit dem eingeschalteten Widerstand ändert.

Es gelang indess erst Poggendorff (Annalen 55. Bd.) eine Erklärung davon zu geben, bei welcher er seine Theorie der zusammengesetzten Ketten zu Grunde legte. Seine Forschungen beschränkten sich dabei lediglich auf die Erörterung des Daniell'schen Versuches, indem er nachwies, wann die eine oder andere Stromrichtung in der Nebenschliessung oder ein gänzliches Verschwinden des Stromes einträte.

Sind nämlich

$$e_1, \ e_2, \ e_3 \ . \ . \ . \ . \ . \ e_n$$

die elektromotorischen Kräfte und

$$u_1, \ u_2, \ u_3 \ . \ . \ . \ . \ u_n$$

die wesentlichen Widerstände von n-Elementen, so wird, wie Poggendorff zeigt, die Stromstärke λ_1 in der Nebenschliessung am ersten Elemente ausgedrückt durch die Gleichung:

$$\lambda_1 = \frac{1}{R_1 l} \left[\frac{P_1}{Q_1} - \frac{e_1}{u_1} \right].$$

Dabei bedeutet l den Widerstand der Nebenschliessung und es ist

$$P_1 = e_2 + e_3 + \ldots \ldots + e_n$$
$$Q_1 = u_2 + u_3 + \ldots \ldots + u_n$$

sowie

$$R_1 = \frac{1}{l} + \frac{1}{u_1} + \frac{1}{Q_1}.$$

Daraus folgt nun unmittelbar, dass, die Richtung des Hauptstromes als positiv angenommen, der Strom in der Nebenschliessung mit dem Hauptstrome dieselbe oder entgegengesetzte Richtung haben oder gänzlich verschwinden wird, je nachdem

$$\frac{P_1}{Q_1} \gtrless \frac{e_1}{u_1}$$

ist; oder allgemein, bezüglich des r^{ten} Elementes, je nachdem

$$\frac{P_r}{Q_r} \gtrless \frac{e_r}{u_r}$$

ist.

Poggendorff bemerkt ferner, dass in dem Falle, wenn sämmtliche Ketten der Batterie einander vollkommen gleich sind, keine derselben bei partieller Nebenschliessung einen Strom gibt. — Somit war denn auch die Erklärung des Daniell'schen Versuches, soweit sich Poggendorff dieselbe zur Aufgabe gemacht hatte, gegeben.

In grösserer Allgemeinheit wurde das Problem, die Stromrichtung in Nebenschliessungen zusammengesetzter Ketten zu bestimmen, später von Waltenhofen behandelt und dadurch auch eine Erweiterung und Vervollständigung in der Theorie und Erklärung des Daniell'-schen Versuches erzielt.

Waltenhofen[1]) zeigte nämlich: 1) dass rückläufige Nebenströme nicht nur — wie Daniell fand, und aus Poggendorff's Theorie hervorgeht — unter gewissen Bedingungen (wenn nämlich $\frac{P_r}{Q_r} < \frac{e_r}{u_r}$) auftreten können, sondern, dass sie sogar an jeder zusammengesetzten Kette nothwendig vorkommen müssen, den einzigen Fall ausgenommen, dass sämmtliche Nebenströme = 0 würden; 2) dass dieses Nullwerden aller Nebenströme nicht nur in dem von Poggendorff nachgewiesenen Falle eintritt, dass alle Ketten einander vollkommen gleich

---

1) Prof. Dr. Adalbert v. Waltenhofen, über die Stromrichtung in Nebenschliessungen zusammengesetzter Ketten. Sitzungsberichte der kais. Akademie der Wissensch. 42. Bd. p. 439—448.

sind, d. h. $e_1 = e_2 = e_3 = \ldots = e_n$ und $u_1 = u_2 = u_3 = \ldots = u_n$ ist, sondern auch, wenn nur überhaupt die Relation besteht

$$\frac{e_1}{u_1} = \frac{e_2}{u_2} = \frac{e_3}{u_3} = \ldots = \frac{e_n}{u_n};$$

3) dass die Differenzen der Nebenströme sich verhalten wie die Differenzen der electromotorischen Kräfte der betreffenden Elemente, wenn die einzelnen Elemente der Kette gleiche Widerstände haben. Ist nämlich

$$e_1 + e_2 + e_3 + \ldots + e_n = E,$$
$$u_1 + u_2 + u_3 + \ldots + u_n = U$$

und der Widerstand der am betrachteten Elemente angebrachten Nebenschliessung l_r, so gilt, wie Waltenhofen zeigt, für die Stromstärke s_r des am r^{ten} Elemente abgeleiteten Nebenstromes die Relation

$$s_r = \frac{u_r E - e_r U}{U(u_r + l_r) - u_r^2}.$$

Hieraus folgt, dass, wenn man den Nenner $U(u_r + l_r) - u_r^2 = c_r$, somit $c_r s_r = U_r E - e_r U$ setzt, die Summe dieser für $r = 1, 2, 3 \ldots n$ gebildeten Producte $= 0$ ist; sowie, dass, wenn $l_1 = l_2 = l_3 = \ldots = l_n$ auch $s_1 + s_2 + s_3 + \ldots + s_n = 0$ ist. Sind ferner auch $u_1 = u_2 = u_3 = \ldots = u_n$ und somit die Nenner der Ausdrücke für $s_1, s_2, s_3 \ldots s_n$, einander gleich, so ist allgemein

$$\frac{s_\alpha - s_\beta}{s_\gamma - s_\delta} = \frac{e_\alpha - e_\beta}{e_\gamma - e_\delta}.$$

Endlich zeigt der Ausdruck für s_r unmittelbar, dass dieser Strom verschwindet, sobald

$$\frac{E}{U} = \frac{e_r}{u_r}$$

ist.

Diese Ergebnisse bewogen mich, die Rechnungen noch weiter auszudehnen und allgemein das Verhalten der Theilströme zu untersuchen, falls gleichzeitig an jedes Element eine Nebenschliessung angebracht wird. Man sieht leicht, dass die Beantwortung dieser Frage auch die Lösung des Früheren als einen speciellen Fall in sich schliesst.

Dabei denke man sich, um die Rechnung übersichtlicher zu machen, je zwei Elemente durch einen Draht von verschwindend kleinem Widerstand verbunden; der in der Praxis vorkommende Fall, wo zwei Elemente durch einen endlichen Widerstand verbunden sind, soll am Schlusse der Abhandlung berücksichtigt werden.

Es seien nun n-Elemente gegeben mit den elektromotorischen Kräften

$$e_1, e_2, e_3 \ldots e_n$$

und mit den inneren Widerständen:

$$u_1, u_2, u_3 \ldots u_n$$

das erste Element besitze eine Nebenschliessung vom Widerstande l_1, in welchem die Stromstärke s_1 sei; das zweite eine vom Widerstande l_2 mit der Stromstärke s_2 etc. Ausserdem führe man folgende Abkürzungen ein, indem man setze:

$$\frac{1}{u_1} + \frac{1}{l_1} = \frac{1}{w_1}, \qquad \frac{1}{u_2} + \frac{1}{l_2} = \frac{1}{w_2} \cdots \cdots$$

$$\frac{1}{u_n} + \frac{1}{l_n} = \frac{1}{w_n}$$

und

$$w_1 + w_2 + w_3 + \ldots + w_n = R,$$

wobei die Grössen $w_1, w_2 \ldots w_n$ eine bekannte Bedeutung haben, indem sie die Widerstände vorstellen, die statt denen des Elementes und der entsprechenden Nebenschliessung gesetzt werden können.

Die Stromintensität s_1 setzt sich aus n-Componenten zusammen, indem jede electromotorische Kraft einen andern Strom in dem Leiter vom Widerstande l_1 erzeugen wird, so dass man setzen kann:

$$s_1 = \sigma'_1 + \sigma'_2 + \sigma'_3 + \ldots + \sigma'_n.$$

Dabei deuten die unteren Stellenzeiger auf die electromotorische Kraft, die den Strom erregt, die oberen auf die Nebenschliessung, in der der betrachtete Strom verläuft. So stellt uns z. B. σ_2''' die Intensität jenes Stromes vor, der durch e_2 in l_3 erregt wurde.

Um nun einen Ausdruck für σ'_1, die Intensität des in l_1 durch e_1 erzeugten Stromes zu finden, so hat man blos zu berücksichtigen, dass der in u_1 durch die electromotorische Kraft e_1 hervorgerufene Strom sich in die zwei Arme vom Widerstande l_1 und $R-w_1$ theilt und eine dem Hauptstrome entgegengesetzte Richtung hat. Man findet so, dass

$$\sigma'_1 = \frac{-e_1(R-w_1)}{u_1(R-w_1+l_1) + (R-w_1)l_1},$$

oder da $u_1 l_1 = w_1(u_1 + l_1)$ ist

oder

$$\sigma'_1 = \frac{-e_1(R-w_1)}{(R-w_1)(u_1+l_1)+u_1l_1} = \frac{-e_1(R-w_1)}{(u_1+l_1)R}$$

$$\sigma'_1 = -\frac{e_1}{u_1+l_1} + \frac{w_1}{l_1R}\frac{e_1l_1}{u_1+l_1}.$$

Um auch die Componente σ'_2 zu finden, welche die in l_1 durch die electromotorische Kraft e_2 hervorgerufene Stromstärke vorstellt, bestimme man zuerst·die Stromstärke in der Nebenschliessung $R-w_2$, indem durch diesen und den Widerstand l_2 der in u_2 durch e_2 hervorgerufene Strom geht. Man findet ihn gleich:

$$\frac{e_2l_2}{u_2(R-w_2+l_2)+(R-w_2)l_2} = \frac{e_2l_2}{(u_2+l_2)R}.$$

Dieser Strom fliesst nun durch u_1 und l_1, weshalb der durch l_1 gehende Antheil σ'_2 ist:

$$\sigma'_2 = \frac{u_1}{u_1+l_1}\frac{e_2l_2}{(u_2+l_2)R} = \frac{w_1}{l_1R}\frac{e_2l_2}{u_2+l_2}.$$

Aehnlich ergibt sich:

$$\sigma'_3 = \frac{w_1}{l_1R}\frac{e_3l_3}{u_3+l_3}\ \cdots$$

und allgemein

$$\sigma'_\varrho = \frac{w_1}{l_1R}\frac{e_\varrho l_\varrho}{u_\varrho+l_\varrho}.$$

Setzt man also

$$\frac{e_1l_1}{u_1+l_1} + \frac{e_2l_2}{u_2+l_2} + \frac{e_3l_3}{u_3+l_3} + \cdots + \frac{e_nl_n}{u_n+l_n} = S$$

so ergibt sich:

$$s_1 = -\frac{e_1}{u_1+l_1} + \frac{w_1}{l_1}\frac{S}{R}.$$

Aehnlich findet man bei Berücksichtigung der oben eingeführten Bezeichnung:

$$s_2 = -\frac{e_2}{u_2+l_2} + \frac{w_2}{l_2}\frac{S}{R}$$

und allgemein erhält man für die Stromstärke im Schliessungsleiter des μ-Elementes:

$$s_\mu = -\frac{e_\mu}{u_\mu+l_\mu} + \frac{w_\mu}{l_\mu}\frac{S}{R}.$$

So ergibt sich z. B. als Ausdruck für den Strom in l_1 bei 3 Elementen:

$$s_1 = \frac{-e_1[u_2 l_2 (u_3 + l_3) + u_3 l_3 (u_2 + l_2)] + e_2 u_1 l_2 (u_3 + l_3) + e_3 u_1 l_3 (u_2 + l_2)}{(u_1 + l_1)(u_2 + l_2)(u_3 + l_3)[w_1 + w_2 + w_3]}.$$

Aus dem allgemeinen Ausdrucke für die Stromstärke in einer Nebenschliessung ergeben sich nun nachstehende Folgerungen.

Multiplicirt man jedes s mit dem entsprechenden l und addirt die entstandenen Producte, so erhält man mit Berücksichtigung der Bedeutung von S und R leicht die Gleichung[1])

$$s_1 l_1 + s_2 l_2 + s_3 l_3 + \ldots + s_n l_n = 0,$$

da l_1, l_2, $l_3 \ldots l_n$ ihrer Natur nach nur positiv sein können, so kann somit der Satz ausgesprochen werden, dass **auch in dem Falle, wenn gleichzeitig alle Elemente mit Nebenschliessungen versehen sind, die darin auftretenden Zweigströme niemals sämmtlich gleichgerichtet sein können.**

Gewöhnlich hat man es mit Elementen von gleicher electromotorischer Kraft und nahezu gleichen innerem Widerstande zu thun. Setzt man nun

$$e_1 = e_2 = e_3 = \ldots = e_n$$

Anmerkung. Es ist nicht uninteressant zu zeigen, wie man bei Anwendung der Formeln von Kirchhoff zu denselben Resultaten gelangt, was ich hier für 3 Elemente thun will. Um nämlich den Zähler von s_1 in diesem Falle zu bilden, hat man diejenigen Combinationen von Widerständen zu 3 Elementen zu addiren, welche die Eigenschaft haben, dass nach ihrer Wegnahme eine geschlossene Figur übrig bleibt, in der l_1 vorkommt (Poggendorff's Annalen Bd. 72, p. 497—508). Es sind dies die Combinationen:

$$u_1 u_2 u_3,\ u_1 u_2 l_3,\ u_1 u_3 l_2,\ u_1 l_2 l_3,\ u_2 u_3 l_3,\ u_2 u_3 l_2,\ u_2 l_2 l_3 \text{ und } u_3 l_2 l_3,$$

jede von ihnen muss ausserdem mit der Summe der electromotorischen Kräfte, die auf der zugehörigen geschlossenen Figur vorkommen, multiplicirt werden. Sie sind der Reihe nach:

$$0,\ e_3,\ e_2,\ e_2 + e_3,\ -e_1,\ -e_1,\ -e_1,\ -e_1.$$

Man erhält so für den Zähler von s_1 den Ausdruck:

$$-e_1[u_2 l_2 (u_3 + l_3) + u_3 l_3 (u_2 + l_2)] + e_2 u_1 l_2 (u_3 + l_3) + e_3 u_1 l_3 (u_2 + l_2)$$

gleich dem obigen Werthe. — Um den Nenner zu erhalten, hätte man alle Combinationen zu 4 Elementen zu bilden, die, einzeln weggenommen, keine geschlossene Figur übrig lassen. Schneller verfährt man, wenn man die Combinationen zu zwei Elementen sucht, die keine geschlossene Figur geben, z. B. $u_3 l_1$, $l_1 l_2 \ldots$ Zu jeder dieser Combinationen von 2 Elementen findet man die entsprechenden von 4 Elementen, indem man jene Widerstände, die in den ersteren nicht vorkommen, nebeneinander schreibt und die entstandenen Producte addirt. Man erhält so für den Nenner denselben Werth wie oben.

[1]) Dieselbe Gleichung ergibt sich auch unmittelbar durch Anwendung des Kirchhoff'schen Satzes betreffs der Continua in einem beliebigen Systeme von Strombahnen.

und

$$u_1 = u_3 = u_2 = \ldots = u_n,$$

so stellt sich heraus, dass in keiner der Nebenschliessungen ein Strom verläuft. Es ist nämlich dann

$$\frac{S}{R} = \frac{e_p}{u_p},$$

folglich $s_p = 0$.

Dieses Ergebniss ist indess nur ein specieller Fall eines allgemeinen Lehrsatzes. Verhalten sich nämlich die electromotorischen Kräfte wie die inneren Widerstände, d. i. findet die Proportion statt:

$$e_1 : e_2 : e_3 : \ldots : e_n = u_1 : u_2 : u_3 : \ldots : u_n,$$

so dass also $\dfrac{e_\mu}{u_\mu} = \varkappa$ einen constanten Coefficienten bedeutet, so ergibt

sich $\dfrac{S}{R} = \varkappa$ und folglich $s_\mu = 0$.

Hieraus folgt, dass auch in gleichzeitig an allen Elementen angebrachten Nebenschliessungen keine Zweigströme auftreten, sobald zwischen der electromotorischen Kraft und dem Widerstande in allen Elementen dasselbe Verhältniss besteht.

Sollen zu gleicher Zeit von den vorhandenen Zweigströmen einzelne verschwinden, soll also z. B. $s_p = s_q = s_r = 0$ sein, so muss eben für diese oder vielmehr für die betreffenden Elemente jene Relation, nämlich

$$\frac{e_p}{u_p} = \frac{e_q}{u_q} = \frac{e_r}{u_r} = \varkappa$$

stattfinden; es müssen sich also auch dann die electromotorischen Kräfte, wie die inneren Widerstände der betreffenden Elemente verhalten.

Hat man es mit dem in der Praxis vorkommenden Fall zu thun, dass die Elemente durch endliche Widerstände $\varrho_1, \varrho_2, \varrho_3 \ldots \varrho_n$ verbunden sind, so behalten die obigen Formeln ihre Giltigkeit, wenn man sich nur statt R gesetzt denkt:

$$R + \varrho_1 + \varrho_2 + \varrho_3 + \ldots + \varrho_n.$$

Es wäre noch der Fall zu behandeln, dass die Nebenschliessung bei einem oder mehreren Elementen fehlt; man hat dann blos den Widerstand jeder fehlenden Nebenschliessung als unendlich gross in die allgemeine Formel einzuführen; ist z. B. das μ-Element ohne

Nebenschliessung, so wird $l_\mu = \infty$ und in dem Ausdrucke für $\mathcal{S}$ ist

statt $\dfrac{e_\mu l_\mu}{u_\mu + l_\mu}$ zu setzen e_μ, sowie in R statt w_μ der Werth u_μ; ähnlich, wenn mehrere Nebenschliessungen fehlen.

Es bleibt mir schliesslich noch übrig, die Uebereinstimmung zwischen den von Prof. v. Waltenhofen aufgestellten Formeln und den obigen zu zeigen, oder vielmehr, wie die ersteren aus den letzteren abgeleitet werden können.

Denkt man sich nämlich blos am p^{ten} Elemente eine Nebenschliessung angebracht, so wird für diesen Fall auch die obige Formel s_p ihre Giltigkeit behalten, falls man nur darin

$$l_1 = l_2 = l_3 = \ldots = l_{p-1} = l_{p+1} = \ldots = l_n = \infty$$

setzt.

Es wird dann

$$\frac{S}{R} = \frac{e_p u_p + (u_p + l_p) E}{U(u_p + l_p) - u_p^2},$$

somit

$$s_p = \frac{E u_p - e_p U}{U(u_p + l_p) - u_p^2},$$

wo

$$e_1 + e_2 + e_3 + \ldots + e_n = E$$

und

$$u_1 + u_2 + u_3 + \ldots + u_n = U$$

ist.

Dieselbe Gleichung ist von Prof. v. Waltenhofen a. a. O. p. 445 aufgestellt und aus ihr die anderen Lehrsätze abgeleitet worden.

Mittheilungen über die Influenz-Electrisirmaschine.

III.

(Fortsetzung von Seite 146.)

§ 7. Die Lichterscheinungen an der erregten Influenz-Maschine.

Hiezu Tafel XXVII Figur 2.

Erregt man die Influenz-Electrisirmaschine in einem dunklen Zimmer, so zeigen sich an derselben eigenthümliche Lichterscheinungen, auf welche, wiewohl sie gewiss die meisten Physiker kennen, Niemand in der Literatur meines Wissens bisher hingewiesen hat. Diese Lichtphänomene sind aber für die Erklärung des Vorganges an der Maschine von entschiedener Bedeutung, weshalb ich hier darauf näher aufmerksam machen möchte. Dreht man nämlich, die erregte Maschine, ohne ein weiteres Experiment damit vorzunehmen, so sieht man überall, wo durch Spitzen oder Kanten Anlass zu Ausströmungen der Electricität gegeben ist, die damit verbundenen Lichterscheinungen, und man bemerkt auf den ersten Blick, dass man zwei Arten derselben vor sich hat. Die positive Electricität strömt als Lichtbüschel, die negative Electricität als Lichtpunct aus; man sieht also aus der Lichterscheinung, welche Electricitätsart durch Influenz in der Spitze oder Kante angehäuft wurde.

Hält man beim Erregen die Hartgummiplatte hinter die Belegung *A*, so zeigen sich die in der Figur 2 Tafel **XXVII** dargestellten Lichterscheinungen; erregt man bei *B* oder hat ein Stromwechsel statt, so darf man blos die Figur um 180° drehen, um die für diesen Fall wahrnehmbaren Erscheinungen zu haben. Es genügt also blos den ersteren Fall zu betrachten.

Von der Staniolspitze *s* strömt ein positiver Lichtbüschel aus, an der Staniolspitze *s'* zeigt sich ein negativer Lichtpunct.

Von den einzelnen Spitzen des metallenen Conductorkammes bei *A* strömen positive Lichtbüschel aus, die Spitzen des Kammes bei *B* zeigen negative Lichtpuncte.

Vergleichen wir diese Erscheinungen mit der in § 5 gegebenen Erklärung des Vorganges an der Maschine, so zeigt sich, dass sie eine vollständige Bestätigung derselben bilden. An den Spitzen des Conductorkammes bei A hatten wir $+\infty$, die positive Electricität strömt in Lichtbüscheln aus; an den Spitzen des Metallkammes bei B ist die Electricität $-\infty$, die negative Electricität strömt in Form von Lichtpuncten aus. Die Staniolspitze s wird durch Influenz der negativen Electricität der unteren Hälfte der rotirenden Scheibe $+\infty$, wir haben an ihr einen positiven Lichtbüschel; die Staniolspitze s' wird $-\infty$ und wir müssen einen negativen Lichtpunct haben. Der Zweck der Staniolspitzen, die einzelnen Theile der rotirenden Scheibe, schon ehe sie den Papierbelegungen gegenüberzustehen kommen, zu neutralisiren, ist also jetzt vollständig klar.

Ausser den angegebenen Lichterscheinungen an den Spitzen kommen noch ähnliche an den Rändern (Kanten) der Papierbelege vor. Man sieht nämlich am oberen Rande der inneren, zwischen den Glasscheiben gelegenen Papierbelegung A negative Lichtpuncte, am unteren Rand der inneren Belegung B positive Lichtbüschel. Auch diese Erscheinungen bestätigen die Richtigkeit der Erklärung des Vorganges an der Maschine, wie sie in § 5 gegeben wurde. Die innere Papierbelegung A ist an der Fläche, wo sie der rotirenden Scheibe zugewendet ist, negativ electrisch. Diese negative Electricität wird von der positiven Electricität der rotirenden Scheibe durch Influenz an den Kanten, die das Papier bietet, angehäuft und strömt bei fortdauernder (durch das Drehen gesteigerter) Anhäufung schliesslich aus. Entgegengesetzt ist der Vorgang bei B, wo die positive Electricität ausströmt. Carl.

§ 8. Ueber die von der Influenzmaschine erzeugte Electricitätsmenge nach absolutem Maasse. Von F. Kohlrausch.

(Vom Herrn Verfasser aus Poggendorff's Annalen freundlichst eingesandt.)

Die Ergiebigkeit der Holtz'schen Influenzmaschine ist mittels der Maassflasche mehrfach untersucht, insbesondere mit derjenigen der Reibungsmaschine verglichen worden. Eine absolute Messung würde auf diesem Wege mit den grössten Schwierigkeiten verbunden sein. Will man sich auf den Gränzfall beschränken, in welchem die beiden Conductoren metallisch mit einander verbunden sind — welcher Fall für etwaige Anwendungen anstatt galvanischer Electricität in

Frage käme, so erhält man die erzeugten Electricitätsmengen leicht nach absolutem Maasse, wenn man die magnetischen Wirkungen des von ihnen gebildeten Stromes beobachtet. Die von Weber und meinem Vater ausgeführte Reduction der Stromintensitätsmessungen auf mechanisches Maass lässt die Electricitätsmenge leicht in electrostatischen Einheiten ausdrücken.

Die untersuchte Maschine ist vom Mechanicus Schulz in Berlin nach der von H. Holtz im 127. Bande von Poggend. Annalen S. 320 beschriebenen Construction verfertigt. Die feste Scheibe trägt 2 Belegungen, die bewegliche hat einen Durchmesser von 400^{mm}. Von den vier Saugern waren, wo Anderes nicht bemerkt ist, nur die beiden den Belegungen gegenüberstehenden in Thätigkeit.

Unter Drehungsgeschwindigkeit wird immer die Anzahl Curbelumdrehungen in einer Secunde verstanden, auf deren eine (bei langsamer Drehung gezählt) 6 Umdrehungen der Glasscheibe kommen.

Die beiden Conductoren wurden unter Einschaltung einer feuchten Schnur mit den Drahtenden desselben Multiplicators verbunden, welcher zu der erwähnten Arbeit von Weber und meinem Vater hergestellt und im 5. Bande der Abh. der kgl. sächs. Ges. d. Wiss. S. 259 und 289 beschrieben worden ist. Die 5635 Umwindungen seines ungefähr $^2/_3$ Meilen langen Drahtes sind durch sorgfältige Isolation gegen etwaiges Ueberspringen vollständig gesichert.

Die Intensität des Stromes, welcher durch die Windungen dieses Multiplicators fliesst und die Nadel im Mittelpuncte um φ ablenkt, ist nach absolutem magnetischen Maasse

$$i = \frac{T}{262,1} \, \tan g \, \varphi$$

oder bei dem jetzigen Werthe der horizontalen Intensität des Erdmagnetismus für Göttingen $T = 1,844$

$$i = 0,00704 \, \tan g \, \varphi$$

Im Folgenden war der Abstand der Scala vom Spiegel des Magnets = 1400 Scalentheilen, es kann also, wenn p der Ausschlag der Nadel in Scalentheilen, für kleine Werthe von p gesetzt werden:

$$i = \frac{0,00704}{2800} p = 0,00000251 \, . \, p$$

Der sehr starke Dämpfer beruhigte die Nadel nach wenigen Schwingungen vollständig, und es gelang mit einiger Uebung bald, die Electrisirmaschine nach dem Schlage einer Secundenuhr mit der

Hand in eine so gleichmässige Drehungsgeschwindigkeit zu versetzen, dass die Schwankungen nur einige Scalentheile betrugen.

Auffallend war zunächst die an den verschiedenen Tagen so gut wie constante Wirksamkeit der Maschine. Obwohl die absolute Luftfeuchtigkeit in dem Beobachtungsraume zwischen 9^{gr} und 14^{gr} Wasser auf 1 Cubikmeter, die relative zwischen 0,42 und 0,58 schwankte, und das Maximum der Funkenlänge, wie gewöhnlich bei diesen Maschinen, grossen Aenderungen unterworfen war, so blieben die beobachteten Ungleichheiten der Stromstärke innerhalb der Beobachtungsfehler. Wenn zum Beispiel aus je den Beobachtungen am 16., 17., 18. Juli und denen am 25. und 26. Juli die Mittel genommen werden, so ergibt sich der Ausschlag in Scalentheilen

Drehungsgeschwinigkeit =	$\frac{1}{3}$	$\frac{1}{2}$	$\frac{1}{1}$	$\frac{3}{2}$
16. 17. 18. Juli =	30,2	42,6	89,2	137,0
25. 26. Juli =	29,7	43,8	87,2	137,0
Gesammtmittel =	30,0	43,1	88,8	137,0

Aehnlich gering sind die Unterschiede, wenn die Mittel aus andern Gruppen genommen werden.

Merkwürdig ist zweitens, dass die gelieferten Electricitätsmengen innerhalb der durch die Dimensionen der Maschine gesteckten Gränzen so gut wie unabhängig sind von dem Abstande zwischen den Saugern und der rotirenden Platte, wofür folgende Zahlen den Beweis liefern, welche ebenfalls Mittelwerthe aus mehreren Versuchen darstellen:

Drehungsgeschwindigkeit =		$\frac{1}{3}$	$\frac{1}{2}$	$\frac{1}{1}$	$\frac{3}{2}$
Abstand der Sauger von der Glasscheibe	4^{mm}	30,5	45,2	90,7	139,4
	19^{mm}	30,0	46,0	89,2	131,7
	27^{mm}	30,5	47,0	88,2	130,0
	34^{mm}	30,9	46,0	87,1	130,3

Die Wirksamkeit bei langsamer Drehung ist unverändert geblieben, bei der grössten Geschwindigkeit beträgt die Abnahme nur etwa 7 Proc. Hiernach würde, für eine Geschwindigkeit der Glastheile bis zu 3 Meter in der Secunde, Entladung und Ladung noch ebenso vollständig sein bei einem Abstande der Spitzen gleich 34^{mm}, wie bei 4^{mm} Abstand. Bei 6 und 9 Meter Geschwindigkeit dagegen würde die Entladung nur unvollständig sein, ein Punct, welcher wie eine jede Bewegung der Electricität, zu welcher eine nachweisbare Zeit erfordert wird, nähere Untersuchung verdienen würde. (Die letzten

obigen Beobachtungen erleiden freilich eine Einbusse an Zuverlässigkeit durch grössere Schwankungen der Stromstärke, welche die weitere Entfernung der Sauger stets begleiteten. Einige Male zeigte sich
sogar eine plötzliche, und dann in der Regel bis zum völligen Ver-
sagen sich fortsetzende, Abnahme der Wirksamkeit.)

Drittens stellte sich eine fast genaue Proportionalität der Stromstärke mit der Drehungsgeschwindigkeit heraus, worüber nur die oben
(s. v. S.) angegebenen Zahlen verglichen zu werden brauchen. Nach
Anbringung einer kleinen Correction auf Grössen, welche der Tangente des Ausschlagwinkels proportional sind, ist nämlich im Mittel:

Drehungsgeschwindigkeit $= \frac{1}{3} \quad \frac{1}{2} \quad \frac{1}{1} \quad \frac{3}{2}$

Ausschlag $= 30,0 \quad 43,1 \quad 88,7 \quad 136,6$

während unter Voraussetzung der Proportionalität sich berechnet:

Ausschlag $= 29,9 \quad 44,8 \quad 89,7 \quad 134,5$

Die Ergiebigkeit der Holtz'schen Maschine wurde endlich noch
mit derjenigen einer sehr wirksamen Reibungsmaschine (nach Winter
von Mechanikus Apel hierselbst angefertigt) verglichen, welche eine
Scheibe von 600^{mm} hat und unter günstigen Umständen Funken von
15 Zoll liefert. Auch bei dieser fand nahezu Proportionalität der
Electricitätsmenge mit der Drehungsgeschwindigkeit statt, nämlich:

Drehungsgeschwindigkeit $= \frac{1}{3} \quad \frac{1}{2} \quad \frac{1}{1} \quad \frac{3}{2}$

Ausschlag $= 9,7 \quad 14,7 \quad 26,7 \quad 40,5$

berechnet $9,2 \quad 13,7 \quad 27,5 \quad 41,2$

Da beide Maschinen etwa gleiche Drehungsgeschwindigkeit der Curbel
gestatten, so würde hiernach die Holtz'sche Maschine im Verhältniss

$$10 : 3$$

ergiebiger sein.

Zur Reduction der Ströme auf absolutes magnetisches Maass ist
nach dem oben Gesagten der Ausschlag mit 0,00000251 zu multipliciren. Die grösste gebrauchte Geschwindigkeit von drei Drehungen
in zwei Secunden dürfte, der Erschütterungen wegen, bei der obigen
Maschine nahe das Maximum für einen dauernden Gebrauch darstellen.
Nehmen wir indessen, anstatt des Ausschlags 137, als Maximum 150
Scalentheile, so ist nach magnetischem Maase die Stromstärke

$$150 . 0,00000251 = 0,000376.$$

In mechanisches Maass umgesetzt erhalten wir

$$0,000376 . 155370 . 10^6 = 58 \text{ Millionen}$$

Einheiten positiver Electricität in einer Secunde, oder in dieser Zeit etwas mehr als eine zu den Messungen von Weber und meinem Vater gebrauchte Ladung der kleinen Leydener Flasche.

Wie gering indessen auch diese Menge im Vergleich mit der bei galvanischen Strömen bewegten ist, sieht man aus der Bemerkung, dass der Strom 0,00376 in einer Secunde nur 3,5 Milliontel eines Milligramm Wassers zersetzt, oder dass, um ein Cubik-Centimeter Knallgas zu erhalten, man den stärksten Strom unserer Influenzmaschine etwa 40 Stunden lang durch Wasser leiten müsste.

Ich habe gelegentlich die electromotorische Kraft eines Grove-schen Elements nach absolutem Maasse, $= 17,9$ gefunden, als Einheit der Stromstärke die magnetische, als Einheit des Widerstandes die Siemens'sche angenommen. (H. v. Waltenhofen[1]) findet in dieselben Einheiten übertragen, Daniell $= 11,4$, Bosscha desgleichen Daniell $= 10,8$, wonach $\frac{\text{Grove}}{\text{Daniell}} = 1,57$ resp. 1,66 wäre, wie es ungefähr auch durch directe Vergleichung bestimmt worden ist). Der Strom 0,000376 unserer Maschine wird demnach von einem einzelnen Grove'schen Element in einer Leitung von $\frac{17,9}{0,000376} = 48000$ Quecksilbereinheiten oder in einer Telegraphenleitung von etwa 800 Meilen hervorgebracht.

Um einen Ueberschlag auch über etwaige ärztliche oder physiologische Anwendungen zu gewinnen, bestimmte ich den Leitungswiderstand des menschlichen Körpers, welcher von Hand zu Hand (indem die Hände in Schalen mit Flüssigkeit getaucht wurden) bei vier Individuen, ungefähr dem Querschnitt entsprechend, zwischen 1600 und 3600 Q. E. lag und im Mittel 2200 Q. E. betrug. Rechnet man, was bei schwachen Strömen viel zu hoch gegriffen ist, die electromotorische Kraft eines Grove'schen Bechers auf die Polarisation ab, so würde eine Kette von 2 Bechern den Strom $\frac{17,9}{2200} = 0,0081$ oder das 22fache des von der Maschine gelieferten Stromes im menschlichen Körper erzeugen.

Bei solchen Zahlen lässt sich wohl behaupten, dass, wenn auch durch grössere Dimensionen, durch gesteigerte Drehungsgeschwindigkeit und eine grössere Anzahl von Scheidungsstellen und Saugern

1) Diese Annal. Bd. 133, S. 462.

weit wirksamere Maschinen als die obige herzustellen und ohne Zweifel hergestellt worden sind, dass an einen Ersatz der galvanischen Ketten zu constanten Strömen, oder allgemeiner zu Stromwirkungen, welche der Intensität proportional sind, nicht zu denken ist. Anders dagegen steht es mit den Wirkungen, welche dem Quadrat der Stromstärke proportional sind, wie die von Holtz und Poggendorff beobachteten Wärmewirkungen; oder mit den physiologischen, die von intermittirenden Strömen hervorgebracht werden und mit der Schnelligkeit der Stromänderung im Verhältniss stehen. (Vergl. Schwanda, Bd. 133, Pogg. Ann. S. 622). Durch die Möglichkeit, den mittleren Strom der Maschine mittelst einer eingeschalteten Luftstrecke in Theile von ungeheuer gesteigerter Intensität zu zerlegen, lassen sich hier Wirkungen erzielen, welche den galvanischen unter Umständen nahe kommen mögen.

Göttingen, im Juli 1868.

(Fortsetzung folgt im nächsten Hefte.)·

Kleinere Mittheilungen.

Ueber die Nachahmung von Blitzröhren von Dr. Rollmann in Stralsund.

Ein sehr instruktiver und leicht anzustellender Versuch, der die grosse Reihe der electrischen Experimente wesentlich vervollständigt, ist die Herstellung der Blitzröhren im Kleinen. Als vor etwa 40 Jahren Hachette mit Savart und Bendant die Nachahmung der Blitzröhren mit glücklichem Erfolge versuchten, bedurften sie grosser Mittel. Die grösste Batterie von Paris, die des Charles'schen Cabinettes, lieferte ihnen eine Röhre von 30 Millim. Länge und einem mittleren äusseren Durchmesser von $4^{1}/_{2}$ und inneren von 2 Millim. Die Masse, welcher sich die Pariser Physiker bedienten, war Glaspulver mit etwas Kochsalz. Versuche mit gepulvertem Feldspath und Quarz gelangen nicht.

Ich habe mit vielen mehr oder weniger nichtleitenden Pulvern Experimente angestellt und in den meisten Fällen Röhren erhalten, doch hatten nur wenige von ihnen geschmolzene Wände und zerfielen daher, wenn man sie aus der Masse zu nehmen versuchte. Weit aus die besten Resultate erhielt ich mit Schwefelblumen, und zwar müssen dieselben gewaschen sein.

Der zum bequemen Durchschlagen der Schwefelmasse hergestellte Apparat besteht in einem kleinen Trinkglase, welches sich nach oben schwach konisch erweitert. Das meinige hat eine Tiefe von 85 und einem mittleren Durchmesser von 55 Millim. Der Boden ist in der Mitte durchbohrt und das Loch durch einen eingekitteten Metallstift ausgefüllt. Auf eine runde, ebenfalls durchbohrte Glasscheibe, die sich bis fast zum Boden des Glases schieben lässt, ist ein Metallstäbchen gekittet, dessen Ende durch die Bohrung der Platte geht. Das Metallstäbchen trägt oben eine kleine Kugel, die noch aus dem Glase herausragt, wenn die Glasplatte ihren tiefsten Stand hat. Zur Führung des Stäbchens ist das Glas mit einem durchbohrten Deckel aus Kamm- masse versehen. Die Figur zeigt den Vertikaldurchschnitt des kleinen

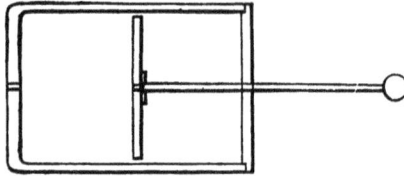

Apparates in $^1/_3$ Grösse. Die in das Glas geschütteten Schwefel- blumen packt man durch Aufklopfen dicht, setzt die Glasplatte auf den Schwefel und leitet dann durch das Glas den Schlag der Flasche oder Batterie. Ist das geschehen, so setzt man das geöffnete Glas umgekehrt auf einen Bogen Papier. Einige Schläge auf das Glas machen dann die ganze Schwefelmasse langsam herabsinken, so dass man die Röhren leicht herausbringen kann. Je grösser die Quantität der durchschlagenden Electricität ist, desto weiter werden die Röhren und desto stärker sind ihre Wände geschmolzen. Je höher die Span- nung der Electricität ist, desto längere Röhren kann man herstellen.

Bei Anwendung einer Flasche von 1 Quadratfuss einseitiger Be- legung habe ich Röhren von 50 bis 60 Millim. Länge und 2 Millim. innerer Weite erhalten. Bei vier zur Batterie verbundenen Flaschen stieg der Durchmesser etwa auf das Doppelte. Längere Röhren liefert der Entladungsschlag der Caskadenbatterie.

Beiläufig mag bemerkt sein, dass man die gebräuchliche Ver- bindung der Flaschen zur Säule etwas bequemer einrichten kann. Sind i_1, i_2, i_3, i_4 . . . die inneren und a_1, a_2, a_3, a_4 . . . die äusseren Belegungen von Flaschen, so ist das Schema der gewöhnlichen Auf- stellung folgendes:

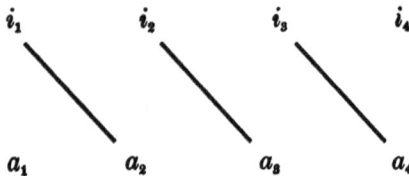

während die von mir angewandte Verbindungsweise der Flaschen diese ist:

Die inneren Belegungen werden hier also abwechselnd mit $+$ und $-$ Electricität geladen und ebenso die äusseren. Jede Flasche steht auf einem Glasteller. Die inneren Belegungen sind wie üblich durch Stäbchen verbunden, die äusseren durch federnde Drähte, die auf dem Rande der Teller ruhen.

Bei Benutzung des Cascadenstromes erhielt ich Röhren von einer Länge, wie sie das verwendete Glas noch erlaubte, nämlich 80 Millim.

Führt man mehrere Entladungen nacheinander durch den Schwefel, so schlägt nur dann der zweite Funke den Weg ein, welchen der erste gebahnt, wenn die Schwefelschicht nicht zu dick ist. Ist dagegen der Weg durch die zu durchbohrende Schwefelmasse verhältnissmässig lang, so bildet jeder neue Schlag eine neue Röhre, so dass man beim Nachsuchen ein ganzes Bündel Röhren vorfindet. War nach mehreren Entladungen nur eine Röhre vorhanden, so war dieselbe wesentlich erweitert.

Lässt man die Glasplatte nicht auf dem Schwefel ruhen, sondern stellt sie etwa ein Centim. darüber fest, so schlägt der Funke in das freiliegende Pulver und bildet an der Stelle, wo das geschieht, eine trichterförmige Höhlung ohne sichtbare Schmelzung, deren Fortsetzung dann die geschmolzene Röhre ist.

Beimengungen von Metallen, Oxyden oder Schwefelmetallen geben häufig Veranlassung zur Bildung von Schwefelverbindungen.

Der rothe, durch Einschaltung eines nassen Fadens erhaltene Funke bildet keine Röhren, sondern (bei Anwendung von vier Flaschen) einen nur 0,5 Millim. dicken massiven Faden.

Da ich mich hier auf das Experimentelle beschränkt habe, verweise ich für die Beschreibung der Röhren auf Poggendorff's Annalen, Augustheft 1868.

Ueber Heliotrope.
Schreiben des Herrn Professor W. H. Miller an den Herausgeber.
(Hiezu Tafel XXV, Figur 5, 6, 7.)

Ich war sehr erfreut, die Beschreibung zweier Heliotrope, welche ich in den Proceedings of the Royal Society gegeben habe, in Ihrem Repertorium (Bd. I pag. 281) vorzufinden. Weil ich nun meiner Beschreibung des ersteren keine Figur beigegeben habe, so fürchte ich, nicht hinreichend deutlich gewesen zu sein, da die im Repertorium gegebene Zeichnung ihn nicht genau darstellt. Die beiden Spiegel sollten mit einander in Berührung sein, wie dies Fig. 5 Taf. XXV zeigt.

Diesem Heliotropen ist jedoch in jeder Beziehung der zweite vorzuziehen, bei welchem zwei Facetten an den Rändern des Spiegels gebildet sind, die rechte Winkel sowohl mit einander als mit der Spiegelfläche einschliessen. Die Hauptschwierigkeit beim Gebrauche desselben rührt von der grossen Helligkeit des Sonnenbildes her. Ich versuchte diese zu schwächen, indem ich ein Stück gefärbten Glases vor die Ecke stellte, an welcher das Amalgam oder das Silber entfernt worden war. Die inneren Reflexionen irgendwelcher Strahlen, die den Spiegel jenseits der Grenze des gefärbten Glases treffen, brachten ein Bild von unerträglicher Helligkeit hervor. Ich versuchte nicht das dunkle Glas hinter den Spiegel zu bringen, da ich etwas zu eilig annahm, dass die Dicke desselben das gleichzeitige Sehen des Sonnenbildes und des Bildes der entfernten Station verhindern würde. Durch Berussen der Spiegelecke wurde ein angenehmes Bild erzeugt, allein die Bekleidung mit Russ ist nicht hinreichend dauerhaft. Ich versuchte nun zuletzt ein Stück dunklen Glases hinter dem Spiegel und fand, obschon das dunkle Glas 1,7 Millimeter dick war, dass seine Dicke das scharfe gleichzeitige Sehen des Bildes der Sonne und der entfernten Station nicht merklich beeinträchtigt. Ich ging daran einen zu probiren, wobei das dunkle Glas die ganze Rückseite des Spiegels bedeckte; dasselbe ist verkittet, so dass es die Silberschicht an der Rückseite des Spiegels schützt.

Während ich mit der Construction dieser Heliotrope beschäftigt war, kam ich auf eine Methode, um mich zu versichern, ob zwei beliebige polirte Flächen, die mit einander einen einspringenden Winkel bilden, gegen einander unter einem Winkel von 90° geneigt sind oder nicht, eine Methode, die auch in anderen Fällen gebraucht werden kann. Wenn zwei polirte Flächen a und c (Figur 6 Tafel XXV), die mit einander einen einspringenden Winkel von genau 90° einschliessen, in einer solchen Lage gehalten werden, dass eine Ebene, die durch einen entfernten leuchtenden Punct S und den Durchschnitt der beiden Flächen geht, die Pupille eines dicht an ac gehaltenen Auges in zwei nahe gleiche Theile theilt, so wird das Bild von S, das nach zwei Reflexionen zuerst bei a und dann bei c gesehen wird, mit dem Bilde zusammenfallen, das nach zwei Reflexionen zuerst bei c und dann bei a gesehen wird. Weicht aber der Winkel zwischen

a und c von 90⁰ um eine kleine Grösse z. B. 1′ ab, so werden zwei Bilder von S gesehen werden, namentlich wenn S so genommen ist, dass die Richtung von S einen grossen Winkel mit der Richtung einschliesst, in welcher die Bilder von S gesehen werden. Dies gibt die Mittel an die Hand, um sich zu versichern, ob irgend zwei ebene Flächen einen rechten Winkel mit einander einschliessen; indem man nämlich eine der Flächen an die Fläche eines Stückes Spiegelglas anlegt, wird ein einspringender Winkel zwischen den Flächen a, c erhalten und man kann sich durch die oben gegebene Methode überzeugen, ob der Winkel a, c wirklich 90⁰ beträgt oder nicht. Es ist klar, dass es nicht erforderlich ist, dass die an das Spiegelglas angelegte Fläche polirt sei. Wir können uns also leicht überzeugen, ob die beiden kleineren Flächen eines rechtwinkligen Prismas correct geschliffen sind, oder ob irgend eine Prismenfläche mit der Basis einen rechten Winkel einschliesst.

Im ersten Bande Ihres Repertoriums (pag. 276) wird die Erfindung des Eidographen Wollaston zugeschrieben. Dieses Instrument wurde von Professor Wallace zu Edinburgh erfunden und von ihm in den Transactions of the Royal Society of Edinburgh, Vol. XIII, 1836 beschrieben. Ich bin etc. W. H. Miller.

Heliotrop von Starke und Kammerer in Wien nach General Bayer.

Notiz von Ernst Fischer,
Ingenieur und Professor.

In einer früheren Arbeit: „Ueber Formen und Principien der verschiedenen Heliotrope"[1] habe ich bereits einen von Bayer beschriebenen Heliotrop[2] in Kürze mit aufgenommen. Unterdessen hatte ich Gelegenheit einen solchen von Starke und Kammerer ganz nach der Bayer'schen Idee construirten Heliotrop durch die Güte des Herrn Mechanikus Kern in Aarau näher kennen zu lernen und mit demselben einige Versuche auf kleinere Distanzen anzustellen. Dieser Heliotrop ist auf Tafel XXVI und XXVII in wirklicher Grösse und zwar in verticaler und horizontaler Projection

---

1) Dr. Carl, Repertorium für physikal. Technik, für mathemat. und astronom. Instrumentenkunde, Bd. I, pag. 277 ff.

2) Bayer, die Küstenvermessung und ihre Verbindung mit der Berliner Grundlinie, pag. 52.

dargestellt und soll in den folgenden Zeilen einer näheren Betrachtung unterworfen werden. [1])

Die Basis des Instrumentes bildet das Brett B, welches aus gutem, hartem Holze hergestellt und mit einer Beize geschwärzt ist, es ruht an seinem Ende auf zwei Metallfüssen F'; auf diesem Brette sind die Axen a, a' und a'' eingerissen. Im Schnittpuncte der Axen a und a' befindet sich eine metallene Büchse, durch welche die Schraube S greift, mittelst der das Instrument auf dem Signaltischchen, von welchem aus geleuchtet werden soll, über dem Signalcentrum befestigt wird. Die im Schnitte der Axen a und a'' befindliche Schraube S', welche wieder in einer Metallbüchse läuft, drückt auf das Signaltischchen und dient zum Heben oder Senken des Brettes, und mit diesem auch der Visirlinie L, L. Ich bediente mich bei meinen Versuchen als Unterlage des Instrumentes eines Messtisches und benützte auch die Schrauben des letzteren, um meine Visirlinie auf den entfernten Beobachter zu bringen.

Der Hauptbestandtheil des Instrumentes, der Spiegel P, ist an den Rändern und auf der Rückseite in Metall gefasst, in der rückseitigen Fassungsplatte befindet sich eine kleine kreisrunde Oeffnung und der Spiegel selbst hat eine nach seiner vorderen Fläche hin sich erweiternde conische Durchbrechung. In fester Verbindung mit der Fassung des Spiegels steht der gezahnte Quadrant q, in welchen die fein geschnittene Schraube V greift; diese Schraube V liegt mit einem Kugelzapfen im Lager l und wird durch die Feder f an den gezahnten Quadranten q gedrückt; man erreicht durch dieselbe die feine Verticalbewegung des Spiegels; die grobe Bewegung des letzteren mit freier Hand wird erzielt, indem man die Schraube V und mit dieser die Feder f etwas abwärts drückt. Der Spiegel dreht sich um die horizontale Axe h, h, welche in den beiden Ständern t, t, durch die Schräubchen p, p hergestellt, ruht. Wie die Schraube V, ist auch die Schraube H mit einem Kugelzapfen am Ende, der im Lager l' liegt, construirt. Diese Schraube H dient zur feinen Horizontaldrehung des Spiegels, indem sie in den gezahnten Kreis K, an welchen sie durch die Feder f' angedrückt wird und welcher mit den Tragständern t, t in fester Verbindung steht, eingreift; durch einen

---

1) Da unsere Zeichnung in wirklicher Grösse, so enthalten wir uns ganz der Angabe von Maassen.

leichten seitlichen Druck auf die Schraube H wird der Zahnkreis K von deren Eingriffe befreit und man kann alsdann die grobe Horizontaldrehung des Spiegels bewerkstelligen.

Einen weiteren wesentlichen Bestandtheil des Instrumentes bildet die am entgegengesetzten Ende des Brettes auf einem Träger T ruhende cylindrische Metallröhre R mit ihrem innen galvanisch versilberten Deckel D und einem metallischen Fadenkreuz M, dessen Schnittpunct senkrecht über der Hauptaxe a des Brettes in gleicher Höhe wie der genaue Mittelpunct des Spiegelbeleges sich befindet. Diese beiden Puncte bilden die Visirlinie.

Wie aus den Figuren deutlich zu ersehen, kann in das Ende des Brettes eine Blechwand W eingeschoben werden; diese enthält einen durch die Klappe E verschliessbaren Schlitz, hinter welchem je nach dem Grade der Intensität des Sonnenlichtes und der jeweiligen Entfernung der Signale grüne oder rothe Gläser gebracht werden können. Die Klappe E selbst gestattet auf bequeme Weise das Abgeben der einzelnen Lichtblicke oder das vollständige Verdecken des Spiegels, was bei anderen Heliotropen nur mit der blossen Hand geschieht, wodurch leicht Irrthümer in der verabredeten Telegraphie sich einschleichen können.

Der Gebrauch des Instrumentes ist ganz einfach folgender: Mit dem Auge hinter der Oeffnung des Spiegels befindlich, wird zuerst die Virsirlinie genau in die Richtung auf den entfernten Beobachter gebracht, welcher Licht empfangen soll, alsdann wird der Deckel D geschlossen und erst beim Beginne des Signalisirens wieder geöffnet; der Spiegel wird nun so lange · horizontal und vertical bewegt, bis das Sonnenbild in der Richtung der Visirlinie reflektirt wird, man erkennt dies am sofort entstehenden Glanze des versilberten Deckels D; da der Spiegel nun in der Mitte eine Oeffnung hat, so wird in der Mitte des reflectirten Sonnenbildes ein kleiner runder Schatten entstehen, und man wird den Spiegel mit den beschriebenen Schrauben V und H noch so lange drehen, bis der Mittelpunct dieses runden Schattens genau mit dem Fadenkreuzschnittpunct M zusammenfällt, in diesem Momente erhält bei Oeffnung des Deckels D der entfernte Beobachter das Licht.

Während der Arbeit hat man natürlich unter Anwendung der feinen Drehungen des Spiegels, der veränderten Stellung, der Sonne gegenüber, zu folgen und den Schatten im Sonnenbilde immer genau

centrirt mit dem Fadenkreuzschnitte zu erhalten; das Instrument gestattet auf diese Weise ein sicheres Behalten des Sonnenbildes, wie
dies nicht so bequem bei anderen Heliotropen, mit denen zu arbeiten
ich Gelegenheit hatte, der Fall ist; dies ist ein Vorzug dieses Instrumentes, im Uebrigen möchte ich dasselbe dem bei Weitem billigeren
Steinheil'schen Heliotropen, welcher für kleinere Distanzen ebenfalls ausreicht, nicht vorziehen.   Bayer bediente sich solcher Instrumente, in etwas einfacherer Form bei der Gradmessung und Küstenvermessung in Ostpreussen auf Entfernungen von 4 bis 8 deutschen
Meilen, dabei benützte er nur einen Theil der Spiegelfläche, denn der
volle Spiegel reicht auf Entfernungen von 10 bis 15 Meilen bei reiner
ruhiger Luft aus und auf Entfernungen von 3 Meilen ist das Licht
so scharf und stechend, dass es nicht mit Sicherheit beobachtet werden könnte.[1])   Zur Aufstellung auf einem hölzernen Pfahle benützte
Bayer eine Eisenplatte, auf der oberen Fläche mit Blei eingelegt,
zur Aufnahme der Fussschrauben des Instrumentes und auf der unteren Fläche mit drei senkrecht dagegen stehenden, etwa 8 Zoll
langen Lappen versehen, welche sich an den Pfahl anlegen und mit
diesem durch Schrauben verbunden werden.[2])

Neue Geissler'sche Röhren.

Herr Geissler berichtet in Poggendorff's Annalen 1868 Nr. 10
über seine neuen leuchtenden Röhren. Bereits bei der Naturforscher-
versammlung in Frankfurt im Jahre 1867 zeigte dieser Künstler mehrere evacuirte Röhren vor, welche durch blosses Reiben sehr auffallend leuchteten. Dieselben sind so eingerichtet, dass im Innern
einer weiten Glasröhre eine kleinere Röhre spiralförmig gebogen und
an der weiten Röhre festgeschmolzen ist. Die inwendige Röhre ist
evacuirt, während der Zwischenraum von der Spirale zur äussern
Röhre nicht evacuirt ist. Werden diese Röhren der Länge nach gerieben, so wird die ganze Spirale leuchtend, und je nach der kleineren
Menge Gas, welches noch in der inwendigen Röhre enthalten ist,

---

1) Bayer, Generalbericht über die mitteleurop. Gradmessung pro 1863, und
von da in Carl's Repertorium, I. Bd. 1866, p. 168. Hierin auch interessante Mittheilungen über die Erscheinung des heliotropischen Lichtes.

2) Ibid. p. 170.

erscheint auch die Färbung des Lichtes, so dass Stickstoff mit dunkel-
rothem, Wasserstoff mit blassrothem, Kohlensäure mit weisslichem
Licht die Röhren leuchtend macht. Als Reibzeug können alle die
Stoffe dienen, welche man gewöhnlich anwendet, um durch Reibung
Electricität zu erzeugen, wie Seide, Wolle, Baumwolle, Leder mit
Amalgam, selbst Papier bringt die Röhre zum Leuchten. Selbstverständlich müssen diese Stoffe gut trocken sein. Am allerbesten
eignet sich Katzenfell, wodurch die Röhren sehr schnell leuchtend
werden, und zwar schon, wenn man in der einen Hand ersteres und
in der anderen letztere hält und diese einige Mal auf und nieder
durch das Katzenfell zieht. Aber am meisten leuchten diese Röhren,
wenn ein Streifen der schwarzen hornisirten Kautschuk- oder Kamm-
masse, die man bei der Holtz'schen Electrisirmaschine anwendet,
als Erreger benutzt wird. Reibt man einen solchen Streifen mit
Katzenfell, nachdem man die Röhre zuvor schon gerieben hatte, und
fährt dann mit diesem Streifen, die Röhre berührend, an derselben
auf und nieder, so leuchtet sie während dieser Behandlung immerfort,
und beinahe ebenso intensiv, als solche Röhren leuchten würden,
wenn Elektroden an beiden Enden eingeschmolzen wären und ein
nicht sehr starker Inductionsstrom, oder der Funke der Electrisirmaschine hindurch geleitet würde. Es ist sogar nicht einmal nöthig,
die Röhre mit dem Kautschukstreifen zu berühren, um sie zum Leuchten zu bringen; dieses tritt vielmehr schon beim Auf- und Nieder-
fahren in 2 bis 3 Zoll Entfernung davon ein. Solche Röhren sind in
verschiedenen Grössen, und im Innern statt der Spirale mit mancherlei
andern kleinen Röhren versehen, hergestellt worden. Bei den grössern Röhren zeigte sich noch die auffallende Erscheinung, dass, wenn
nach längerem Reiben sie recht stark geleuchtet hatten, hierauf noch
Minutenlang wieder schnell verschwindende Lichterscheinungen (ein
Nachblitzen) und zwar an verschiedenen Stellen der Spirale hervor-
traten. Diese letztere Erscheinung wurde im Winter bei kalter Temperatur viel reichlicher und deutlicher wahrgenommen, als im Sommer;
auch bei dem Reiben mit einem wollenen dicken Lappen besser, als
mit Katzenfell.

Die längst bekannte Eigenschaft, dass Quecksilber in luftleeren
Glasröhren leuchtet, wenn es darin bewegt wird, gab mir zu Versuchen Veranlassung, auf welche Weise diese Erscheinung recht auffallend hervorgebracht werden könne. Zugleich hoffte ich hierbei die

Ursache näher kennen zu lernen, warum früher von mir gefertigte Röhren der Art ein Mal leuchteten, das andere Mal nicht. Obschon ich nun zahlreiche Versuche darüber angestellt habe, und Röhren von solcher Leuchtkraft erhielt, dass man in einem ganz dunklen Raume alle Gegenstände recht gut unterscheiden konnte, selbst die Stundenangabe der Zeiger auf einer Taschenuhr sehr deutlich wahrzunehmen vermochte, besonders wenn mehrere solcher Röhren zugleich geschüttelt wurden, so ist mir doch Vieles hierbei unerklärlich geblieben. Von zwei Röhren, welche ganz dieselbe Form haben und zusammen auf gleiche Weise evacuirt wurden, ist sehr häufig die eine leuchtend, die andere nicht. Auch der Grad der Verdünnung der Gase, die in der Röhre zurückbleiben, ist nicht maassgebend; denn manchmal leuchten Röhren, worin die Spannung des Gases noch 2 Millim. beträgt, mehr, als wenn die Röhre ganz leer ist; aber auch das Umgekehrte findet statt. Mit einem Wort, ich habe die Ursache dieses verschiedenen Verhaltens noch nicht finden können. Nur die Farbe des Lichtes ist von der Natur der Gase abhängig. So z. B. leuchten die Röhren mit rothem Licht, in welchen sich ein Minimum von Stickstoff befindet, während diejenigen, welche Wasserstoff enthalten, ein gelbliches Licht zeigen. Kohlensäure, Kohlenoxyd und Ammoniak geben wenig und zuweilen gar kein Licht. Auch kleine Mengen von anderen Metallen dem Quecksilber beigemischt, lieferten keine besonderen Resultate: nur wenn Gold und Silber hinzugefügt wurden, leuchteten die Röhren noch gut, während Zinn, Blei, Zink, Wismuth etc. das Leuchten ganz aufhören machte. Hier gestehe ich gern, keineswegs so erschöpfende Versuche angestellt zu haben, um sagen zu können, dass bei einer bestimmten Beimischung noch Leuchten stattfindet, und bei einer andern aufhört, indem darauf gerichtete Versuche viel Zeit erfordern. Die Erzielung einer Verwendung dieses Lichtes zu praktischen Zwecken aber, so z. B. anstatt der Davyschen Sicherheitslampe in Bergwerken, woran ich bisher gedacht habe, wird wohl zuvörderst noch eine sehr umfangreiche Thätigkeit auf diesem Gebiete in Anspruch nehmen.

Die Form der Röhren ist übrigens so beschaffen, dass diese auch beim stärksten Schütteln nicht entzwei gehen, besonders wenn man immer deren spitzen Theil nach oben hält.

Register.

Die Zahlen sind die Seitenzahlen.

Akustischer Interferenz-Apparat von Stefan 260.

Anemometer von Kraft 46.

Anemometer der k. Sternwarte zu Greenwich 51.

Bauer, Ueber einige auf die parabolischen Wurflinien bezügliche geometrische Oerter 15.

Bauer, Ueber den Einfluss der Dalton'schen Theorie auf die barometrische Höhenmessung u. die Eudiometrie 216.

Bauer, Ueber die Reduction feiner Gewichtssätze 323.

Beetz, Apparat zur Demonstration der Geschossabweichung 183.

Beetz, Electrisches Vibrations-Chronoscop 406.

Berthelot's Thermometer für sehr hohe Temperaturen 239.

Bertin, Ueber die Bestimmung des Zeichens der Krystalle 157.

Blitzröhren, Ueber die Nachahmung derselben von Rollmann 429.

Breisach, Dessen Luftverdünnungsapparat 58.

Breisach, Dessen Gasometer 60.

Browning, Die Anemometer der Sternwarte von Greenwich 51.

Carl, Reactionsapparat für Flüssigkeiten und Gase 188.

Carl, Beschreibung der bisher in Anwendung gebrachten Commutatoren 342.

Carl, Mittheilungen über die Influenz-Electrisirmaschine 106, 141, 422.

Chronoscop, electrisches von Beetz 406.

Commutator, Beschreibung der bisher in Anwendung gebrachten von Carl 342.

Crova's Wellenapparat 89.

Dinkler's modificirter Trevellyan'scher Apparat 131.

Ditscheiner, Ueber die Talbot'schen Interferenzstreifen 271.

Ditscheiner, Anwendung des Spectralapparates zur optischen Untersuchung der Krystalle 273.

Ditscheiner, Ueber eine neue Methode zur Untersuchung des reflectirten Lichtes 362.

Dynamoëlectrische Maschinen. Beschrieben von Schellen 65 ff.

Electroscop von Kogelmann 130.

Elster, Ueber die Intensität des Gas-, Kerzen- und Lampenlichtes, verglichen mit dem electrischen und Drummond-Lichte 171.

Experiment, Neues von Kommerell 189.

Fehler, persönliche, über dieselben von Radau 147.

Fischer, Heliotrop von Starke und Kammerer 433.

Flintglas, Neues von S. Merz 362.

Foucault's Gyroscop, verbessert von Neumann 127.

Galvanisches Element von Pincus 274.

Gasometer von Breisach 60.

Geissler'sche Röhren, Neue 436.

Geschossabweichung, Apparat zur Demonstration derselben von Beetz 183,

Gewichtssätze, Ueber die Untersuchung derselben von Rühlmann 177.

Gewichtssätze, Ueber die Reduction derselben von Bauer 323.

Grove'sche Elemente, zweckmässige Construction derselben 265.

Gyroskop von Foucault, verbessert von Neumann 127.

Hagenbach, Apparat für die Demonstration der Keppler'schen Gesetze mit Hilfe des Magnetismus 117.

Heidner's Wellenapparat 225.

Heliotrop von Starke und Kammerer 433.

Heliotrope von Miller 451.

Hipp's Wärme-Regulator 201.

Hirsch, Ueber Hipp's Wärme-Regulator 201.

Hockin's Vorlesungs-Apparat 275.

Jamin & Roger, Theorie der magnetelectrischen Maschinen 231.

Jelinek, Ueber das Anemometer von Kraft 46.

Influenz-Electrisirmaschine von Carl 106, 141, 422.

Interferenz-Apparat, Akustischer von Stefan 260.

Interferenzstreifen, Talbot'sche, Ueber dieselben von Ditscheiner 271.

Keppler'sche Gesetze, Apparat zur Demonstration derselben 117.

Kogelmann's Electroscop 130.

Kohlenlicht zu objectiven Versuchen mit kleiner Batterie von Weinhold 266.

Kohlrausch, Ueber die von der Influenzmaschine erzeugte Electricitätsmenge nach absolutem Maasse 423.

Kommerell, Neues Physikalisches Experiment 189.

Kraft's Anemometer 46.

Krebs, Vorlesungsversuche über Siedverzüge 192.

Krebs, Ueber eine neue Form des schwimmenden Stromes 196.

Krystalle, Ueber die Bestimmung des Zeichens derselben von Bertin 157.

Krystalle, Anwendung des Spectralapparates zur optischen Untersuchung derselben, von Ditscheiner 273.

Ladd's Dynamoëlectrische Maschine 81 ff.

Lamont's Verdunstungsmesser 197.

Mach, Ueber die Definition der Masse 355.

Mach, Ueber die Versinnlichung einiger Sätze der Mechanik 359.

Mach, Ueber die Versinnlichung der Poinsot'schen Drehungstheorie 361.

Magnetelectrische Maschinen, Theorie derselben von Jamin und Roger 231.

Mascart, Notiz über verschiedene Arbeiten über Wellenlängen 364.

Manuelli, Dessen Quecksilberluftpumpe 58.

Merz S., Neues Flintglas 362.

Miller, Ueber Heliotrope 431.

Natani, Ueber Zahnräder 205.

Neumann, Verbessertes Foucault'sches Gyroscop 127.

Ozon, Geschichte desselben 251.

Pachytrop von Waszmuth 12.

Patent - Micrometer - Vorrichtung von Schreiber 33.

Pendel, Vier Aufhängungspuncte mit gleicher Schwingungsdauer an demselben, von Weinhold 279.

Pfeiffer's Thermograph 54, 268.

Photometrische Bestimmungen von S. Elster 171.

Pincus Galvanisches Element 274.

Pisko, Ueber Seilwellen 122.

Plössl, Biographische Notiz 63.

Prismatische Ablenkung, Ueber das Minimum derselben von Radau 184.

Quecksilberluftpumpe von Manuelli 58.

Quecksilberluftpumpe von Breisach 58.

Radau, Ueber die persönlichen Fehler 147.

Radau, Ueber das Minimum der prismatischen Ablenkung 184.

Reactions-Apparat für Flüssigkeiten und Gase von Carl 188.

Recknagel, Ausdehnung des wasserhaltigen Weingeistes vor dem Erstarren 119.

Regnault's, Experimentaluntersuchungen über die Geschwindigkeit des Schalles 134.

Roger & Jamin, Theorie der magnetelectrischen Maschinen 231.

Rollmann, Ueber die Nachahmung von Blitzröhren 429.

Rühlmann, Ueber die Untersuchung feiner Gewichtssätze 177.

Schallgeschwindigkeit, Untersuchungen darüber von Regnault 134.

Schallgeschwindigkeit, Bestimmung derselben von Stefan 270.

Scheibler's Electrischer Wärme-Regulator 122.

Schellen, Dynamoëlectrische Maschinen 65.

Schellen, Apparat zur Demonstration des Gesetzes über das Schwimmen 187.

Schreiber, Dessen Patent - Micrometer-Vorrichtung 33.

Schwimmen, Apparat zur Demonstration des Gesetzes über dasselbe von Schellen 187.

Seilwellen, Hilfsmittel zur Erregung derselben von Pisko 122.

Sickler, Kleines Universal-Instrument 1.

Siedverzüge, Vorlesungsversuche über dieselben von Krebs 192.

Siemens's dynamoëlectrische Maschine 66ff.

Spiegel, Ueber Vergoldung derselben 277.

Stefan, Ueber einen akustischen Interferenz-Apparat 260.

Stefan, Bestimmung der Schallgeschwindigkeit 270.

Strom Schwimmender, über eine neue Form desselben 196.

Talbot'sche Interferenzstreifen, Ueber dieselben von Ditscheiner 271.

Thermograph von Pfeiffer 54, 268.

Thermometer für sehr hohe Temperaturen von Berthelot 239.

Trevelyan'scher Apparat, verbessert von Dinkler 131.

Universal-Instrument, Kleines von Sickler 1.

Verdunstungsmesser von Lamont 197.

Vergoldung optischer Spiegel von Wernicke 277.

Vibrations-Chronoscop, Electrisches von Beetz 406.

Wärme-Regulator Electrischer v. Scheibler 122.

Wärme-Regulator von Hipp 201.

Wärmetheorie, Mechanische, Ueber den zweiten Satz derselben, von Wand 281, 369.

Wand, Kritische Darstellung des zweiten Satzes der mechanischen Wärmetheorie 281, 369.

Waszmuth, Dessen Pachytrop 12.

Waszmuth, Ueber die Ströme in Nebenschliessungen zusammengesetzter Ketten 414.

Weinhold, Kleine Mittheilungen 265.

Weinhold, Vier Aufhängungspuncte mit gleicher Schwingungsdauer am Pendel 279.

Wellenapparat von Crova 88 ff.

Wellenapparat von Heidner 225.

Wellenlängen, Ueber dieselben von Mascart 364.

Wernicke, Ueber Vergoldung optischer Spiegel 277.

Wheatstone's dynamoëlectrische Maschine 74.

Wilde's Magnetelectrische Maschine 66.

Zahnräder, Ueber dieselben von Natani 205.

www.ingramcontent.com/pod-product-compliance
Lightning Source LLC
Chambersburg PA
CBHW081523190326
41458CB00015B/5447